Akka 実践バイブル

アクターモデルによる
並行・分散システムの実現

Raymond Roestenburg／Rob Bakker／Rob Williams 著
前出祐吾、根来和輝、釘屋二郎 訳
TIS 株式会社 監訳

本書内容に関するお問い合わせについて

このたびは翔泳社の書籍をお買い上げいただき、誠にありがとうございます。弊社では、読者の皆様からのお問い合わせに適切に対応させていただくため、以下のガイドラインへのご協力をお願い致しております。下記項目をお読みいただき、手順に従ってお問い合わせください。

●ご質問される前に

弊社Webサイトの「正誤表」をご参照ください。これまでに判明した正誤や追加情報を掲載しています。

正誤表　　　　http://www.shoeisha.co.jp/book/errata/

●ご質問方法

弊社Webサイトの「刊行物Q&A」をご利用ください。

刊行物Q&A　　http://www.shoeisha.co.jp/book/qa/

インターネットをご利用でない場合は、FAXまたは郵便にて、下記"愛読者サービスセンター"までお問い合わせください。

電話でのご質問は、お受けしておりません。

●回答について

回答は、ご質問いただいた手段によってご返事申し上げます。ご質問の内容によっては、回答に数日ないしはそれ以上の期間を要する場合があります。

●ご質問に際してのご注意

本書の対象を越えるもの、記述個所を特定されないもの、また読者固有の環境に起因するご質問等にはお答えできませんので、予めご了承ください。

●郵便物送付先およびFAX番号

送付先住所　　　〒160-0006　東京都新宿区舟町5
FAX番号　　　　03-5362-3818
宛先　　　　　　（株）翔泳社　愛読者サービスセンター

※本書に記載されたURL等は予告なく変更される場合があります。
※本書の出版にあたっては正確な記述につとめましたが、著者や出版社などのいずれも、本書の内容に対してなんらかの保証をするものではなく、内容やサンプルに基づくいかなる運用結果に関してもいっさいの責任を負いません。
※本書に掲載されているサンプルプログラムやスクリプト、および実行結果を記した画面イメージなどは、特定の設定に基づいた環境にて再現される一例です。
※本書に記載されている会社名、製品名はそれぞれ各社の商標および登録商標です。
※本書ではTM、®、©は割愛させていただいております。

Akka in Action
by Raymond Roestenburg, Rob Bakker, and Rob Williams
ISBN 9781617291012
Original English language edition published by Manning Publicatons
Copyright © 2016 by Manning Publications
Japanese-language edition copyright © 2017 by SHOEISHA Co., LTD.
Japanese translation rights arranged with Waterside Production, Inc.
through Japan UNI Agency, Inc., Tokyo

推薦のことば

2008年からScalaとアクターベースのシステムに携われていることを大変嬉しく思っています。当時の私が直面した最大の課題の1つは、アクターに基づくアプリケーションを構築するための信頼すべきリファレンスが無かったことでした。『Akka実践バイブル』（原書『Akka in Action』）はまさしく私が必要としていた類の本です。Akkaは時の流れとともに大きく変化してきましたが、私はいまだにこの本を使い続けています。

私はこの本の著者の1人であるRay Roestenburgとはかねてよりの知人です。Rayは最初期のAkkaのプロダクションユーザーの1人でした。彼はヨーロッパの出入国管理をするためのミッションクリティカルなシステムの構築にAkkaを利用していました。Akkaをプロダクションで稼働させた彼の成果は、このようなシステムの優位な点を証明するだけではなく、我々の組織の中で同様のことをしたいと考えていた多くの人すべてがそれを実現するために必要なことを理解する手助けになりました。

原著である『Akka in Action』が出版されてから長い年月が経ちましたが、この本はAkkaが幾年にも渡って変化してきたことを反映するために繰り返し更新されています。私は早い時期にMEAP版の本書を購入しました。Akkaの開発者とコミュニティの規模と成熟度が高まるのに合わせて、この本が新機能と修正されたアプローチを取り込んで進化していく様を見てきました。

この本は、アクターの基本からクラスタリング、分散状態管理、ストリーミングのような高度な概念まで、あらゆる事柄に関する深い情報が必要な方に向けた本であり、あなたのための一冊です。

O'Reilly『Effective Akka』著者

Jamie Allen

昨今はエンタープライズシステムでも、クラウドを利用する動きが活発化しつつあります。IaaS層のみでクラウドを活用し、オンプレミスと同じように商用のミドルウェアを導入して環境を構築する場合もありますが、クラウドならではの優位性を引き出すには、各クラウドベンダが提供するサービスを活用した方が有利なケースが多いでしょう。

ただしそのような「クラウドネイティブ」な環境下では、アプリケーション自身が即応性（Responsive）や耐障害性（Resilient）、弾力性（Elastic）といった特性を確保する必要性が生じます。またアプリケーションの粒度の観点では、従来型のモノリシックなものよりも、サービスを小分けにして連携するマイクロサービスの方が、親和性が高いと言われています。

このような新しい要求を実現するため、非同期メッセージパッシングに基づく「リアクティブシステム」への注目が高まっています。本書のテーマであるAkkaは、リアクティブシステムを実現するための代表的なツールキットの一つです。Akkaを利用することによって、アプリケーションは即応性、耐障害性、弾力性といった特性を備えることが可能になります。エンタープライズシステムでの活用という観点では、主要言語の一つであるJavaをサポートしている点も、Akkaのメリットと言えるでしょう。

Akkaは、クラウドネイティブな環境における次世代のアプリケーションアーキテクチャの選択肢の一つとして、大きな可能性を秘めています。ぜひ本書を通じて、その実力を感じ取ってもらいたいと考えています。

三菱UFJインフォメーションテクノロジー

斉藤 賢哉、尾崎 勇一

Akkaの世界へようこそ ── 翻訳者より

　私がはじめて関数型言語に触れたのは2008年頃にClojureに触れたのが始めてでした。このとき、関数型言語を「面白い」と感じましたが、それは業務で使用していたJavaと比べて、主にコレクションの操作において簡潔な記述をすることができ、同じ仕様のプログラムでも非常に短く書けることが理由でした。当時から、並行分散システムの構築において、関数型言語の必要性が高まることは予測されていましたが、会社の作業用に支給されていたPCはほとんどシングルコアで、本格的な並行分散システムを構築することはそれほど身近ではありませんでした。

　それからおよそ10年の時を経て、AWS (Amazon Web Services) やGCE (Google Compute Engine) といったクラウドインフラ上にアプリケーションをデプロイして、誰でもその気になれば、何台でもアプリケーションサーバーを立ち上げてシステムをスケールアウトすることができるようになりました。しかし、アプリケーションのスケーラビリティはアムダールの法則による制約を受けるため、投資に見合ったスケール効果を得るためには、プログラマーやアーキテクトが効率的にCPUを利用する方法や、ブロッキングや障害を適切に処理する方法に精通していなければいけません。関数型言語を学んで開発言語として選択するということは、単にシンタックスの面白さや開発生産性を向上させるといったことだけの問題ではなくなってきたのです。

　本書ではAkkaというScala・Java向けの並行処理ライブラリが提供する、アクターモデルというプログラミングモデルを扱います。アクターモデルは、システムがコンポーネントの障害や遅延に反応して対処する手立てをスーパーバイザーによる監督という形で一般化します。また、Akkaの場合、コンポーネントが動作する環境（同一ノードあるいはリモートノード）を隠蔽することで分散システムにも対応しています。さらに、状態を安全に操作できる仕組みを備えており、関数型プログラミングと組み合わせることで、スケーラブルでパフォーマンスに優れたシステムの構築に力を貸してくれるでしょう。

　本書はAkkaというライブラリの使用方法を説明する本ですが、モダンな分散システムに関する理論や設計パターンに関する言及も数多くあります。本書が、読者の皆さんが勇気を持って分散システムの開発に携わっていくことの手助けになれれば幸いです。

翻訳者を代表して
釘屋二郎

翻訳者謝辞

　数ある書籍の中から本書を手に取ってくださりありがとうございます。本書はAkkaという並列分散システムの構築を手助けしてくれるツールキットの解説書です。あらゆるIT環境の発展により急速なデジタル化が進む中、ソフトウェアに対する利用者からの要求は高まるばかりです。この要求に応えるには、分散アプリケーションや並列アプリケーションの構築が今後不可欠となることでしょう。このような環境下において、私はSIerのR&Dを担う部署に所属しながら調査・研究を進める中で、Akkaに出会いました。しかし、これまでJava言語を使ったCRUD（Create、Read、Update、Delete）中心のシステムやそのフレームワークの開発を専門としてきた私にとって、そのモデルの理解は容易ではありませんでした。そんな中、『Akka in Action』（本書英語版）という良書に出会うことができました。本書では、従来型の設計・実装モデルとアクターモデルとの違いから、分散・並列システムをAkkaでどのように構築するかを実践的な観点から詳しく説明しており、Akkaの理解の助けとなりました。このようなすばらしい書籍を書いてくださった著者のRaymond Roestenburg氏、Rob Bakker氏、Rob Williams氏に感謝します。Raymond氏は、翻訳中の質問にも快く回答くださいました。

　2016年7月から約8か月にわたり「Akka in Action読書会＠西新宿」を毎週のように開催し、参加者の皆さんと一緒に本書（英語版）を読み進めました。この読書会での学びが、今回の翻訳作業を進める上での知識のベースとなり大きな助けとなりました。平日の業務を終えた後、西新宿まで足を運び読書会に参加していただいたすべての方々に感謝します。

　ここ数年、Akkaという非常にすばらしいツールが注目を浴びはじめるとともに、日本語での情報が少ないという声をたくさん耳にするようになりました。専門書はおろかWeb上の情報もまだまだ乏しいという状況です。私は、日本国内で高い可用性、スケーラビリティの実現に頭を悩ませている人々に、もっとこのツールを知ってほしいと考えるようになりました。『Akka in Action』で学んだことを日本語で発信したいと考えていたところ、2017年2月に開催されたScalaMatsuriでビズリーチの竹添直樹さんから翻訳書の刊行をご提案いただきました。そして、同社の島本多可子さんとともに本書の企画を立案くださいました。書籍の執筆経験のなかった我々にとって、経験豊富な2人の助けは非常に心強く、感謝しています。ScalaMatsuriでの竹添さんとの会話がなければ、本書が出版されることはなかったことでしょう。ScalaMatsuriに感謝します。また、企画段階から出版まで我々を支えてくださった翔泳社の片岡仁さんに感謝します。

　翻訳作業にあたっては、多くの方々にレビューをお願いしました。久保貴市さんは読書会から参加くださり、多くの章を査読していただき翻訳のアドバイスを多数いただきました。心より感謝します。そして、加藤潤一さん、麻植泰輔さん、花田恒一さん、奥田佳享さん、安田裕介さん、大村伸吾さん、皆さまには非常に短期間でのレビューをお願いしたにもかかわらず、業

務でご多忙の中、数多くの的確かつ丁寧なご指摘をいただきました。Akkaに関する高い知識と豊富な経験、そして英語力に長けた皆さまのご指導なしに、本書の完成はあり得ませんでした。心より感謝します。Akkaコミュニティ、Scalaコミュニティの皆さまの温かさに触れ、当コミュニティの今後の発展を確信しました。

そして何より、Akkaというすばらしいツールを我々に提供し、今なお成長を支えてくださっているAkkaチームの皆さまに心からの誠意を表します。コアメンバーのひとりであるKonrad Malawskiさんは執筆中の質問にも快く回答くださいました。

最後に、翻訳作業中遠くで支えてくれた妻と子供、翻訳者の家族に感謝します。そして、本書の執筆を快く受け入れ、支えてくださった職場の皆さまに深く感謝します。

本書が読者の方々の助けになること、Akkaが日本国内へさらに普及すること、ならびにAkkaとAkkaコミュニティの発展を祈念しております。

翻訳者を代表して
前出祐吾

目次

推薦のことば iii
Akkaの世界へようこそ —— 翻訳者より iv
翻訳者謝辞 v

序文 xvii
謝辞 xviii
本書について xiv
著者について xxii

第1章 Akkaの紹介   1

1.1 Akkaとは何か? 4

1.2 アクターの概要 5

1.3 スケーリングのための2つのアプローチ（サンプルの設定） 6

1.4 伝統的なスケール 8
    1.4.1 伝統的なスケールと耐久性 —— すべてをデータベースに保管する 9
    1.4.2 伝統的なスケールとインタラクティブな機能 —— ポーリング 12

1.5 Akkaによるスケール 15
    1.5.1 Akkaによるスケールと耐久性 —— メッセージの送受信 16
        変更は一連のイベントとして保持 17
        データを広める —— CONVERSATIONSのシャーディング 18
    1.5.2 Akkaによるスケーリングとインタラクティブな機能 —— メッセージのプッシュ .. 18
    1.5.3 Akkaでのスケールと障害 —— 非同期な分離 19
    1.5.4 Akkaのアプローチ —— メッセージの送受信 20

1.6 アクター —— ベースとなるプログラミングモデル 22
    1.6.1 非同期モデル 22
    1.6.2 アクターの操作 23
        送信（SEND） 24
        生成（CREATE） 26
        状態変化（BECOME） 26
        監督（SUPERVISE） 27

1.7 Akkaのアクター 28
    1.7.1 アクターシステム 29
    1.7.2 ActorRefとメールボックスとアクター 30
    1.7.3 ディスパッチャー 30
    1.7.4 アクターとネットワーク 32

1.8 まとめ 33

vii

目次

第2章　最小のAkkaアプリケーション　　35

2.1　クローンとビルドとテストインターフェイス 35
　　2.1.1　sbtでビルドする 37
　　2.1.2　GoTicks.com RESTサーバーの構築 38
2.2　アプリケーションでのActorの探求 42
　　2.2.1　アプリケーションの構造 42
　　2.2.2　チケット販売を行うアクター —— TicketSeller 47
　　2.2.3　BoxOfficeアクター 48
　　2.2.4　RestApi 50
2.3　クラウドへ 53
　　2.3.1　Heroku上にアプリケーションを作成する 54
　　2.3.2　Herokuにデプロイして実行する 55
2.4　まとめ 57

第3章　アクターによるテスト駆動開発　　59

3.1　アクターのテスト 60
3.2　一方向のメッセージ 62
　　3.2.1　SilentActorの例 63
　　3.2.2　SendingActorの例 67
　　3.2.3　SideEffectingActorの例 72
3.3　双方向のメッセージ 75
3.4　まとめ 77

第4章　耐障害性　　79

4.1　耐障害性とは何なのか？（そして何でないのか？） 79
　　4.1.1　素のオブジェクト（plain old object）と例外 81
　　　　障害の隔離 85
　　　　構造 85
　　　　冗長化 85
　　　　置換 85
　　　　リブート 86
　　　　コンポーネントのライフサイクル 86
　　　　保留 86

viii

関心の分離 86

4.1.2 let it crash 87

4.2 アクターのライフサイクル 91

4.2.1 開始イベント 92

4.2.2 停止イベント 92

4.2.3 再起動イベント 93

4.2.4 ライフサイクルのピースをつなげる 96

4.2.5 ライフサイクルの監視 97

4.3 監督（スーパービジョン） 99

4.3.1 スーパーバイザーヒエラルキー 99

4.3.2 定義済み戦略 101

4.3.3 独自の戦略 103

4.4 まとめ 108

第5章 Future 111

5.1 Future のユースケース 112

5.2 Future の中では何もブロックしない 116

5.2.1 Promise は約束 121

5.3 Future におけるエラー 123

5.4 Future の合成 128

5.5 Future とアクターの組み合わせ 137

5.6 まとめ 138

第6章 Akkaによるはじめての分散アプリケーション 139

6.1 スケールアウト 139

6.1.1 ネットワークの一般的な用語 140

6.1.2 分散プログラミングモデルを使う理由 142

6.2 リモート処理によるスケーリング 143

6.2.1 GoTicks.com アプリケーションの分散化 144

6.2.2 リモートREPLの実行 145

6.2.3 リモート参照 150

6.2.4 リモートデプロイ 158

6.2.5 マルチJVMテスト 163

6.3 まとめ 170

目次

第7章　設定とロギングとデプロイ　173

7.1　設定 173
    7.1.1　Akkaの設定を試す 173
    7.1.2　デフォルト設定の使用 177
    7.1.3　Akkaの設定 180
    7.1.4　複数システム 181

7.2　ロギング 183
    7.2.1　Akkaアプリケーションのロギング 184
    7.2.2　ロギングの使用 186
    7.2.3　Akkaのロギングの制御 187

7.3　アクターベースのアプリケーションのデプロイ 189

7.4　まとめ 193

第8章　アクターの構造パターン　195

8.1　パイプ&フィルター 196
    8.1.1　エンタープライズインテグレーションパターン —— パイプ&フィルター 196
    8.1.2　Akkaでのパイプとフィルター 197

8.2　エンタープライズインテグレーションパターン —— スキャッタギャザー ... 201
    8.2.1　適用性 201
        競争タスク 201
        並列協調処理 202
    8.2.2　Akkaの並列タスク 203
    8.2.3　受信者リストパターンを使用したスキャッタコンポーネントの実装 204
    8.2.4　アグリゲータパターンを使用したギャザーコンポーネントの実装 206
    8.2.5　コンポーネントをスキャッタギャザーパターンに結合する 212

8.3　エンタープライズインテグレーションパターン
    —— ルーティングスリップ（回覧票） 213

8.4　まとめ 218

第9章 メッセージのルーティング　221

9.1 EIP のルーターパターン 222

9.2 Akka のルーターを使った負荷分散 223

    9.2.1 Akka のプールルーター 226

        プールルーターの生成 226

        リモートルーティー 228

        動的にサイズ変更可能なプール 229

        監督 232

    9.2.2 Akka のグループルーター 233

        グループの作成 233

        ルーターグループの動的なサイズ変更 236

    9.2.3 ConsistentHashing ルーター 240

        ハッシュマッピングを行う部分関数をルーターに提供する場合 242

        メッセージがハッシュマッピングを行う場合 243

        送信元がハッシュマッピングを行う場合 244

9.3 アクターを使ったルーターパターンの実装 245

    9.3.1 内容ベースのルーティング 245

    9.3.2 状態ベースのルーティング 246

    9.3.3 ルーターの実装 248

9.4 まとめ 249

第10章 メッセージチャネル　251

10.1 チャネルの種類 252

    10.1.1 ポイントツーポイントチャネル 252

    10.1.2 パブリッシュ・サブスクライブチャネル 253

        Akka のイベントストリーム 256

        カスタムイベントバス 259

10.2 特殊チャネル 264

    10.2.1 デッドレターチャネル 264

    10.2.2 保証配信チャネル 267

10.3 まとめ 272

第11章 有限状態マシンとエージェント 275

11.1 有限状態マシンを使う 275
  11.1.1 有限状態マシンの簡単な紹介 276
  11.1.2 有限状態マシンモデルの作成 277

11.2 有限状態マシンモデルの実装 279
  11.2.1 状態遷移の実装 279
    状態の定義 280
    状態遷移の定義 281
  11.2.2 開始アクションの実装 284
    状態遷移に関するアクション 285
    FSMのテスト 286
  11.2.3 FSM内のタイマー 288
  11.2.4 FSMの終了 291

11.3 エージェントを使った状態共有の実装 292
  11.3.1 エージェントを用いたシンプルな状態の共有 293
  11.3.2 状態の更新を待機 295

11.4 まとめ 297

第12章 ストリーミング 299

12.1 基本的なストリーム処理 300
  12.1.1 ソースとシンクを使ったファイルのコピー 304
  12.1.2 実行可能なグラフのマテリアライズ 308
    メモリー過負荷の防止 310
    内部バッファー 311
    マテリアライズされた値の結合 312
  12.1.3 フローによるイベントの処理 314
  12.1.4 ストリームのエラー処理 318
  12.1.5 BidiFlowを用いたプロトコルの作成 320

12.2 ストリーミングHTTP 323
  12.2.1 HTTPでストリームを受信する 323
  12.2.2 HTTPのストリームでレスポンスを返す 326
  12.2.3 コンテンツタイプとネゴシエーションのための独自のマーシャラーと
       アンマーシャラー 327
    独自のアンマーシャラーでContent-Typeを処理する 328
    独自のマーシャラーとのコンテンツネゴシエーション 329

12.3 グラフDSLを用いたファンインとファンアウト 332
  12.3.1 フローへのブロードキャスト 332

目次

| 12.3.2 | マージのフロー | 335 |

12.4 コンシューマーとプロデューサーの仲介 338

12.4.1 バッファーを使う 339

12.5 グラフの速度の分離 343

12.5.1 イベントをまとめる遅いコンシューマー 343

12.5.2 高速なコンシューマーとメトリクスの拡張 344

12.6 まとめ 345

第13章 システム統合 347

13.1 メッセージエンドポイント 347

13.1.1 正規化パターン 349

13.1.2 標準データモデルパターン 351

13.2 Alpakkaを用いたエンドポイントの実装 353

13.2.1 外部システムからメッセージを受信するコンシューマーの実装 354

コンシューマーの実装 355

コンシューマーのトランスポートレイヤーを変更する 357

13.2.2 外部システムにメッセージを送信するプロデューサーエンドポイントの実装 359

13.3 HTTPインターフェイスの実装 360

13.3.1 HTTPの例 361

13.3.2 akka-httpでRESTエンドポイントを実装 364

13.4 まとめ 370

第14章 クラスタリング 371

14.1 なぜクラスタリングを用いるか? 371

14.2 クラスターメンバーシップ 374

14.2.1 クラスターへの参加 374

14.3 クラスターからの離脱 382

14.4 クラスタリングされたジョブの処理 388

14.4.1 クラスターの起動 391

14.4.2 ルーターを用いた作業分散 393

14.4.3 回復力のあるジョブ 396

14.4.4 クラスターのテスト 403

14.5 まとめ 407

xiii

第15章 アクターの永続化　409

15.1 イベントソーシングによる状態の回復 — 410
15.1.1 レコードをそのまま更新 — 411
15.1.2 更新せずに状態を永続化 — 412
15.1.3 アクターのイベントソーシング — 414

15.2 永続アクター — 415
15.2.1 永続アクター — 416
15.2.2 テスト — 419
15.2.3 スナップショット — 422
15.2.4 永続クエリー — 427
15.2.5 シリアライズ — 430

15.3 クラスタリングされた永続化 — 435
15.3.1 クラスターシングルトン — 439
15.3.2 クラスターシャーディング — 443

15.4 まとめ — 447

第16章 パフォーマンスTips　449

16.1 パフォーマンス解析 — 450
16.1.1 システムのパフォーマンス — 450
16.1.2 性能パラメータ — 452

16.2 アクターのパフォーマンス計測 — 455
16.2.1 メールボックスのデータ収集 — 456
独自のメールボックスの作成 — 457
MailboxTypeの実装 — 460
メールボックスの設定 — 461
16.2.2 処理データの収集 — 463

16.3 ボトルネックへの対処によるパフォーマンス改善 — 465

16.4 ディスパッチャーの設定 — 467
16.4.1 スレッドプールの問題の識別 — 467
16.4.2 複数のディスパッチャーインスタンスの使用 — 468
16.4.3 静的なスレッドプールサイズの変更 — 470
16.4.4 動的スレッドプールサイズの使用 — 473

16.5 スレッドの解放方法を変更 — 475
16.5.1 スレッドを解放する設定の制限事項 — 477

16.6 まとめ — 479

第17章 Akkaのこれから　481

17.1　akka-typedモジュール 481
17.2　Akka Distributed Data 485
17.3　まとめ 486

付録 AkkaをJavaから使う　487

A.1　アクターの生成（create） 488
A.2　メッセージの送信（send） 492
　　A.2.1　メッセージプロトコルの定義 493
　　A.2.2　askパターン 495
A.3　スーパーバイザーによる障害復帰（supervise） 499
A.4　様態の変化（become/unbecome） 502
　　A.4.1　become/unbecomeの利用 502
　　A.4.2　FSMの利用 503
A.5　まとめ 508

索引 510

目次

リアクティブ宣言	6
3つの軸から見たアクターの疎結合性	28
GitHub上のakka-in-actionプロジェクトを使用する場合	56
expectMsgメソッドのタイムアウト設定	66
Nullプロパティの防止	177
sbt	192
ブロッキングファイルI/O	306
サンプルの実行	308
オペレーター融合	312
レスポンスを返す前にエンティティのソースを完全に読み取る	324
グラフとシェイプですべてが成り立つ	334
サービスとの統合	339
手動でクラスターノードに参加する	376
アドレスは「正確に」同じものにする！	379
ゴシッププロトコル	384
故障検出器（failure detector）	387
サンプルに対する注意点	391
クラスタークライアント	407
なぜアクターの状態を回復させる必要があるのか？	410
どちらが「よりシンプル」か？	413
本当に独自のシリアライザーを実装するのか？	430
イベントアダプター	435
askの使いすぎに注意	499

目次

この話は実話ではありません	12
アクターモデルは新しいものではありません	24
えっ、型安全じゃないの？	25
コールバック地獄	32
従来のJavaのFutureとは違う！	113
Futureのapply関数の引数	118
致命的な例外と致命的でない例外	125
マテリアライズされた値	306
Reactive Streamsの先駆け	311
ストリームはコレクションではない	316
エラーをストリームの要素として扱う	319
ディレクティブ	326
識別子のバッククォート	326
マーシャリングとアンマーシャリング	327
JSONストリーミングのサポート	331
MergePreferredなGraphStage	336
定義済みGraphStageと独自のGraphStage	338
ストリーム完了時のgroupedWithin	344
レスポンスのマーシャリング	368
コマンドラインからシードノードリストを上書きする	392
ルーターの設定	394
AdaptiveLoadBalancingPoolとAdaptiveLoadBalancingGroup	400
回復のカスタマイズ	425
マイクロベンチマーキング	456
特定のMessage Queueセマンティクスを持つメールボックスの選択	458

序文

　優れた並行アプリケーションや分散アプリケーションを構築することは困難であるといわれています。低レベルな並行プログラミングをJavaでたくさん行う必要があったプロジェクトをちょうど終えたところで、より一層挑戦的になることがわかっていた次のプロジェクトに向けてさらにシンプルなツールを探していました。

　2010年3月のDean Wamplerのツイートがきっかけで、私はAkkaを検討することになりました。

　　W00t! RT @jboner: #akka 0.7 is released: http://bit.ly/9yRGSB

　ソースコードの調査とプロトタイプの作成を行った後、我々はAkkaを使うことに決めました。この新しいプログラミングモデルが、以前のプロジェクトで経験した問題をごく単純化することがすぐに明らかになりました。

　私は、最先端技術の冒険に参加するようRob Bakkerを説得し、ScalaとAkkaを使った最初のプロジェクトを構築する冒険へと共に出発しました。我々は早々にJonas Bonér（Akkaの創始者）へ助けを求めました。あとでわかったことですが、我々はAkkaを本番環境で使ったはじめてのユーザーとして知られていたそうです。我々はこのプロジェクトをやり遂げ、その後、他にも多くの人々が続きました。Akkaを使うことによって得られる利点はいずれのプロジェクトにおいても明白でした。

　当時、オンラインで入手可能な情報はほとんどなかったため、私はAkkaに関するブログを始めることでAkkaプロジェクトに貢献することに決めました。

　この本を書くように求められたときは本当に驚きました。私はRob Bakkerに本を一緒に書きたいかとたずねました。その後、我々はさらに多くの助けが必要であることを認識し、JavaとAkkaでプロジェクトを構築していたRob Williamsにも加わってもらいました。

　我々は最終的にこの本を完成させることができたこと、そして、Akka (2.4.9) について書くことができたことをうれしく思います。Akkaはまさしく、分散・並行アプリケーションを構築するための包括的なツールセットを提供するのです。非常にたくさんのMEAP (Manning Early Access Program) 読者の方々が時間をかけて我々にフィードバックをくれたことに感謝しています。Manning社からの多大なるサポートは、はじめての執筆となる我々にとって非常に貴重なものでした。

　Akkaを使用する前に我々全員が経験し同意したことの1つは、JVM上で分散・並行アプリケーションを作成するには、よりシンプルで優れたツールが必要であったことです。まさしくAkkaがそれを提供してくれるということを読者に確信してもらえることを願っています。

Raymond Rustenburg

謝辞

本書の執筆は実に時間がかかり、その間、たくさんの人たちが我々を助けてくれました。皆さまの助けにはとても感謝しています。本書のMEAP版を購入したすべての読者に対して御礼の言葉を述べなければなりません。本書の記述を大幅に改善させたすべてのフィードバックと長い年月にわたる忍耐力に感謝します。皆さんには、この最終成果を楽しんでもらえることとMEAPの過程で多くの学びが得られたことを願っています。

特に、インスピレーションと貴重な意見を提供してくれたAkkaのコアチームメンバーであるJonas Bonér、Viktor Klang、Roland Kuhn、Patrik Nordwall、Björn Antonsson、Endre Varga、Konrad Malawskiには、心からの謝意を表します。

また、Edwin RoestenburgとオランダのCSC Traffic Managementには、ミッションクリティカルなプロジェクトでAkkaを使い始めることに対して十分な信頼をいただき、はじめてのAkkaの経験を得るというとてつもない機会を与えてくださったことに感謝いたします。Rayが業務時間を執筆に費やせたことと、Akkaの経験を深めるためにすばらしい職場環境を与えてくださったXebiaにも感謝いたします。

我々を信頼してくださったManning社に感謝します。本書は我々にとってはじめての書籍であり、リスクの高い冒険的事業だったと思います。すばらしい仕事をしてくださったManning社のMike Stephens、Jeff Bleiel、Ben Berg、Andy Carroll、Kevin Sullivan、Katie Tennant、Dottie Marsicoに感謝します。

すべての章において徹底した技術校正をしてくださったDoug Warrenに感謝します。他にも多くのレビュアーの方々が、執筆および開発過程において有益なフィードバックをくださいました。Andy Hicks、David Griffith、DušanKysel、Iain Starks、Jeremy Pierre、Kevin Esler、Mark Janssen、Michael Schleichardt、Richard Jepps、Robin Percy、Ron Di Frangoです。

最後に、我々が本書を執筆する間、支えてくれた人生における大切な人々に感謝したいと思います。Rayは妻Chanelleに感謝し、Rob Williamsは母Gail、そしてLaurieに感謝します。

本書について

　本書は、Akkaツールキットを紹介し、その中の最も重要なモジュールについて説明します。特に、アクタープログラミングモデルと、並行・分散アプリケーションを構築するためにアクターをサポートするモジュールに焦点を当てています。本書の中では、日常的なソフトウェア開発の重要な側面である、コードをテストする方法を示すことに時間を割いています。すべての例において、Scalaプログラミング言語を使用しています[※1]。

　アクターのコーディングとテストの基礎を学んだ後、Akkaを使って実際のアプリケーションを構築する際に遭遇するすべての重要な側面を見ていきます。

■対象読者

　この本は、Akkaを使ってアプリケーションを構築する方法を学びたい方を対象としています。例はScalaで書かれているため、読者がすでにScalaを知っているか、Scalaも同時に学ぼうとしていることを想定しています。また、ScalaはJVM上で動作するため、Javaに慣れ親しんでいることを想定しています。

■構成

　本書は17の章と1つの付録で構成されています。

第1章　Akkaのアクターを紹介します。伝統的にスケーリングアプリケーションの構築を非常に難しくしているいくつかの主要な問題を、アクタープログラミングモデルがどのように解決するかを学びます。

第2章　クラウド上で簡単にサービスを起動して実行する方法を示すため、Akkaで構築したHTTPサービスの例を紹介しています。以降の章で学ぶことを簡単に紹介しています。

第3章　ScalaTestとakka-testkitモジュールを用いたアクターの単体テストについて説明します。

第4章　監督とモニタリングがどのようにしてアクターからなるシステムに、高い信頼性と耐障害性をもたらすのかを説明します。

第5章　関数の結果を非同期に構築するのに非常に便利で、シンプルなツールであるFutureを紹介します。また、Futureとアクターを組み合わせる方法も学びます。

※1　[訳注] 本書邦訳版では、付録としてJavaでの実装方法も解説しています。

| 第6章 | ネットワークを越えてアクターを分散させることができるakka-remoteモジュールについて説明します。また、分散アクターシステムを単体テストする方法についても学習します。 |

| 第7章 | Typesafe Configライブラリーを使用してAkkaを設定する方法について説明します。また、このライブラリーを使用して独自のアプリケーションコンポーネントを設定する方法についても詳しく説明します。 |

| 第8章 | アクターベースのアプリケーションの構造的パターンについて詳しく説明します。典型的なエンタープライズインテグレーションパターンのいくつかを実装する方法を学びます。 |

| 第9章 | ルーターの使用方法について説明します。ルーターはアクター間でのメッセージの切り替えやブロードキャスト、ロードバランシングに利用できます。 |

| 第10章 | アクターから別のアクターへメッセージを送信するのに使用できるメッセージチャネルを紹介します。アクターのためのポイントツーポイントチャネルとパブリッシュ・サブスクライブメッセージチャネルについて学びます。デッドレターチャネルと保証配信チャネルについても学びます。 |

| 第11章 | FSMモジュールを使用して有限状態マシンのアクターを構築する方法について説明します。また、状態を非同期に共有するのに使用できるエージェントについても紹介します。 |

| 第12章 | akka-streamモジュールを紹介し、Akkaでストリーミングアプリケーションを構築する方法を学びます。また、ログイベントを処理するストリーミングHTTPサービスを構築する方法について詳しく説明します。 |

| 第13章 | 他システムと統合する方法について説明します。Alpakkaを使用して、さまざまなプロトコルと統合する方法と、akka-httpモジュールを使用してHTTPサービスを構築する方法を学びます。 |

| 第14章 | akka-clusterモジュールの使用方法について説明します。ネットワーク上のクラスター内のアクターを動的にスケールする方法を学びます。 |

| 第15章 | akka-persistenceモジュールを紹介します。永続アクターを使用して永続状態を記録および回復する方法、クラスターシングルトンとクラスターシャーディング拡張を使用してクラスター化されたショッピングサービスアプリケーションを構築する方法を学びます。 |

| 第16章 | アクターシステムにおけるパフォーマンスの重要なパラメータについて説明し、パフォーマンスの問題を分析する方法に関するTipsを紹介します。 |

第17章	近い将来使えるようになる、非常に重要になるであろう機能を2つ紹介します。1つはコンパイル時にアクターのメッセージをチェックできるakka-typedモジュールで、もう1つはクラスター内の状態をインメモリで分散させる機能を提供するakka-distributed-dataモジュールです。
付　録	AkkaはScalaだけでなくJavaでも使えます。この付録では、アクターの基本的な4つの操作、生成 (create)、送信 (send)、監督 (supervise)、状態変化 (become) について、Javaで実装する方法を紹介します。

■ソースコードの凡例とダウンロード

リストや文書内のすべてのソースコードは、通常の文書と区別するために等幅フォントを使用しています。多くのリストにコードの注釈を記載し、重要な概念を強調しています。本書のコード例は、以下のGitHubからダウンロードできます。

● **本書サンプルコード**

　https://github.com/akka-ja/akka-in-action

また、原著『Akka in Action』のコード例は、Manning社のWebサイト (www.manning.com/books/akka-in-action) および以下のGitHubからダウンロードできます。

● **原書サンプルコード**

　https://github.com/RayRoestenburg/akka-in-action

■ソフトウェア要件

すべての例においてScalaを使用し、すべてのコードはScala 2.12.3でテストされています。Scalaは以下のサイトから取得できます。

　http://www.scala-lang.org/download/

sbtの最新バージョン（執筆時点では0.13.15）をインストールしてください。古いバージョンのsbtがインストールされている場合、問題が発生する可能性があるためです。sbtは以下のサイトから取得できます。

　http://www.scala-sbt.org/download.html

Akka 2.5.3ではJava 8が必須であるため、同様にインストールする必要があります。以下のサイトから取得できます。

　http://www.oracle.com/technetwork/java/javase/downloads/jdk8-downloads-2133151.html

著者について

Raymond Roestenburg

経験豊富なソフトウェア職人、多言語プログラマー、ソフトウェアアーキテクトです。 Scala コミュニティの活発なメンバーであり、Akkaのコミッターです。Akka-Camelモジュールに貢献しました。

Rob Bakker

並行バックエンドシステムとシステム統合に力を注ぐ経験豊富なソフトウェア開発者です。ScalaとAkkaをバージョン0.7から本番環境で使用していました。

Rob Williams

ontometricsの創設者で、機械学習を含むJavaソリューションに力を注いでいます。Robは、アクターベースのプログラミングを10年前にはじめて使用して以来、いくつかのプロジェクトで使用してきました。

第1章

Akkaの紹介

この章で学ぶこと

- ☐ なぜスケールすることが難しいか
- ☐ 一度書けばどこでもスケールする
- ☐ アクタープログラミングモデルの概要
- ☐ Akkaのアクター
- ☐ Akkaとは？

　90年代の半ば、ちょうどインターネット革命の前までは、アプリケーションは単一のコンピューター・単一のCPU上で実行されるのがごく一般的でした。アプリケーションの応答速度が十分ではなかった場合、高速なCPUが市場に出回るまで待っていたものです。そのときまで待てば処理速度の問題は解決するのですから、コードを変更する必要はありません。世界中のプログラマーは（技術革新という）フリーランチを食べ、幸せな人生を過ごしていました。

　2005年に発行されたDr. Dobb's Journal誌に、Herb Sutterはある根本的変化に関する論文を発表しました（http://www.gotw.ca/publications/concurrency-ddj.htm）。要約すると、「CPUのクロック速度の向上は限界に達しており、フリーランチはもう食べられない」ということです。

　アプリケーションの実行速度をより速くする必要がある場合、もしくはより多くのユーザーをサポートする必要がある場合は、アプリケーションは**並行**（concurrent）に動作しなければいけません（並行については後ほど厳密な定義をしますので、今のところは、シンプルに「単一のスレッドではない」と定義しておきます。これは厳密さには欠けますが、現時点での理解としては問題ありません）。

　スケーラビリティとは、システムがパフォーマンスにマイナスの影響を与えることなく、リソースに対する需要の変化に適応できるという尺度のことです。**並行性**（concurrency）はスケーラビリティを達成するための手段です。つまり、必要に応じてより多くのCPUをアプリケーションサーバーに追加し、自動的に利用し始めることが前提となっています。これは、フリーランチに次ぐ最善の策です。

　Herb Sutterがすばらしい記事を書いた2005年頃、クラスター化されたマルチプロセッサーサーバー上でアプリケーションを実行する企業が出てきました（単に1台のサーバーがクラッシュしたときの備えだけだったので、多くとも2、3台の構成だったようですが）。当時のプログ

1

ラミング言語でも並行性はサポートしていましたが、限定的で、多くの普通のプログラマーは「黒魔術」と呼んでいました。Herb Sutteは自身の記事でこう予測していました。「プログラミング言語には、並行性でうまく対処することがますます求められるでしょう」

それ以降の時代の変化は驚くべきものでした。今日まで早送りしてみると、いまやアプリケーションがクラウド上の多くのサーバー上で動いており、多くのデータセンターをまたがって多くのシステムを統合しています。エンドユーザーからの要求は増え続け、パフォーマンスや安定性などのシステム要件が一層求められるようになっています。

では、その新しい並行処理機能はいったいどこにあるのでしょうか？ ほとんどのプログラミング言語、特にJVM（Java Virtual Machine：Java仮想マシン）上の言語で並行実行のサポートは進化しませんでした。並行処理APIの実装詳細は確実に改善されていますが、まだなお、扱うのが困難であると悪名高いスレッドやロックのような低レベルの構築要素を用いて実装しなければなりません。

スケールアップ（たとえば、既存サーバーのCPUのようなリソースを増やす）の次のステップとなる**スケールアウト**は、クラスターに動的にサーバーを追加することを示します。90年代以降も、プログラムからネットワークを利用する方法は変わっていません。いまだに多くの技術は、基本的にはRPC（Remote Procedure Call）を使ってネットワーク通信を行っています。

その間、クラウドコンピューティングサービスとマルチコアCPUアーキテクチャの進歩により、これまで以上にコンピューティングリソースが豊富になりました。

かつて、IT業界の巨大プレイヤーにしかできなかった、超大規模な分散アプリケーションのプロビジョニングとデプロイメントが、PaaS（Platform as a Service）製品によって簡単にできるようになりました。AWS EC2（Amazon Web Services Elastic Compute Cloud）やGoogle Compute Engineのようなクラウドサービスは、文字どおり数分で数千台のサーバーをスピンアップする機能を提供します。Docker、Puppet、Ansibleやその他の多くのツールは、アプリケーションを仮想サーバー上で簡単に管理し、パッケージにします。

デバイス内のCPUコアの数もますます増えており、今日では携帯電話やタブレットでさえ複数のCPUコアを持っています。

とはいえこれは、いかなる問題に対してもいくらでもリソースをつぎ込めるという意味ではありません。最終的にはコストと効率性がすべてです。つまり、効率的にアプリケーションをスケールさせるべきです。別の言い方をすると、投資に見合う価値を得るべきだということです。スケーリングのコストを考えることは理にかなっています。指数関数的に時間を要する複雑なソートアルゴリズムを決して使わないのと同じでしょう。

アプリケーションをスケールさせるときは、次の2つのことが期待されます。

- 限りあるリソースで増加する需要を処理することは現実的ではないので、理想的には、需要の増加に合わせて線形もしくはそれより緩やかな速度で必要なリソースを増加させる。**図1.1**は、

需要と必要なリソースとの関係を示している

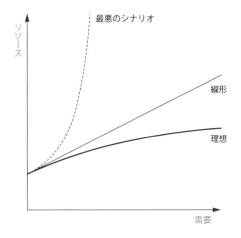

● 図1.1　リソースに対する需要

- リソースを増加する必要がある場合、理想的には、アプリケーションの複雑さは同じままか、緩やかに増加させることが望ましい（実際、古き良きフリーランチの時代では、アプリケーションを速くするために複雑さを加える必要はまったくなかった）。**図1.2**は、リソース量と複雑度との関係を示している

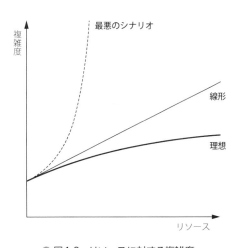

● 図1.2　リソースに対する複雑度

スケールするために必要な総コストは、リソース量と複雑度の両方から影響を受けます。このほかにも多くの要因を挙げられますが、両者がどのような割合になるかが重要であることは明らかです。

最悪のシナリオは、多くの活用されていないリソースのために、多大なコストを負担し続けなければならない場合です。もう1つの悪夢のシナリオとして、より多くのリソースを追加したとき、アプリケーションの複雑さが急激に高まるというケースも考えられます。

ここから2つの目標を導くことができます。アプリケーションをスケールさせるときは、複雑性は可能な限り低くとどめておくこと、そしてリソースを効率的に使用するということです。

今日の一般的なツール（スレッドとRPC）を使用して、この2つの目標を満たすことはできるのでしょうか？ RPCでスケールアウトしたり、低レベルのスレッドでスケールアップしたりするのは得策とはいえません。RPCは、ネットワークを介して呼び出すときも、ローカルメソッド呼び出しと変わらないように見せます。つまり、すべてのRPC呼び出しはローカルメソッド呼び出しの抽象化として機能するわけなのですが、そのためには実行中のスレッドをブロックしてネットワークからのレスポンスを待たなければならず、高コストの処理となります。これは、効率的にリソースを使用するという目標に反します。

このアプローチのもう1つの問題は、スケールアップまたはスケールアウトする場所を正確に知っておく必要があるということです。マルチスレッドプログラミングとRPCベースのネットワークプログラミングの関係は、リンゴと梨の関係のようなものです。異なるセマンティクスを使用して、異なるコンテキストで実行され、異なる抽象化レベルで実行されています。アプリケーションがスケールアップのためにスレッドを使用している部分や、スケールアウトのためにRPCを使用している部分をハードコーディングしてしまいます。

異なる抽象化レベルで動作するメソッドをハードコーディングした瞬間、複雑さを大幅に増加させてしまいます。簡単にいうと、RPCとスレッドという2つの絡み合ったプログラミング構造を使うのと1つのプログラミング構造のみを使うのとで、どちらがシンプルかということです。需要の変化に柔軟に適応するために、スケールするアプリケーションを構築するこの多面的なアプローチは必要以上に複雑です。

今日、数千台のサーバーをスピンアップすることは簡単ですが、これまでの説明でおわかりのように、プログラミングにおいても簡単だということはできません。

1.1　Akkaとは何か？

本書ではLightbendによって開発されたオープンソースプロジェクトであるAkkaツールキットを紹介します。Akkaは、並行・分散アプリケーションをよりシンプルに単一のモデルで実装するプログラミングモデルを提供します。そのモデルは**アクタープログラミングモデル**と呼ばれています。「アクター」という概念は（我々の業界において）決して真新しいものではありません。Akkaのユニークな点としては、アプリケーションのスケールアップとスケールアウトをJVM上で両立しており、それをアクターによって提供しています。このあとで見ていきますが、Akka

はリソースを効率良く使い、アプリケーションをスケールさせながらも、複雑性を比較的低く保ちます。

Akkaの第1目標は、クラウド上にデプロイしたりメニーコアのデバイス上で実行するようなアプリケーションを簡単に開発できるようにし、与えられたコンピューティングパワーを効率的に活用することです。Akkaはアクタープログラミングモデルとランタイム、そして必要な補助ツールを提供する、スケーラブルなアプリケーションを開発するためのツールキットです。

1.2　アクターの概要

Akkaはアクターが中心です。Akkaのほとんどのコンポーネントはアクターを使うためのさまざまな方法をサポートしています。アクターの設定、ネットワークへのアクターの接続、アクターのスケジューリング、アクターのクラスター構築といった具合です。アクターベースのアプリケーションを構築するためのサポートや補助ツール群を享受できるのは Akka ならではです。そのおかげで、開発者はアクターでのプログラミングに集中できるのです。

簡単にいうと、アクターは設定やメッセージブローカーを設置するオーバーヘッドのないメッセージキューとよく似ており、非常に小さく縮小されたプログラマブルなメッセージキューのようなものです。そのため、何千、何百万ものアクターを簡単に作ることができます。また、アクターはメッセージを送られない限りは何もしません。

メッセージはシンプルなデータ構造で、作成後は変更できません。一言でいうと、**イミュータブル**です。

アクターは1通ずつメッセージを受信し、その都度なんらかの振る舞いを実行します。キューとは異なり、アクターは他のアクターにメッセージを送ることもできます。

アクターはすべてを非同期で実行します。簡単にいえば、アクターにメッセージを送信する際、応答を待つ必要はありません。アクターはスレッドのようなものではありませんが、送られてくるメッセージは、ある時点でスレッドに渡されます。後ほど見ていきますが、アクターがスレッドに接続する方法はあとから設定できます。ここでは、ハードコーディングされるわけではないということを覚えておいてください。

アクターとは厳密に何なのかをこれから深く見ていきます。今のところアクターの最も重要な機能は、メッセージの送受信でアプリケーションを構築するということです。メッセージは有効なスレッドでローカルに処理するか、別のサーバーでリモートに処理します。どこでメッセージを処理するか、どこでアクターが活動するかは後で決めることができます。これはハードコーディングされたスレッドとRPCスタイルのネットワーク接続とはまったく異なります。アクターは小さいパーツでアプリケーションを開発することを容易にし、フットプリントと管理のオーバーヘッドが非常に小さく縮小されているのを除けば、ネットワークサービスに似ています。

第1章 Akka の紹介

リアクティブ宣言

リアクティブ宣言 (http://www.reactivemanifesto.org/ja) は、堅牢で回復力 (レジリエンス) があり、柔軟かつ最新の要求を反映しやすいシステムの設計を推し進める新しい考え方です。Akka チームは当初からリアクティブ宣言の定義に関わっており、Akka はこの宣言で示されている考えに基づくプロダクトです。

要約すると、リソースを効率良く利用し、アプリケーションを自動的にスケールできるようにすること (これを「弾力性」と呼びます) が、この宣言の大きなモチベーションとなっています。

- ブロッキング I/O は並列化を制限するため、ノンブロッキング I/O が望ましい
- 同期的な対話は並列化を制限するため、非同期な対話が望ましい
- ポーリングはリソース消費を削減する機会を減らしてしまうため、イベント駆動のスタイルが望ましい
- もし、あるノードが他のノードを道連れでダウンさせる可能性があると、資源の無駄遣いになる。そのため、作業をすべて失わないように、エラーを隔離する必要がある (回復力)
- システムには弾力性が必要になる。需要が小さければリソースを減らし、大きければリソースを増やす。ただし、必要以上にならないようにする

複雑性はコストの大部分を占める。テストや変更、実装が簡単にはできなくなり、大きな問題を抱えることになる

1.3 スケーリングのための2つのアプローチ（サンプルの設定）

この章の残りの部分では、多くのサーバーにスケールする(何百万ものイベントを同時に処理する)必要がある課題に直面しているビジネスチャットアプリケーションを見ていきます。まず、**伝統的なアプローチ**を見ていきます。このようなアプリケーションを構築するのに、おそらく慣れ親しんでいるであろう (スレッドとロック、RPC などを使う) 方法です。そして、この方法と Akka のアプローチとを比較します。

伝統的なアプローチはシンプルなインメモリーのアプリケーションから始めます。並行性と可変な状態のために、データベースに完全に依存したアプリケーションになります。アプリケーションをよりインタラクティブにするには、データベースをポーリングするしかありません。ネットワークサービスが多数追加されると、データベースと RPC ベースのネットワークの組み合わせで、複雑性がかなり増加します。アプリケーションの障害の隔離もかなり難しくなっていきます。こういった多くの問題を認識することになるでしょう。

その後、アクタープログラミングモデルがこのアプリケーションをどのように単純化していくのか、そして、どのようにしてAkkaが一度実装するだけであらゆる要求に応えてスケールできるようにするのかを見ていきます（必要に応じたスケールにおける並行性の問題にも対処します）。**表1.1**では2つのアプローチの異なる点を示します。次の章でも扱いますが、ここでは概要をつかんでください。

● 表1.1　2つのアプローチの違い

目的	伝統的なアプローチ	Akka のアプローチ
スケール	スレッド、データベースで共有された変更可能な状態（CREATE、INSERT、UPDATE、DELETE）、スケーリングを目的としたWebサービスのRPC呼び出しが混在する	Akka はメッセージを送受信し、共有された状態はなくイミュータブルなイベントを記録する
インタラクティブな情報提供	現在の情報をポーリングで取得する	イベント駆動でイベントが発生したときに通知する
ネットワーク上でのスケールアウト	同期的な RPC、ブロッキング I/O	非同期なメッセージ送受信、ノンブロッキング I/O
障害への対処	すべての例外を制御し、すべてが正常なときのみ稼働し続ける	let it crash（クラッシュするならさせておけ）をポリシーとし、障害を分離することで正常な部分を稼働させ続ける

　最先端のチャットアプリケーションで、インターネット上のコラボレーションスペースに革命をもたらし、それによって天下を取ろうと企てているところを想像してみてください。このアプリケーションはビジネスユーザーに注力していて、チーム同士が互いを簡単に見つけることができ、一緒に働くことができます。我々はこのインタラクティブなアプリケーションをどうやってプロジェクト管理ツールにつないで、既存のコミュニケーションサービスと統合するのか、たくさんのアイデアを持っています。

　優れたリーンスタートアップの精神に則り、将来のユーザーが何を必要とするのかについて、できるだけ多くのことを知るために、チャットアプリケーションのMVP（Minimum Viable Product：実用最小限の製品）から始めることにしました。一度製品がローンチされると、何百万ものユーザーを抱えるポテンシャルを持っています（いったい誰がチャットを使わずして、チームで仕事をするというのでしょうか？）。そして、我々はその進捗を阻害する2つの要素があることを知っています。

- **複雑性**── 新しい機能を追加することで、アプリケーションはとても複雑になる。これにより、単純な変更をするだけでも、多くの労力を費やすようになり、適切にテストを実施し、失敗の原因を調査するのが大変難しくなる
- **硬直性**── アプリケーションは適応性がなく、ユーザー数が大きく跳ね上がると、その都度アプリケーションを1から書き直す必要がある。この書き直しは長い時間を要し、複雑になる。ア

プリケーションの処理能力以上のユーザーがいる間も、既存のアプリケーションを稼働させつつ、それと分けて、より多くのユーザーをサポートするために書き直していく

これまで、低レベルのスレッドとロック、RPC、ブロッキングI/O、そして次節の最初のメニューであるデータベースに保管する可変な状態を使った昔ながらの伝統的な方法を選択し、アプリケーションを構築してきました。

1.4 伝統的なスケール

まず、サーバーについて考えてみましょう。最初のバージョンのチャットアプリケーションを構築し、図1.3のようなデータモデルを考えてみます。このバージョンではこれらのオブジェクトをメモリーの中に持つことにします。

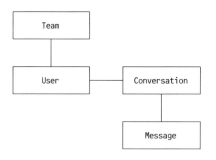

● 図1.3 データモデル設計

TeamはUserをまとめたもので、多くのユーザーがConversationを行っています。ConversationはMessageの集まりです。まずはここまででよいでしょう。

アプリケーションの振る舞いを肉付けしてWebベースのユーザーインターフェイスができたところで、お客様に対してデモをすることになりました。このソースコードはシンプルで管理しやすいのですが、現段階ではメモリー上でのみ動作するため再起動するとConversationが失われてしまいます。また、このアプリケーションは1つのサーバーで動くことことを想定しています。Webのユーザーインターフェイスは「今をときめく例のJavaScriptライブラリ」を使っていて、ただのデモであることを何度忠告しても、ステークホルダーたちがすぐに使いたくなるような魅力的なインターフェイスを提供しています。やがて、サーバーを増強し、本番環境に移行する時期となりました。

1.4.1 伝統的なスケールと耐久性
　　　──すべてをデータベースに保管する

データモデルを反映したデータベースを追加することになりました。可用性を高めるためフロントエンドは2台のWebサーバーでWebアプリケーションを実行し、その前にロードバランサーを置くことにしました。**図1.4**に図示しています。

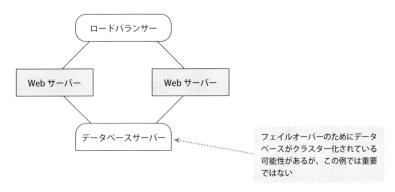

● 図1.4　ロードバランサー／フェイルオーバー

　オブジェクトをメモリー上のみで扱うのではなくデータベースに保管することにしたため、ソースコードは以前より複雑になりました。たとえば、2台のサーバー間でオブジェクトの整合性を取る方法を考えなければなりません。チームのあるメンバーが「ステートレスにすべきだ！」と声を上げたので、多数の機能を持つすべてのオブジェクトをコードから削除し、それらをデータベースのコードに置き換えました。

　オブジェクトの状態は、もはやWebサーバーのメモリー上に単純に乗っかっているわけではありません。つまり、オブジェクトのメソッドは状態を直接変更することはできなくなり、すべての重要なロジックはデータベースにアクセスするプログラムに移行しました。この変更を**図1.5**に図示しています。

　ステートレスアプリケーションへの移行によって、オブジェクトはデータベースアクセスを行う抽象クラスに置き換えられることになります。ここでの例においては、どのデータベースかは問わないことにします。

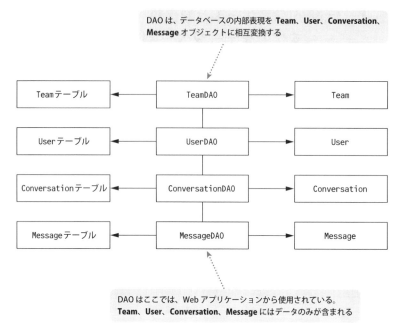

● 図1.5 データアクセスオブジェクト

　ここでは、少し古臭く感じるかもしれませんが、データベース構文を実行するオブジェクトであるDAO（Database Access Object）を使います。

　インメモリバージョンからデータベースバージョンへの移行により、多くの変化が起きています。

- `Conversation` のメソッドを呼び出して `Message` を追加するといった、以前のコードでは実現できていたものが保証できなくなりました。以前の実装では、`addMessage` というメソッドは単純なメモリーの中のリスト操作なので絶対に失敗しないことが保証されていました（JVMのメモリーが不足してしまうような場合を除く）。現在の実装では、`addMessage` の呼び出し時にデータベースのエラーが発生する可能性があります。データの挿入が失敗するかもしれませんし、データベースサーバーがクラッシュしたり、ネットワーク障害によって実行時にデータベースを利用できないかもしれません。
- インメモリーバージョンの実装では、複数ユーザーからの並行アクセスに対処するためにロックを行うコードが散らばっていました。新しいバージョンでは「Database X」というデータベースを使っているので、ロックに関する問題を別の方法で解決しなければならず、重複するレコードや整合性の取れていないレコードが発生しないようにしなければなりません。こういったことをDatabase Xを使ったライブラリで解決する方法を見つけなければなりません。オブジェクトへの単純なメソッド呼び出しはすべてデータベース操作になりますが、その中には協調して

動作する必要があるものもあります。たとえば会話（Conversation）を始めるときには少なくとも Conversation と Message の両方のテーブルへの挿入が必要になります。
- インメモリーバージョンの実装はテストしやすく、単体テストの実行も高速でした。現在の実装ではローカルのテストのために Database X を動かさなければならないですし、それぞれのテストを分離するためになんらかのデータベースユーティリティを使わなければなりません。単体テストの実行は遅くなってしまうでしょう。「とはいえ、少なくとも Database X の操作に関してもテストを実行してるじゃないか」と思われるかもしれません。しかしこれは期待したほど直感的ではなく、以前のインメモリーバージョンとはかなり異なっています。

インメモリーバージョンのコードを直接的にデータベース処理の呼び出しに置き換えると、すべての処理呼び出しにネットワークのオーバーヘッドがあるため、すぐにパフォーマンス上の問題に直面してしまいます。そのため、クエリーのパフォーマンスを向上させるために、選択したデータベース（SQL、NoSQLの両方）に特化した特殊なデータベースの構造を設計することになります。以前のものと比べるとオブジェクトは貧相なものとなり、ただデータを保持しているだけです。意味のあるコードのすべてはDAOやWebアプリケーションのコンポーネントに移されています。この実装の最も悲しいところは以前と違いコードの再利用が難しいことです。コードの構造はまったく姿を変えてしまいました。

Webアプリケーションの「コントローラー」はデータを変更するためにDAOのメソッドを組み合わせます（findConversation、insertMessage などのメソッドを持ちます）。図1.6に示すようにコントローラーがデータベースの操作を自由自在に組み合わせることができますが、このメソッドの組み合わせは振る舞いを容易に予測できないデータベースとのやり取りになります。

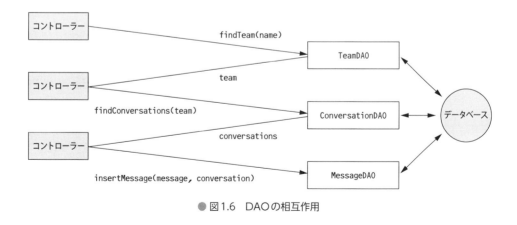

● 図1.6　DAOの相互作用

図1.6はConversationにMessageを追加するときに考えられるフローを示したものです。DAOを使って非常に多くのデータベース操作が呼び出されているのがわかるでしょう。さまざま

な人がいつでもデータを変更したり問い合わせをしたりできるようになっていると、デッドロックのような予期できないパフォーマンスの問題を引き起こすことになります。これはできれば避けたい複雑性の1つです。

データベースの呼び出しは本質的にはRPCであり、最も標準的なデータベースのドライバー（JDBCなど）はブロッキングI/Oを用いています。つまりこれまで述べてきたようにスレッドとRPCの両方を使っています。スレッドの同期のためにメモリーをロックすることと、テーブルのレコードを保護するためにデータベースをロックすることは実際には同じことではないので、これらを組み合わせるときには細心の注意が必要です。1つのプログラミングモデルのみを扱っていたはずが、2つの絡まり合ったプログラミングモデルを扱うこととなったのです。

アプリケーションに1つ目の修正を加えただけですが、予想以上に長くなってしまいました。

---

memo この話は実話ではありません

チームチャットアプリケーションを構築するにあたり、伝統的なアプローチでは実に困難なものとなってしまいます。話としては誇張されていますが、ここに挙げた問題にはこれまで実際にプロジェクトで見てきたものもあるでしょう（我々は実際に似たような事例に直面しました）。Dean Wamplerの「Reactive Design, Languages and Paradigms」というプレゼンテーション（https://deanwampler.github.io/polyglotprogramming/papers/）を引用します。

> 実際問題、たとえ最適なやり方でなくとも、できる人はどんなやり方でもほとんどのことはできるでしょう。

それでは、このサンプルプロジェクトは伝統的な手法では完遂できないのでしょうか？　そういうわけではありませんが、あまり良いやり方ではありません。アプリケーションがスケールしたときに複雑性を低く保ち、柔軟性を高くすることが非常に難しくなるでしょう。

1.4.2　伝統的なスケールとインタラクティブな機能 ──ポーリング

しばらくこの構成で進めていくと、ユーザー数は増加していきました。Webアプリケーションサーバーは大量のリソースは使用せず、ほとんどはリクエストとレスポンスのシリアライズ（およびデシリアライズ）に費やされます。処理時間の大部分は、データベース処理に費やされ、Webサーバーのプログラムは、多くの時間をデータベースドライバーからの応答待ちに費やしています。基本的な機能はすでに実装しているので、次にインタラクティブな機能を実装することにします。ユーザーはFacebookやTwitterに慣れ親しんでおり、ユーザーの名前がチームの会話に出てきたときにメンションがあってほしいのです。そうすることによって名前が出たユー

ザーは会話に参加できます。

　書き込まれたすべてのメッセージを解析し、メンション先の相手を通知テーブルに登録する Mensions コンポーネントを作ります。そのデータをWebアプリケーションがメンション先に通知するためにポーリングします。

　さらに、ユーザーの変更をより早く反映するために、頻繁に他の情報もポーリングしています。ユーザーに本当の会話のような体験をしてほしいからです。

　会話のスピードを遅らせないために、データベースを使用するプログラムを直接アプリケーションに追加するのでなく、メッセージキューを使うようにします。すべての書き込みメッセージは非同期に送られ、別のプロセスがキューからメッセージを取り出し、宛先を見つけて、通知テーブルに記録します。

　データベースはこの時点でかなり負荷が高くなります。Mensions コンポーネントがデータベースに自動ポーリングを行うと、データベースにパフォーマンスの問題を引き起こすことがわかります。Mensions コンポーネントをサービスとし外へ切り離して、専用のデータベースを持つようにします。そこには、通知テーブルとユーザーテーブルの複製を作成し、データベースの同期ジョブによって最新に保つようにします（**図1.7**）。

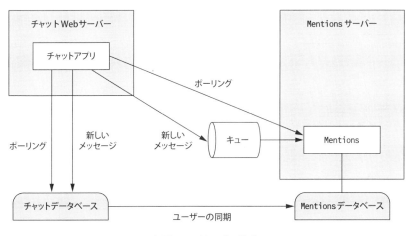

● 図1.7　サービス構成

　さらに複雑さが増しただけでなく、新たにインタラクティブな機能を加えることがさらに難しくなってきました。データベースにポーリングすることはこの類のアプリケーションにはあまり良いアイデアではありませんが、それ以外に選択肢がありませんでした。なぜなら、すべてのロジックはまさにDAOにありDatabaseXはWebサーバーには何も「プッシュ」することはできないからです。

　加えて、メッセージキューを追加することでさらに複雑になっています。インストールして、

環境の設定をしなければなりませんし、プログラムのデプロイも必要です。メッセージキューは独自のセマンティクスとコンテキストを持っており、データベースのRPC呼び出しやインメモリースレッドのプログラムとは異なります。このようなプログラムを責任を持って融合させることはより一層複雑なことになります。

ユーザーは**予測入力**（ユーザーが連絡先の名前の一部を入力するとアプリケーションが候補を提示する）を使って連絡先を見つけるというやり方を望み、最近の電子メールの会話に基づいてチームや現在の会話の候補を自動的に受け取りたいというフィードバックを出し始めます。そこで、GoogleContacts APIやMicrosoft Outlook.com APIのようなWebサービスを呼び出す`TeamFinder`オブジェクトを構築します。そのためのWebサービスクライアントを作って、宛て先検索機能を組み込みます（**図1.8**）。

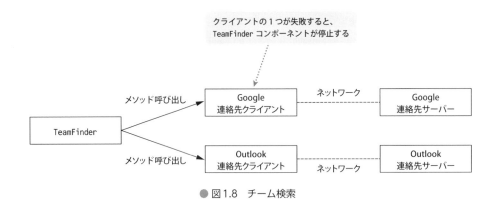

● 図1.8　チーム検索

サービスの1つが頻繁に失敗し、最悪の場合は長い時間待たされた末にタイムアウトが発生したり、トラフィックが1分あたりわずか数バイトに減速したりすることがわかってきます。また、Webサービスに次々とアクセスがあり応答を待っているため、たとえサービスが正しく稼働して予測入力リストを正常に返したとしても、長い時間が経過したあとで検索に失敗することがあります。

さらに悪いことに、DAOにデータベースアクセスメソッドを集約し、`TeamFinder`オブジェクトに連絡先検索を集約しましたが、コントローラーはこれらのメソッドを他のメソッドと同じように呼び出しています。すると、2つのデータベースアクセスメソッドの間でユーザー検索が行われることがあり、データベースへのコネクションが必要以上に長く続き、データベースリソースを使い果たしてしまうことになります。`TeamFinder`が失敗すると、アプリケーションの同じフローのすべての処理が同様に失敗します。コントローラーは例外を投げて、処理を続行できません。では、どのようにして`TeamFinder`を残りのプログラムから安全に切り離せばよいのでしょうか？

さらに新しい修正が必要になったとしましょう。複雑さは改善されているとはいえません。実際、現在4つのプログラミングモデルを使っています。インメモリーのスレッド、データベース操作、Mentionsのメッセージキュー、連絡先のWebサービスです。

現状の3台のサーバーから、必要になったときに10台、さらに100台のサーバーへと、どのようにして移行すればよいのでしょうか？　現在のアプローチでは明らかにうまくスケールできません。方向性を変え、新しいやり方にチャレンジしなければなりません。

次節では、新たなチャレンジのたびにやり方を変える必要のない設計戦略が本当にあるのか検討していきます。

1.5　Akkaによるスケール

アクターだけを使って、アプリケーションのスケーリング要件を満たすことが実現可能かどうかを見ていきましょう。皆さんはまだアクターが厳密に何であるかをご存知ないかもしれませんので、ここではアクターをオブジェクトと同じ意味で使用し、このアプローチと伝統的なアプローチの概念的な違いに焦点を当てていきます。

表1.2に、2つのアプローチの違いを示します。

● 表1.2　アクターと伝統的なアプローチの比較

目的	伝統的なアプローチ	Akkaのアプローチ（アクター）
アプリケーションを再起動したりクラッシュしたりしたときでも、会話（Conversation）データを耐久性のあるものにする	プログラムをDAOに書き直し、全関係者がデータを作成・更新・挿入・照会する共有された1つの大きな可変状態として、データベースを使う	インメモリーの状態を使い続ける。状態の変更は、メッセージとしてログに送られる。アプリケーションを再起動したときは、このログから状態を復元する
インタラクティブな機能（Mentions）を提供する	データベースをポーリングする。ポーリングは、データに変更がなかった場合も大量のリソースを使用する	関心がある関係者にイベントをプッシュする。オブジェクトは、関係するイベントが発生した場合にのみ関係者に通知し、オーバーヘッドを削減する
サービスの分離：Mentionsとチャット機能を互いに干渉させない	非同期処理のために、メッセージキューを追加する	アクターは元々非同期であり、メッセージキューの追加は不要。メッセージの送受信には精通しているので余分な複雑性がない
重要なサービスが失敗したり、あるタイミングでパフォーマンス指標を逸脱した場合に、システム全体の障害を防止する	すべての障害シナリオを予測し、例外をキャッチすることにより、エラーが発生しないようにする	メッセージは非同期に送られ、クラッシュしたコンポーネントによりメッセージが処理されない場合も、他のコンポーネントの安定性に、影響を与えない

アプリケーションコード書いたあとに、好きなようにスケールできればそれはすばらしいことです。アプリケーションの主要なオブジェクトを大きく変更することは避けたいものです。たとえば、1.4.1項でインメモリーオブジェクトのすべてのロジックをDAOに置き換えなければいけなかったことなど、その悪しき例といえるでしょう。

解決したい最初の課題は、会話（Conversations）データを安全に保つことでした。そのため、データベースに直接コーディングしましたが、シンプルなインメモリーモデルではなくなってしまいました。シンプルだったメソッドはデータベースのRPCコマンドに変わり、複数のプログラミングモデルが混在するようになりました。プログラムをシンプルに保ちつつ、会話が失われないようにするには、別の方法を見つけなければなりません。

1.5.1　Akkaによるスケールと耐久性 ──メッセージの送受信

　会話（Conversations）を耐久性あるものにするという最初の問題から解決していきましょう。アプリケーションのオブジェクトは、Conversationsをなんらかの方法で保存しなければなりません。そして、Conversationsは少なくともアプリケーションの再起動時に回復する必要があります。

　インメモリーに追加したすべてのメッセージに対して、Conversationがデータベースログに MessageAddedイベントを送信する方法を**図1.9**に示します。

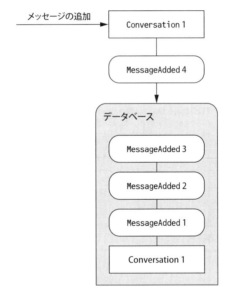

● 図1.9　Conversationsの永続化

　図1.10に示すように、Webサーバーが起動（または再起動）するたびに、データベースに格納したオブジェクトからConversationを再構築できます。

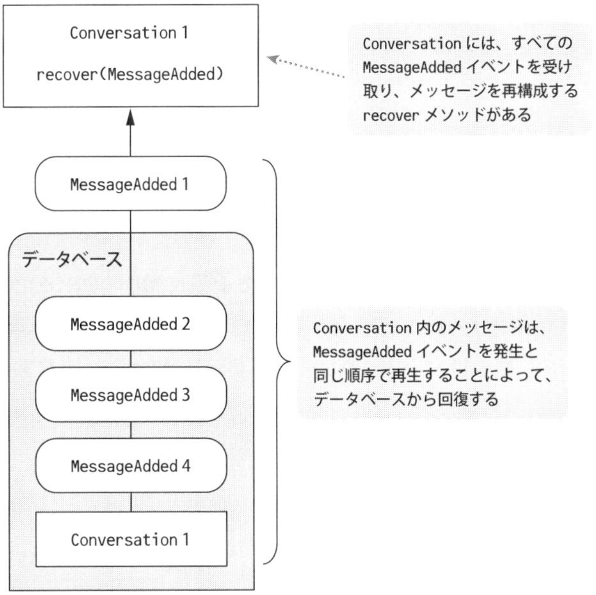

1.5 Akkaによるスケール

● 図1.10 Conversationsの回復

　これがどのように動作するかは、後ほど詳しく説明していきますが、見てのとおり会話のメッセージを回復するためにデータベースを使用するだけです。データベースへの操作をコードの実装には使用しません。**Conversation**アクターは、メッセージをログに送信し、起動時にメッセージを再度受信します。単にメッセージを送受信しているだけですので、新しいことを学ぶ必要はありません。

変更は一連のイベントとして保持

　すべての変更は一連のイベント、この場合は**MessageAdded**イベントとして保持されます。発生したイベントをメモリー上の**Conversation**に再生することで、**Conversation**の現在の状態を再構築できます。この類のデータベースは**ジャーナル**と呼ばれることが多く、その技術は**イベントソーシング**と呼ばれます。イベントソーシングにはもっと多くの要素がありますが、現時点ではこのように定義しておきましょう。

　ここで重要なことは、ジャーナルが一貫したサービスになったことです。このサービスの責務は、すべてのイベントを順番に登録し、ジャーナルに書き込まれたのと同じ順序でイベントを取り出せるようにすることだけです。シリアライズのような詳細には現時点では触れませんので、今すぐ知りたい場合は、第15章「アクターの永続化」を参照してください。

17

データを広める —— CONVERSATIONS のシャーディング

次の問題は、すべての卵を1つのカゴに入れていること、つまり1台のサーバーにすべての会話を保持しているということです。サーバーが再起動し、メモリー内のすべての会話が読み込まれ、引き続き動作します。伝統的な方法がステートレスにしようとする主たる理由は、多くのサーバー間で会話の一貫性を維持することが難しいためです。会話が1つのサーバーに収まらないくらいに増えるとどうなるでしょうか？

これに対する解決策は、サーバー上の会話を予測可能な方法で分割すること、あるいはすべての会話がどこに存在するかを把握することです。これは**シャーディング**または**パーティショニング**と呼ばれます。**図1.11**に、2つのサーバーをまたがるシャードにある会話を示します。

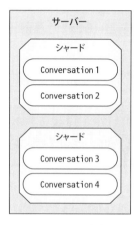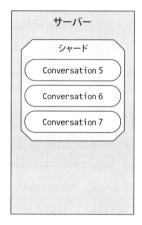

● 図1.11　シャーディング

一般的なイベントソーシングのジャーナルとConversationsをどう分割すべきかの指針があればConversationsのシンプルなインメモリーモデルを使い続けることができます。これらの2つの機能の詳細については、第15章で説明します。ここでは、これらのサービスは簡単に使用できるものと仮定しておきます。

1.5.2　Akkaによるスケーリングとインタラクティブな機能 ——メッセージのプッシュ

Webアプリケーションの全ユーザーがデータベースをポーリングするのではなく、ユーザーのWebブラウザに直接メッセージを送信して重要な変更（イベント）をユーザーに通知する方法を考えてみましょう。

アプリケーションは、特定のタスクを実行するためのシグナルとして内部的にイベントメッセージの送信もできます。何か関心のあることが起こったとき、アプリケーションの各オブジェ

クトはイベントを送信します。他のオブジェクトは関心があるイベントであるかどうかを判断し、それに対処できます（**図1.12**）。

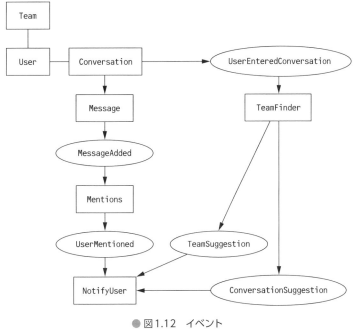

● 図1.12　イベント

　楕円で示しているイベントは、コンポーネント間で望ましくない結合があったシステムを切り離します。`Conversation`は、`Message`を追加しパブリッシュするだけで、自身の作業を続けます。イベントは、双方向に直接通信するコンポーネントではなく、パブリッシュ・サブスクライブメカニズムにより送信されます。イベントは最終的にはサブスクライバに、この場合は`Mentions`コンポーネントに到達します。つまり、この問題に対する解を単純にメッセージの送受信によってモデリングできます。

1.5.3　Akkaでのスケールと障害 ── 非同期な分離

　`Mentions`コンポーネントがクラッシュしても`Conversations`が保持されることが、ユーザーにとってより好ましいことです。`TeamFinder`コンポーネントでも同様で、今存在する会話は引き続き有効であるべきです。`Mentions`コンポーネントや`TeamFinder`オブジェクトといったサブスクライバがクラッシュし、再起動しても、`Conversations`は引き続きイベントをパブリッシュし続けることができます。

　`NotifyUser`コンポーネントがWebブラウザとの接続を監視し続け、`UserMentioned`メッセー

第1章　Akkaの紹介

ジが発生したときにそれをWebブラウザに直接送信できれば、アプリケーションはポーリング
から解放されることでしょう。

このイベント駆動のアプローチには次のような利点があります。

- コンポーネント間の直接的な依存性を最小限にする。ConversationはMentionsを**知らなくて
  もよく、イベントと同時に何が起こったかについて知る必要はない**。Mentionsオブジェクトが
  クラッシュしてもConversationは動作し続けることができる
- アプリケーションのコンポーネントは時間的に疎結合。最終的にイベントが届いてさえいれば、
  Mentionsオブジェクトがイベントを受け取るのが少し遅れても問題にはならない
- コンポーネントは位置的に分離される。イベントは単にメッセージなので、ネットワークを介し
  て送信でき、ConversationとMentionsオブジェクトは異なるサーバーに配備できる

イベント駆動のアプローチは、Mentionsオブジェクトのポーリング問題を、TeamFinderオブ
ジェクトの直接的な結合と同じように解決します。後の第5章では、各レスポンスを順番に待つ
よりも優れている、Webサーバーとの通信方法を見ていきます。繰り返しになりますが、この解
決方法は、ポーリング問題を単純にメッセージの送受信によってモデリングしているのです。

1.5.4　Akkaのアプローチ ──メッセージの送受信

さらに修正を加えましょう。Conversationsはいまやステートフルなインメモリーオブジェク
ト（アクター）で、内部の状態を保存しイベントから回復でき、複数のサーバーをまたいで分割
されメッセージを送受信します。

メソッドを直接呼び合う代わりにメッセージによってオブジェクト間でやり取りを行う方法が、
より優れた設計戦略であることを見てきました。

コアとなる要件は、あるイベントが次のイベントに依存しているときには、メッセージは順番
に各アクターに1つずつ送受信されることです。そうしなければ期待どおりの結果を得ることが
できません。このため、Conversationが自身のメッセージを他のどのコンポーネントからも隠
蔽しておく必要があります。他のコンポーネントがメッセージで相互作用していると、その順番
を維持できなくなるのです。

メッセージを1つのサーバー内でローカル送信するか、別サーバーにリモート送信するかとい
うことを問題にすべきではありません。そのため、必要に応じて他のサーバー上のアクターに
メッセージを送信するためのサービスが必要です。他のサーバーがアクターとやり取りをできる
ようにするために、アクターの場所を追跡して、その参照を提供できることも必要になります。
すぐあとで見ていきますが、これはAkkaが実現してくれることの1つです。第6章では分散環
境でのAkkaアプリケーションの基礎について、第14章ではクラスタリングされたAkkaアプリ
ケーション（簡単にいうと、分散されたアクターのグループ）について説明していきます。

20

Conversationにとって Mentions コンポーネントで何が起きるかは関心事ではありません。し
かし、アプリケーション側では知っておく必要があります。特に Mentions コンポーネントがまっ
たく機能していない場合、ユーザーに対して一時的にオフラインとなったことを示す必要があり
ます。その際、Mensions コンポーネントについて把握していなければならないのです。そのた
めに何かしらの方法でアクターを監視する必要があり、必要に応じて再起動して利用可能な状
態にする必要があります。この監視は複数のサーバーをまたがってたとしても、1つのサーバー
でローカルに行う場合と同様に動作するようにすべきであり、メッセージの送受信を使わなけれ
ばなりません。アプリケーションのハイレベルの構造を**図1.13**に示します。

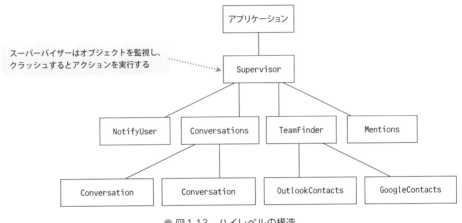

● 図1.13　ハイレベルの構造

　スーパーバイザーはコンポーネントを監視し、それらのコンポーネントがクラッシュしたと
きにアクションを起こします。たとえば、Mentions コンポーネントか TeamFinder が動作しなく
なった場合、実行を継続するか否かを決定できます。Conversations と NotifyUser が完全に動
かなくなったときは、もはやアプリケーションを継続する理由がないため、スーパーバイザーは
完全に再起動するかアプリケーションを停止するかを決定します。コンポーネントは失敗した
ときにスーパーバイザーへメッセージを送信でき、スーパーバイザーはコンポーネントへ停止か
再起動を行うメッセージを送信できます。Akkaがエラーからの回復する仕組みはこのようなも
のですが、詳細については第4章の「耐障害性」で説明します。
　次節では、一般的なアクターについて説明してからAkkaのアクターについて説明します。

1.6　アクター —— ベースとなるプログラミングモデル

　ScalaやJavaを含めたほとんどの汎用プログラミング言語は、コードを逐次的に記述します。逐次的に書かれたコード定義と処理の並列実行の間に存在するギャップを埋めるためには、並行プログラミングモデルが必要です。

　並列化においてはプロセスを同時に実行することが要点であるのに対して、並行処理ではプロセスを同時に実行することも**できます**し、タイミング次第で処理をオーバーラップさせることもできます。しかし必ずしも同時に実行する**必要はありません**。並行システムはその定義上、並列システムではありません。たとえば並行プロセスでは、1個のCPU上で処理時間を分割してプロセスを実行することが可能です。ここでは各プロセスがCPUに対して一定の時間を与えられ、順次実行されることとなります。

　JVMには標準的な並行プログラミングモデルが提供されています（**図1.14**）。簡単にいうと、プロセスがオブジェクトやメソッドで表現されており、スレッド上で実行されます。スレッドは複数のCPU上で並列実行されるかもしれませんし、CPUのタイムスライシングのような共有機構を利用して実行されるかもしれません。先に述べたとおり、スレッドで実現できるのはスケールアップだけで、スケールアウトは実現できません。

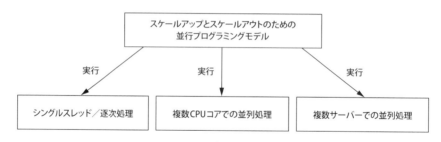

●図1.14　並行プログラミングモデル

　ここで説明している並行プログラミングモデルは、1つまたは複数のCPU上で、あるいは1台または複数台のサーバー上で動作する必要があります。アクターモデルは、メッセージの送受信を抽象化することにより、使用するスレッドの数やサーバーの台数などの情報に対する結合度を下げています。

1.6.1　非同期モデル

　アプリケーションを複数台のサーバーにスケールさせる場合、プログラミングモデルには重大な要件が発生します。それは**非同期**であるということで、チャットアプリケーションのように、コンポーネントが他のコンポーネントからの応答を待たずに処理をし続けることを指します（**図**

1.15）。

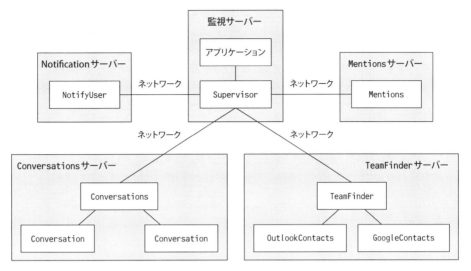

● 図1.15　スケールアウト

　上図は、チャットアプリケーションをスケールし、サーバー5台の構成になったケースを示しています。スーパーバイザーが他のアプリケーションの生成と監視の責任を負っています。ここではスーパーバイザーはネットワーク越しに通信する必要があり、その通信は失敗する可能性があります。さらに各サーバーがクラッシュする可能性もあります。もしスーパーバイザーがすべてのコンポーネントからのすべてレスポンスを待ち合わせるような同期通信を行うとしたら、そのコンポーネントのうち1つでも応答が返ってこない場合、他のすべての呼び出しがブロックされてしまうという困った状況に陥ります。たとえば、スーパーバイザーがすべてのコンポーネントにメッセージを送信しようとしたときに、対話相手のサーバーが再起動中で、ネットワークインターフェイスに応答を行っていない場合、何が起こるでしょうか？

1.6.2　アクターの操作

　アクターは、アクターモデルにおける主要な構成要素です。**図1.16**の例で挙げられているコンポーネントは、すべてアクターです。アクターは、生成（create）、送信（send）、状態変化（become）、監督（supervise）という4つのコアとなる操作を持つだけの軽量プロセスです。これらの操作はすべて非同期に実行されます。

memo アクターモデルは新しいものではありません

アクターモデルは決して新しい概念ではなく、かなり古くから存在しています。このアイデアは1973年にCarl Hewitt、Peter Bishop、Richard Steigerによって紹介されています。1986年にはエリクソンによってプログラミング言語ErlangとOTPミドルウェアライブラリが開発されています。ここではアクターモデルが採用され、高可用性の要件とともに大規模なスケーラビリティを備えたシステムの開発に利用されていました。Erlangの成功を示す例として、AXD 301スイッチの開発が挙げられます。このプロジェクトでは99.9999999％の信頼性を達成し、ナイン・ナインの信頼性として知られています。

Akkaにおけるアクターモデルの実装はErlangの実装と異なる点がありますが、Erlangから大きな影響を受けたのは事実で、実際に多くのコンセプトが共通しています。

送信（SEND）

アクターは、他のアクターに対してメッセージを送信することによってのみ通信を行います。これは**カプセル化**をさらに一歩進めた考え方となります。通常のオブジェクトでは、どのメソッドがパブリックに呼び出し可能で、どの状態が外部からアクセス可能かを定義します。しかし、たとえば会話内のメッセージリストなど、アクターは内部状態へのアクセスを許容しません。アクターは可変な状態を共有しないのです。つまり、いかなるタイミングにおいても、会話内のメッセージリストを共有された形で参照し、並列的に変更を加えることはできないのです。

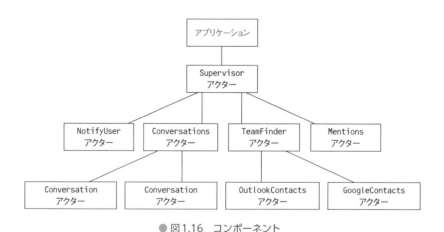

● 図1.16　コンポーネント

`Conversation`アクターは他のアクターのメソッドを単純に呼び出すことはできません。なぜならそれは可変状態の共有につながるからです。代わりにメッセージを送ります。メッセージの送信は常に非同期処理となり、これはいわゆる「fire and forget（撃ちっぱなし）」にあたります。

相手のアクターがメッセージを受信したかどうかを知りたい場合は、受信者側から確認メッセージを送信させるようにします。

Conversationアクターは Mentionsアクターに送信したメッセージの応答を待つ必要がありません。メッセージを送信したら次の作業に取り掛かるのみです。非同期メッセージングは、チャットアプリケーションにおいてはコンポーネント間を疎結合に保つために役立ちます。これは Mentionsオブジェクトにメッセージキューを利用したかった理由の1つでしたが、今となっては必要ありません。

メッセージはイミュータブル（不変）でなければいけません。一度生成されてしまえば変更できないのです。これによって、同じメッセージを2つのアクターが間違って変更してしまい、予期せぬ結果となってしまうことを防げます。

---

memo えっ、型安全じゃないの？

アクターはどんなメッセージでも受信できます。アクターに対してどんなメッセージも送信できますが、アクターがそれを処理するとは限りません。つまり、送受信されるメッセージの型チェックは限定されているということです。これには驚かれるかもしれません、なぜなら Scalaは静的型付け言語であり、その高レベルな型安全性は多くの利益をもたらしているからです。この柔軟性はコストでもあり（ランタイム時のアクターの型の整合性について情報が少ない）、利点でもあります（そもそもどうやってリモートシステムのネットワーク越しに静的型付けを保証するのでしょう？）。まだまだ言い足りないことはありますが、ともあれ Akkaチームはより型安全なアクターを作る方法について研究を続けており、Akkaの今後のバージョンでその詳細が明らかになることでしょう。ご期待あれ！

しかしユーザーが Conversation内のメッセージを編集したくなったらどうすればよいでしょうか？　まず、Conversationに対して EditMessageを送信できます。EditMessageは共有されたメッセージリスト内のメッセージを更新するのではなく、変更したメッセージのコピーを含んでいます。Conversationアクターは EditMessageを受け取って既存のメッセージを新しいコピーで置き換えます。

並行処理においては不変性は必要不可欠で、管理すべき状態変化が少なくなるため、この制約は人生をより単純にしてくれます。

送信されたメッセージの順序は、送信側と受信側のアクター間で保持されます。アクターは一度にメッセージを1つだけ受け取ります。ここで、ユーザーがメッセージを何度も編集するようなケースを想像してください。この場合、ユーザーが最終的に目にするのは、最後にメッセージを編集した結果というのは理にかなっていると思われます。メッセージの順序は、送信する側のアクターごとにしか保証されません。したがって、複数のユーザーが1つの同一のメッセージを会話内で編集した場合、最終的な結果はメッセージが時間の経過とともにどのように送り込まれ

たかによって変わります。

生成（CREATE）

アクターは別のアクターを生成することができます。**図1.17**では、Supervisorアクターが Conversationsアクターを作成する流れが示されています。アクターの階層構造は自動的に作られています。チャットアプリケーションは最初にSupervisorアクターを作成し、そのアクターがアプリケーション内の他のすべてのアクターを生成します。Conversationsアクターは、ジャーナルからすべてのConversationsを復元します。そして、Conversationsアクターは各ConversationsアクターはConversationアクターを作成し、最終的にConversationアクターはジャーナルから自分自身を復元します。

● 図1.17　生成

状態変化（BECOME）

システムがある状態のときに特定のアクションしか実行しないようにするという要件を実現するには、状態マシンは強力なツールとなります。

アクターは一度に1つのメッセージしか受け取りませんが、これは状態マシンを実装する際に都合の良い性質となります。アクターはその振る舞いを入れ替えることにより、受信するメッセージをどのようにハンドリングするかを変更できます。

ユーザーがConversationを終了する機能を求めているとします。Conversationはスタート状態で開始し、CloseConversationを受け取るとクローズ状態になります。クローズ状態のConversationに送信されたメッセージはすべて無視されます。つまり、メッセージを追加するという振る舞いからすべてのメッセージを無視するという振る舞いへと状態を変更するのです。

監督（SUPERVISE）

アクターは、自分が生成した子アクターを監督する必要があります。チャットアプリケーションにおけるスーパーバイザーは、メインコンポーネントに何が起きているかを追跡できます（**図1.18**）。

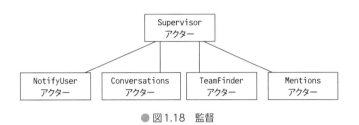

● 図1.18　監督

Supervisorはシステム内のコンポーネントに不具合が発生した場合、どう振る舞うべきかを決定します。たとえばMentionsコンポーネントやNotifyアクターは基幹コンポーネントではないため、クラッシュしてもチャットアプリケーションを終了させないという判断も可能です。Supervisorは、どのアクターがどんな理由でクラッシュしたかを示す特別なメッセージを受け取ります。これをもとにそのアクターを再起動したり、あるいはサービスから取り除くといった判断を下します。

どんなアクターもスーパーバイザーになれますが、自身が生成した子アクターしか監督できません。**図1.19**ではTeamFinderアクターが連絡先情報を検索するための2種類のコネクタを監督しています。ここではOutlookContactsがあまりにも頻繁にクラッシュするため、これをサービスから取り除くという決断を下すかもしれません。そうするとTeamFinderは連絡先をGoogleからのみ検索するようになります。

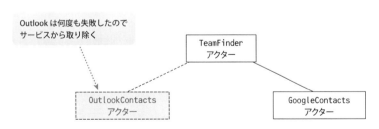

● 図1.19　連絡先アクターを監督するTeamFinder

これまでアクターが実行できる操作を見てきました。ここから先は、Akkaがどのようにアクターをサポートしているか、そして実際にメッセージを処理するにあたって何が必要なのかを見ていきましょう。

第1章　Akkaの紹介

Check　3つの軸から見たアクターの疎結合性

　アクターがスケーラビリティのためにいかなる疎結合を実現しているかを、主に3つの観点から見ることができます。

- 空間／位置
- 時間
- インターフェイス

　まさにこの3軸において疎結合性を実現することが重要なのです。なぜならこの3軸こそが、システムをスケールする際に必要な柔軟性だからです。アクターは十分なCPUリソースがあれば同時実行されるかもしれませんし、リソース不足であればバラバラに実行されるかもしれません。アクターは同じ筐体に配置されるかもしれませんし、それぞれ遠く離れた場所に配置されるかもしれません。失敗シナリオにおいては、アクターが処理できないメッセージを受け取るかもしれません。

- 空間 ── アクターが配置される位置には何の保証もない。また、アクターは他のアクターが配置される位置について何の期待も持たない
- 時間 ── アクターはタスクをいつ完了するかについて何の保証もしない。また、他のアクターがいつタスクを完了するかについて何の期待もしない
- インターフェイス ── アクターは決まったインターフェイスを持たない。アクターは、他のコンポーネントがどのようなメッセージを理解してくれるのかに関して、何の期待もしない。アクター同士で何も共有せず、互いにその場で変更される情報にアクセスしたり使用したりすることはない。情報はメッセージの形で受け渡しされる

　位置、時間、インターフェイスに関して結合を行うのは、失敗から復旧し、要求に応じてスケールするようなアプリケーションの開発の大きな妨げになってしまいます。上記の3つの軸で結合されたコンポーネントから作られたシステムは、1つのランタイム上にしか存在することができず、コンポーネントのうち1つでも失敗すると、全体が失敗してしまいます。

1.7　Akkaのアクター

　ここまでは概念的な視点からアクタープログラミングモデルを説明し、それを使う理由について説明してきました。ここからは、Akkaがどのようにアクターモデルを実装しているかを紹介し、核となる部分へ近づいていきましょう。すべてがどのようにつながるか、つまりAkkaコンポーネントが何をするのかを見ていきます。次項ではアクターの作成から詳しく見ていきましょう。

1.7.1 アクターシステム

最初にアクターの作成方法を見てみましょう。アクターは別のアクターを作成できますが、最初のアクターを作成するのは誰でしょうか？ **図1.20**を見てください。

チャットアプリケーションの最初のアクターは、`Supervisor`アクターです。**図1.20**に示したすべてのアクターは、それぞれが同じアプリケーションの部品です。図には1つだけ大きな部品がありますが、それぞれのアクターをこの大きな全体の1部分たらしめているものは何でしょうか？ Akkaの答えは「アクターシステム」です。Akkaのアプリケーションで最初に行うことはアクターシステムを作成することです。アクターシステムは、いわゆるトップレベルアクターを作成できます。アプリケーション内のすべてのアクターに対してトップレベルアクターを1つだけ作成するのが一般的なパターンです。本ケースでは、`Supervisor`アクターがすべてを監視します。

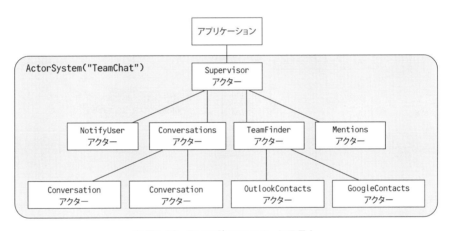

●図1.20　TeamChatアクターシステム

リモーティングや耐久性のためのジャーナルといった、アクターのサポート機能が必要になることについて軽く触れましたが、アクターシステムはこれらのサポート機能を結びつける役割を果たします。ほとんどの機能は、対象のアクターシステムのために特別に構成できるモジュール、**Akka拡張**（Akka Extensions）として提供されています。サポート機能の簡単な例は、定期的にアクターにメッセージを送信できるスケジューラです。

アクターシステムはアクター自身ではなく、作成したトップレベルアクターにアドレスを返します。このアドレスを`ActorRef`と呼びます。`ActorRef`はアクターにメッセージを送信するために使用できます。アクターが別のサーバー上に置かれている可能性があることを考えるとこれは理にかなっています。

アクターシステム内でアクターを探したいときは、アクターパスの出番です。アクターパスは

URLパス構造とアクターの階層をマッピングできます。すべてのアクターは名前を持っており、この名前は、階層内のレベルごとに一意である必要があります。つまり、2つの兄弟アクターが同じ名前を持つことはできません（名前を指定しない場合はAkkaが名前を生成しますが、すべてのアクターに指定することをお勧めします）。すべてのアクター参照（`ActorRef`）は、絶対的または相対的アクターパスによって直接配置できます。

1.7.2　ActorRefとメールボックスとアクター

　メッセージはアクターの`ActorRef`に送信されます。すべてのアクターはメールボックスというキューのようなものを持っています。`ActorRef`に送信されたメッセージを後で到着順に1つずつ処理するために、一時的にメールボックスに保存します。**図1.21**は`ActorRef`とメールボックスとアクターの関係を示しています。

　アクターが実際にメッセージを処理する方法は次項で説明します。

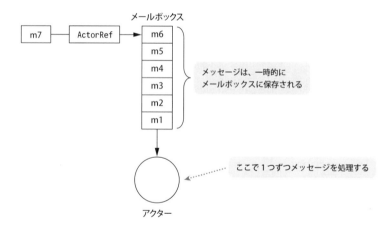

●図1.21　ActorRefとメールボックスとアクター

1.7.3　ディスパッチャー

　アクターは、ある時点でディスパッチャーによって呼び出されます。ディスパッチャーは、アクターを介してメールボックス内のメッセージをアクターにプッシュします（**図1.22**）。

　ディスパッチャーの種類によって、どのスレッドモデルを使用してメッセージをプッシュするかが決まります。**図1.23**に示すように、複数のスレッドにプッシュされたメッセージを多数のアクターが取得します。

　図1.23では、ディスパッチャーによってメッセージm1〜m6はスレッド1および2にプッシュされ、x4〜X9はスレッド3および4にプッシュされることを示しています。この図において、

どのメッセージがどのスレッドでプッシュされるかを正確に制御できるか、制御すべきであるかを考える必要はありません。ここで重要なのは、かなりのレベルまでスレッドモデルを設定できるということです。すべての種類のディスパッチャーは、なんらかの方法で設定でき、アクターや特定アクターのグループ、またはシステム内のすべてのアクターにディスパッチャーを割り当てることができます。

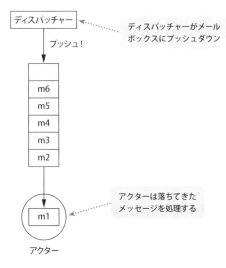

● 図1.22　ディスパッチャーはメールボックスを介してメッセージをプッシュする

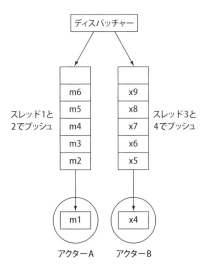

● 図1.23　ディスパッチャーが複数のアクターを介してメッセージをプッシュする

第1章 Akkaの紹介

アクターにメッセージを送信するとき、実際に行うことはメールボックスにメッセージを残しておくことだけです。最終的には、ディスパッチャーがそれをアクターにプッシュします。アクターは、次のアクターのためにメッセージを残すことができ、そのメッセージはあとでプッシュされます。

アクターはディスパッチャー上で実行されるため軽量です。アクターは必ずしもスレッドの数に直接比例しません。Akkaのアクターが使用するメモリーはスレッドよりもはるかに少なくて済みます。およそ270万アクターが1GBのメモリーに収まります。これは1GBのメモリーで4096スレッドを使うことと比べて大きな差であり、スレッドを直接使用する場合よりも、さまざまな種類のアクターをより自由に作成できます。

ディスパッチャーには、特定のニーズに合わせて調整できるさまざまな種類があります。アプリケーション全体で使用されるディスパッチャーとメールボックスを設定および調整できることにより、パフォーマンスのチューニング時に多くの柔軟性が得られます。第16章でパフォーマンスチューニングに関する簡単なヒントをいくつか紹介します。

memo コールバック地獄

多くのフレームワークはコールバックを介した非同期プログラミングを提供します。いずれかのフレームワークを使用したことがあれば、コールバックが別のコールバックを呼び出し、それがさらに別のコールバックを呼び出すように連鎖が続いていく、というような**コールバック地獄**と呼ばれる経験をしている可能性が非常に高いでしょう。

ディスパッチャーがメールボックス内のメッセージを切り出し、特定のスレッド上で、それらをプッシュする方法とコールバックの場合とを比較してください。アクターは、コールバックでコールバックを提供するという最悪の状態に陥る必要はありません。どちらが良いでしょうか。アクターは、単にメールボックス内のメッセージを取り出し、残りのメッセージをディスパッチャーが分類します。

1.7.4 アクターとネットワーク

Akkaのアクターは、ネットワークを介してどのようにお互いに通信を行うのでしょうか？ ActorRefは基本的にアクターのアドレスを示しているので、変更する必要があるのはアドレスをアクターにリンクさせる方法だけです。アクターのアドレスがローカルにもリモートにもなりうることを、ツールキットが考慮していれば、アドレスの解決方法の設定を変更するだけでアプリケーションをスケールできます。

Akkaのリモートモジュール（第6章で説明します）を利用すると、我々が望む透過性が得られます。Akkaは、アクターが存在するリモートマシンにリモートアクターへのメッセージを渡し、ネットワークを介して結果を返します。

変更の必要があるのは、リモートアクターへの参照をルックアップする方法だけです。この変更は後ほど説明しますが、変更するのは設定のみでソースコードはまったく同じです。つまり、コードを1行も変更せずスケールアップからスケールアウトへと移行できます。

本書を通じてわかることですが、アドレス解決の柔軟性はAkkaで頻繁に使用される特徴です。リモートアクター、クラスタリング、さらにテストツールキットでさえ、この柔軟性を使用します。

1.8 まとめ

本章で学んだことをまとめておきましょう。スケールを実現することは伝統的に困難です。スケールが必要になると、すぐに柔軟性と複雑さの両方がコントロールできなくなります。Akkaのアクターでは、キーとなる設計指針を活用することで、より柔軟なスケールを実現できます。

アクターはスケールアップとスケールアウトのためのプログラミングモデルであり、メッセージの送受信を中心に動いています。これはすべての問題を解決する銀の弾丸ではありませんが、1つのプログラミングモデルで実現できることはスケーリングの複雑さを軽減します。

Akkaの中心にいるのはアクターです。アクターベースのアプリケーションを構築するためのサポートや補助ツール群を享受できるのはAkkaならではです。そのおかげで、開発者はアクターでのプログラミングに集中できます。

この時点で、アクターは順当な複雑さでより多くの柔軟性を得ることができ、ずっと簡単にスケールできるということを理解していただけたと思います。しかし、学ぶべきことはまだたくさんあり、そして例によって悪魔は細部に宿ります。細部にこそ落とし穴が潜んでいるものです。

まずは次章でアクターを立ち上げ、単純なHTTPサーバーを構築し、PaaSにデプロイしてみましょう！

第2章
最小のAkkaアプリケーション

この章で学ぶこと

- □ プロジェクトテンプレートの取得
- □ 最小のAkkaアプリケーションをクラウド上に構築
- □ Herokuへのデプロイ

　この章では、一定の機能を持ちながらスケールが容易なAkkaアプリケーションを、いかに短時間で作ることができるかを見ていきます。github.comからサンプルアプリケーションのプロジェクトをクローンし、Akkaのアプリケーションを構築し始めるにあたって知っておくべき重要なポイントを見ていきましょう。最初に、最小のアプリケーションに必要な依存関係を見ていきます。Lightbendの**sbt**を使って、アプリケーションを実行する1つのJAR (Java ARchive) ファイルを作ります。最小規模のチケット販売アプリケーションを作り、最初のイテレーションではRESTサービスの最小セットを作ります。できる限りシンプルに保ちながらAkkaの重要な機能にフォーカスしていきます。最終的に、簡単にクラウドにデプロイできることを紹介し、有名なクラウドプロバイダーであるHeroku上で動かしてみます。完成するまでのスピードに注目してください！

　Akkaで特にエキサイティングなのは、起動するのがとても簡単で、ランタイムのフットプリントが小さいにもかかわらず柔軟であるということです。この章を読めば、すぐに納得していただけることでしょう。ここではインフラの詳細については触れませんが、第12章でAkka HTTPを使う方法を詳しく見ていくことにします。しかし、本章を終える頃にはあらゆる種類のRESTインターフェイスを作成するための十分な情報を得ているはずです。次節では、**TDD** (Test-Driven Development：テスト駆動開発) でどのように開発していくかを見ていきます。

2.1　クローンとビルドとテストインターフェイス

　簡便にアプリケーション開発ができるように、本書で扱うソースコードを含め、すべてのコードをgithub.comに公開しています。まず最初に、任意のディレクトリにリポジトリをクローンし

第2章　最小のAkkaアプリケーション

てください（**リスト2.1**）。

> **リスト2.1**　サンプルプロジェクトのクローン

```
git clone https://github.com/akka-ja/akka-in-action.git ←
```
　　　　　　　　　　　　　　　　　正しく動作するサンプルコードのGitリポジトリをクローンする

これによって、**akka-in-action**ディレクトリが作成されます。この中には**chapter-up-and-running**ディレクトリがあり、そこに本章のサンプルプロジェクトが格納されています。Git、GitHubやその他のツールはすでにご存知のことでしょう。本節ではsbt、Git、Heroku CLI、httpie（簡単に使えるコマンドラインのHTTPクライアント）を使用します。

❋ 注意！

Akka 2.5はJava 8を必要とします。インストールされているsbtのバージョンが古い場合は削除し、0.13.7以上のバージョンにアップグレードしてください。Paul Philips氏のsbt-extras（https://github.com/paulp/sbt-extras）も便利です。使用しているsbtとScalaのバージョンを自動的に割り出します。

プロジェクトの構造を見てみてください。sbtはMavenに似たプロジェクト構造に従います。Mavenとの大きな違いは、sbtがインタープリターを持っておりビルドファイルでScalaが使えるということです。このことはsbtをより強力にしています[1]。**chapter-up-and-running**ディレクトリ内の**src/main/scala**にサーバーサイドの全コード、**src/main/resources**に設定ファイルとその他のリソースファイルがあり、**src/test/scala**にテストコードがあります。プロジェクトは細かな設定をしなくてもビルドできます。**chapter-up-and-running**ディレクトリ内で次のコマンドを実行し、うまくいくことを祈っておいてください。

```
sbt assembly ←
```
　　　　　　　　ソースコードをコンパイルして1つのJARファイルにパッケージ化する

sbtが起動し始め、必要な依存ライブラリをすべて取得し、すべてのテストを実行し、最後に**target/scala-2.12/goticks-assembly-1.0.jar**という名前の巨大なJARがビルドされるはずです。**リスト2.2**に示しているコマンドで簡単にサーバーを起動できます。

> **リスト2.2**　JARを実行

```
java -jar target/scala-2.12/goticks-assembly-1.0.jar ←
RestApi bound to /0:0:0:0:0:0:0:0:5000) ←
```
　　　　　　　　　　　　　　　　　　　　　　通常のJavaコードと同様にアプリケーションを実行する

　　　　　　　　　　　　コンソールへの出力：HTTPサーバーが開始し、5000番ポートをリッスンする

---

[1]　sbtに関する詳しい情報は、Joshua SuerethとMatthew Farwellの『SBT in Action』（Manning Publications：https://www.manning.com/suereth2/）を参照してください。

2.1 クローンとビルドとテストインターフェイス

これで、プロジェクトが正しくビルドされることを確認できたので、その中身を説明します。次項ではビルドファイルから始めて、リソースとサービスの実際のソースコードを見ていきます。

2.1.1 sbtでビルドする

最初にビルドファイルを見てみましょう（**リスト2.3**）。さしあたって必要なものがすべて揃っているため、シンプルなsbtのDSL（Domain Specific Language：ドメイン固有言語）をこの章のビルドファイルに使っています。本書を読み進めていく中で、sbtファイルに戻って依存性を追加することになるでしょう。しかし、将来的にはテンプレートの助けを借りたり、他のプロジェクトから大きなビルドファイルをカット＆ペーストしたりすることなく、手早く扱えるようになるでしょう。build.sbtというビルドファイルは**chapter-up-and-running**ディレクトリ直下に配置されています。

リスト2.3 sbtのビルドファイル

```
enablePlugins(JavaServerAppPackaging)   ←──── Herokuへのデプロイに必要（このあとで出てきます）
name := "goticks"
version := "1.0"
organization := "com.goticks"   ←──── アプリケーションの情報

libraryDependencies ++= {   ←──────── 依存ライブラリを取得する先のリモートリポジトリをsbtに指示
  val akkaVersion = "2.5.4"   ←──── 使用するAkkaのバージョン
  val akkaHttpVersion = "10.0.10"   ←──── 使用するAkka HTTPのバージョン
  Seq(
    "com.typesafe.akka" %% "akka-actor"           % akkaVersion,
    "com.typesafe.akka" %% "akka-http-core"        % akkaHttpVersion,
    "com.typesafe.akka" %% "akka-http"             % akkaHttpVersion,
    "com.typesafe.akka" %% "akka-http-spray-json"  % akkaHttpVersion,
    "com.typesafe.akka" %% "akka-slf4j"            % akkaVersion,
    "ch.qos.logback"     % "logback-classic"       % "1.1.3",
    "com.typesafe.akka" %% "akka-testkit"          % akkaVersion    % "test",
    "org.scalatest"     %% "scalatest"             % "3.0.0"        % "test"
  )
}
```

Akkaアクターモジュールの依存関係（Lightbendの旧社名は「Typesafe」であったため、パッケージ名は「typesafe」）

ダウンロードされるライブラリがどこからやってきたのか不思議に思うかもしれませんが、sbtは事前に定義されたリポジトリ群を使用します。そこにはLightbendのリポジトリが含まれており、ここで使うAkkaのライブラリをホスティングしています。Mavenを利用していた方からすると、よりコンパクトに見えるでしょう。Mavenと同じようにリポジトリと依存を一度定義すると、1つの値を変えるだけで簡単に新しいバージョンを取得できます。

依存ライブラリごとに**organization % module % version**というフォーマットでMavenのアー

37

第2章　最小のAkkaアプリケーション

ティファクトを指定します（%%はScalaバージョンを補完し、正しいバージョンのライブラリを自動的に選択します）。ここで重要な依存はakka-actorモジュールです。これでビルドファイルの設定ができたので、ソースコードをコンパイルし、テストを実行でき、さらにJARファイルをビルドできるようになりました。chapter-up-and-runningディレクトリでリスト2.4のコマンドを実行してください。

> **リスト2.4** テストの実行

```
sbt clean compile test ◀─── targetディレクトリを削除し、コンパイルしてテストを実行する
```

他にダウンロードする必要のある依存ライブラリがあれば、sbtは自動的にダウンロードを行います。ビルドファイルができたので、次項では本サンプルを詳しく見ていきましょう。

2.1.2　GoTicks.com RESTサーバーの構築

これから作成するチケット販売サービスでは、顧客はコンサートやスポーツなど、あらゆる種類のイベントチケットを買うことができます。我々はGoTicks.comと呼ばれるスタートアップのメンバーです。最初のイテレーションで、バックエンドのRESTサーバーをサービスの初期バージョンとして構築するというタスクをアサインされました。まず、顧客が番号付きのショーのチケットを購入できるようにします。イベントのチケットが完売してしまった場合は、サーバーは404（Not found）というHTTPのステータスコードを返します。このREST APIを実装するにあたってまず最初にやらなければならないことは、新しいイベントの追加です（他のすべてのサービスがシステム内のイベントを必要としているため）。新しいイベントは、イベントの名前（たとえば、レッド・ホット・チリ・ペッパーズを指す「RHCP」など）と、その会場で売ることができるチケットの枚数のみを持っています。

このREST APIに対する要件は**表2.1**のとおりです。

● 表2.1　REST API

説明	HTTPメソッド	URL	リクエストボディー	ステータスコード	レスポンス例
イベントの作成	POST	/events/RHCP	{"ticket": 250}	201 Created	{"name": "RHCP", "tickets": 250}
全イベントの取得	GET	/events	—	200 OK	[{ event : "RHCP", tickets : 249 }, {event : "Radiohead", tickets : 130 }]
チケットの購入	POST	/events/RHCP/tickets	{"ticket": 2}	201 Created	{ "event" : "RHCP", "entries" : [{ "id": 1 }, { "id" : 2 }]}
イベントのキャンセル	DELETE	/events/RHCP	—	200 OK	{ event : "RHCP", tickets : 249 }

38

2.1 クローンとビルドとテストインターフェイス

では、sbtの中でアプリケーションを作ってみましょう。**chapter-up-and-running**ディレクトリで**リスト2.5**のコマンドを実行します。

リスト2.5　sbtを使ってローカルでアプリケーションを起動

```
sbt run  ◀─────  ビルドツールにアプリケーションのコンパイルと実行を指示

[info] Running com.goticks.Main
INFO [Slf4jLogger]: Slf4jLogger started
RestApi bound to /0:0:0:0:0:0:0:0:5000
```

他のビルドツールと同じく、sbtはmakeのようなものです。コードをコンパイルする必要があればそれをコンパイルし、続けてパッケージするなどの作業を行っていきます。他のビルドツールと違うところは、sbtはアプリケーションのデプロイや実行をローカル環境で行うこともできるということです。sbtでエラーが発生した場合には、他のコンソールですでにサーバーが起動していないか、あるいは他のプロセスが5000番ポートを使ったりしていないかを確認してください。**httpie**は、HTTPリクエストを簡単に送信できる、ヒューマンリーダブルなHTTPコマンドラインツールです[2]。これを使って、すべてが正しく動くことを確認しましょう。このツールはJSONをサポートしており、HTTPで必要とされるヘッダーの整形処理を中心に行います。まずはチケットの枚数を指定してイベントを作れるか確認してみましょう（**リスト2.6**）。

リスト2.6　コマンドラインからのイベント作成

```
http POST localhost:5000/events/RHCP tickets:=10  ◀─────  httpieコマンドは実行中のサーバーに
                                                            引数1つのPOSTリクエストを送信

HTTP/1.1 201 Created  ◀─────  サーバーからのレスポンス（201 Createdは成功を示す）
Connection: keep-alive
Content-Length: 76
Content-Type: text/plain; charset=UTF-8
Date: Mon, 20 Apr 2015 12:13:35 GMT
Proxy-Connection: keep-alive
Server: GoTicks.com REST API

{
    "name": "RHCP",
    "tickets": 10
}
```

ここで、引数はJSONのボディーに変換されます。=ではなく:=という表記を使っているのは、この引数が文字列ではなく**{ "tickets": 10 }**というJSONに展開されるからです。次のブロックは、HTTPの全レスポンスを**httpie**を使ってコンソールにダンプしたものです。これでイベントができたので、もう1つ作ってみましょう。

※2　httpie は GitHub から取得できます。https://github.com/jakubroztocil/httpie

39

第2章　最小のAkkaアプリケーション

```
http POST localhost:5000/events/DjMadlib tickets:=15
```

　今度はGETリクエストを試してみましょう。RESTの規約に従い、URLがエンティティタイプ
で終わるGETリクエストは、そのエンティティの既知のインスタンスをリストで返すものとしま
す（**リスト2.7**）。

リスト2.7　全イベントの一覧を要求

```
http GET localhost:5000/events        ←──── 現在の全Eventインスタンスのリストを要求
...
HTTP/1.1 200 OK        ←──────────── HTTPサーバーからのレスポンスを取得（200は成功を示す）
Connection: keep-alive
Content-Length: 110
Content-Type: application/json; charset=UTF-8
Date: Mon, 20 Apr 2015 12:18:01 GMT
Proxy-Connection: keep-alive
Server: GoTicks.com REST API

{
    "events": [
        {
            "name": "DjMadlib",
            "tickets": 15
        },
        {
            "name": "RHCP",
            "tickets": 10
        }
    ]
}
```

　両方のイベントが返ってきており、すべてのチケットがまだ利用可能であることを確認しま
しょう。それでは、RHCPのチケットを2枚買ってみましょう（**リスト2.8**）。

リスト2.8　RHCPのチケットを2枚購入

```
http POST localhost:5000/events/RHCP/tickets tickets:=2        ←──── POSTを送信してチケットを
                                                                    2枚リクエスト

HTTP/1.1 201 Created        ←──── コンソール上のサーバーのレスポンス
Connection: keep-alive             （201 Createdはチケットが購入できた
Content-Length: 74                  ことを示す）
Content-Type: application/json; charset=UTF-8
Date: Mon, 20 Apr 2015 12:19:41 GMT
Proxy-Connection: keep-alive
Server: GoTicks.com REST API

{
    "entries": [
```

```
    {
        "id": 1
    },
    {
        "id": 2
    }
    ],
    "event": "RHCP"
}
```

購入したチケット（JSON形式）

ここでは、このイベントに対してチケットが少なくとも2枚残っていることが前提となっています。チケットが余っていない場合は404をレスポンスとして受け取ります。

もう一度/eventsに対してGETを投げてみると、**リスト2.9**のようなレスポンスを受け取ります。

リスト2.9 チケットを2枚購入したあとにGET

```
HTTP/1.1 200 OK
Content-Length: 91
Content-Type: application/json; charset=UTF-8
Date: Mon, 20 Apr 2015 12:19:42 GMT
Server: GoTicks.com REST API

[
    {
        "event":
        "DjMadlib",
        "nrOfTickets": 15
    },
    {
        "event":
        "RHCP",
        "nrOfTickets": 8
    }
]
```

想定どおり、RHCPのチケットは8枚しか余っていません。すべてのチケットを販売したあとに実行すると404をレスポンスとして受け取ります（**リスト2.10**）。

リスト2.10 チケットがなくなったときの結果

```
HTTP/1.1 404 Not Found
Content-Length: 83
Content-Type: text/plain
Date: Tue, 16 Apr 2013 12:42:57 GMT
Server: GoTicks.com REST API
```

イベントのチケットがなくなると、サーバーは404でレスポンスを返す

第2章　最小のAkkaアプリケーション

```
The requested resource could not be found
but may be available again in the future
```

これでREST APIのAPI呼び出しはすべて完了です。このアプリケーションでは、実際のイベントの作成からすべてのチケットが売り切れるまでの基本的なイベントのCRUDサイクルをサポートしています。しかし、やるべきことはこれだけではありません。今はまだチケットが売れ残ってしまうイベントについては考慮していませんが、そのイベントがすでに始まってしまっている場合はチケットを利用できないようにする必要があります。次節では、この要件をどのように扱っていけばよいかを見ていきましょう。

2.2　アプリケーションでのActorの探求

本節では、アプリケーションの構築方法を見ていきます。読者の皆さんは本書に沿ってアクターを作成することも、またgithub.com上のソースコードに従って進めていくこともできます。すでにご存知のように、アクターは生成（create）、送受信（send/receive）、状態変化（become）、監督（supervise）といった4つの操作を行うことができます。このサンプルでは、最初の2つの操作にのみ触れていきます。最初に、「イベントの作成」「チケットの発行」「イベントの終了」などのコアな機能を提供するために、さまざまな共同作業者（アクター）がどのように操作を実行するかという全体的な構造を見ていきます。

2.2.1　アプリケーションの構造

本アプリケーションは、合計2つのアクタークラスで構成されています。まず最初にやるべきことはすべてのアクターを含むアクターシステム（ActorSystem）を作成することです。そして、アクターは他のアクターを生成することができます。**図2.1**にその流れを示します。

RestApiには、HTTPリクエストを制御するルートが含まれています。このルートに、akka-httpモジュールが提供する便利なDSLを使用して、HTTPリクエストの制御方法を定義します。ルートについては、2.2.4項で説明します。RestApiは、基本的にHTTP用のアダプターです。JSONとの相互変換を処理し、必要なHTTPレスポンスを提供します。このRestApiをHTTPサーバーに接続する方法については後ほど説明します。このような極めて単純な例であっても、リクエストを処理するために、いかに多くのアクターがそれぞれの役割のもとで協調し合うことになるのかを見ることができます。最終的にTicketSellerは特定のイベントのチケットを追跡し、それらを販売します。**図2.2**は、Eventを作成するリクエストが、どのようにアクターシステムへと流れ込んでいくかを示しています（**表2.1**で示した最初のサービス）。

42

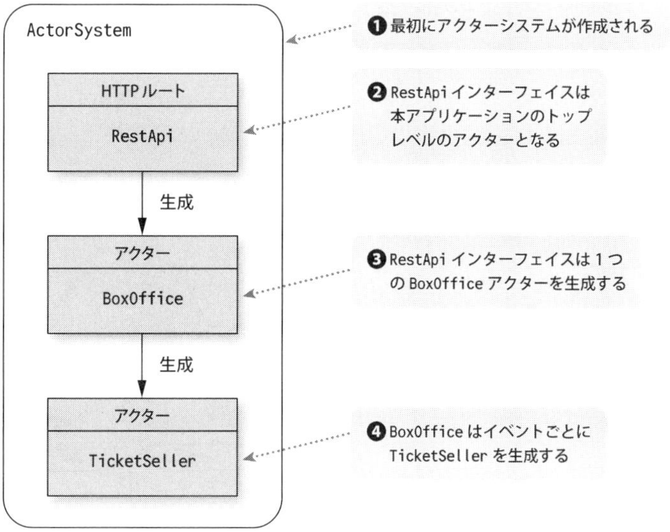

2.2 アプリケーションでのActorの探求

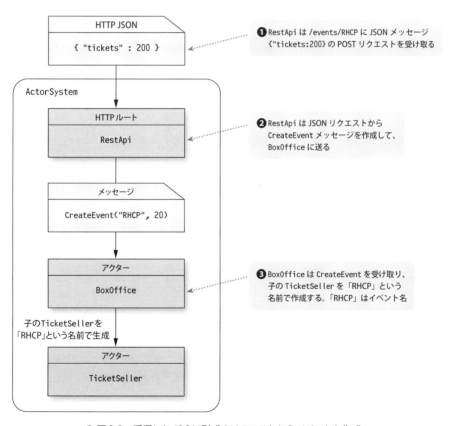

● 図2.1　RESTリクエストによるアクター生成の流れ

● 図2.2　受信したJSON形式のリクエストからイベントを作成

第2章　最小のAkkaアプリケーション

　2つ目のサービスは、Customerがチケットを購入できる機能でした（Eventがすでにあるものとします）。図2.3は、JSON形式でチケット購入リクエストを受け取ったときにやるべきことを示しています。

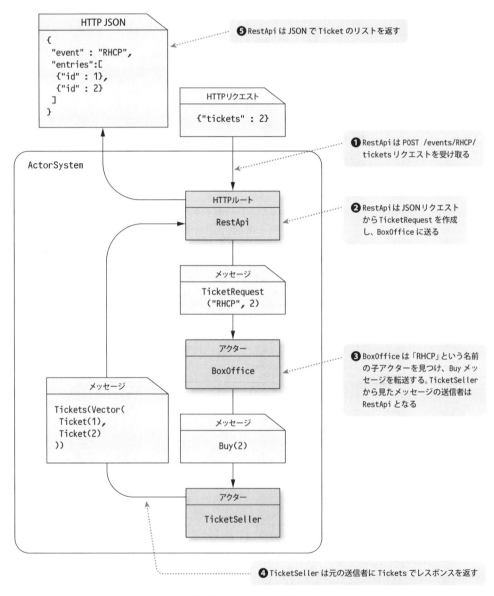

● 図2.3　チケットの購入

2.2　アプリケーションでのActorの探求

　一歩下がってソースコード全体を見てみましょう。最初にすべての始まりとなる**Main**クラスです。**Main**オブジェクトは他のScalaアプリケーションと同じように実行できるシンプルなScalaアプリケーションです。**main**メソッドを持つJavaクラスに似ています。**Main**クラスのソースコード全体を見る前に、まず最も重要な**リスト2.11**の**import**文から見てみましょう。

> **リスト2.11**　メインクラスのインポート宣言

```
                                              アクター関連のコードはakka.actorパッケージにある
import akka.actor.{ ActorSystem , Actor, Props }
import akka.event.Logging        ◀──────────  ロギング拡張
import akka.util.Timeout         ◀──────────  ask処理のリクエストタイムアウト

import akka.http.scaladsl.Http   ◀──────────  HTTP関連のコードはakka.httpパッケージにある
import akka.http.scaladsl.Http.ServerBinding
import akka.http.scaladsl.server.Directives._
import akka.stream.ActorMaterializer

import com.typesafe.config.{ Config, ConfigFactory }  ◀──  Typesafeコンフィギュレーション
                                                          ライブラリのインポート
```

　Mainクラスは、最初に**ActorSystem**を作る必要があります。それから**RestApi**を作って、HTTP拡張を取得し、**RestApi**ルートをHTTP拡張に結び付けます。これがどのように行われるかについては後ほど説明します。

　Akkaは多くの補助ツールのために、いわゆる**拡張**という仕組みを使います。本書を読み進めるとわかりますが、**Http**と**Logging**はその最初の例となっています。

　サーバーが監視するホスト名とポートのような設定引数をハードコーディングしたくないので、**Typesafe Config**ライブラリを使用します（第7章でこのコンフィギュレーションライブラリの使い方を詳しく説明します）。

　リスト2.12に、**ActorSystem**とHTTP拡張を開始し、**RestApi**ルートをHTTPにバインドするための重要な式をいくつか示します。これは**Main**オブジェクトの責務となります。

> **リスト2.12**　HTTPサーバーの起動

```
Object Main extends App
    with RequestTimeout {
  val config = ConfigFactory.load()
  val host = config.getString("http.host")  ◀──────  設定ファイルからホストとポートを取得する
  val port = config.getInt("http.port")
                                             bindAndHandleは非同期であり、
                                             暗黙のExecutionContextが必要
  implicit val system = ActorSystem()
  implicit val ec = system.dispatcher  ◀──────┘
  val api = new RestApi(system, requestTimeout(config)).routes  ◀──
                                             RestApiはHTTPルートを提供する
  implicit val materializer = ActorMaterializer()
```

45

第2章　最小のAkkaアプリケーション

```
    val bindingFuture: Future[ServerBinding] =
      Http().bindAndHandle(api, host, port)  ←──── RestAPIルートでHTTPサーバーを開始する
}
```

Mainオブジェクトは、一般的なScalaアプリケーションのようにAppを継承します。

ActorSystemは作成された直後に**アクティブ**になり、必要に応じてスレッドプールを開始します。

Http()関数はHTTP拡張を返します。bindAndHandleはRestApiで定義されたルートをHTTPサーバーに結び付けます。bindAndHandleは非同期メソッドであり、処理が完了する前にFutureを返します。詳細については第5章で説明します。Mainアプリケーションはすぐには終了せず、ActorSystemは非デーモンスレッドを作成し、(終了するまで)動き続けます。

コードの完全性のために、RequestTimeoutトレイトの実装を示します。これによってRestApiはakka-httpで設定されたリクエストタイムアウトを利用できます(**リスト2.13**)。

リスト2.13 Mainオブジェクト

```
trait RequestTimeout {
  import scala.concurrent.duration._
  def requestTimeout(config: Config): Timeout = {  ←────
    val t = config.getString("akka.http.server.request-timeout")
    val d = Duration(t)
    FiniteDuration(d.length, d.unit)                    akka-httpサーバーコンフィギュレーションの
  }                                                      デフォルトリクエストタイムアウトを使用する
}
```

リクエストのタイムアウト処理をRequestTimeoutトレイトに抽出します。この処理については後ほど詳しく説明するので、ここではHTTP拡張が実現している詳細な方法のすべてを理解する必要はありません。

アプリケーションの各アクターは、メッセージを通じて互いにやり取りします。アクターが受け取ったり、リクエストに応答したりするメッセージはアクターのコンパニオンオブジェクトへ一緒にまとめます。BoxOfficeメッセージを**リスト2.14**に示します。

リスト2.14 BoxOfficeメッセージ

```
case class CreateEvent(name: String, tickets: Int)  ←──── イベントを作成するメッセージ

case class GetEvent(name: String)  ←──────────────────── イベントを取得するメッセージ

case object GetEvents  ←──────────────────────────────── すべてのイベントを要求するメッセージ

case class GetTickets(event: String, tickets: Int)  ←─── イベントのチケットを購入するメッセージ

case class CancelEvent(name: String)  ←───────────────── イベントをキャンセルするメッセージ


case class Event(name: String, tickets: Int)  ←──────── イベントを表すメッセージ
```

46

2.2 アプリケーションでのActorの探求

```
case class Events(events: Vector[Event])        ← イベントのリストを表すメッセージ

sealed trait EventResponse      ← CreateEventに対して応答するメッセージ
case class EventCreated(event: Event) extends EventResponse  ← イベントが作成された
                                                                ことを示すメッセージ
case object EventExists extends EventResponse  ←
                                               └ イベントがすでに存在することを示すメッセージ
```

TicketSellerは**リスト2.15**に示すメッセージを送ったり、受け取ったりします。

リスト2.15 TicketSellerメッセージ

```
case class Add(tickets: Vector[Ticket])  ← TicketSellerにチケットを追加するメッセージ
case class Buy(tickets: Int)      ← TicketSellerからチケットを購入するメッセージ
case class Ticket(id: Int)    ← チケット
case class Tickets(event: String     ← イベントのチケット一覧
                   entries: Vector[Ticket] = Vector.empty[Ticket])
case object GetEvent    ← イベントのチケット残数のメッセージ
case object Cancel     ← イベントをキャンセルするメッセージ
```

典型的なRESTアプリケーションと同じように、コア・エンティティ（イベントとチケット）の
ライフサイクルを中心としたインターフェイスを提供します。これらのすべてのメッセージはイ
ミュータブルです（ケースクラスやオブジェクトだからです）。APIの利用者を得るためには、必
要なすべての情報を取得し、必要とされるものをすべて生成できるようにアクターを設計する必
要があります。RESTはこれに適しています。次項では、アクターについてさらに詳しく見てい
きます。TicketSellerから始めましょう。

2.2.2 チケット販売を行うアクター ──TicketSeller

TicketSellerはBoxOfficeによって生成され、チケットのリストを保持します。チケットが
要求されると、要求されたチケットの枚数だけリストから取り出します。**リスト2.16**はTicket
Sellerのソースコードです。

リスト2.16 TicketSellerの実装

```
class TicketSeller(event: String) extends Actor {
  import TicketSeller._

  var tickets = Vector.empty[Ticket]  ← チケットのリスト

  def receive = {          Ticketsメッセージを受け取ると、既存のチケットリストに新しいチケットを加える
    case Add(newTickets) => tickets = tickets ++ newTickets  ←
```

47

第2章　最小のAkkaアプリケーション

```scala
    case Buy(nrOfTickets) =>
      val entries = tickets.take(nrOfTickets).toVector
      if(entries.size >= nrOfTickets) {
        sender() ! Tickets(event, entries)
        tickets = tickets.drop(nrOfTickets)
      } else sender() ! Tickets(event)
    case GetEvent => sender() ! Some(BoxOffice.Event(event, tickets.size))
    case Cancel =>
      sender() ! Some(BoxOffice.Event(event, tickets.size))
      self ! PoisonPill
  }
}
```

リストからチケットを必要枚数分だけ取り出し、チケットが十分あればチケットを含むTicketsメッセージを返す。足りなければ空のTicketsメッセージを返す

GetEventを受け取ると、残りのチケット数を含むイベントを返す

TicketSellerはイミュータブルなリストを使って、有効なチケットを保持します。ミュータブルなリストでもアクター内部でしか利用できず、従って任意のタイミングで複数のスレッドからアクセスされることはないため、安全です。

それでも、イミュータブルなリストを使うほうが望ましいです。リストの一部または全体を他のアクターに返すとき、それがミュータブルであることを見落とすかもしれないからです。たとえば、takeメソッドを見てみると、リストから最初に取り出すチケットを取得するために使っています。ミュータブルなリスト（scala.collection.mutable.ListBuffer）では、takeは同じ型（ListBuffer）のリストを返してしまい、これは明らかにミュータブルです。

次に、BoxOfficeアクターを見ていきます。

2.2.3　BoxOfficeアクター

BoxOfficeは、それぞれのイベントに対してTicketSellerを子アクターとして作成し、リクエストされたイベントに対して応答できるようTicketSellerにチケットの販売を委譲します。**リスト2.17**はBoxOfficeがどのようにCreateEventに応答するかを示しています。

リスト2.17 BoxOfficeがTicketSellerを生成

```scala
def createTicketSeller(name: String) =
  context.actorOf(TicketSeller.props(name), name)

def receive = {
  case CreateEvent(name, tickets) =>
    def create() = {
      val eventTickets = createTicketSeller(name)
      val newTickets = (1 to tickets).map { ticketId =>
        TicketSeller.Ticket(ticketId)
      }.toVector
      eventTickets ! TicketSeller.Add(newTickets)
      sender() ! EventCreated
    }
```

contextを使ってTicketSellerを生成する。テスト時にオーバーライドできるように別のメソッドとして定義

TicketSellerを作成し、作成したTicketSellerにチケットを加えて、EventCreatedで応答するローカルメソッド

48

2.2 アプリケーションでのActorの探求

```
context.child(name).fold(create())(_ => sender() ! EventExists)
```
EventCreatedを作成して返すか、EventExistsを返す

BoxOfficeはイベントごとに、TicketSellerがまだ作成されていない場合は作成します。ア
クターシステムからアクターを作る代わりに、contextを使っていることに注目してください。別
のアクターのcontextから作られたアクターは、子アクターとなり、その親アクターの監督下に
置かれます（詳細は後の章で説明します）。BoxOfficeはイベントに対して指定された枚数のチ
ケットのリストを作り、それらのチケットをTicketSellerに送信します。Eventが生成されたこ
とを示すCreateEventの送信者への応答も行います（ここではRestApiが送信者です）。**リスト
2.18**はBoxOfficeがどのようにGetTicketsメッセージに応答するかを示しています。

> **リスト2.18** チケットの取得

```
case GetTickets(event, tickets) =>
  def notFound() = sender() ! TicketSeller.Tickets(event)
  def buy(child: ActorRef) =
    child.forward(TicketSeller.Buy(tickets))

  context.child(event).fold(notFound())(buy)
```

TicketSellerが見つからない場合は
空のTicketsメッセージを送信する

見つかったTicketSellerから購入する

notFoundを実行するか、見つかった
TicketSellerから購入する

BoxOfficeはBuyメッセージをTicketSellerに転送します。転送（forward）という機能を利
用することによって、BoxOfficeはRestApiの代理としてTicketSellerにメッセージを送信す
ることになります。TicketSellerの応答はRestApiに直接返されます。

次のGetEventsメッセージの処理はより入り組んでいて、はじめての人にとっては難しいかも
しれません。すべてのTicketSellerに対してチケットの残り枚数を問い合わせ、すべての結果
を結合してイベントのリストとします。askは非同期な操作ですが、他のリクエストの処理のため
にBoxOfficeを待ち合わせたりブロックしたりしたくはありません。ここから話が面白くなって
きます。

リスト2.19はFutureと呼ばれる概念を使用しています。Futureについては第5章で詳しく説
明するため、ここでは読み飛ばしてもかまいません。それでもこの難しいチャレンジに立ち向か
うつもりであれば、ソースコードを見ていきましょう！

> **リスト2.19** チケットの取得

```
case GetEvents =>
  import akka.pattern.ask
  import akka.pattern.pipe

  def getEvents = context.children.map { child =>
```

第2章　最小のAkkaアプリケーション

> すべてのTicketSellerに対して、それぞれが
> 販売しているチケットのイベントに関する問い
> 合わせを行うローカルメソッドを定義する

```
    self.ask(GetEvent(child.path.name)).mapTo[Option[Event]]
}
def convertToEvents(f: Future[Iterable[Option[Event]]]) =
    f.map(_.flatten).map(l=> Events(l.toVector))

pipe(convertToEvents(Future.sequence(getEvents))) to sender()
```

> askはFutureを返す。これは最終的になんらかの値を含
> む型。getEventsはIterable[Future[Option[Event]]]を
> 返し、sequenceは値をFuture[Iterable[Option[Event]]]
> に変換できる。pipeは処理の完了時に値をFutureで包
> んでアクターに送信する。この場合のGetEventsメッセー
> ジのsenderはRestApiとなる

> すべてのTicketSellerに問い合わせを行う。GetEventへの問
> い合わせ（ask）はOption[Event]を返すため、すべてのTicket
> Sellerに対してmapを行った後、Iterable[Option[Event]]に
> よって処理を完了する。このメソッドはIterable[Option[Event]]
> をIterable[Event]に平坦化し、空のOptionの結果を除去
> する。Iterableは、Eventsメッセージに変換される

　ここでこの例をざっと読み解き、コンセプトだけを見ていきましょう。ここでは、**ask**メソッド
が即座に**Future**を返しています。**Future**は未来のある時点で利用可能になる値です（未来を意
味するfutureが名前の由来）。レスポンスの値（チケットの残りがあるイベント）を待つ代わり
に、未来への参照を取得します（「未来への参照を用いる」と読み替えてもかまいません）。この
値を直接読み取ることはできませんが、代わりに、値が利用可能となったときに何が起こるべき
なのかを定義できます。さらに**Future**の値のリストを1つのリストの中に結合したうえで、すべ
ての非同期処理が完了したときにそのリストに何が起こるかを記述することもできます。

　このソースコードは最終的にすべての応答が処理されたとき、**Events**メッセージを送信者に
返します。これは別のパターンである**pipe**によるもので、**Future**内の値を最終的にアクターへ
送信することを簡単にするものです。

　すぐにはっきりと理解できなかったとしてもここで悩む必要はありません。Futureの説明だけ
で1つの章をまるまる使って解説していますので、ここでは、この驚くべき機能について好奇心
を持っていただければ十分です。もしこれらのノンブロッキング非同期操作がどのように動い
ているのかを今すぐ知りたいのであれば、第5章を確認してみてください。

　これで、**BoxOffice**の特徴的な詳細の説明を終えることにします。**RestApi**がまだ残っている
ので、次項で説明します。

2.2.4　RestApi

　RestApiはAkka HTTPのルーティングDSLを利用しています。ルーティングDSLについて
は第12章で説明します。サービスインターフェイスは、大きくなるにつれて、より洗練されたリ
クエストルーティングが求められます。現時点では**Event**を作成し**Ticket**を販売するだけなの
で、そのルーティングは大した要件でもありません。**RestApi**はJSONへの相互変換を行うクラ

スを定義しています。**リスト2.20**を見てください。

リスト2.20 RestApiで用いられるEventメッセージ

```
case class EventDescription(tickets: Int) {     ◀──── 初期枚数分のイベントのチケット
  require(tickets > 0)                                  を保持したメッセージ
}

case class TicketRequest(tickets: Int) {     ◀──── 必要なチケットの枚数を保持したメッセージ
  require(tickets > 0)
}

case class Error(message: String)     ◀──── エラーを保持したメッセージ
```

リスト2.21のコードで、リクエストルーティングを行う簡単な例を見ていきましょう。まず
RestApiは Eventを作成するPOSTリクエストを処理する必要があります。

リスト2.21 Eventルート定義

```
def eventRoute =
  pathPrefix("events" / Segment) { event =>
    pathEndOrSingleSlash {
      post {
        // POST /events/:event                    BoxOfficeアクターを呼び出すcreateEvent
        entity(as[EventDescription]) { ed =>       メソッドでイベントを作成する
          onSuccess(createEvent(event, ed.tickets)) {
          case BoxOffice.EventCreated(event) => complete(Created, event)
          case BoxOffice.EventExists =>
            val err = Error(s"$event event exists already.")
            complete(BadRequest, err)
          }                            イベントを作成できなければ、リクエストに
        }                              対して400 BadRequestを返却する
      } ~
      get {                            成功の結果が返ってきたら、リクエストに
        // GET /events/:event          対して201 Createdを返却する
        onSuccess(getEvent(event)) {
          _.fold(complete(NotFound))(e => complete(OK, e))
        }
      } ~
      delete {
        // DELETE /events/:event
        onSuccess(cancelEvent(event)) {
          _.fold(complete(NotFound))(e => complete(OK, e))
        }
      }
    }
  }
```

51

第2章　最小のAkkaアプリケーション

ルートはBoxOfficeApiトレイトを利用しています。これはBoxOfficeアクターとのやり取りを
ラップしたメソッドを持っており、ルーティングDSLをコンパクトかつクリーンに保つことがで
きます。**リスト2.22**を見てください。

リスト2.22 BoxOfficeアクターとのやり取りをすべてラップしたBoxOffice API

```
trait BoxOfficeApi {
  import BoxOffice._

  def createBoxOffice(): ActorRef

  implicit def executionContext: ExecutionContext
  implicit def requestTimeout: Timeout

  lazy val boxOffice = createBoxOffice()

  def createEvent(event: String, nrOfTickets: Int) =
    boxOffice.ask(CreateEvent(event, nrOfTickets))
      .mapTo[EventResponse]

  def getEvents() =
    boxOffice.ask(GetEvents).mapTo[Events]

  def getEvent(event: String) =
    boxOffice.ask(GetEvent(event))
      .mapTo[Option[Event]]

  def cancelEvent(event: String) =
    boxOffice.ask(CancelEvent(event))
      .mapTo[Option[Event]]

  def requestTickets(event: String, tickets: Int) =
    boxOffice.ask(GetTickets(event, tickets))
      .mapTo[TicketSeller.Tickets]
}
```

RestApiはcreateBoxOfficeメソッドを実装しており、これはBoxOffice子アクターを作成し
ます。**リスト2.23**では、チケットを販売するためのDSLスニペットを紹介します。

リスト2.23 Ticketのルート定義

```
def ticketsRoute =
  pathPrefix("events" / Segment / "tickets") { event =>
    post {
      pathEndOrSingleSlash {
        // POST /events/:event/tickets
        entity(as[TicketRequest]) { request =>
          onSuccess(requestTickets(event, request.tickets)) { tickets =>
```

JSONのチケットリクエストをTicketRequest
ケースクラスにアンマーシャリングする

52

```
        if(tickets.entries.isEmpty) complete(NotFound)
        else complete(Created, tickets)
      }
     }
    }
   }
  }
```

チケットをJSONエンティティにマーシャリング
して201 Createdレスポンスを返却する

チケットが利用できなければ404 Not
Foundレスポンスを返却する

　メッセージは自動的にJSONに変換されます。この詳細については第12章を参照してください。これでGoTicks.comアプリケーションの最初のイテレーションにおけるすべてのアクターを紹介しました。ここからさらに先に進むか、あるいは自分自身のアプリケーションを育てていくかはあなた次第です。

　これで、完全に機能するREST APIによる完全に非同期なアクターアプリケーションの作り方の第一歩がわかりました。アプリケーション自体はごく小さなものですが、完全なる並行処理を実現し、実際のチケットの販売処理はスケーラブルであり耐障害性も備えています（前者は並行性によって達成しており、後者に関しては後ほど詳しく説明します）。また、HTTPの世界の同期的なリクエスト・レスポンスのパラダイムの中でどのように非同期処理を行うかを示してきました。

　たった数行のコードで、このアプリケーションを構築できることが確認できたと思います。これを、伝統的なライブラリやフレームワークと比較したら、必要なコードがいかに少ないかということに、嬉しい驚きを感じるでしょう。

　最後のデザートとして、この小さなアプリケーションをクラウド上にデプロイする方法について学びます。次節では、このアプリケーションをHeroku.com上で動かしてみます。

2.3　クラウドへ

　Heroku.comは、Scalaのアプリケーションをサポートする有名なクラウドプロバイダーであり、無料のインスタンスを使用できます。本節では、GoTicks.comアプリケーションをHerokuで実行する方法を簡単に説明します。この際、Heroku CLIが必要になります。インストール方法など詳細についてはHeroku Webサイト（https://devcenter.heroku.com/articles/heroku-cli）を参照してください。また、**heroku.com**のアカウントにサインアップする必要があります。サイトにアクセスしてサインアップしてください。

　次項では、**heroku.com**でアプリケーションを作成した後、アプリケーションをデプロイして実行します。

第2章　最小のAkkaアプリケーション

2.3.1　Heroku上にアプリケーションを作成する

まず、Herokuアカウントにログインし、GoTicks.comアプリケーションをホストする新しいHerokuアプリケーションを作成します。**akka-in-action**ディレクトリで**リスト2.24**のコマンドを実行します。

> **リスト2.24**　Heroku上にアプリケーションを作成

```
heroku login
heroku create

Creating damp-bayou-9575... done,
stack is cedar
http://damp-bayou-9575.herokuapp.com/
|
git@heroku.com:damp-bayou-9575.git
```

リストに示しているような応答が表示されます。

Herokuがこのプログラムのビルド方法を理解できるように、プロジェクトへの追加設定がいくつか必要になります。まずは**project/plugins.sbt**ファイルです（**リスト2.25**）。

> **リスト2.25**　BoxOfficeアクターとのすべてのやり取りをラップするBoxOffice API

```
resolvers += Classpaths.typesafeReleases    ←──── Typesafe Releasesリポジトリを使用する

addSbtPlugin("com.eed3si9n" % "sbt-assembly" % "0.13.0")  ←

addSbtPlugin("com.typesafe.sbt" % "sbt-nativepackager" % "1.0.0")  ←
```

packagerを使用して、Herokuでアプリケーションを実行するための起動スクリプトを作成する

assemblyを使用して、HerokuへデプロイするJARファイルを作成する

巨大なJARをビルドし、ネイティブスクリプト（Herokuの場合は、Ubuntu Linux上のBashシェルスクリプトで動作します）を作成するためのちょっとした設定です。また、**chapter-up-and-running**ディレクトリの下に**Procfile**が必要で、我々のアプリケーションは**web dyno**（プロセスの種類の1つ）上で実行する必要があることをHerokuに伝えます。Herokuは、その仮想Dyno Manifoldで動作します。**リスト2.26**に**Procfile**を示します。

> **リスト2.26**　HerokuのProcfile

```
web: target/universal/stage/bin/goticks
```

54

sbt-native-packagerプラグインによってビルドされたBashスクリプトをHerokuが実行するように指定します。ローカルですべてが実行されているかどうかを最初にテストしましょう。

```
                                    targetをクリーンアップしてアーカイブ
                                    をビルドするが、デプロイはしない
sbt clean compile stage  ←
                                    アーカイブを取得してローカルでアプリケー
                                    ションを起動するようHerokuに指示する
heroku local  ←
23:30:11 web.1 | started with pid 19504
23:30:12 web.1 | INFO [Slf4jLogger]: Slf4jLogger started
23:30:12 web.1 | REST interface bound to /0:0:0:0:0:0:0:0:5000
23:30:12 web.1 | INFO [HttpListener]: Bound to /0.0.0.0:5000
                                    Herokuはアプリケーションのロードを管理
                                    する。アプリケーションにはPIDがある
```

Herokuへデプロイするアプリケーションを準備するために必要な作業はこれですべてです。最初のデプロイをできるだけ速く行うために、すべてのサイクルをローカルで実行するようにします。一度Herokuにデプロイしてしまえば、それ以降はGit経由で直接クラウドインスタンスへプッシュできます。これは、対象バージョンのソースコードをリモートインスタンスへプッシュするだけの、シンプルな仕組みとなっています。Herokuのクラウドインスタンスへのアプリケーションのデプロイについては、次項で説明します。

2.3.2　Herokuにデプロイして実行する

先ほど、`heroku local`を使って、アプリケーションをローカル上で実行できることを確認しました。そして、`heroku create`でHerokuに新しいアプリケーションを作成しました。このコマンドはGitの設定に「heroku」という名前の`git remote`も追加しています。ここでやっておく必要があるのは、すべての変更がローカルのGitリポジトリにコミットされていることを確認するだけです。その後、次のコマンドを入力してソースコードをHerokuにプッシュします。

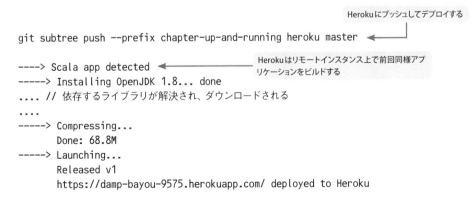

```
                                                    Herokuにプッシュしてデプロイする
git subtree push --prefix chapter-up-and-running heroku master  ←

                                        Herokuはリモートインスタンス上で前回同様アプ
-----> Scala app detected  ←            リケーションをビルドする
-----> Installing OpenJDK 1.8... done
.... // 依存するライブラリが解決され、ダウンロードされる
....
-----> Compressing...
       Done: 68.8M
-----> Launching...
       Released v1
       https://damp-bayou-9575.herokuapp.com/ deployed to Heroku
```

第2章 最小のAkkaアプリケーション

```
To git@heroku.com:damp-bayou-9575.git
* [new branch] master -> master  ←
```

最後は通常のGitと同じように、プッシュに成功し、
masterはリモート上に反映されている

　ここでは、masterブランチにすべての変更をコミットしており、またプロジェクトがGitリポジトリのルートにあることを前提としています。HerokuはGitのプッシュ処理をフックし、ソースコードをScalaアプリケーションとして識別します。そして、クラウド上ですべての依存ライブラリをダウンロードし、ソースコードをコンパイルし、アプリケーションを起動します。最後に、リストにあるような内容が出力されます。

　この出力は、アプリケーションの作成時にコンソールに表示されます。

　Herokuは、我々のアプリケーションがScalaで実装されていると認識し、OpenJDKをインストールして、インスタンス上でソースをコンパイルして起動しました。アプリケーションは今、デプロイされ、Heroku上で起動しています。これで、再び**httpie**を使ってHerokuのアプリケーションをテストできます（**リスト2.27**）。

> リスト2.27 httpieを使ってHerokuインスタンスをテストする

```
http POST damp-bayou-9575.herokuapp.com/events/RHCP tickets:=250
http POST damp-bayou-9575.herokuapp.com/events/RHCP/tickets tickets:=4
```

　これらのコマンドは以前に確認したものと同じレスポンスになるはずです（**リスト2.6**、**リスト2.8**参照）。おめでとうございます、最初のAkkaアプリケーションをHerokuにデプロイできました！　これで、GoTicks.comアプリケーションの最初のイテレーションを終わることにします。アプリケーションがHerokuにデプロイされたので、どこからでも呼び出すことができます。

Check

GitHub上のakka-in-actionプロジェクトを使用する場合

　通常、git push heroku masterを使用してHerokuにデプロイします。GitHub上のakka-in-actionプロジェクトを使用している場合、アプリケーションがGitリポジトリのルートにないため、このコマンドは機能しません。この場合は次のように、サブツリーを使用するようHerokuに伝えなければなりません。

```
git subtree push --prefix chapter-up-and-running heroku master
```

　詳細は、chapter-up-and-runningディレクトリのREADME.mdファイルを参照してください。

2.4 まとめ

　本章ではアクターの力を借りることで、いかに少ない労力で完全に機能するRESTサービスを構築できるかを見てきました。すべてのやり取りは非同期で行いました。このサービスを`httpie`コマンドラインツールでテストすると期待したとおりに実行されました。

　さらに、Heroku.comを通じてクラウドにアプリケーションをデプロイしました。Akkaは細かな設定などを必要としない、スピード感あふれる体験を提供します。この体験は良い刺激となったのではないでしょうか。しかし、GoTicks.comアプリケーションはまだ本番環境で使う準備ができていません。このアプリケーションにはチケットを記憶しておくための永続的なストレージがありません。Herokuにデプロイしましたが、web dynoがいつ置き換わるかわからないため、チケットをメモリー上で保持するだけでは実システムとしては使い物になりません。アプリケーションはスケールアップできても、複数のノードにスケールアウトすることはできません。

　しかし、この後の章でこれらのトピックを説明していくことを約束します。そこから徐々に、現実世界のシステムに近づいていきましょう。次章では、アクターシステムをテストする方法を見ていきます。

第3章
アクターによるテスト駆動開発

この章で学ぶこと

- ☐ 同期的なアクターの単体テスト
- ☐ 非同期なアクターの単体テスト
- ☐ アクターメッセージパターンの単体テスト

TDD（テスト駆動開発）がはじめて現場に登場したときのことを振り返ってみましょう。面白いことに、TDDに対する主な批判としては、テストに時間がかかり、ひいては開発の進行を妨げるというものがありました。今日ではこのようなことはめったに聞きませんが、スタックが異なったり、フェーズ（単体テストと結合テストのような）が異なると、テストの負荷には大きな違いがあるのは事実です。

単一コンポーネントに限定されている単体テストならば、誰でも手早く実装を進めることができます。しかしテストに複数のコンポーネントが関わってくるようになると、一般的に使いやすさとスピードが急速に失われることになります。アクターは、次の理由から、この問題に対する興味深い解決策を提供します。

- アクターは振る舞いを持つため、より直接的にテストの対象になる。ほとんどのTDDは本質的にBDD（Behavior Driven Development：振る舞い駆動開発）の側面を持っている
- 通常、単体テストはインターフェイスのみをテストするか、インターフェイスと機能を別々にテストする必要がある
- アクターはメッセージングを用いて構築されている。この構造はメッセージを送信することで振る舞いを容易にシミュレートできるため、テストにおいて大きなアドバンテージとなる

テスト（およびコーディング）を始める前に、前章のいくつかのコンセプトを取り上げ、ソースコードで表現してみましょう。ここではアクターを生成するActor APIを紹介し、メッセージ送受信を行ってみます。アクターを実際に実行する方法と、問題が起きるのを防ぐために従う必要があるいくつかのルールについて重要な点を取り上げます。

第3章　アクターによるテスト駆動開発

　その後、一般的なシナリオの実装に移ります。テスト駆動アプローチでアクターを実装することにより、コードが期待どおりに動作するかをすぐに確認できます。それぞれのステップでは最初に、プログラムで実現しようとしているゴールに着目します（TDDの主なポイントの1つです）。次に、アクターのためのテスト仕様を記述することで、コードの実装を開始します（テストファーストスタイル）。その後、テストを合格させるのに十分なコードを書きます。そして、これを繰り返します。うっかり状態を共有してしまうことを防ぐために、従わなければならないルールがあります。これらのルールについては本章の中で順番に説明していきます。さらに、テスト開発に影響を及ぼすアクターの動作の細部も説明します。

3.1　アクターのテスト

　最初にfire-and-forget（一方向）スタイル、続いてリクエスト・レスポンス（双方向）スタイルの順に、メッセージの送受信をテストする方法について説明します。単体テストフレームワークには、Akka自身をテストするためにも使用されているScalaTestを使用します。ScalaTestはxUnitスタイルのテストフレームワークです。もしこのフレームワークになじみがなく、詳細をご覧になりたい場合はScalaTest（http://www.scalatest.org/）のサイトにアクセスしてみてください。ScalaTestフレームワークは、可読性を意識して設計されています。したがって、詳細な手引きがなくてもテストコードを読んでそれに従うのは容易なはずです。しかしながら、アクターのテストは通常のオブジェクトのテストよりも困難です。その理由は以下のとおりです。

- **タイミング** —— メッセージ送信は非同期であるため、単体テストで期待値をアサートするタイミングを知ることは困難です。
- **非同期** —— アクターは複数のスレッドで並列に実行されることを想定しています。マルチスレッドのテストは、シングルスレッドのテストよりも困難であり、あらゆるアクターからの結果を同期させるために、lock、latche、barrier などの並行実行の基本機能を必要とします。これはまさに、我々が避けたいと思っていたものそのものです。barrier をたった1箇所でも間違って使ってしまうと、単体テストをブロックし、テスト全体の実行を停止してしまうことになります。
- **ステートレス** —— アクターは、内部状態を隠蔽し、この状態へのアクセスを許可していません。ActorRef を通してのみアクセス可能であるべきです。アクターのメソッドを呼び出しその状態をチェックするといった、単体テストでやりたくなるようなことは、設計上許されていません。
- **協調・統合** —— 複数のアクターの統合テストを行う場合、アクター間のメッセージのやり取りを盗み見て、期待する値を持っていることをアサートする必要があるでしょう。このやり方は、直感的にわかりやすいとはいえません。

60

幸いなことに、Akkaは**akka-testkit**モジュールを提供しています。このモジュールには、アクターのテストが非常に簡単になるテストツールが含まれています。このテストキットモジュールを使うことで、何種類かのテストができます。

- **シングルスレッドの単体テスト**── 通常はアクターのインスタンスには直接アクセスできません。テストキットは、アクターのインスタンスへの直接アクセスを可能にする**TestActorRef**を提供します。これを用いると、定義したメソッドを呼び出すことによって直接アクターインスタンスをテストしたり、通常のオブジェクトをテストするときのように、シングルスレッド環境で**receive**関数を呼び出すことが可能になります。
- **マルチスレッドの単体テスト**── テストキットモジュールは、**TestKit**と**TestProbe**クラスを提供します。これらはアクターからの返信を受信したり、メッセージを検査したり、特定のメッセージが到着するタイミングを設定したりします。**TestKit**にはメッセージの期待値をアサートするためのメソッドがあります。アクターはマルチスレッド環境で通常のディスパッチャーを使用して実行されます。
- **マルチ JVM のテスト**── Akka はリモートアクターシステムをテストしたいときに便利な、複数の JVM をテストするためのツールも提供しています。マルチ JVM のテストについては、第6章で説明します。

TestKitには**LocalActorRef**クラスを継承している**TestActorRef**があり、テスト専用の**CallingThreadDispatcher**にディスパッチャーを設定します（このディスパッチャーは別のスレッドではなく、呼び出し元と同じスレッドでアクターを動作させます）。アクターのテストが持つ困難さを緩和し、さきほど列挙した解決策が機能することを手助けしてくれます。

人によっては、1つの方法を好んで使用するかもしれません。実際に本番環境でプログラムを実行するのに最も近い選択肢は、**TestKit**クラスを使ってマルチスレッドのテストを行う方法です。本書では、マルチスレッドを用いた方法に焦点を当てテストを行っていきます。なぜなら、シングルスレッド環境では見つけづらい、コード上の問題を明らかにしてくれるからです（モックよりも伝統的な単体テストを好むということにも、おそらく異論はないはずです）。

テストを始める前に、同じ操作を不必要に繰り返さないために少し準備をしましょう。アクターシステムは、一度作成されると、起動してから停止するまで動き続けます。すべてのテストでアクターシステムを作成する必要があり、また、それらを停止する必要があります。楽をするために、まずはすべてのテストで使える、小さなトレイトを作成しましょう（**リスト3.1**）。これを使えば、単体テストの終了時に、テスト対象のアクターシステムが自動的に停止することを保証できます。これから紹介するコードは、リポジトリの**chapter-testdriven**ディレクトリにあります。

第3章　アクターによるテスト駆動開発

> **リスト3.1**　すべてのテストが終わったらシステムを停止する

```scala
import org.scalatest.{ Suite, BeforeAndAfterAll }
import akka.testkit.TestKit

trait StopSystemAfterAll extends BeforeAndAfterAll {
  this: TestKit with Suite =>
  override protected def afterAll() {
    super.afterAll()
    system.shutdown()
  }
}
```

ScalaTestのBeforeAndAfterAll
トレイトを継承する

このトレイトは、TestKitを使うテストにミックスインしている場合のみ使うことができる

すべてのテストを実行した後、TestKitが
提供するsystemをシャットダウンする

　すべてのテストコードは、src/test/scalaディレクトリ配下に配置する必要があります。そのため、ファイルはsrc/test/scala/aia/testdrivenに配置しましょう。すべてのテストを実行したあとにアクターシステムが自動的にシャットダウンされるように、テストを書く際にこのトレイトをミックスインします。TestKitはsystemという値でアクターシステムを公開しており、テストでアクターを作成したり、アクターシステムを使って何かしたい場合に利用できます。

　次節では、アクターを利用したいくつかの一般的なシナリオをテストするため、シングルスレッドとマルチスレッドの両方の環境でテストキットモジュールを使います。アクターが互いにやり取りするのはごくわずかな方法に限られます。利用できるさまざまな選択肢を検討し、テストキットモジュールを使ってアクター同士のやり取りをテストしていきましょう。

3.2　一方向のメッセージ

　すでに説明したとおり、「関数を呼び出して返事を待つ」世界とは決別しました。したがって、ここで取り上げる例がtellを使って一方向にメッセージを送るだけなのは意図的です。このfire-and-forgetスタイルを用いると、いつアクターにメッセージが届くのか、あるいはメッセージがしっかり届くのかすら知ることができません。ではどうすればこのメッセージのやり取りをテストできるのでしょうか？　我々がやりたいことは、アクターにメッセージを送り、メッセージを送ったあとに、アクターが実施したはずの仕事を確認することです。メッセージに応答するアクターは、メッセージに基づいてなんらかのアクションを取る必要があります。別のアクターにメッセージを送信したり、内部状態を保存したり、別のオブジェクトとやり取りしたり、I/Oを伴うやり取りをするといったアクションです。アクターの振る舞いが外部から完全に見えない場合、メッセージのやり取りで確認できるのはメッセージを処理する際にエラーが発生しなかったことのみで、アクターの状態はTestActorRefを使うことで確認できます。アクターの振る舞い方には次の3つのバリエーションがあります。

62

- **SilentActor** —— アクターの振る舞いは、外部から直接確認できません。その振る舞いは、ア クターがなんらかの内部状態を作り出すために必要な中間ステップかもしれません。確認した いことは、アクターがメッセージを処理する際に少なくとも例外をスローしなかったこと、アク ターが終了したこと、そして内部状態の変化です。

- **SendingActor** —— アクターは受信したメッセージの処理が完了した後、別のアクター（場合 によっては複数のアクター）にメッセージを送信します。アクターをブラックボックスとして扱 い、受信したメッセージに対する反応として送信されたメッセージを検査します。

- **SideEffectingActor** —— アクターはメッセージを受信し、なんらかの形で普通のオブジェクト とやり取りをします。確認したいことは、アクターにメッセージを送信した後、そのオブジェク トが影響を受けているかどうかです。

次項から、3種類それぞれのアクターに対するテストを書き、テストの結果を検証する方法を 説明していきます。

3.2.1 SilentActor の例

SilentActorから始めていきましょう。これが1つ目のテストなので、まずはシンプルに ScalaTestを使ってみましょう（**リスト3.2**）。

> **リスト3.2** SilentActor の最初のテスト

WordSpecLikeは、BDDスタイルのテストが できるように、可読性の高いDSLを提供する

TestKitを継承し、テストで用いる アクターシステムを引数に渡す

```scala
class SilentActor01Test extends TestKit(ActorSystem("testsystem"))
  with WordSpecLike
  with MustMatchers
  with StopSystemAfterAll {

  // SilentActor
  "A Silent Actor" must {
    // メッセージ受信時の状態変更（シングルスレッド）
    "change state when it receives a message, single threaded" in {
      // テストを書くと最初は失敗する
      fail("not implemented yet")
    }
    // メッセージ受信時の状態変更（マルチスレッド）
    "change state when it receives a message, multi-threaded" in {
      // テストを書くと最初は失敗する
      fail("not implemented yet")
    }
  }
}
```

MustMatchersは可読性の高いアサーションを提供する

すべてのテストが終了後、確実にアクターシステムを停止させる

テキストの仕様としてテストを表現する

「in」を使って個々のテストを記述する

63

第3章　アクターによるテスト駆動開発

このコードはSilentActorのテストを始めるために必要な、基本的なテンプレートです。
WordSpec (BDD) スタイルのテストを使います。いくつもあるテキストの仕様をそのままテス
トとして書くことができ、テストの実行時にも表示されます（テストが振る舞いの仕様を表しま
す）。**リスト3.2**のコードでは、「メッセージを受信したときに内部状態を変更する」と書かれてい
るテストを用いて、SilentActorタイプの仕様を作成します。この時点ではまだテストが実装さ
れていないため、常に失敗します。**red-green-refactor**スタイルに従って、最初にテストが失敗
する（red）ことを確かめた後、テストがパスする（green）ようにコードを実装し、その後、より
良いコードにリファクタリング（refactor）します。**リスト3.3**では、何もしないアクターを定義し
ているため、常にテストが失敗します。

リスト3.3 SilentActorの失敗する最初の実装

```
class SilentActor extends Actor {
  def receive = {
    case msg =>  ◄─────────── すべてのメッセージが捨てられ、内部状態を保持することもない
  }
}
```

一度にすべてのテストを実行するには、**sbt test**コマンドを実行します。1つのテストを実行
する場合は、**sbt**を対話モードで起動して**testOnly**コマンドを実行します。次の例では、**aia.
testdriven.SilentActor01Test**のテストを実行します。

```
sbt
...
> testOnly aia.testdriven.SilentActor01Test
```

はじめに、SilentActorにメッセージを送信して、その内部状態が変化することをチェック
するテストを書いてみましょう（**リスト3.4**）。SilentActorはこのテストに合格するよう実装し
なければなりません。**コンパニオンオブジェクト**（アクターと同じ名前を持つオブジェクト）に
も同じことが言えます。コンパニオンオブジェクトにはメッセージプロトコルを定義します。
SilentActorがサポートするすべてのメッセージはそこで定義されます。後ほど紹介しますが、
アクターに関係する各メッセージはこの方法でグルーピングしておくとよいでしょう。**リスト3.4**
がはじめてテストに合格するソースコードです。

リスト3.4 シングルスレッドテストの内部状態

```
// メッセージ受信時に内部状態を変更（シングル）
"change internal state when it receives a message, single" in {
  import SilentActor._  ◄─────── メッセージをインポートする

  val silentActor = TestActorRef[SilentActor]  ◄─── シングルスレッドテスト用の
                                                    TestActorRefを作成する
```

3.2 一方向のメッセージ

```
  silentActor ! SilentMessage("whisper")
  silentActor.underlyingActor.state must (contain("whisper"))
}
```
内部アクター（underlyingActor）を取得し、状態をアサートする

これは「何かをトリガーし、状態変化をチェックする」という典型的なTDDシナリオの最もシンプルなバージョンです。SilentActorを書いてみましょう。**リスト3.5**はアクターの初期バージョンの実装を示しています。

リスト3.5 SilentActorの実装

```
object SilentActor {                      関連するメッセージをまとめて保持するコンパニオンオブジェクト
  case class SilentMessage(data: String)
  case class GetState(receiver: ActorRef)  SilentActorが処理できるメッセージの型
}

class SilentActor extends Actor {
  import SilentActor._
  var internalState = Vector[String]()

  def receive = {
    case SilentMessage(data) =>
      internalState = internalState :+ data   状態はベクターで保持され、すべての
  }                                            メッセージがこのベクターに追加される

  def state = internalState               stateメソッドはできあがったベクターを返す
}
```

返されるリストはイミュータブルなので、テストがリストを変更し、期待される結果をアサートするときに問題を引き起こすことはありません。アクターはマルチスレッドのアクセスから保護されているため、varで定義された**internalState**を安全に設定・更新できます。一般的に、ミュータブルなデータ構造と組み合わせた**val**の代わりに、イミュータブルなデータ構造と組み合わせた**var**を優先するのが良い方法です（これにより、なんらかの理由で別のアクターに内部状態を送信し、誤ってミュータブルな状態を共有してしまうのを防ぎます）。

このテストのマルチスレッド版を見てみましょう。**リスト3.6**のように、このアクターのコードを少し変更する必要があります。アクターをテストするために**state**メソッドを追加したシングルスレッド版と同じように、マルチスレッド版をテストできるようにソースコードにいくらか手を加える必要があります。

リスト3.6 内部状態のマルチスレッドテスト

```
// メッセージ受信時に内部状態を変更（マルチ）
"change internal state when it receives a message, multi" in {
  import SilentActor._             関連するメッセージをまとめて保持するコンパニオンオブジェクト
```

65

第3章　アクターによるテスト駆動開発

```
val silentActor = system.actorOf(Props[SilentActor], "s3")    ← テスト用のsystemを使用
silentActor ! SilentMessage("whisper1")                          してアクターを作成する
silentActor ! SilentMessage("whisper2")
silentActor ! GetState(testActor)           ← 状態を取得するためのメッセージがコン
expectMsg(Vector("whisper1", "whisper2"))      パニオンオブジェクトに追加されている
}                                           ← testActorに送信したメッセージ
                                              を確認するために使用する
```

　マルチスレッドのテストでは**SilentActor**を作成するためにテストキットの**ActorSystem**を使います。

　アクターは常に**Props**オブジェクトから作られます。**Props**オブジェクトはアクターを生成する方法を指示するためのオブジェクトです。**Props**を作る最もシンプルな方法は型引数としてアクターの型を指定する方法で、ここでは**Props[SilentActor]**を指定しています。この方法を使うと**Props**は最終的に、デフォルトコンストラクターでそのアクターを作成します。

　マルチスレッドのアクターシステムを使うと、アクターのインスタンスにはアクセスできなくなるため、状態変化を確認するには別の方法を見つけなければなりません。そこで、**ActorRef**を引数に取る**GetState**メッセージを追加します。テストキットは**testActor**を持っており、**GetState**メッセージを使って**SilentActor**の内部状態を**testActor**に送信できます。**expectMsg**メソッドを呼び出すと、**testActor**が受信した1つのメッセージをアサートできます。このケースでは、**SilentActor**が持つすべてのデータを保持したベクターを受け取ります。

Check

expectMsgメソッドのタイムアウト設定

　テストキットには、いくつかの**expectMsg**メソッドに加え、他にもメッセージをアサートするためのメソッドがいくつかあります。これらのメソッドはすべて一定の時間内にメッセージが返ってくることを期待します。時間内にメッセージが返ってこない場合、タイムアウトして例外がスローされます。タイムアウトにはデフォルト値があり、**akka.test.single-expect-default**キーを使って設定できます。「拡張係数」は、実際のタイムタウトの時間を計算するために使われます（通常はタイムアウトが拡張されていないことを意味する1に設定されています）。この値の目的は、コンピューティング能力が大幅に異なる可能性があるマシンの能力を平準化することです。遅いマシンでは、準備に少し長い時間が必要です（開発者が高速なワークステーションでテストを実行してからコミットし、遅い継続的インテグレーションサーバーで失敗するのはよくあることです）。この値を調整することで、各マシンをテストが成功させるために必要な係数で構成できます（設定の詳細については、第7章を参照してください）。タイムアウトの最大時間はメソッドで直接指定することもできますが、設定値を使うほうがよいでしょう。そして必要に応じて、テスト間の設定値を変更しましょう。

66

3.2 一方向のメッセージ

さてここで、GetStateメッセージを処理できるSilentActorのコードが必要となります(**リスト3.7**)。

リスト3.7 SilentActorの実装

```
object SilentActor {
  case class SilentMessage(data: String)
  case class GetState(receiver: ActorRef)     ←──── テスト目的でGetStateメッセージを追加
}

class SilentActor extends Actor {
  import SilentActor._
  var internalState = Vector[String]()

  def receive = {
    case SilentMessage(data) =>
      internalState = internalState :+ data
    case GetState(receiver) => receiver ! internalState   ←── 内部状態は、GetStateメッ
  }                                                            セージの中のActorRefに送
}                                                              信される
```

内部状態は、GetStateメッセージにあるActorRefに返されます。今回のテストの場合は、testActorが返却先になります。内部状態はイミュータブルなベクターであるため、完全に安全です。以上がSilentActorタイプのテストです。シングルスレッド版、マルチスレッド版と見てきました。これらのアプローチを用いることで、ほとんどのプログラマーが慣れ親しんだテストを実装できます。テストキットのツールを活用することで、状態変化を検査し、アサートできます。

3.2.2 SendingActorの例

後からアクターがメッセージを送信できるように、propsメソッドを経由してアクターがActorRefを受け取る方法は一般的です。この例では、イベントのリストを並べ替えて受信者となるアクターにそのリストを送信する、SendingActorというアクターを作成します。

リスト3.8 SendingActorのテスト

```
// SendingActor
"A Sending Actor" must {
  // 処理終了時に別アクターへメッセージを送信する
  "send a message to another actor when it has finished processing" in {
    import SendingActor._
    val props = SendingActor.props(testActor)    ←── 受信者となるアクターをprops
    val sendingActor = system.actorOf(props, "sendingActor")  メソッドに渡し、Propsを作成
                                                              する。このテストではtestActor
    val size = 1000                                           を渡している
```

67

第3章　アクターによるテスト駆動開発

```scala
    val maxInclusive = 100000

    def randomEvents() = (0 until size).map{ _ =>
      Event(Random.nextInt(maxInclusive))
    }.toVector

    val unsorted = randomEvents()      ←──────── ソートされていないランダムなイベントのリストが作成される
    val sortEvents = SortEvents(unsorted)
    sendingActor ! sortEvents

    expectMsgPF() {
      case SortedEvents(events) =>     ←──────── testActorはソートされたイベントのベクターを受信するはず
        events.size must be(size)
        unsorted.sortBy(_.id) must be(events)
    }
  }
}
```

SendingActor には、SortEvents メッセージを送信します。(**リスト3.8**)。SortEvents メッセージはソートしてほしいイベントのリストを持っています。SendingActor はこれをソートして、受信者となるアクターに SortedEvents メッセージを送信します。このテストでは、ソートされたイベントを処理する実際のアクターの代わりに、**testActor** へこのメッセージを送信します。受信者となるアクターは単なる **ActorRef** であるため、容易にこれを実現できます。SortEvents メッセージはランダムなイベントのベクターを持っているため、expectMsg(mgs)を使うことはできません。ランダムな値に完全に一致させる術がないからです。このような場合、expectMsgPF を使います。これは、アクターの **receive** と同じように部分関数を引数として受け取ります。これで testActor に送信されたメッセージを確認できるようになりました。この送信されたメッセージは SortedEvents であり、ソートされた Event のベクターが入っているはずです。テストを実行すると、まだ SendingActor のメッセージプロトコルを実装していないため、失敗してしまうでしょう。それでは、実装してみましょう (**リスト3.9**)。

リスト3.9　SendingActor の例

```scala
                    ┌── SortEventsとSortedEventsはどちらもイミュータブルなVectorを使用する
object SendingActor {
  def props(receiver: ActorRef) =
    Props(new SendingActor(receiver))   ←──── 受信者は、PropsからSendingActorのコンスト
  case class Event(id: Long)                   ラクターに渡される。テストではtestActorを渡す
  case class SortEvents(unsorted: Vector[Event])   ←──── SortedEventsメッセージは
  case class SortedEvents(sorted: Vector[Event])           SendingActorに送信される
}
                                          ←──── SortedEventsメッセージは、
class SendingActor(receiver: ActorRef) extends Actor {    SendingActorがソートした
  import SendingActor._                                    あとに受信者に送信される
```

68

```
def receive = {
  case SortEvents(unsorted) =>
    receiver ! SortedEvents(unsorted.sortBy(_.id))
```

ここでもメッセージプロトコルを定義したコンパニオンオブジェクトを実装しています。この
コンパニオンオブジェクトも props メソッドを持っており、アクターの Props を生成します。今回
は受信者となるアクターの参照を渡す必要があるため、これまでとは異なる Props を使用してい
ます。

Props(arg) の呼び出しは Props.apply の呼び出しに変換され、名前渡しの引数を受け取る
ようになっています。名前渡しの引数は値が参照されたときにはじめて評価されるため、new
SendingActor(receiver) は Akka がインスタンスを生成するときにはじめて実行されます。コ
ンパニオンオブジェクトで Props の生成を行うことには、他のアクターからこのアクターを生
成するときにアクターの内部状態を隠蔽できるという利点があります。アクターの内部状態を
Props 経由で他のアクターに渡してしまうと、競合状態を引き起こしたり、Props そのものがネッ
トワークをまたいだメッセージの中で利用されていたりした場合に、シリアライズの問題を引き
起こすことがあります。今後 Props を作るときは、この推奨される手法を使うようにします。

SendingActor はソートされていないベクターを sortBy というメソッドを使ってソートします。
このメソッドはソートされたベクターのコピーを作ります。そのため、このソートされたベク
ターは安全に共有できます。SortedEvents は受信者のアクターに送信されます。ここでも、イ
ミュータブルなプロパティを持つケースクラスと、イミュータブルなデータ構造であるベクター
のアドバンテージを利用しています。

では、SendingActor の種類をいくつか紹介していきます。**表3.1**を見てください。

● 表3.1　SendingActor の種類

アクター	説明
MutatingCopyActor	このアクターは変更したコピーを作成し、それを次のアクターに送信する。本項はこれに該当する
ForwardingActor	このアクターはメッセージの変更を行わず、受け取ったメッセージを転送する
TransformingActor	このアクターは受け取ったメッセージから別のメッセージを作る
FilteringActor	このアクターは受け取って不要なものを破棄したメッセージを転送する
SequencingActor	このアクターは受け取った1通のメッセージから複数のメッセージを作成し、新しいメッセージを順番にそれぞれ別のアクターに送信する

MutatingCopyActor と ForwardingActor、TransformingActor はそれぞれ同じようにテスト
できます。testActor をメッセージの受信者として設定し、expectMsg や expectMsgPF をメッ
セージの検査に使用できます。一方の FilteringActor は、これらとは異なり、フィルターを通
過しなかったメッセージをどうアサートするかという問題を扱います。SequencingActor も同様
のアプローチが必要です。正しい数のメッセージを受け取ったことをどう検証すればよいので

しょうか？　そのやり方を見ていきましょう。

それでは、FilteringActorのテストを書いていきましょう（**リスト3.10**）。これから作成する FilteringActorは重複したイベントを取り除かなければなりません。FilteringActorは過去に 受け取ったメッセージのリストを持っていて、受け取ったメッセージをこのリストと突き合わせ て重複したメッセージを見つけます（典型的なモックフレームワークに備わっている、メソッド の呼び出しや呼び出し回数、呼び出しがなかったことをチェックする機能を使用します）。

リスト3.10　FilteringActorのテスト

```
// 特定のメッセージをフィルターにかける
"filter out particular messages" in {
  import FilteringActor._
  val props = FilteringActor.props(testActor, 5)
  val filter = system.actorOf(props, "filter-1")
  filter ! Event(1)          ← 重複するものも含めてイベントをいくつか送信する
  filter ! Event(2)
  filter ! Event(1)
  filter ! Event(3)
  filter ! Event(1)
  filter ! Event(4)
  filter ! Event(5)
  filter ! Event(5)
  filter ! Event(6)
  val eventIds = receiveWhile() {   ← case文にマッチしなくなるまでメッセージを受信する
    case Event(id) if id <= 5 => id
  }
  eventIds must be(List(1, 2, 3, 4, 5))   ← 結果に重複するものが含まれていないことをアサートする
  expectMsg(Event(6))
}
```

このテストではreceiveWhileメソッドを使っています。このメソッドは、testActorが受け取 るメッセージを、case文にマッチしなくなるまで収集します。このcase文は、Eventメッセージ に含まれるIDが5以下の場合にマッチにします。Event(6)はマッチせずに、whileループから 抜けるようになっています。receiveWhileメソッドは部分関数の戻り値を収集し、それらをリス トにまとめて返します。それでは、FilteringActorがこの仕様を満たすように実装してみましょ う（**リスト3.11**）。

リスト3.11　FilteringActorの実装

```
object FilteringActor {
  def props(nextActor: ActorRef, bufferSize: Int) =
    Props(new FilteringActor(nextActor, bufferSize))
  case class Event(id: Long)
}
```

3.2　一方向のメッセージ

```scala
class FilteringActor(nextActor: ActorRef,
                     bufferSize: Int) extends Actor {    ←  バッファーの最大サイズが
  import FilteringActor._                                    コンストラクターに渡される
  var lastMessages = Vector[Event]()    ←  過去のメッセージのベクターが保持される
  def receive = {
    case msg: Event =>
      if (!lastMessages.contains(msg)) {
        lastMessages = lastMessages :+ msg
        nextActor ! msg    ←  イベントがバッファー内に見つからない
        if (lastMessages.size > bufferSize) {   場合、次のアクターに送信される
          // 最も古いものを破棄
          lastMessages = lastMessages.tail    ←  最大バッファーサイズに達すると、バッファー
        }                                          内の最も古いイベントは破棄される
      }
  }
}
```

FilteringActorは過去に受け取ったメッセージのバッファーをVectorとして保持しています。メッセージを受信するたびに、リストにないものをバッファーに足していきます。バッファーの中になかったメッセージのみnextActorに送信します。バッファーの中の最も古いメッセージは、メッセージのリストが大きくなりすぎてメモリー不足に陥ってしまわないように、バッファーの最大値に達すると破棄します。

receiveWhileメソッドはSequencingActorのテストでも、特定のイベントが引き起こすメッセージの順序が期待どおりかをアサートするのに使えます。多くのメッセージをアサートする必要があるときは、ignoreMsgとexpectNoMsgというメソッドが便利です。ignoreMsgはexpectMsgPFと同じように部分関数を受け取って、マッチしたものをアサートするのではなく、パターンにマッチしたメッセージを無視します。これは受信メッセージのほとんどに関心がなく、testActorに送信された特定のメッセージのみをアサートしたい場合に便利です。expectNoMsgはある一定時間の間にtestActorにもうこれ以上メッセージが来ないということをアサートするためのメソッドです。これはFilteringActorのテストの中で重複したメッセージが来ないということをアサートするのにも使えます。次のテストコードはexpectNoMsgを使ったテストです（**リスト3.12**）。

リスト3.12　expectNoMsgを使ったFilteringActorのテスト

```scala
// expectNoMsg を使って特定のメッセージをフィルターにかける
"filter out particular messages using expectNoMsg" in {
  import FilteringActor._
  val props = FilteringActor.props(testActor, 5)
  val filter = system.actorOf(props, "filter-2")
  filter ! Event(1)
  filter ! Event(2)
  expectMsg(Event(1))
```

第3章　アクターによるテスト駆動開発

```
    expectMsg(Event(2))
    filter ! Event(1)
    expectNoMsg
    filter ! Event(3)
    expectMsg(Event(3))
    filter ! Event(1)
    expectNoMsg
    filter ! Event(4)
    filter ! Event(5)
    filter ! Event(5)
    expectMsg(Event(4))
    expectMsg(Event(5))
    expectNoMsg()
}
```

　expectNoMsgはメッセージがもう来ないことを確認するためにタイムアウトまで待つ必要があります。したがって、このテストは実行するのに時間がかかります。

　これまで見てきたように、TestKitが提供するtestActorはメッセージを受け取ることができます。そして、このメッセージはexpectMsgのようなメソッドを使ってアサートできます。TestKitはtestActorを1つしか持たず、継承しなければ使えないクラスです。それでは、テストする対象のアクターが複数のアクターにメッセージを送信する場合はどうしたらよいのでしょうか？　この場合はTestProbeというクラスを使います。TestProbeはTestKitと非常によく似ていますが、このクラスを使う場合は、クラスの継承が必要ありません。単純にTestProbeをTestProbe()で作成するだけです。本書で作成するテストではTestProbeを頻繁に利用します。

3.2.3　SideEffectingActor の例

　リスト3.13のソースコードは、受信したメッセージに従って挨拶文をコンソールに出力する、非常にシンプルなGreeterアクターを示しています（これはアクター版の「Hello World」です）。

リスト3.13　Greeterアクター

```
import akka.actor.{ActorLogging, Actor}

case class Greeting(message: String)

class Greeter extends Actor with ActorLogging {
  def receive = {
    case Greeting(message) => log.info("Hello {}!", message)  ←
  }
}
```

メッセージを受信すると挨拶文
をコンソールに出力する

Greeterは1つの仕事しかしません。メッセージを受信してその内容をコンソールに出力するだけです。SideEffectingActorをテストする場合、あるアクションがもたらした作用を直接確認できないようなシナリオをテストする必要があります。説明としてはこれで十分ですが、**リスト3.14**は期待する結果をテストする最終的な形を示しています。

リスト3.14 HelloWorldのテスト

```
import Greeter01Test._

class Greeter01Test extends TestKit(testSystem)          ← Greeter01TestオブジェクトのtestSystemを使用
  with WordSpecLike
  with StopSystemAfterAll {

  // Greeter
  "The Greeter" must {
    // Greeting("World")を送ると「Hello World!」と出力
    "say Hello World! when a Greeting(\"World\") is sent to it" in {
      val dispatcherId = CallingThreadDispatcher.Id
      val props = Props[Greeter].withDispatcher(dispatcherId)   ← シングルスレッド環境
      val greeter = system.actorOf(props)
      EventFilter.info(message = "Hello World!",
        occurrences = 1).intercept {          ← ログに出力されたメッセージをインターセプト
          greeter ! Greeting("World")
        }
    }
  }
}

object Greeter01Test {
  val testSystem = {          ← テスト用イベントリスナーを使用するという設定でActorSystemを作成
    val config = ConfigFactory.parseString(
      """
        akka.loggers = [akka.testkit.TestEventListener]
      """)
    ActorSystem("testsystem", config)
  }
}
```

Greeterは、ActorLoggingトレイトを使ってログメッセージを書き込みます。テストではこのメッセージを検査することになります。テストキットモジュールのTestEventListenerを設定すると、ログ出力されるすべてのイベントを制御できます。ConfigFactoryは、Stringから設定ファイルをパースできます。ここではイベントハンドラーのリストをオーバーライドしているだけです。

テストはシングルスレッド環境で実行します。その理由は、「World」というGreetingメッセージが送信されたときにTestEventListenerがログイベントを記録していることを確認したいか

第3章 アクターによるテスト駆動開発

らです。ログメッセージを確認するために EventFilter オブジェクトを使います。このオブジェクトを用いるとログイベントの検証が行えます。この例では、期待するメッセージが一度出力されることを確認します。intercept コードブロックが実行されるとき、すなわち Greeting メッセージが送信されるときにログメッセージが検知されます。

SideEffectingActor をテストする先の例は、相互作用のアサーションによってすぐに複雑さが増してしまうことを示しています。多くの場合、テストを簡素化するにはソースコードに少し手を加えるほうが容易です。テスト対象のクラスにリスナーを渡せば、設定やフィルタリングを行う必要がなくなるのは明らかです。こうすると、テスト中のアクターが生成する各メッセージを簡単に取得できるようになるはずです。**リスト3.15**は、改良版の Greeter アクターです。この改良されたアクターは、挨拶文がログ出力されるたびにリスナーアクターへメッセージを送信するよう構成できるようになっています。

リスト3.15 リスナーを使用した Greeter アクターのテストの簡略化

```scala
object Greeter02 {
  def props(listener: Option[ActorRef] = None) =
    Props(new Greeter02(listener))
}
class Greeter02(listener: Option[ActorRef])      ← Option型のリスナーをコンストラクター引数に
  extends Actor with ActorLogging {                 取り、デフォルトはNoneに設定されている
  def receive = {
    case Greeting(who) =>
      val message = "Hello " + who + "!"
      log.info(message)
      listener.foreach(_ ! message)              ← オプションとしてリスナーに送信する
  }
}
```

Greeter02 アクターは、Option[ActorRef] を取るように変更されており、props メソッドではデフォルトが None に設定されています。メッセージが正常にログ出力されると、Option が None でない場合にリスナーへメッセージが送信されます。リスナーを指定せずにこのアクターを使用すると、通常どおり実行されます。**リスト3.16**はこの Greeter02 アクターのために更新されたテストです。

リスト3.16 シンプルな Greeter アクターのテスト

```scala
class Greeter02Test extends TestKit(ActorSystem("testsystem"))
  with WordSpecLike
  with StopSystemAfterAll {

    // Greeter
    "The Greeter" must {
```

```scala
    // Greeting("World")を送ると「Hello World!」と出力
    "say Hello World! when a Greeting(\"World\") is sent to it" in {
      val props = Greeter02.props(Some(testActor))  ← リスナーをtestActorに設定する
      val greeter = system.actorOf(props, "greeter02-1")
      greeter ! Greeting("World")
      expectMsg("Hello World!")  ← いつもどおりにメッセージをアサートする
    }
    // 何か他のメッセージを送ると何が起こるか
    "say something else and see what happens" in {
      val props = Greeter02.props(Some(testActor))
      val greeter = system.actorOf(props, "greeter02-2")
      system.eventStream.subscribe(testActor, classOf[UnhandledMessage])
      greeter ! "World"
      expectMsg(UnhandledMessage("World", system.deadLetters, greeter))
    }
  }
}
```

　ご覧のとおり、テストが大幅に簡素化されました。**Some(testActor)**を**Greeter02**コンストラクターに渡し、いつものように**testActor**へ送信されたメッセージをアサートするだけです。次節では、双方向メッセージとそのテスト方法について説明します。

3.3　双方向のメッセージ

　双方向メッセージは**SendingActor**スタイルのアクターのマルチスレッド化したテストのところですでに見ています。そこでは、**ActorRef**を含んだ**GetState**メッセージを利用していました。**GetState**リクエストに対してレスポンスするために、単純に**ActorRef**の**!**演算子を呼び出していました。以前示したとおり、**tell**メソッドは暗黙的な**sender**を参照します。

　このテストでは**ImplicitSender**トレイトを使用します。このトレイトは、テストで用いる暗黙的な**sender**を**TestKit**の**ActorRef**（**testActor**）に変更します。このトレイトをミックスインする方法を**リスト3.17**に示します。

> **リスト3.17** ImplicitSender

```scala
class EchoActorTest extends TestKit(ActorSystem("testsystem"))
  with WordSpecLike
  with ImplicitSender  ← 暗黙的なsenderをTestKitのActorRef（testActor）に設定する
  with StopSystemAfterAll {
```

　双方向メッセージは、ブラックボックス方式でテストするのが簡単です。リクエストはレスポンスをもたらすため、簡単にアサートできます。**リスト3.18**のテストでは、どのようなリクエストもオウム返しでそのままレスポンスする**EchoActor**をテストします。

第3章　アクターによるテスト駆動開発

リスト3.18　エコーのテスト

```
// 何もせず受信したのと同じメッセージを返す
"Reply with the same message it receives without ask" in {
  val echo = system.actorOf(Props[EchoActor], "echo2")
  echo ! "some message"          ←──── アクターにメッセージを送信する
  expectMsg("some message")      ←──── いつもどおりにメッセージをアサートする
}
```

　ここではメッセージを送信しているだけです。**ImplicitSender**トレイトによって**TestKit**の**ActorRef**が自動的に**sender**として設定されており、**EchoActor**はその**sender**にレスポンスを返します。**EchoActor**も同様に、**sender**へメッセージを送信しているだけです。**リスト3.19**はこの様子を示しています。

リスト3.19　EchoActor

```
class EchoActor extends Actor {
  def receive = {
    case msg =>
      sender() ! msg    ←──── 受信したメッセージを、そのまま（暗黙的な）senderへ送信する
  }
}
```

　EchoActorは**ask**パターンが使用されても**tell**メソッドが使用されてもまったく同じように動作します。ここでは、双方向メッセージをテストするのに好ましい方法を紹介しました。

　本節では、Akkaの**TestKit**が提供するアクターテストのイディオムを学びました。これらのイディオムはアサート対象にアクセスする必要のある単体テストを簡潔にするのに役立ちます。**TestKit**はシングルスレッド向けのメソッドとマルチスレッド向けのメソッドの両方を提供しています。さらにちょっと「ズル」をして、テスト中に内部アクターのインスタンスにアクセスすることさえできます。他のアクターとのやり取りの仕方でアクターを分類すると、そのアクターをテストする方法の雛形が見えてきます。そのアクターの種類は**SilentActor**タイプ、**SendingActor**タイプ、そして**SideEffectingActor**タイプに分類できます。多くの場合、アクターをテストする最も簡単な方法は**testActor**の参照を渡すことです。この参照を使用すると、テスト対象のアクターから送信されたメッセージの期待値をアサートできます。**testActor**はリクエストとレスポンスのやり取りの中で**sender**の代わりになることもできますし、あるアクターがメッセージを送信する次のアクターとして動作させることもできます。

　最後になりますが、テストのためのアクターを用意するのが多くのケースで理にかなっています。特に、アクターが「静か（silent）」に仕事をする場合、そのアクターに**Option**のリスナーを追加することが役に立ちます。

3.4 まとめ

　テスト駆動開発（TDD）は、単なる品質管理の仕組みではありません。これは開発のやり方です。AkkaはTDDをサポートするように設計されています。一般的な単体テストの根本は、メソッドを呼び出して期待した結果をチェックできるようなレスポンスを得ることです。したがって、本章ではメッセージベースの非同期スタイルに寄り添う、新しい考え方を取り入れる方法を模索する必要がありました。

　アクターは熟練のTDDプログラマーにいくつかの新しい力をもたらします。

- アクターは振る舞いを持つ。テストを行うことは振る舞いを確認するための基本的な手段である
- メッセージベースのテストは安全である。イミュータブルな状態のみをやり取りするので、テストによって状態が破壊されることがない
- アクターのテストの仕方の要点を知ることで、あらゆる種類のアクターをテストできる

　本章では、Akka流のテスト方法と、Akkaが提供するツールについて紹介しました。これらの真価は、以降の章で証明されるでしょう。以降の章では、テストされた動作するコードを迅速に開発するという、TDDの契約を実践していくことになります。

　次章では、アクターの階層がどのように形成されているか、そして、スーパーバイザー戦略とライフサイクルモニタリングによって、耐障害性のあるシステムを構築する方法を見ていきます。

第4章

耐障害性

この章で学ぶこと

- ☐ 自己治癒型システムの構築
- ☐ 「let it crash」原則
- ☐ アクターのライフサイクルの理解
- ☐ アクターの監督の理解
- ☐ 障害復帰戦略の選択

　この章では、アプリケーションの回復力を高めるためのAkkaのツール群を紹介します。最初の節では、監督（スーパービジョン）、監視、アクターライフサイクルの機能を含む、**let it crash（クラッシュするならさせておけ）**原則について記述します。もちろん、これらを典型的な障害のシナリオにどのように適用していくかの例も見ていきます。

4.1　耐障害性とは何なのか？（そして何でないのか？）

　システムに**耐障害性**があるといったとき、それが何を意味しているのか、なぜ障害のことを考えてプログラムを書く必要があるのかについて定義することから始めましょう。理想的な世界では、システムは常に利用可能な状態で、処理するすべてのアクションが成功することを保証します。この理想を実現するには、絶対に障害を起こさないコンポーネントを使うか、すべての起こりうる障害に対して回復アクションを提供して成功を保証するかのいずれかしかありません。ほとんどのアーキテクチャで、その代替となるのがキャッチオールのメカニズムです。これは、キャッチされない障害が発生したら直ちに処理を終了させます。アプリケーションが障害復帰戦略を提供しようと試みたとしても、そのテストは難しく、障害復帰戦略の機能保証のために、他の複雑なレイヤーを追加することにつながるでしょう。手続き型の世界では、何か処理を行うたびにリターンコードが伴い、このコードを起こりうる障害のリストと突き合わせることになります。モダンな言語には、必要とされる障害復帰手段を幅広く提供し、より確かな道筋を与える例外処理が備わっています。ソースコードのすべての行で障害の確認をする必要はなくなりましたが、障害を適切なハンドラーへ伝播する仕組みが著しく改善したわけではありません。

障害から解放されたシステムという考えは、理論的には耳ざわりよく聞こえますが、実際問題、どんな重要なシステムであったとしても、そのようなシステムを高可用性を備えた分散環境で構築するのは不可能です。その主な理由としては、小さいとは言えないシステムのほとんどの部品は制御することが難しく、壊れるおそれがあるからです。そしてここには、責任という普遍的な問題が横たわっています。しばしば共通するコンポーネントを使ってなんらかの協調作業を行う際、起こりうる障害に対して誰が責任を持つのかが不明瞭となります。潜在的に利用不可能になるリソースとしては、ネットワークが良い例です。ネットワークはいつでも突然にダウンしたり、一部だけが利用可能な状態になったりします。処理を続行したいと思ったときは、通信を継続するための別の方法を見つけなければなりません。さもなければ、少しの間通信ができなくなってしまいます。システムは、おかしな振る舞いをしたり、障害を起こしたり、散発的に利用不可能になるサードパーティのサービスに依存しているかもしれません。ソフトウェアを実行しているサーバーが障害を起こしたり、利用不可能になったり、あるいは完全なハードウェア障害に見舞われるかもしれません。灰になったサーバーを復活させたり、壊れたディスクを自動的に修復するといった魔法のようなことは、どう考えても不可能です。これが電話会社のラックアンドスタックの世界で「let it crash（**クラッシュするならさせておけ**）」が生まれた理由です。機械の障害はよくあることなので、それを考慮せずに可用性の目標を達成することは不可能だったのです。

すべての障害の発生を防ぐことはできないため、次の点に留意して戦略を採用する準備をしておく必要があります。

- モノは壊れる。システムは利用可能な状態を維持し、実行し続けるために**耐障害性**を持つ必要がある。回復可能な障害によって壊滅的な障害に陥ってはならない
- 障害の発生した部分を停止してシステムから切り離してでも、システムの最も重要な機能をできるだけ長く利用可能な状態で維持することが求められるケースがある。障害箇所を切り離し残りのシステムに干渉させないことで、不測の結果を防ぐ
- 別のケースでは、重要なコンポーネントに対して、アクティブなバックアップを（おそらく別のサーバーかあるいは別のリソースとして）保持しておくことが大切である。メインコンポーネントに障害が発生した際、このバックアップを呼び出し、すみやかに利用可能な状態に回復する
- システムの特定箇所における障害によって、システム全体がクラッシュするようなことがあってはならない。特定の障害を隔離し、別途対処できるような方法が必要になる

もちろんAkkaツールキットは耐障害性に対する銀の弾丸を持っているわけではありません。特殊な障害への対処は依然として必要ですが、よりアプリケーションに特化したやり方で、より美しく行うことができます。**表4.1**に示すAkkaの機能によって、必要な耐障害性のある振る舞いを構築できます。

4.1　耐障害性とは何なのか？（そして何でないのか？）

● 表4.1　利用可能な障害回避戦略

戦略	詳細
障害の封じ込めまたは隔離	障害はシステムの一部に留めるべきで、全体がクラッシュするまで障害が拡大してはならない
構造	障害のあるコンポーネントを隔離するには、そのコンポーネントをシステムの残りの部分から切り離すための構造を必要とする。つまり、正常な部分を隔離できる構造を定義する必要がある
冗長化	コンポーネントに障害が起きたときは、バックアップコンポーネントが引き継げるようにしておく必要がある
置換	障害のあるコンポーネントを隔離できたら、構造内でそのコンポーネントを置き換えることができる。システム内のその他のコンポーネントは、置き換えられたコンポーネントに対して、障害の起きたコンポーネントとやり取りしていたのと同じように通信できるようにする必要がある
リブート	コンポーネントが正しい状態ではなくなったとき、事前に定義した初期状態に戻す仕組みが必要。不正な状態は障害によって引き起こされたのかもしれないし、制御できない依存性によって引き起こされる、コンポーネントのすべての不正な状態を予期することはおそらく不可能である
コンポーネントのライフサイクル	障害の発生したコンポーネントは隔離する必要があり、リカバリーできない場合は終了させてシステムから取り除くか、再度正しい開始状態に初期化しなければならない。コンポーネントの起動、再起動、終了をライフサイクルとして定義する必要がある
保留	障害が起こったとき、コンポーネントを修復するか置き換えるまで、そのコンポーネントへのすべての呼び出しを保留する必要がある。そうすることで新しいコンポーネントが取りこぼしなく作業を続けることができる。障害が起こっていた間に処理されたメッセージも消えてはいけない。それは障害からの回復において重要になるかもしれないし、コンポーネントが失敗した原因を知るための重要な情報を含んでいるかもしれない。障害が他の原因によるものだとわかったときには、呼び出しを再試行することもできる
関心の分離	障害から回復するための実装は、通常の処理の実装から分離しておくべきである。障害からの回復は、通常処理の中では横断的関心事である。通常処理と回復処理との明確な分離によって、やるべき作業が単純化する。明確に分離されていると、障害からアプリケーションを回復させる方法の変更はよりシンプルになる

「ちょっと待って、単に素のオブジェクトと例外を使って障害から回復できないの？」と思うかもしれません。通常、例外は、これまで説明した意味合いと同じように、障害から回復するためではなく、一貫性のない状態を防ぐため、一連のアクションから復帰するために使います。しかし次項で、例外処理と素のオブジェクトを使って障害から回復することがどれだけ困難であるかを見ていきましょう。

4.1.1　素のオブジェクト（plain old object）と例外

複数スレッドからログを受け取るアプリケーションを例に見てみましょう。ここではアプリケーションはファイルから必要な情報を「パース」して、レコードオブジェクトへと変換します。そしてそのレコードオブジェクトをデータベースに書き込みます。ファイルウォッチャーが追加されたファイルを監視して、複数のスレッドに対して通知を行い、新しいファイルの処理を行います。図4.1にアプリケーションの概要を示し、今回説明する内容を紹介しています。

第4章 耐障害性

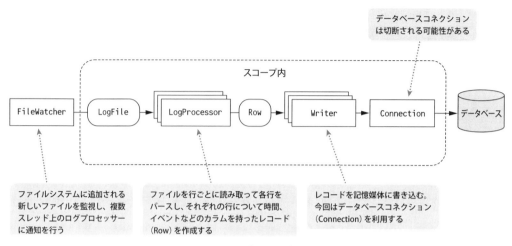

● 図4.1　ログ処理アプリケーション

データベースコネクションが切断された場合、そこで書き込みをあきらめるのではなく、別のデータベースに対する新しいコネクションを確立し、処理を続けることが求められます。そのコネクションも正しく機能しない場合、切断してアプリケーション側で利用できないようにする必要があります。あるいは、一時的な不整合を解消するためにコネクションの再接続が必要になるかもしれません。ここで、問題が発生するおそれのある箇所を擬似コードを使って説明します。手始めに、標準的な例外処理によって同じデータベースに対して新しいコネクションを確立するというケースを見てみましょう。

まずスレッド上で利用するすべてのオブジェクトを初期化します。初期化された後、それらのオブジェクトがファイルウォッチャーが検知した新しいファイルを処理します。その後、コネクションを利用するデータベースライターを初期化します。**図4.2**にライターを生成する手順を示します。

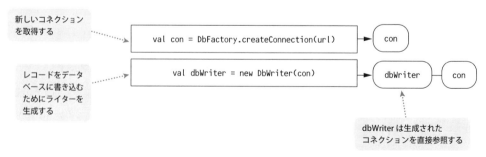

● 図4.2　ライターの生成

ライターの依存関係はコンストラクター経由で渡されます。各種URLを定義したデータベースファクトリーの設定は、ライターを生成するスレッドから渡されます。次に、ログプロセッサーを初期化します。**図4.3**に示すように、それぞれのプロセッサーはレコードを保存するためにライターへの参照を持っています。

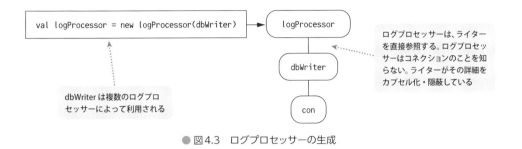

● 図4.3　ログプロセッサーの生成

図4.4では、このアプリケーションにおいてオブジェクト同士がお互いをどう呼び合うかを示しています。この図で示しているフローは、ファイルウォッチャーが検知したファイルを同時に処理するために複数スレッドから実行されます。**図4.5**のコールスタックでは`DbBrokenConnectionException`が発生していますが、このとき別のコネクションに切り替える必要があります。**図4.4**ではオブジェクトが他のオブジェクトを呼び出す流れのみを示し、各メソッドの詳細は省略しています。

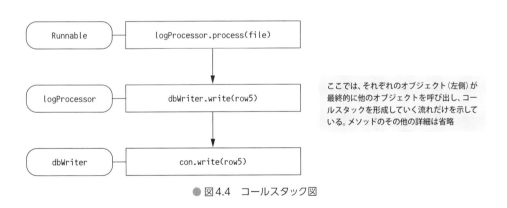

● 図4.4　コールスタック図

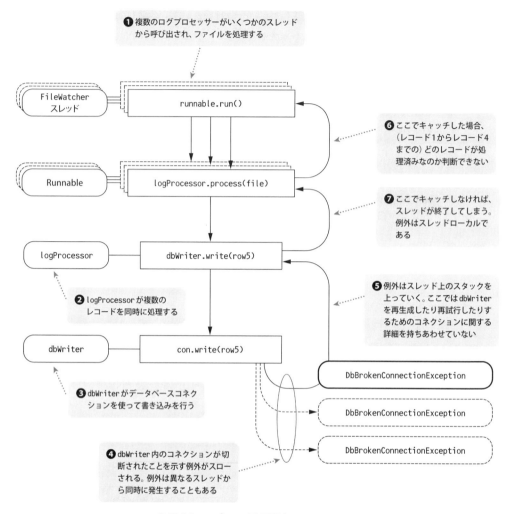

● 図4.5　ログファイル処理中のコールスタック

　単に例外を上部のスタックへ投げる代わりに、DbBrokenConnectionExceptionから回復して、切断されたコネクションを稼働しているものに置き換えてみましょう。しかし、設計を壊さずにコネクションを復旧するコードを書くのは容易ではないという問題があります。また、例外が発生したときに、ファイルのどの行が成功し、どの行が失敗したのかといったコネクションを再作成するための情報も不足しています。

　処理した行とコネクション情報をすべてのオブジェクトからアクセス可能にしてしまうと、設計が複雑になり、カプセル化、制御の反転、単一責任の原則といったベストプラクティスに違反してしまいます（クリーンなコードを書く同僚との、次回のコードレビューが楽しみですね！）。ここでやりたいことは、失敗したコンポーネントを入れ替えることだけです。回復用のコードを

例外処理に直接書き加えてしまうと、ログファイル処理とデータベースコネクションの回復処理が混在してしまいます。仮にコネクションを再生成するのにふさわしい場所を見つけたとしても、コネクションを新しいものに入れ替えている間に、他のスレッドが切断されたコネクションを使ってしまわないよう細心の注意を払う必要があります。そうしないと、レコードが消失してしまいます。

さらに、スレッドをまたいで例外を扱うといった機能は標準では備わっていないため、自分で実装する必要がありますが、これも容易なことではないでしょう。ここで耐障害性の要件を洗い出し、このアプローチが有効なものなのかどうかを検証してみましょう。

障害の隔離

複数のスレッドが同時に例外を投げる可能性があるため、隔離を行うのは困難です。なんらかのロック機構の仕組みが必要です。オブジェクトチェーンから切断されたコネクションを正しく取り除くことは困難です。正常な状態に戻すためにはアプリケーションを書き換える必要があります。将来にわたりコネクションの利用を禁止するという機能は標準では実現できないため、なんらかのレベルの間接参照で、独自にオブジェクトの内部に組み込んでおかなければいけません。

構造

オブジェクト間を結び付ける構造はシンプルで直接的なものです。すべてのオブジェクトは他のオブジェクトを参照して、グラフを形成しています。したがって、ランタイムで単純にグラフ内のオブジェクトを交換するだけでは不十分です。もっと複雑な構造を作ることを求められます（オブジェクト間のある種の間接参照はここにも関わってきます）。

冗長化

例外が発生した場合、その例外はスタックを上っていきます。先の例で見たように、その中でどの冗長化コンポーネントを利用するか、あるいはどのような入力値で処理を進めていくかといったコンテキストを見失うことがあります。

置換

コールスタック内のオブジェクトを交換することに関して、一般的な戦略はなく、自分で実装するしかありません。これを目的としたいくつかの機能を持つDI（Dependency Injection）フレームワークもありますが、もしオブジェクトが古いインスタンスを、間接参照レベルではなく直接参照している場合、早速問題が発生します。またオブジェクトを交換する際には、それがマ

ルチスレッド環境でのアクセスに耐えられる実装であることが求められます。

リブート

　置換と同じく、オブジェクトを初期状態に戻すような機能は自動的にサポートされているわけではなく、自身で別のレベルの間接参照を実装する必要があります。オブジェクトのすべての依存関係も同じように再解決しなければいけません。これらの依存関係を再起動するとなると（たとえば、ログプロセッサーが復旧可能なエラーを投げるようなケースを考えてみてください）、その解決順序は極めて複雑になります。

コンポーネントのライフサイクル

　オブジェクトは、一度生成されたら、存在し続けるか、ガベージコレクションの対象になってメモリーから削除されるかだけです。その他の機構は自身で実装する必要があります。

保留

　一度例外をキャッチしてスタックを上っていくことになると、入力値や入力に関連する情報は失われてしまうか利用不可能となってしまいます。ここではエラーを解決する前に、入ってくる呼び出しをバッファリングするような仕組みが必要です。コードが複数のスレッドから呼び出されている場合、ロックを追加して、複数の例外が同時に発生することを防ぐ必要があります。そして関連した入力値を保存し、あとで再試行する手段を講じておかなければいけません。

関心の分離

　例外処理コードは実処理コードに埋め込まれており、実処理コードと独立して定義することができません。

　以上のことから、このアプローチはあまり現実的ではなさそうです。すべてを正しく動作させることは、複雑で大きな苦痛を伴う作業になるでしょう。以下の理由から、アプリケーションに簡単に耐障害性を持たせるための根本的な機能が足りていないようです。

- オブジェクトやその依存関係の再生成、これらをアプリケーション構造内で置き換えていくことは、第一級の機能として利用できない
- オブジェクトは他のオブジェクトと直接やり取りを行っているため、分離することが困難である
- 障害回復コードと機能的なコードが互いに絡み合っている

幸いなことに、よりシンプルな解決策が存在します。今まですでにいくつかのアクターの機能を見てきましたが、まさにこのアクターが上記の問題をシンプルにしてくれます。アクターはPropsオブジェクトを経由して生成・再生成することができ、アクターシステムの一部として、直接の参照ではなくアクター参照を通してやり取りを行います。次項では、アクターがどのようにして機能的なコードと障害回復のコードを解きほぐしてくれるのか、そしてアクターのライフサイクルによって、障害から回復する際に（並行処理の神々の怒りを買うことなく）アクターがどのように停止してどのように再起動するかを見ていきましょう。

4.1.2 let it crash

前項では、素のオブジェクトと例外処理を使って耐障害性のあるアプリケーションを構築することが、非常に複雑な作業であることを学びました。アクターがこれをどのように単純化するかを見てみましょう。アクターがメッセージを処理しているときに、例外が発生したら何をすればよいでしょうか？ 障害回復のコードを機能的なコードに埋め込みたくない理由についてはすでに説明しました。ビジネスロジックを扱うアクター内で、例外をキャッチすることは選択肢にありません。

Akkaのアクターは、1つのフローで通常のコードと障害回復のコードの両方を処理するのではなく、通常ロジック用と障害回復ロジック用の2つのフローを提供します。通常のフローは、通常のメッセージを処理するアクターから構成され、障害回復フローは、通常フローのアクターを監視するアクターから構成されます。他のアクターを監視するアクターは**スーパーバイザー**と呼ばれます。**図4.6**は、アクターを監視するスーパーバイザーを示しています。

アクターで例外をキャッチするのではなく、アクターをクラッシュさせるようにします。メッセージを処理するアクターは通常処理のロジックのみで、エラー制御や障害回復のロジックを含まないため、ロジックはクリアなままです。クラッシュしたアクターのメールボックスは、障害回復フロー内のスーパーバイザーが例外の処理方法を決定するまで保留されます。では、アクターはどのようにスーパーバイザーになるのでしょうか？ Akkaは「親が子を監督する」ことを強制します。つまり、アクターを作成するアクターは、自動的にそのアクターのスーパーバイザーになります。

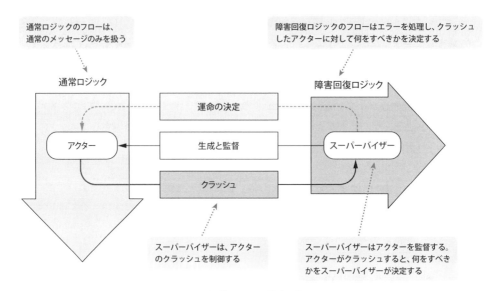

● 図4.6 通常フローと障害回復フロー

　スーパーバイザーは「例外をキャッチする」のではなく、クラッシュしたアクターをどうすべきか、その原因に基づいて決定します。スーパーバイザーは、アクターまたはアクターの状態を修復しようとしません。単にどのように回復するかを判断し、対応する戦略を発動するだけです。スーパーバイザーには、アクターを回復する方法を決めるための4つの選択肢があります。

- **再起動（Restart）** ── アクターは、Propsから再生成する必要がある。再起動した（あるいはリブートした）後、アクターは引き続きメッセージを処理する。アプリケーションはActor Refを使用してアクターと通信するため、新しいアクターインスタンスは自動的に次のメッセージを取得する
- **再開（Resume）** ── 同じアクターインスタンスがメッセージを処理し続けるべきで、クラッシュは無視される
- **停止（Stop）** ── アクターは終了すべきで、もはやメッセージの処理を行わない
- **エスカレート（Escalate）** ── スーパーバイザーは障害をどう回復すればよいかわからず、自身のスーパーバイザーである親のアクターに問題をエスカレーションする

　図4.7は、アクターを使ってログ処理アプリケーションを構築する際に選択できる戦略の例を示しています。スーパーバイザーは、特定のクラッシュが発生したときにどれか1つのアクションを取ります。

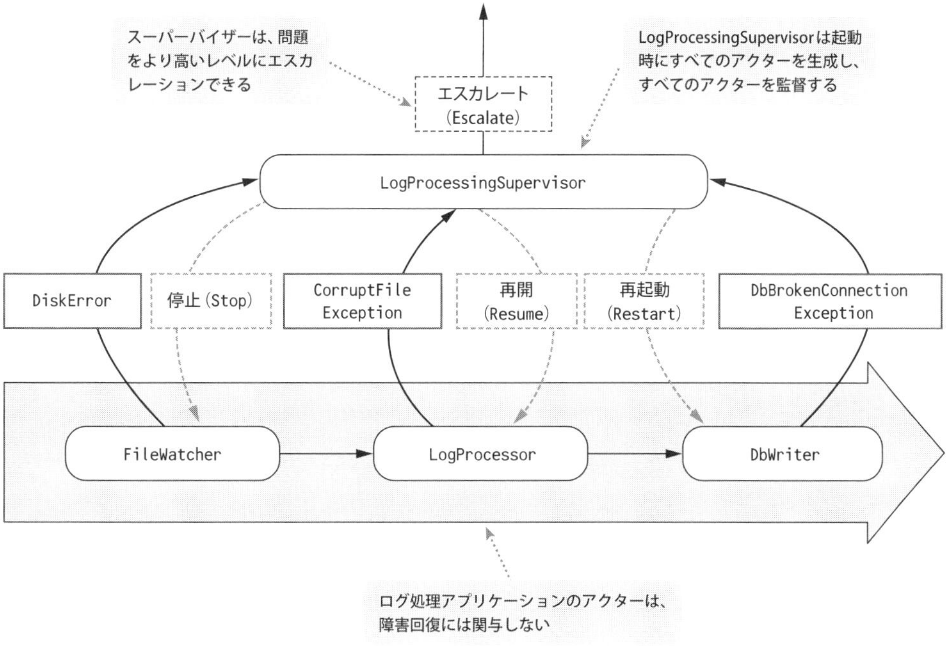

4.1 耐障害性とは何なのか？（そして何でないのか？）

図4.7　ログ処理アプリケーションの通常フローと障害回復フロー

　図4.7では、ログ処理を耐障害性のあるアプリケーションにする解決策を示しています。少なくともコネクションが切れる問題には対応できるはずです。DbBrokenConnectionExceptionが発生すると、dbWriterアクターがクラッシュし、再生成されたdbWriterアクターに置き換えられます。

　失敗したメッセージを回復するために特別な手順を取る必要があります（詳細については、後ほど再起動の実装方法について述べるときに説明します）。多くの場合、メッセージそのものがエラーの原因となっているおそれがあるため、メッセージをそのまま再処理することは望ましくありません。たとえば、logProcessorが破損したファイルを受け取ったケースを考えてみましょう。破損したファイルを再度処理することによって「不全メールボックス」という状態に陥る可能性があります。これは、破損したメッセージの処理が繰り返し失敗することによって、他のメッセージを処理できない状態です。このため、Akkaは再起動後に失敗したメッセージを再度メールボックスに入れないようになっています。しかし、メッセージがエラーを引き起こしていないことが確かである場合に、再処理を自分で行う方法はあります（後述します）。この振る舞いの良い点は、ジョブが数万のメッセージを処理していてそのうち1つが壊れている場合、デフォルトの振る舞いとして、他のすべてのメッセージを正常に処理するということです。1つの破損したメッセージによって致命的な障害に陥ったり、その時点までに完了していた他の作業が消失したりということはありません。

89

図4.8に、スーパーバイザーが再起動を選択したときに、クラッシュしたdbWriterアクターインスタンスを新しいインスタンスに置き換える方法を示します。

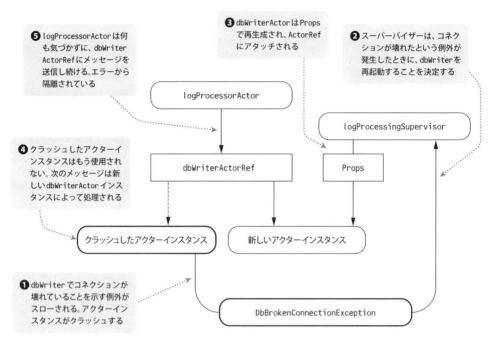

● 図4.8　再起動でDbBrokenConnectionExceptionを制御

ここで、let it crashアプローチの利点をまとめておきます。

- **障害の隔離** —— スーパーバイザーはアクターを終了させるという決定を下すことができる。アクターはアクターシステムから削除される
- **構造** —— アクターシステムにおけるアクター参照の階層構造は、他のアクターが影響を受けることなくアクターインスタンスを置き換えることを可能にする
- **冗長化** —— アクターを別のアクターに置き換えることができる。データベースコネクションが壊れた例では、新しいアクターインスタンスは別のデータベースに接続できる。スーパーバイザーは、欠陥のあるアクターを停止し、代わりに別のアクターを生成するという決定を下すこともできる。もう1つの選択肢は、メッセージを多くのアクターに負荷分散するような形でルーティングすることである。これは第9章で説明する
- **置換** —— アクターはいつでもPropsから再生成できる。スーパーバイザーは、アクターの再生成に関する詳細を知らなくても、障害のあるアクターインスタンスを新しいインスタンスに置き換えるよう決定を下すことができる

- **リブート** —— これはアクターの再起動によって実行できる
- **コンポーネントのライフサイクル** —— アクターはアクティブなコンポーネントである。開始、停止、再起動が可能。次節では、アクターのライフサイクルの詳細について説明する
- **保留** —— アクターがクラッシュすると、そのメールボックスは、スーパーバイザーがアクターをどう回復するすべきかを決定するまで保留される
- **関心の分離** —— 通常のアクターのメッセージ処理とスーパーバイザー戦略の障害からのリカバリーフローは無関係であり、互いに完全に独立して定義し、開発できる

次節では、アクターのライフサイクルとスーパーバイザー戦略の実装の詳細について説明します。

4.2 アクターのライフサイクル

アクターは再起動して障害から回復できるということがわかりました。では、アクターが再起動したら、どのように状態を回復するのでしょうか？ この疑問に答えるために、アクターのライフサイクルを詳しく見てみましょう。アクターは、生成されるとAkkaによって自動的に開始されます。停止するまで「開始（Started）」状態を維持し、停止すると「終了（Terminated）」状態になります。アクターが終了すると、それ以降メッセージを処理できないので、そのメッセージは最終的にガーベジコレクションによって取り除かれます。アクターが「開始（Started）」状態の場合、これを再起動して初期状態にリセットできます。前節で説明したとおり、再起動すると、アクターのインスタンスはまったく新しいインスタンスに置き換えられます。再起動は必要に応じて何度でも起きます。アクターのライフサイクルには、次の3つのイベントがあります。

- アクターが生成され開始される**開始（start）**イベント
- アクターが再起動される**再起動（restart）**イベント
- アクターが停止される**停止（stop）**イベント

Actorトレイトには、ライフサイクルの変更イベントが発生したときに呼び出されるフックがいくつかあります。これらのフックに独自のコードを追加して、新たに生成されたアクターに特定の状態を付与できます。たとえば、再起動前に失敗したメッセージを処理したり、リソースの一部をクリーンアップしたり、などが考えられます。次項では、3つのイベントと独自のコードを実行するためのフックの使用方法を見ていきます。フックが発動する順序は保証されていますが、Akkaによって非同期に呼び出されます。

4.2.1　開始イベント

アクターはactorOfメソッドで生成され、自動的に開始されます。最上位アクターはActorSystemのactorOfメソッドで作られ、親アクターは、自身のActorContextのactorOfメソッドで子アクターを生成します。図4.9はそのプロセスを示します。

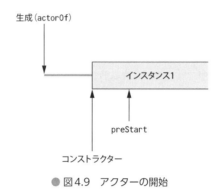

●図4.9　アクターの開始

アクターインスタンスが生成されると、Akkaがアクターを起動します。preStartフックは、アクターが開始する直前に呼ばれます。このトリガーを利用するには、preStartメソッドをオーバーライドする必要があります（リスト4.1）。

リスト4.1　preStartライフサイクルフック

```
override def preStart(): Unit = {
  println("preStart")   ← 任意の処理を実行する
}
```

このフックを使ってアクターの初期状態を設定したり、コンストラクターでアクターの初期化を行ったりすることもできます。

4.2.2　停止イベント

次に説明するライフサイクルイベントは停止（stop）イベントです。再起動（restart）イベントのフックはstartフックとstopフックに依存するため、このあとで説明します。stopイベントは、アクターのライフサイクルの終了を示し、アクターが停止したときに1回発生します。アクターはActorSystemやActorContextの持つstopメソッドを使ったり、PoisonPillメッセージを送ることで停止できます。図4.10はそのプロセスを示します。

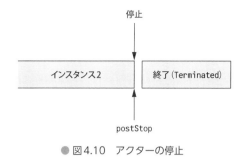

● 図4.10　アクターの停止

postStopフックは、アクターが停止する直前に呼ばれます（**リスト4.2**）。アクターは、「終了（Terminated）」状態になると、新しいメッセージを処理できません。postStopと対照的な機能を持つのはpreStartです。

リスト4.2　postStopライフサイクルフック

```
override def postStop(): Unit = {
  println("postStop")    ← 任意の処理を実行する
}
```

通常、このフックにはpreStartと真逆の処理を実装します。preStartメソッドで作られたリソースを解放したり、次のアクターが必要とする場合に備えて、アクターの外に最後の状態を保存したりします。停止したアクターは、ActorRefから切り離されます。アクターが停止した後、ActorRefは、アクターシステムのdeadLettersActorRefへと宛先を書き換えられます。deadLettersActorRefは停止したアクターへ送られるすべてのメッセージを受け取る特別なActorRefです。

4.2.3　再起動イベント

アクターのライフサイクルにおいて、スーパーバイザーはアクターを再起動する必要があると判断することがあります。これはエラーの発生回数によって、1回以上起きることがあります。再起動イベントの発生により、アクターのインスタンスが置き換えられるため、開始イベントや終了イベントに比べると複雑です。**図4.11**にそのプロセスを示します。

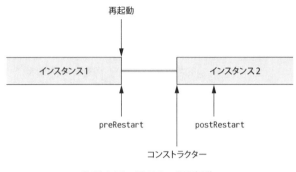

● 図4.11　アクターの再起動

　再起動のとき、クラッシュしたアクターのインスタンスのpreRestartメソッドが呼ばれます（**リスト4.3**）。クラッシュしたアクターのインスタンスは、新しいアクターのインスタンスに置き換わる直前に、このフックで現在の状態を保存できます。

リスト4.3　preRestartライフサイクルフック

```
override def preRestart(reason: Throwable, message:       ← アクターから投げられた例外
    Option[Any]): Unit {                                  ← receive関数でエラーが発生した際に、アクターが処理しようとしていたメッセージ
  println("preRestart")
  super.preRestart(reason, message)                       ← 注意！上位の実装を呼び出すこと
}
```

　このフックをオーバーライドする際には注意が必要です。preRestartメソッドのデフォルトの実装は、そのアクターのすべての子アクターを停止し、postStopフックを呼びます。しかしsuper.preRestartを呼び忘れると、このように動作しません。アクターはPropsオブジェクトから生成／再生成され、Propsオブジェクトは、最終的にアクターのコンストラクターを呼びます。アクターは、コンストラクター内で子アクターを作るので、クラッシュしたアクターの子アクターを停止しないと、親アクターが再起動されるたびに、子アクターがどんどん増えていくことになります。

　再起動は、（先ほど述べた、停止イベントにフックされる）stopメソッドと同じようにクラッシュしたアクターを停止するわけではないことに注意してください。後ほど説明するように、アクターの停止を監視することができますが、再起動中にクラッシュしたアクターのインスタンスはアクターのクラッシュによるTerminatedメッセージの原因にはなりません。再起動している間、新しいアクターのインスタンスは、クラッシュしたアクターが失敗する前に利用していたActorRefにつながっています。停止したアクターはActorRefから切断され、停止イベントで説明したdeadLettersActorRefに転送されます。アクターシステムから切り離された後で、デフォルトでpostStopが呼び出されるという点は、アクターが停止するときと再起動するときとで

共通です。

　preRestartメソッドは、再起動の理由と、必要に応じてアクターがクラッシュしたときのメッセージの2つの引数を取ることができます。アクターは障害回復に備え、再起動処理の一環として状態の復元のために蓄えておくべきもの（蓄えられるもの）を決定します。再起動後、新しいアクターのインスタンスが処理を引き継ぐため、ローカル変数に保存することはできません。クラッシュしたアクターが停止した後も状態を維持するには、復元のためにそのアクターへメッセージを送り、メッセージをメールボックスに入れるという方法があります（これは、アクターが自身の`ActorRef`にメッセージを送信することによって行われます。自身の`ActorRef`を得るには、アクターインスタンスの`self`メソッドを使用します）。別のやり方として、データベースやファイルのようなアクターの外部に書き出す方法もあります。どの方法を採るべきかは、構築するシステムやアクターの振る舞い次第です。

　ログ処理アプリケーションの例では、`dbWriter`がクラッシュしたときに`Row`メッセージを失いたくありません。解決策は、失敗した`Row`メッセージを`self ActorRef`に送信して、新しいアクターインスタンスに処理させることです。この方法の注意点は、メールボックスにメッセージを送り返すことによって、メールボックス上のメッセージの順序が変更されることです。失敗したメッセージは、メールボックスの一番上へ押しやられ、メールボックスで待っている他のメッセージの後で処理されます。`dbWriter`の場合、問題ではありませんが、この手法を使用する場合は、この点に注意してください。

　preStartフックが呼び出されると、`Props`オブジェクトからアクタークラスの新しいインスタンスが生成され、アクターのコンストラクターが実行されます。その後、postRestartフックが新しいアクターのインスタンスで呼ばれます（**リスト4.4**）。

リスト4.4　postRestartライフサイクルフック

```
override def postRestart(reason: Throwable): Unit = {     ◀────── アクターから投げられた例外
  println("postRestart")
  super.postRestart(reason)     ◀──────── 注意! 上位の実装を呼び出すこと
}
```

　ここでも注意すべき点があります。postRestartの上位の実装は、デフォルトでpreStart関数を呼び出しています。再起動時にpreStartを必要としないことが明確である場合は、`super.postRestart`の呼び出しを除外できますが、そのようなケースはほとんどありません。preStartとpostStopは再起動時にデフォルトで呼び出されます。ライフサイクルの開始イベントと停止イベント中に呼ばれるので、初期化やクリーンアップ処理のコードを追加すると一石二鳥となります。

　引数のreasonはpreRestartメソッドで受け取ったものと同じです。オーバーライドしたフックで、アクターは、preRestart関数によって格納された情報を使用するなどして、いつでも正し

い状態に戻すことができます。

4.2.4 ライフサイクルのピースをつなげる

すべてのイベントをまとめると、**図4.12**に示すように、アクターのライフサイクル全体を見ることができます。ここでは、1回の再起動のみを示しています。

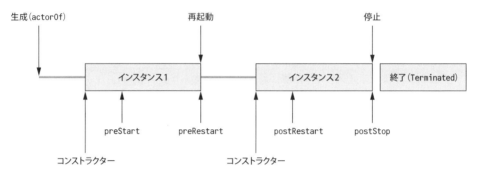

●図4.12　アクターの完全なライフサイクル

すべてのライフサイクルフックを1つのアクターにまとめると、複数のイベントが発生していることがわかります（**リスト4.5**）。

リスト4.5　ライフサイクルフックの例

```
class LifeCycleHooks extends Actor
                    with ActorLogging{
  System.out.println("Constructor")

  override def preStart(): Unit = {
    println("preStart")
  }
  override def postStop(): Unit = {
    println("postStop")
  }
  override def preRestart(reason: Throwable, message: Option[Any]): Unit = {
    println("preRestart")
    super.preRestart (reason, message)
  }
  override def postRestart(reason: Throwable): Unit = {
    println("postRestart")
    super.postRestart(reason)
  }
  def receive = {
    case "restart" =>
      throw new IllegalStateException("force restart")
```

```
      case msg: AnyRef =>
        println("Receive")
        sender() ! msg
  }
}
```

リスト4.6のテストでは、3つのライフサイクルイベントをすべてトリガーします。停止直後にスリープしてpostStopが起こっているのを確認できるようにします。

リスト4.6 ライフサイクルイベントをトリガーするテスト

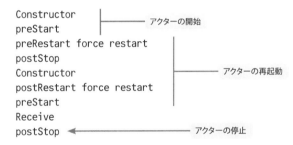

テストの結果は**リスト4.7**のとおりです。

リスト4.7 ライフサイクルフックの出力テスト

```
Constructor
preStart
preRestart force restart
postStop
Constructor
postRestart force restart
preStart
Receive
postStop
```

すべてのアクターはこのライフサイクルに従います。アクターは開始してから停止または終了するまでに、場合によっては数回再起動します。preStart、preRestart、postRestart、postStopのフックにより、アクターが状態を初期化、クリーンアップし、クラッシュ後に状態を管理し復元できます。

4.2.5 ライフサイクルの監視

アクターのライフサイクルは監視できます。アクターが終了すると、ライフサイクルが終了します。スーパーバイザーがアクターを停止する決定を下した場合、あるいはstopメソッドを使用してアクターを停止した場合、またはstopメソッドを間接的に呼び出すPoisonPillメッセージがアクターに送信された場合に、アクターは終了します。preRestartメソッドのデフォルトの実

第4章　耐障害性

装では、stopメソッドでアクターのすべての子アクターを停止するため、これらの子アクターも再起動の際に終了します。この意味では、再起動時にクラッシュしたアクターインスタンスは終了しません。このインスタンスはアクターシステムから取り除かれますが、直接的であれ間接的であれ、stopメソッドによって取り除かれるわけではありません。これは、ActorRefが再起動後も有効であり続けるためです。アクターインスタンスは終了しないまま、新しいインスタンスに置き換えられます。ActorContextは、アクターの停止を監視するためのwatchメソッドと、監視を解除するためのunwatchメソッドを提供します。アクターがアクター参照のwatchメソッドを呼び出すと、そのアクター参照を監視することになります。

　監視対象のアクターが終了すると、終了したというメッセージ（Terminated）が監視しているアクターに送信されます。Terminatedメッセージには、停止したアクターのActorRefのみが含まれます。再起動時にクラッシュしたアクターのインスタンスは、アクターが停止したときと同じようにTerminatedメッセージを送信しません。そうしないと、アクターが再起動するたびに多くのTerminatedメッセージを受け取ることになり、一時的な再起動とアクターの最終的な停止を区別できなくなるためです。**リスト4.8**の例は、dbWriter ActorRefのライフサイクルを監視するDbWatcherアクターを示しています。

> **リスト4.8**　dbWriterのライフサイクルを監視

```scala
class DbWatcher(dbWriter: ActorRef) extends Actor with ActorLogging {
  context.watch(dbWriter)         ← dbWriterのライフサイクルを監視する
  def receive = {
    case Terminated(actorRef) =>  ← 終了したアクターのactorRefがTerminatedメッセージで渡される
      log.warning("Actor {} terminated", actorRef)  ←
  }                                  ウォッチャーはdbWriterが終了したという事実をログ出力する
}
```

　親アクターから子アクターに対してのみできる監督（スーパービジョン）とは対照的に、監視はどのアクターに対してもできます。監視対象のアクターのActorRefにアクセスさえできれば、監視側のアクターでcontext.watch(actorRef)を呼び出すだけで、アクターが終了したときにTerminatedメッセージを受け取ることができます。次節で説明しますが、監視と監督（スーパービジョン）を組み合わせるとさらに強力になります。

　次節では、スーパーバイザーが実際にアクターの運命をどのように決定するのか、子アクターをterminate、restart、stopする必要があるかどうかについて説明します。また、監督（スーパービジョン）の詳細についても説明します。さらに、スーパーバイザーヒエラルキーの構築方法とスーパーバイザーが使用できる戦略についても見ていきます。

4.3 監督（スーパービジョン）

　本節では、監督（スーパービジョン）の詳細を見ていきます。ログ処理のサンプルアプリケーションを通じて、さまざまな種類のスーパーバイザー戦略を紹介します。アクターパス**/user**の配下にあるスーパーバイザーヒエラルキーに焦点を当てます。これは**ユーザースペース**とも呼ばれ、すべてのアプリケーションアクターが存在する場所となります。最初に、アプリケーションのスーパーバイザーの階層を定義するさまざまな方法と、それぞれのメリットとデメリットについて説明し、続いて、スーパーバイザー戦略をカスタマイズする方法を見ていきます。

4.3.1 スーパーバイザーヒエラルキー

　スーパーバイザーヒエラルキーとは、簡単にいうとアクターが互いを生成する機能です。アクターを生成するすべてのアクターは、生成された子アクターのスーパーバイザーになります。

　スーパーバイザーヒエラルキーは、子アクターの生涯にわたって変わることはありません。子アクターは親アクターによって生成されると、生きている限りは親アクターの監督下に置かれます。Akkaには養子縁組のようなものはありません。スーパーバイザーである親アクターがその責任を終える唯一の方法は、子アクターを終了させることです。したがって、アプリケーションは最初から適切なスーパーバイザーヒエラルキーを選択しておくことが大切です。ヒエラルキーの一部を終了して、別のアクターのサブツリーに完全に置き換えるつもりがない場合は特に注意が必要です。

　最も危険なアクター（クラッシュする可能性が最も高いアクター）は、できるだけ低い階層にすべきです。低い階層で発生する障害は、高い階層で発生する障害よりも多くのスーパーバイザーが処理したり、エスカレーションしたりできます。アクターシステムの最上位レベルで障害が発生すると、すべての最上位アクターを再起動するか、アクターシステムをシャットダウンしてしまうかもしれません。

　前掲の**図4.7**（89ページ）で説明した、ログ処理アプリケーションのスーパーバイザーヒエラルキーを見てみましょう。この設定では、**LogProcessingSupervisor**がアプリケーション内のすべてのアクターを生成します。**ActorRef**を使ってアクター同士を直接接続します。すべてのアクターは、メッセージを送信する次のアクターの**ActorRef**を知っています。**ActorRef**は生き続け、常に次のアクターのインスタンスを参照する必要があります。アクターのインスタンスが停止してしまうと、**ActorRef**はシステムの**deadLetters**を参照することとなり、結果としてアプリケーションが不整合な状態に陥ってしまうでしょう。そのためスーパーバイザーではあらゆるケースで再起動が必要となります。そうすることで**ActorRef**は有効な状態を維持し、同じものを常に再利用できます。

　このアプローチのメリットは、アクターがお互いに直接会話をできるということであり、

LogProcessingSupervisorはインスタンスの監督と生成のみを行います。デメリットは、再起動しかできないということです。そうしなければ、メッセージがdeadLettersに送信され、失われてしまうからです。また、DiskErrorでFileWatcherを停止しても、FileWatcherの階層下にいないLogProcessorとDbWriterを停止させることはできません。たとえば、データベースのURLを変更したいケースではDbWriterを停止して、新しく生成する必要があります。データベースノードがDbNodeDownExceptionによって完全に故障していることを知っているような場合などです。元のPropsが再起動でDbWriterを生成するのに使われると、DbWriterは常に同じデータベースURLを参照してしまうので、その場合は別の解決策が必要です。

図4.13に別のアプローチを示します。LogProcessingSupervisorがすべてのアクターを生成するわけではありません。FileWatcherがLogProcessorを生成し、LogProcessorがDbWriterを生成します。

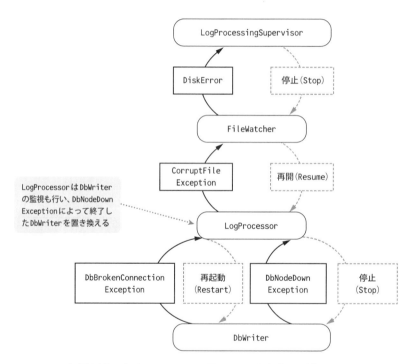

● 図4.13 すべてのアクターは子アクターを生成し、監督する

FileWatcherとLogProcessorは通常のメッセージフローを処理するだけでなく、アクターの生成と監督も行います。また、通常フローと障害回復フローは、スーパーバイザー戦略とreceiveメソッドに別々に定義されています。

このアプローチの良いところは、LogProcessorがDbWriterを監視し、DbNodeExceptionが

スローされたときに`DbWriter`の停止を決定し、`Terminated`メッセージを受信すると、まったく別のデータベースノードを示す代替URLで新しい`DbWriter`を再生成できるということです。

これで、`LogProcessingSupervisor`はアプリケーション全体の監督を行う必要はなく、`File Watchers`を監督・監視するだけになりました。`LogProcessingSupervisor`が`FileWatchers`と`DbWriter`の両方を監視する場合、終了した`FileWatcher`と`DbWriter`を区別しなければならず、サブコンポーネントの問題に対処するためのコードの分離がやや難しくなります。GitHubのソースコードには、異なる監督スタイルの例がいくつかあります。**リスト4.9**の例は、**図4.13**に示したヒエラルキーがアプリケーションでどのように構築されているのかを表しています。次項では、スーパーバイザーと、それらが使用する戦略について詳しく説明します。

リスト4.9 スーパーバイザーヒエラルキーの構築

```
object LogProcessingApp extends App {
  val sources = Vector("file:///source1/", "file:///source2/")
  val system = ActorSystem("logprocessing")
  val databaseUrls = Vector(
    "http://mydatabase1",       1番目のURLが初期URL。DbNodeDownException
    "http://mydatabase2",       を受信した場合、残りのURLで代替される
    "http://mydatabase3"
  )

  system.actorOf(
    LogProcessingSupervisor.props(sources, databaseUrls),
    LogProcessingSupervisor.name
  )
}
```

上記のコードは、ログ処理アプリケーションの構築方法を示しています。`system.actorOf`を使用して、`LogProcessingSupervisor`という最上位アクターのみを生成します。他のすべてのアクターは、そのさらに下に生成します。それぞれのアクターをもう一度見直し、子アクターを適切に生成する方法については次項で見ていきます。

アプリケーションのスーパーバイザーヒエラルキーを構造化する方法について少し知ることができたので、次項ではさまざまなスーパーバイザー戦略を見てみましょう。

4.3.2 定義済み戦略

アプリケーションの最上位アクターは、**/user**パス配下に作成され、**ユーザーガーディアン**によって管理されます。ユーザーガーディアンのデフォルトのスーパーバイザー戦略は、初期化中にアクターが停止されたか失敗したことを示す内部例外を受け取り、その時点でアクターを停止する場合を除いて、あらゆる`Exception`で子アクターを再起動します。この戦略は**デフォルト戦略**と呼ばれます。すべてのアクターにはデフォルトのスーパーバイザー戦略が

あり、supervisorStrategyメソッドを実装することでオーバーライドできます。Supervisor Strategyオブジェクトには、defaultStrategyとstoppingStrategyの2つの定義済み戦略があります。その名前のとおり、デフォルト戦略はすべてのアクターにとってデフォルトであり、オーバーライドしないとアクターは常にデフォルトを使用します。デフォルトの戦略は、SupervisorStrategyオブジェクトで**リスト4.10**のように定義されています。

リスト4.10 デフォルトのスーパーバイザー戦略

```
final val defaultStrategy: SupervisorStrategy = {
  def defaultDecider: Decider = {          ← Deciderは例外のパターンマッチ
                                              によって指示(Directive)を選択
    case _: ActorInitializationException => Stop ←
    case _: ActorKilledException => Stop
    case _: Exception => Restart         停止(Stop)と再起動(Restart)、再開(Resume)、
  }                                       エスカレート(Escalate)が指示(Directive)
  OneForOneStrategy()(defaultDecider)  ←  defaultDeciderを使用するOneForOneStrategyが返る
}
```

上記のコードでは、まだ説明していないOneForOneStrategyを使用しています。Akkaは、2つの方法で子アクターの運命を決定することができます。1つは、すべての子アクターが同じ運命を共有し、同じ障害回復方法を適用するというものです。もう1つは、クラッシュしたアクターにのみを対象として救済を施すというものです。場合によっては、障害が発生した子アクターのみを停止したいこともあるかもしれません。あるいは、すべての子アクターが特定のリソースに依存している場合、子アクターのいずれかに障害が起きたらすべての子アクターを停止したいこともあるかもしれません。この場合、共有リソースが完全に故障したことを示す例外がすべての子アクターで発生するのを待つのではなく、直ちにすべてのアクターを一緒に停止するほうがよいでしょう。OneForOneStrategyを使用する場合、子アクターが同じ運命を共有せず、クラッシュした子アクターのみをDeciderを通じてその運命を決定します。AllForOneStrategyを使用する場合、1つの子アクターだけがクラッシュしたときでもすべての子アクターに対して同じ決定を下します。次項では、OneForOneStrategyとAllForOneStrategyについて詳しく説明します。**リスト4.11**の例は、SupervisorStrategyオブジェクトで定義されているstoppingStrategyの定義を示しています。

リスト4.11 停止のスーパーバイザー戦略

```
final val stoppingStrategy: SupervisorStrategy = {
  def stoppingDecider: Decider = {
    case _: Exception => Stop  ←  あらゆるExceptionで停止する
  }
  OneForOneStrategy()(stoppingDecider)
}
```

stoppingStrategyは、あらゆるExceptionでクラッシュした子アクターを停止させます。これらの組み込み戦略はとりわけ変わったものでもありません。これらは、スーパーバイザー戦略を独自に定義するのと同じ方法で定義されています。stoppingStrategyによって監督されているアクターが、ThreadDeathやOutOfMemoryErrorのようなErrorをスローするとどうなるでしょう？ スーパーバイザー戦略によって処理されないThrowableは、スーパーバイザーの親アクターにエスカレーションされます。致命的なエラーがユーザーガーディアンまで到達すると、ユーザーガーディアンはデフォルト戦略を使用するため、これを処理しません。その場合、アクターシステム内のキャッチされない例外を扱うハンドラーにより、アクターシステムをシャットダウンします。致命的なエラーは回復できないことが多いため、スーパーバイザーで致命的なエラーを処理するのではなく、アクターシステムをグレースフルにシャットダウンすることをお勧めします。

4.3.3 独自の戦略

アプリケーションは、耐障害性を必要とするそれぞれのケースに合わせて戦略を定義する必要があります。前項で見たように、アクターのクラッシュを解決するためにスーパーバイザーが実行できるアクションは4種類あり、これらは我々が利用する基本要素です。本項では、ログ処理のサンプルに戻り、これらの要素から、ログ処理が必要とする戦略を組み立てていきます。

- 子アクターの**再開 (Resume)**。エラーを無視して同じアクターのインスタンスで処理を続ける
- 子アクターの**再起動 (Restart)**。クラッシュしたアクターインスタンスを削除し、新しいアクターインスタンスに置き換える
- 子アクターの**停止 (Stop)**。子アクターを永久に終了させる
- 失敗の**エスカレート (Escalate)**。親アクターにどう対処するかを決めてもらう

最初に、ログ処理アプリケーションで起こりうる例外を見ていきます（**リスト4.12**）。この例を単純化するために、いくつかの独自例外を定義します。

リスト4.12 ログ処理アプリケーションの例外

```
@SerialVersionUID(1L)
  class DiskError(msg: String)
    extends Error(msg) with Serializable   ←── ディスクがクラッシュしたときに発生する回復不能なエラー

@SerialVersionUID(1L)
class CorruptedFileException(msg: String, val file: File)
  extends Exception(msg) with Serializable   ←── ログファイルが破損して処理
                                                  できない場合に発生する例外

@SerialVersionUID(1L)
```

第4章　耐障害性

```scala
class DbNodeDownException(msg: String)
  extends Exception(msg) with Serializable
```

データベースノードが致命的にクラッシュした場合に発生する例外

ログ処理アプリケーション内でアクターがやり取りするメッセージは、それぞれアクターのコンパニオンオブジェクトにまとめられます（**リスト4.13**）。

> **リスト4.13**　LogProcessor コンパニオンオブジェクト

```scala
object LogProcessor {
  def props(databaseUrls: Vector[String]) =
    Props(new LogProcessor(databaseUrls))

  def name = s"log_processor_${UUID.randomUUID.toString}"
  // 新しいログファイル
  case class LogFile(file: File)
}
```

props は LogProcessor を生成

全 LogProcessor は一意な名前を取得する

FileWatcher から受信するログファイル。LogProcessor はこれらを処理する

最初に、ヒエラルキーの最下部から始め、**DbBrokenConnectionException** でクラッシュする **DbWriter** を見てみましょう（**リスト4.14**）。この例外が発生すると、**dbWriter** を再起動する必要があります。

> **リスト4.14**　DBWriter アクター

```scala
object DbWriter {
  def props(databaseUrl: String) =
    Props(new DbWriter(databaseUrl))
  def name(databaseUrl: String) =
    s"""db-writer-${databaseUrl.split("/").last}"""

  // LogProcessor アクターによって解析されるログファイルの行
  case class Line(time: Long, message: String, messageType: String)
}

class DbWriter(databaseUrl: String) extends Actor {
  val connection = new DbCon(databaseUrl)
  import DbWriter._
  def receive = {
    case Line(time, message, messageType) =>
      connection.write(Map('time -> time,
        'message -> message,
        'messageType -> messageType))
  }

  override def postStop(): Unit = {
    connection.close()
  }
}
```

ヒューマンリーダブルな名前を生成する

コネクションへの書き込みで、アクターがクラッシュする可能性がある

アクターがクラッシュか停止するとコネクションをクローズする

104

LogProcessor が DbWriter を監督します（**リスト4.15**）。

> **リスト4.15** DbWriter を監督・監視する LogProcessor

```scala
class LogProcessor(databaseUrls: Vector[String])
    extends Actor with ActorLogging with LogParsing {
  require(databaseUrls.nonEmpty)

  val initialDatabaseUrl = databaseUrls.head
  var alternateDatabases = databaseUrls.tail

  override def supervisorStrategy = OneForOneStrategy() {
    case _: DbBrokenConnectionException => Restart   // コネクションの再接続が成功する かもしれない場合は再起動する
    case _: DbNodeDownException => Stop              // 再接続が常に失敗するときは停止する
  }

  var dbWriter = context.actorOf(
    DbWriter.props(initialDatabaseUrl),
    DbWriter.name(initialDatabaseUrl)              // dbWriter子アクターを生成
  )
  context.watch(dbWriter)                          // 子アクターを監視

  import LogProcessor._

  def receive = {
    case LogFile(file) =>
      val lines: Vector[DbWriter.Line] = parse(file)
      lines.foreach(dbWriter ! _)                   // dbWriterに行を送る
    case Terminated(_) =>                           // dbWriterが終了した場合は、次の 代替URLから新しいdbWriterを生 成し、それを監視する
      if(alternateDatabases.nonEmpty) {
        val newDatabaseUrl = alternateDatabases.head
        alternateDatabases = alternateDatabases.tail
        dbWriter = context.actorOf(
          DbWriter.props(newDatabaseUrl),
          DbWriter.name(newDatabaseUrl)
        )
        context.watch(dbWriter)
      } else {
        log.error("All Db nodes broken, stopping.")
        self ! PoisonPill                           // すべての代替URLが失敗した場合はLogProcessorを停止する
      }
  }
}
```

データベースコネクションが切断された場合、DbWriter は Props オブジェクトから再生成されます。DbWriter は、コンストラクターの中で databaseUrl から新しいコネクションを生成します。

dbWriter は、DbNodeDownException が検出された場合に置き換えられます。すべての代替

第4章　耐障害性

接続先を失った場合、LogProcessorはPoisonPillにより停止します。DbBrokenConnection
Exceptionによってアクターがクラッシュしたときに処理していた行は失われます。この問題に
対する解決策は本項の後半で見ていきます。ログアプリケーションで次に上位にくるアクターは
LogProcessorです。

　LogProcessorは破損したファイルを検出したときにクラッシュします。この場合、ファイルを
それ以上処理する必要がないので、そのファイルを無視します。FileWatcherはクラッシュした
アクターを再開します（**リスト4.16**）。

リスト4.16　LogProcessorを監督するFileWatcher

```scala
class FileWatcher(source: String,
                  databaseUrls: Vector[String])
  extends Actor with ActorLogging with FileWatchingAbilities {
  register(source)          ← ファイル監視APIのソースのURIを登録

  override def supervisorStrategy = OneForOneStrategy() {
    case _: CorruptedFileException => Resume    ← 破損ファイルを検出した場合は
  }                                                再開（Resume）する

  val logProcessor = context.actorOf(
    LogProcessor.props(databaseUrls),
    LogProcessor.name
  )
  context.watch(logProcessor)   ← LogProcessorを生成・監視する

  import FileWatcher._

  def receive = {
    case NewFile(file, _) =>   ← 新しいファイルが発生するとファイル監視APIから送信される
      logProcessor ! LogProcessor.LogFile(file)
    case SourceAbandoned(uri) if uri == source =>   ソースが放棄されたときにFile
      log.info(s"$uri abandoned, stopping file watcher.")   Watcherは自身を強制終了し、
      self ! PoisonPill    ←                               ソースからさらに新しいファイル
    case Terminated(logProcessor) =>                        を期待しないようにファイル監視
      log.info(s"Log processor terminated, stopping file watcher.")   APIに指示する
      self ! PoisonPill    ←
  }
}
```

DbWriterでデータベースの代替接続先が使い果たされた
ため、LogProcessorが停止するとFileWatcherは停止する

　ここではファイル監視APIの詳細については触れません。このAPIは**FileWatching**
Abilitiesというトレイトで提供されていると仮定します。FileWatcherは危険な処理を実行せ
ず、ファイル監視APIがFileWatcherにファイルのソースが放棄されたことを通知するまで実行
を続けます。LogProcessingSupervisorは、FileWatcherの終了を監視し、スーパーバイザー
ヒエラルキーの下位で発生したDiskErrorを処理します（**リスト4.17**）。DiskErrorはヒエラル

106

キーの下位で定義されていないため、自動的にエスカレーションされます。これは回復不可能なエラーです。そのため`FileWatchingSupervisor`は、このエラーが発生したときにヒエラルキーのすべてのアクターを停止することを決定します。1つの`FileWatcher`が`DiskError`でクラッシュすると、`AllForOneStrategy`が使用され、すべての`FileWatcher`が停止します。

リスト4.17 LogProcessingSupervisor

```scala
object LogProcessingSupervisor {
  def props(sources: Vector[String], databaseUrls: Vector[String]) =
    Props(new LogProcessingSupervisor(sources, databaseUrls))
  def name = "file-watcher-supervisor"
}

class LogProcessingSupervisor(
  sources: Vector[String],
  databaseUrls: Vector[String]
) extends Actor with ActorLogging {

  var fileWatchers: Vector[ActorRef] = sources.map { source =>
    val file Watcher = context.actorOf(
      Props(new FileWatcher(source, databaseUrls))
    )
    context.watch(fileWatcher)   ← すべてのFileWatcherを監視
    fileWatcher
  }

  override def supervisorStrategy = AllForOneStrategy() {
    case _: DiskError => Stop  ←
  }
```
DiskErrorが発生するとFileWatcherを停止する。さらに下位階層で作成されたLogProcessorおよびDbWriterも自動的に停止される
```scala
  def receive = {
    case Terminated(fileWatcher) =>   ← fileWatcherに対するTerminatedメッセージを受信
      fileWatchers = fileWatchers.filterNot(_ == fileWatcher)
      if (fileWatchers.isEmpty) {
        log.info("Shutting down, all file watchers have failed.")
        context.system.terminate()  ←
      }
  }
}
```
すべてのfileWatcherが終了すると、アクターシステムを終了しアプリケーションを終了する

`OneForOneStrategy`と`AllForOneStrategy`はデフォルトで無期限に続きます。これら2つの戦略は、コンストラクター引数の`maxNrOfRetries`および`withinTimeRange`にデフォルト値を持っています。場合によっては、何度かリトライしたり、一定の時間が経過したときにアクターを停止させる戦略を取りたいと思うかもしれません。そのときは、これらの引数を目的の値に設定するだけです。設定を行うと、指定された時間範囲内や最大再試行回数内にクラッシュが解

第4章　耐障害性

決されない場合にエラーがエスカレーションされます。**リスト4.18**は、せっかちなデータベーススーパーバイザーの戦略の例です。

リスト4.18 せっかちなデータベーススーパーバイザー戦略

```
override def supervisorStrategy = OneForOneStrategy(
  maxNrOfRetries = 5,
  withinTimeRange = 60 seconds) {
    case _: DbBrokenConnectionException => Restart
  }
```

エラーが60秒以内に解決されない、あるいは5回の再試行で解決されない場合、エラーがエスカレーションされる

✳ **注意！**

　再起動の合間には待ち時間がないことに注意してください。アクターはできるだけ早く再起動します。再起動の合間に待ち時間が必要な場合、Akkaには、独自のアクターのPropsを渡すことができる特別なBackOff Supervisorというアクターがあります。BackOffSupervisorは、Propsからアクターを生成して監督し、遅延機構を用いて即時再起動を防ぎます。

　この機構を使用すると、アクターが何度も無意味な再起動を行うのを防ぐことができます。この機能を使用する場合は、監視機能と組み合わせて、監督対象のアクターが終了したときの戦略を実装することになるでしょう。たとえば、しばらくしてからアクターを再生成するといった例が考えられます。

4.4　まとめ

　耐障害性はAkkaの最もすばらしい側面の1つであり、ツールキットの並行性に対するアプローチの重要な要素です。「let it crash」という哲学は、起こりうる誤動作を無視するという主張でも、ツールキットがどんな不具合でも直ちに対処して直してくれるという意味でもありません。逆に、プログラマーは障害回復要件を予測する必要がありますが、壊滅的な終わりを迎えることなく（または大量のコードを書く必要はなく）それらを提供するツールとしては比類のないものです。ログ処理のサンプルアプリケーションを耐障害性のあるアプリケーションにする過程で、以下のようなものを見てきました。

- 監督（スーパービジョン）とは、障害回復コードを明確に分離していることを意味する
- アクターモデルがメッセージに基づいて構築されているということは、アクターが消えてしまっても機能し続けることができることを意味する
- 再開、放棄、再起動という選択肢の中から要件を満たすものを選択する
- スーパーバイザーの上位階層にエスカレーションすることもできる

ここでもAkkaの哲学が輝いています。ツールキットのサポートによって、アプリケーションの実際の運用上のニーズを、構造化された方法でコードに落とし込めます。その結果、大きな追加コストをかけずにコードを書きつつも、難易度の高い洗練された耐障害性を構築し、テストできます。

第 **5** 章

Future

この章で学ぶこと

☐ Futureの利用
☐ Futureの合成
☐ Future内のエラーからの復帰
☐ Futureとアクターの結び付け

　この章では、**Future**について紹介します。簡単にいうと、**Future**は関数を非同期に合成するための非常に便利でシンプルなツールです。Akkaツールキットは当初、独自の**Future**実装を提供しており、**Twitter**の**Finagle**や**Scalaz**のライブラリのように他のライブラリにも独自のFutureがありました。これらのライブラリによって有用性が証明されていたので、Scala Improvement Process (SIP-14) によって**scala.concurrent**パッケージが再設計され、標準Scalaライブラリの共通基盤として**Future**を含めるようになりました。Scala 2.10から**Future**は標準ライブラリに含まれています。

　アクターと同様に、Futureは並列実行のきっかけを作る非同期処理の構成要素です。アクターとFutureは、それぞれ異なるユースケースに適する優れたツールです。それぞれ、どのようなユースケースに適しているのでしょうか？　この章では、Futureが最も適しているユースケースの紹介からはじめ、5.1節「Futureのユースケース」では、いくつかの例を通じて説明します。アクターは並行**オブジェクト**からシステムを構築するためのメカニズムを提供するのに対して、Futureは非同期**関数**からシステムを構築するためのメカニズムを提供します。

　Futureは関数を呼び出した元のスレッドで結果を待つことなく、その結果を処理できます。5.2節で、この実現方法が明らかになります。**Future[T]**型が抽象化していることの詳細には踏み込まず、Futureの最も良い使い方の例を示すことに注力します。Futureは他のFutureと**合成可能**です。簡単に言うと、**Future**同士はさまざまな方法で組み合わせることができます。5.4節では非同期にWebサービスの呼び出しフローを合成する方法を学習し、5.3節ではエラーの処理方法を学習します。Futureとアクターは一緒に使うこともできるため、どちらか1つを選択する必要はありません。AkkaはアクターとFutureを結び付ける際の共通のパターンを提供しているため、どちらも簡単に実装できます（5.5節で詳しく説明します）。

111

5.1 Futureのユースケース

これまでの章で、アクターについて多くのことを学んできました。Futureの最善のユースケースと対比するために、アクターを使って実装**できる**ユースケースについて、不必要に複雑な話は抜きにして手短かに考えていきます。Futureを使うと、これらのユースケースを実装するのがずっと簡単になります。それに対して、たくさんのメッセージを処理したり、状態を保持したり、自分の状態や受信メッセージに基いて異なる振る舞いをする場合はアクターが最適です。アクターは、問題が発生したとしてもモニタリングや監督（スーパービジョン）により、長時間生き続けることができる回復性の高い**オブジェクト**です。

Futureは、状態を保持したくないときや保持する必要がないときに、**関数**を使いたい場合に利用するツールです。

Futureはある時点で利用可能となる関数の結果（成功または失敗）を表すプレースホルダーであり、非同期処理の結果を効果的に扱えます。将来、利用できるようになるであろう結果を指し示すことができます。**図5.1**がその概念図です。Futureは読み取り専用のプレースホルダーであり、外部から変更することはできません。関数の処理が完了すると、Futureには成功か失敗の結果が入ります。処理の完了後にFutureの結果が変わることはなく、何度でも読み取ることができます。つまり、常に同じ結果が返ってきます。この結果のプレースホルダーを使用すると、非同期に実行される複数の関数を簡単に合成できます。次節では、Futureを使うと何ができるようになるのかを説明します。たとえば、実行中のスレッドをブロックすることなくWebサービスを呼び出すことができるようになります。

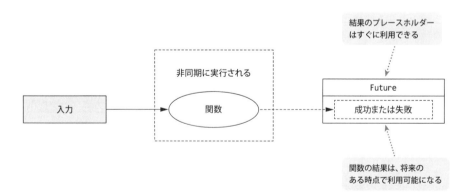

● 図5.1　非同期関数の結果のプレースホルダー

さらに理解を深めるために、別のサンプルとしてチケットシステムを見ていきます。いま、イベントや会場に関する情報が掲載されているWebページを作成したいと考えているとしましょう。チケットにこのWebページのリンクを掲載し、顧客はモバイル端末などからWebペー

ジにアクセスできます。屋外イベントの場合は会場の天気予報を掲載し、イベントの時間に合わせた会場へのルート（公共交通機関を利用するのか、車で行くのか）、駐車する場所、顧客が興味を持っていそうな類似イベントなどを掲載します。

Futureは**パイプライン処理**の実装をする場合、特に便利です。ある関数の戻り値が次の関数の入力となったり、多くの関数を並列に展開したり、その後これらの関数の結果を結合したりします。TicketInfo（チケット情報）サービスはチケット番号に基づいてイベントに関する関連情報を検索します。情報を提供するサービスは停止している可能性があるかもしれませんが、情報を集約する間にすべてのサービスへのリクエストをブロックしたくはありません。それでは、簡単な例から始めましょう。**図5.2**に、本節の目標を示します。

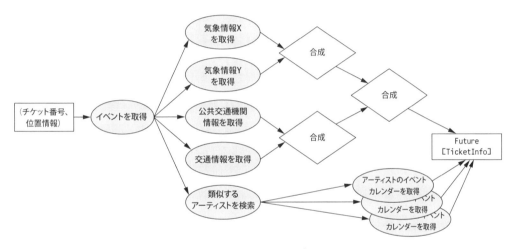

● 図5.2　TicketInfoサービスのフロー

memo 従来のJavaのFutureとは違う!

混乱を避けるために書いておきます。もし、Java 7の`java.util.concurrent.Future`クラスについてよくご存知であれば、本章で説明している`scala.concurrent.Future`はJavaのクラスの単なるラッパーかと想像されるかもしれませんが、そうでありません。`java.util.concurrent.Future`クラスはポーリング処理を必要とし、スレッドをブロックする`get`メソッドを使用して結果を取得する方法しか提供しません。一方、ScalaのFutureは、スレッドのブロックやポーリング処理を行わずに関数の結果を組み合わせることが可能になります。本章でそれを学びます。Java 8の`CompletableFuture<T>`（Scalaではとっくに`Future[T]`を使っていたのですが）のほうが、ScalaのFutureにより近い機能になります。

サービスが時間内にレスポンスを返さなかったり失敗したりした場合、それらの情報を表示できません。イベント会場へのルートを表示するためには、最初にチケット番号を使ってイベン

トを見つける必要があります。これは**図5.3**に示されています。

● 図5.3　非同期関数のチェーン

この場合の`getEvent`と`getTraffic`はどちらも非同期にWebサービスを呼び出す関数で、一方が実行されたあとにもう一方が実行されます。`getTrafficInfo`サービスの呼び出しは引数に`Event`を取ります。`getTrafficInfo`は`Future[Event]`の結果内でイベント（`Event`）が利用可能になったときに呼び出されます。これは、実行中のスレッドで`getEvent`メソッドを呼び出しイベントをポーリングして待つこととは大きく異なります。単にフローを定義して、**最終的に**`getTrafficInfo`関数を呼び出すだけです。スレッド上でポーリングしたり結果を待ったりすることはありません。関数は可能な限り早く実行されます。実行中のスレッドはWebサービス呼び出しの実行結果を待つ必要はありません。待機スレッドの数を抑えることで、代わりに他の有用なことを実行できるので、これが優れた手法であることは明らかです。

図5.4は非同期にサービスを呼び出すことが望ましいと思われるシンプルな例です。モバイル端末が、気象情報と交通情報のサービスを集約した`TicketInfo`サービスを呼び出していることを示しています。

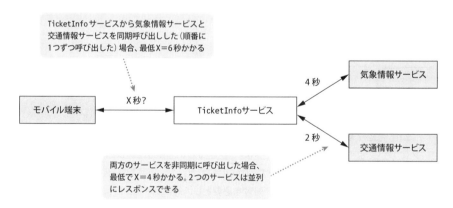

● 図5.4　結果の集約（非同期版と同期版の比較）

交通情報サービスの呼び出しの前に気象情報サービスの結果を待つ必要がないため、モバイル端末のリクエストにかかるレイテンシーを減少させます。レスポンスを並列に処理することにより、必要なサービスの呼び出しが増えるほど、レイテンシーに対する効果はより劇的なものになります。**図5.5**は別のユースケースを示しています。この場合、2つの競合する気象情報サービスのうち速いほうの結果を得ようとしています。

● 図5.5 早いほうの結果でレスポンス

もしかすると、気象情報サービスXが正常に動いておらずリクエストがタイムアウトするかもしれません。この場合、タイムアウト待ちになるのではなく、期待どおりに動作する気象情報サービスYの早いレスポンスを利用するほうがよいでしょう。

アクターではこれらのシナリオを実行できないといっているわけではありません。このような単純なユースケースをアクターで実現しようとすると、無駄に多くの作業が必要になるということです。気象情報と交通情報の集約を例に取ってみましょう。アクターを生成し、メッセージを定義し、`ActorSystem`の一部として機能を実装する必要があります。Webページのすべてのリクエストとレスポンスの結合のために、タイムアウトの制御方法、アクターの停止タイミング、新しいアクターの生成方法について考えなければなりません。**図5.6**はこれらを実装するためにアクターがどう使われるかを示しています。

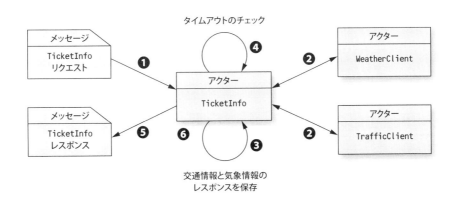

● 図5.6 アクターでWebサービスのリクエストを結合

第5章　Future

気象情報と交通情報のWebサービスを呼び出すために2つの異なるアクターが必要となりますが、アクターを分割したおかげで両方を並列に呼び出すことができるようになります。Webサービスの呼び出しをどのように結合するかについては、すべての具体的なケースに対してTicketInfoアクター内にコードを記述しなければなりません。2つのWebサービスを呼び出して結果を合成するだけにしては、ずいぶんな苦労です。しかしながら、状態をきめ細かく制御したいときや、アクションをモニタリングする必要があるとき、リトライの可能性があるときはアクターが良い選択肢です。

アクターはすばらしいツールですが、実現したいことをすべてかなえてくれる完璧なツールではありません。この場合、関数の結果を合成することに特化して作られたツールを使うほうがより単純です。

先のチケットシステムのサンプルには処理のバリエーションがいくつかありますが、それらを実現するにはFutureが最適なツールです。

一般的に、Futureのユースケースは下記のように特徴づけられます。

- 関数の結果を処理するためにブロッキングする（実行中のスレッドを待たせる）必要がない
- 関数を一度だけ呼び出し、将来のある時点でその結果を取り扱う
- 多くの関数を組み合わせ、結果を合成する
- 多くの同じ機能を持った関数を呼び出し、結果の一部のみ（たとえば、最も早く返ってきた結果）を使用する
- ある関数が他の関数の1つ以上の結果に依存するような関数をパイプライン化する

次節でTicketInfoサービスをFutureで実装する方法を詳しく見ていきます。まずは1つのWebサービスを非同期で呼び出すところから始めましょう。

5.2　Futureの中では何もブロックしない

それでは、TicketInfoサービスを作っていきましょう。ここでは、スレッドが何もせず待つということがないようにします。TicketInfoサービスから始め、**図5.7**の2つのステップを実行して、イベント会場へのルートの交通情報を提供します。これから紹介するコードはリポジトリのchapter-futuresディレクトリにあります。

最初のステップは、チケット番号に対応するイベントを取得することです。関数を同期的に呼び出すことと非同期に呼び出すことの大きな違いは、プログラムを定義する流れです。**リスト5.1**は、チケット番号に対応するイベントを取得するWebサービスの**同期**呼び出しの例を示しています。

116

5.2 Futureの中では何もブロックしない

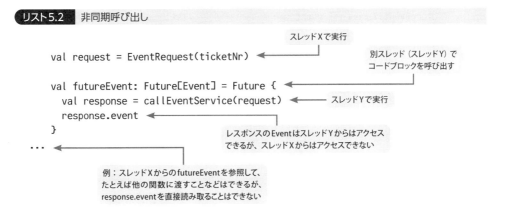

● 図5.7 イベントに関する交通情報を取得

リスト5.1 同期呼び出し

```
val request = EventRequest(ticketNr)              ← リクエストを生成する
val response: EventResponse = callEventService(request)  ← レスポンスが完了するまで
val event: Event = response.event                 ← メインスレッドをブロックする
                                                   イベントの値を取得する
```

リスト5.1はあるスレッドで実行される3行のコードを示しています。流れは単純で、関数が呼び出され、その戻り値は同じスレッド上ですぐアクセス可能になります。その値がアクセス可能になる前に、プログラムを同じスレッド上で続行するのは明らかに不可能です。Scalaの式は正格 (すぐに評価される) なので、コード内のすべての行は「完全な値を生成する」必要があります。

このWebサービスの同期呼び出しを非同期呼び出しに変更するために必要な作業を見てみましょう。前の例にあった`callEventService`はWebサービスのブロッキング呼び出しで、レスポンスをスレッド上で待たなければなりません。最初に`callEventService`をあるコードブロックでラップし、別のスレッドで実行します。リスト5.2はソースコードの変更箇所を示しています。

リスト5.2 非同期呼び出し

```
                                                    スレッドXで実行
val request = EventRequest(ticketNr)              ←
                                                    別スレッド (スレッドY) で
val futureEvent: Future[Event] = Future {         ← コードブロックを呼び出す
  val response = callEventService(request)        ← スレッドYで実行
  response.event                                  ←
}                                                   レスポンスのEventはスレッドYからはアクセス
...                                               ← できるが、スレッドXからはアクセスできない

                            例：スレッドXからのfutureEventを参照して、
                            たとえば他の関数に渡すことなどはできるが、
                            response.eventを直接読み取ることはできない
```

`Future{...}`は`Future.apply(コードブロック)`の省略形です。コードブロックを唯一の引数として`Future`オブジェクトの`apply`メソッドを呼び出します。別スレッドで (即座に)「コードブロック」を実行するヘルパー関数です (これは、引数のコードブロックが**名前渡し**されるため可能なことです。詳細は後で説明します)。`Event`を返すコードブロックは、一度だけ評価されます。

Scala初心者のために説明すると、ブロック内の最後の式が機械的に戻り値とみなされます。Future.applyメソッドはコードブロックで評価された任意の型のFutureを返します。今回はFuture[Event]です。

この例ではfutureEventの型を明示的に記述していますが、Scalaの型推論により省略できます。本章ではわかりやすさのため、型注釈を記述していきます。

Futureのapply関数の引数

コードブロックはFuture.applyメソッドに名前渡しされます。名前渡しの引数は関数の中で参照されたときにはじめて評価されます。Futureの場合、このコードブロックは別のスレッドで評価されます。**リスト5.2**のコードブロックは、他のスレッド（この例ではスレッドX）からのrequestの値を参照します。このように値を参照することは、値の**閉じ込め（close over）**と呼ばれており、ここでは、requestを閉じ込めています。メインスレッドと別スレッドの間を橋渡しし、Webサービスを呼び出す処理にrequestを渡しているのです。

これで、Webサービスを別のスレッドで呼び出し、適切に処理できるようになりました。**リスト5.3**でイベントの交通情報を取得するcallTrafficServiceの呼び出しをチェーンする方法を見てみましょう。最初のステップでは、イベント会場へのルートをコンソールに出力します。

リスト5.3 イベントの結果の処理

```
futureEvent.foreach { event =>      ← イベントの結果が使用可能になったタイミングで非同期的に処理する
  val trafficRequest = TrafficRequest(
    destination = event.location,
    arrivalTime = event.time
  )
  val trafficResponse = callTrafficService(trafficRequest)   ← イベントを基に生成したリクエストを渡して同期的に交通情報サービスを呼び出し、TrafficResponseを取得する
  println(trafficResponse.route)    ← コンソールにルートを出力する
}
```

このリストはFutureのforeachメソッドを使用しています。foreachメソッドは、イベントの結果が使用可能になったときにこのコードブロックを呼び出します。コードブロックは、callEventServiceが成功した場合にのみ呼び出されます。

この場合は、後続処理でルートを使用したいので、Future[Route]を返すとよいでしょう。foreachメソッドはUnitを返すので、別のメソッドを使う必要があります。**リスト5.4**はmapメソッドでの実装を示しています。

5.2 Futureの中では何もブロックしない

リスト5.4 イベントの結果のチェーン

```
val futureRoute: Future[Route] = futureEvent.map { event =>
  val trafficRequest = TrafficRequest(
    destination = event.location,
    arrivalTime = event.time
  )
  val trafficResponse = callTrafficService(trafficRequest)
  trafficResponse.route
}
```

イベントを処理し、Future[Route]を返す

依然として同期的にcallTrafficServiceを呼び出し、直接レスポンスを取得している

値をmap関数に返すと、全体の戻り値がFuture[Route]型になる

　foreachとmapはscala.collectionsライブラリや、OptionとListのような標準型で使い慣れているはずです。Future.mapメソッドはOption.mapなどと概念的に似ています。Option.mapメソッドはそのOptionがなんらかの値を持っている（Someの）場合にコードブロックを呼び出し、Option[T]の新しい値を返します。一方で、Future.mapメソッドはそのFutureが成功した結果を持っている場合にコードブロックを呼び出し、Future[T]の新しい値を返します。コードブロックの最後の行がRoute型の値を返すため、この場合はFuture[Route]です。繰り返しになりますが、明示的に定義しているfutureRouteの型は省略可能です。**リスト5.5**は、両方のWebサービス呼び出しを直接チェーンする方法を示しています。

リスト5.5 Future[Route]を返すgetRouteメソッド

```
val request = EventRequest(ticketNr)

val futureRoute: Future[Route] = Future {
  callEventService(request).event
}.map { event =>
  val trafficRequest = TrafficRequest(
    destination = event.location,
    arrivalTime = event.time
  )
  callTrafficService(trafficRequest).route
}
```

Future[Event]にチェーンする

ルートを返す

　チケット番号（ticketNr）を引数に取るgetEventメソッドと、イベント（event）を引数に取るgetRouteメソッドにリファクタリングしたとすると、次のリストのコードのように2つの呼び出しをチェーンするようになるでしょう。メソッドgetEventとgetRouteは、それぞれFuture[Event]とFuture[Route]を返します。

119

第5章　Future

リスト5.6 リファクタリングしたバージョン

```
val futureRoute: Future[route] = getEvent(ticketNr).flatMap { event =>
  getRoute(event)
}
```

> flatMapを使わなければ、futureRoute
> はFuture[Future[Route]]になる

　上のコードは、**flatMap**を使用して**getEvent**と**getRoute**を合成しています。**map**を使用した場合は、戻り値が**Future[Future[Route]]**になってしまいます。**flatMap**を使用すると、本来返す必要のある**Future[T]**が結果として返されます（繰り返しになりますが、**Option.flatMap**などと同様です）。

　リスト5.5で例示した**callEventService**メソッドと**callTrafficService**メソッドでは、同期呼び出しから非同期呼び出しへの変更箇所を示すためにブロッキングする呼び出しを実装しました。実際に非同期スタイルの恩恵を受けるには、前述の**getEvent**メソッドと**getRoute**メソッドをノンブロッキングI/O APIで実装して**Future**を直接返すことで、スレッドのブロッキングを最小限に抑える必要があります。**akka-http**モジュールは非同期のHTTPクライアントを提供します。次項では、Webサービス呼び出しが**akka-http**で実装されていると想定します。

　ここまで触れてきませんでしたが、Futureを使用するために**暗黙の**ExecutionContextを用意する必要があります。これを用意しなければ、ソースコードはコンパイルできません。**リスト5.7**は、グローバルな**ExecutionContext**の暗黙的な値をインポートする方法を示しています。

リスト5.7 イベントの結果の処理

```
import scala.concurrent.Implicits.global
```

> グローバルなExecutionContextを使う

　ExecutionContextは、スレッドプールでタスクを実行するための抽象クラスです。**java.util.concurrent**パッケージをよくご存知ならば、**java.util.concurrent.Executor**インターフェイスと比較することもできます。

　リスト5.7に示すインポートは、**グローバルな**ExecutionContextを暗黙のスコープに置きます。Futureはこれを使い、あるスレッドでコードブロックを実行します。5.5節「Futureとアクターの組み合わせ」ではアクターシステムのディスパッチャーも**ExecutionContext**として使用できることがわかります。他のどのプロセスがグローバルな**ExecutionContext**を使用しているかわからないため、グローバルな**ExecutionContext**を使うよりもディスパッチャーを使うほうが良い選択です。

　次項では**Promise[T]**型について説明します。シンプルに**Future**を返すAPIを使うことができれば、おそらく**Promise[T]**を使うことはそう頻繁にはないでしょう。そのため、次項はあとで読んでもかまいません。さらに先の5.3節では、エラーから回復させる方法を紹介します。

5.2.1 Promise は約束

Futureが読み込みだけなら、書き込みはどうすればいいでしょうか？ もうおわかりのように、それを実現するのがPromise[T]です。Future[T]のソースコードとそのデフォルト実装を詳しく見てみると、内部的には読み取り専用のFutureと、書き込み専用のPromiseの2つの側面で構成されていることがわかります。これらは表裏一体の関係にあります。

PromiseとFutureのソースコードにはトリッキーな間接参照がたくさんありますが、本当に低レベルな実装の詳細まで知りたい方への練習問題として残しておくことにしましょう。

例を見て、Promiseがどのように動作するかを理解するのが一番簡単です。Promise[T]を使用すると、既存のマルチスレッドのコールバック型APIがFuture[T]を返すAPIにラップできます。ここでは、Apache Kafkaにレコードを送信するためのコードスニペットを見ていきます。細かいことは省略しますが、Kafkaクラスターを使うと追記専用のログにレコードを書き込むことができます。スケーラビリティとフェイルオーバーのために、ログは**ブローカー**と呼ばれる多数のサーバーに分割・複製されます。この例において最も重要な点は、KafkaProducerがレコードを非同期的にKafkaのブローカーに送信できることです。KafkaProducerには、コールバック引数を取る**send**メソッドがあります。レコードがクラスターへ正常に送信されると、コールバックが呼び出されます。**リスト5.8**はPromiseを使ってコールバックスタイルのメソッドをラップし、代わりにFutureを返す方法を示しています。

リスト5.8 Promiseを使用してPromise APIを作成する

結果として期待するRecordMeta
data型のPromiseを生成する

戻り値として返すことができるFuture
[RecordMetadata]の参照を取得する

```
def sendToKafka(record: ProducerRecord): Future[RecordMetadata] = {
  val promise: Promise[RecordMetadata] = Promise[RecordMetadata]()

  val future: Future[RecordMetadata] = promise.future

  val callback = new Callback() {
    def onCompletion(metadata: RecordMetadata, e: Exception): Unit = {
      if (e != null) promise.failure(e)
      else promise.success(metadata)
    }
  }
  producer.send(record, callback)
  future
}
```

エラーがある場合、promiseに失敗を書き込む

そうでなければpromiseに成功を書き込む

実際の送信処理には、コールバックを渡す

sendToKafkaメソッドのユーザーにfutureを返す

送信が完了したことを示すために使用される
Kafkaコールバック。レコードの送信が別のスレッドで完了した後、一度だけ呼び出される

わかりやすさのため、ここでもコードに型注釈を付けています。Promiseを完了させられるのは一度だけです。`promise.success(metadata)`と`promise.failure(e)`はそれぞれpromise.

complete(Success(metadata))とpromise.complete(Failure(e))の省略形です。Promiseがすでに完了していて、もう一度それを完了しようとすると、IllegalStateExceptionがスローされます。

　このシンプルな例ではFutureへの参照を得てPromiseを完成させる以外に、それほど多くのことを行う必要はありませんでした。より複雑なシナリオでは、マルチスレッド環境で必要となる他のすべてのデータ構造が安全に使用できることを確認する必要があるでしょう。PromiseとFutureのソースコードがその助けとなります。

　Promiseを使ってコールバックAPIをラップする方法がわかったので、PromiseとFutureの内部実装に興味を持っている方たちのために、少しだけ寄り道をします。これは本筋ではありませんので、次節に進んでいただいてもかまいません。図5.8は、Future.applyメソッドがスレッドXでPromiseを生成し、Futureを返す方法を示しています。

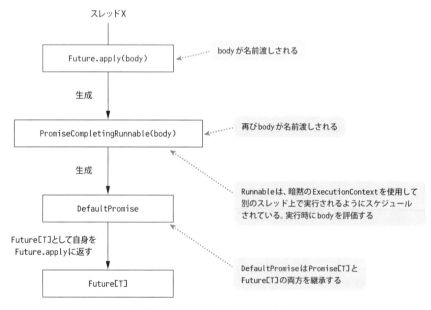

● 図5.8　PromiseとFutureの生成

　この図ではいくつかの詳細を省略していますが、Future.applyがRunnableのサブクラスを生成する方法を示しています。RunnableはPromiseを保持しているため、別のスレッドで実行されたとしても、そのPromiseを使用できます。それと同じPromiseがFuture.applyからFutureとして返します。ここでも、間接参照を省略していますが、実際はDefaultPromise[T]はFuture[T]とPromise[T]の両方を継承しているため、「両方の型であるかのように動作する」ことができます。

ここで重要なことは、Runnableも Future.applyの呼び出し元も、同じ DefaultPromiseへの参照を取得することです。DefaultPromiseは複数のスレッドから同時に使用できるように構築されているため、安全です。図5.9は、PromiseCompletingRunnableが別のスレッド（スレッドYと呼びます）で実行されたときの動作を示しています。

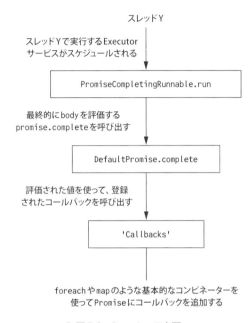

● 図5.9　Promiseの完了

Kafkaの例と同様に、PromiseCompletingRunnableはPromiseを完了させます。これにより、登録されたすべてのコールバックがbodyの結果を使って呼び出されます。ここでも細部は省略しています。コールバックは一度だけ呼び出され、Executor上で実行されます。そして、FutureとPromiseの実装は、低水準な並行プログラミング技術によってすべてが正しく行われることが保証されています。これらのさらに詳細な部分の調査は、読者の皆さんの練習問題として残しておくことにしましょう。

約束どおり、次節はエラーから回復させる方法を示します。

5.3　Futureにおけるエラー

前節のFutureの結果は、常に成功することを前提としていました。ここでは、コードブロックで例外がスローされた場合に何が起こるか見てみましょう。説明のため、即座に例外をスローします。Futureのforeachを使って結果を出力してみましょう。コマンドラインでScalaのREPL

第5章　Future

セッションを起動し、**リスト5.9**のとおりに実行してください。

リスト5.9 Futureから例外のスロー

```
scala> :paste
// Entering paste mode (ctrl-D to finish)

import scala.concurrent._
import ExecutionContext.Implicits.global

val futureFail = Future { throw new Exception("error!") }
futureFail.foreach(value => println(value))    ◀──────── Futureが完了したら値を表示する

// Exiting paste mode, now interpreting.

futureFail: scala.concurrent.Future[Nothing] =
  scala.concurrent.impl.Promise$DefaultPromise@193cd8e1

scala>  ◀──────── 例外が発生したため何も表示されない
```

あるスレッドで例外がスローされます。最初に気づくのは、スタックトレースがコンソールに表示されないことです。例外がメインのREPLスレッド上でスローされたのであれば、表示されていたでしょう。foreachブロックは実行されませんでした。これは、Futureが成功を示す値で完了していないためです。例外を捕捉する方法の1つは、onCompleteメソッドを使用することです。このメソッドはforeachやmapと同様にコードブロックも取りますが、ここでは引数として scala.util.Tryが提供されます。TryはSuccess（成功）またはFailure（失敗）になります。**リスト5.10**のREPLセッションは、Futureを使って例外を表示する方法を示しています。

リスト5.10 onCompleteを利用した成功と失敗の制御

```
scala> :paste
// Entering paste mode (ctrl-D to finish)

import scala.util._      ◀──────── Try、Success、Failureのインポート文
import scala.concurrent._
import ExecutionContext.Implicits.global

val futureFail = Future { throw new Exception("error!") }
futureFail.onComplete {  ◀
  case Success(value) => println(value)  ◀──────── 成功時の値を出力
  case Failure(e) => println(e)  ◀
}

// Exiting paste mode, now interpreting.

java.lang.Exception: error!  ◀──────── 例外が表示された
```

致命的ではない例外を出力

このブロックにはTryの値が渡される。Tryはパターンマッチをサポートしているため、onCompleteにはSuccessとFailureにマッチする部分関数を渡すだけ

124

onCompleteメソッドを使用すると、SuccessまたはFailureの結果を処理できます。この例では、Futureがすでに終了していたとしてもonCompleteコールバックが実行されていることに注意してください。この例ではFutureのブロックで例外が直接スローされているため、その処理がすでに終了している可能性はかなり高いはずです。このルールはFutureに登録されているすべての関数に当てはまります。

> **memo 致命的な例外と致命的でない例外**
>
> 致命的な例外をFutureで処理することはいっさいできません。Future {new OutOfMemoryError("arghh")}を作成すると、Futureがいっさい生成されず、OOME (OutOfMemoryError)がそのままスローされることがわかるでしょう。Futureのロジックの内部ではscala.util.control.NonFatal抽出子を使用していますが、これには正当な理由があります。重要な致命的エラーを無視したり、それらを見えないようにするのは恐ろしいことです。致命的な例外とは、VirtualMachineError、ThreadDeath、InterruptedException、LinkageError、ControlThrowableです（最新の状況は、scala.util.control.NonFatalのソースコードを参照）。ほとんどが馴染み深いものであるはずです。ControlThrowableは通常キャッチされるべきではない例外のマーカーです。

例外が発生した場合でも、TicketInfoサービスに情報を蓄積し続ける必要があります。TicketInfoサービスはイベントに関する情報を集約しており、必要なサービスが例外をスローした場合は情報の一部を破棄できるようにすべきです。イベントに関する情報がTicketInfoクラスへどのように蓄積されるかを示すため、TicketInfoサービスのフローの一部を図5.10に図示しています。

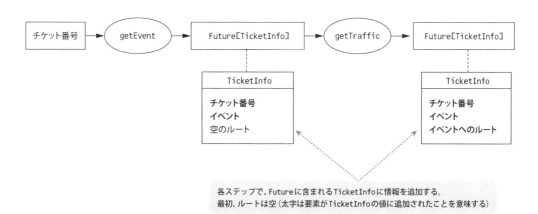

● 図5.10　TicketInfoへイベントに関する情報を蓄積

getEventメソッドとgetTrafficメソッドは、Future[TicketInfo]を返すように変更します。これらはチェーンのさらに下流に情報を蓄積するために使用します。TicketInfoクラスは、サービスの結果をOptionの値として持つシンプルなケースクラスです。**リスト5.12**はTicketInfoケースクラスを示しています。次節では、天気予報や他のイベントの提案など、このクラスに情報を追加します。

リスト5.12 TicketInfoケースクラス

```
case class TicketInfo(ticketNr: String,
                      event:Option[Event]=None,
                      route:Option[Route]=None)
```
← チケット番号以外の情報はすべてオプションでデフォルトは空

Futureを扱うときは、常にイミュータブルなデータ構造を使用することが大切です。そうしないと、Futureの間でたまたま同じオブジェクトを使った際に、ミュータブルな状態を共有してしまうことにつながるからです。ここでは、ケースクラスとOptionを使用しているので安全です。これらはイミュータブルだからです。サービスの呼び出しに失敗した場合であっても、それまでに蓄積したTicketInfoでチェーンを続行します。**図5.11**にgetTrafficで失敗した場合の制御方法を示します。

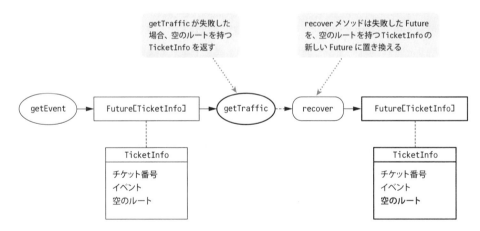

● 図5.11　失敗したサービスのレスポンスを無視

これを実現するためにrecoverメソッドを使います。このメソッドに、例外が発生したときに返すべき結果を定義できます。

リスト5.13でrecoverメソッドの使い方を紹介します。ここではTrafficServiceExceptionがスローされたときに、入力値であるTicketInfoを返します。

リスト5.13 recoverを使用して、代替の結果でFutureを継続

flatMapを使うと、コードブロックからTicketInfoの
代わりにFuture[TicketInfo]を直接返すことができる

イベントの取得。Future[TicketInfo]が返る

```
val futureStep1: Future[TicketInfo] = getEvent(ticketNr)

val futureStep2: Future[TicketInfo] = futureStep1.flatMap { ticketInfo =>
    getTraffic(ticketInfo).recover {
        case _: TrafficServiceException => ticketInfo
    }
}
```

getTrafficはFuture
[TicketInfo]を返す

元の状態のTicketInfo
でFutureを回復する

recoverメソッドは、`TrafficServiceException`が発生したときに元の`ticketInfo`をFutureの結果として返すよう定義します。`getTraffic`メソッドはルートが追加された`TicketInfo`のコピーを作成します。この例では、`getEvent`から返された`Future`に対して、`map`の代わりに`flatMap`を呼び出しています。`map`に渡されたコードブロックでは、`TicketInfo`の値を返す必要があります。この値は新しいFutureにラップされます。一方、`flatMap`を使用した場合は、`Future[TicketInfo]`をそのまま返す必要があります。`getTraffic`はすでに`Future[TicketInfo]`を返すよう実装したので、`flatMap`を使用するほうがよいでしょう。

同様に、`recoverWith`というメソッドはコードブロックで`TicketInfo`の代わりに`Future[TicketInfo]`を返す必要があります。`recover`メソッドに渡されたコードブロックは、エラーが返されたあとに**同期的**に実行されるため、`recover`メソッドを使うのがコードブロックをシンプルに保つ最善の方法です。

先ほどのコードにはまだ問題が残っています。最初の`getEvent`呼び出しが失敗した場合はどうなるでしょうか？ `futureStep1`が失敗するため、`flatMap`のコードブロックは呼び出されません。そのため、次の呼び出しに引き継ぐ値はありません。`futureStep2`は失敗したFutureの結果である`futureStep1`と等しくなります。チケット番号（`ticketNr`）だけの空の`TicketInfo`を返したい場合は、**リスト5.14**に示すように、最初のステップでも`recover`を使用する必要があります。

リスト5.14 getEventが失敗した場合、空のTicketInfoを返すためにrecoverを使用

```
val futureStep1: Future[TicketInfo] = getEvent(ticketNr)

val futureStep2: Future[TicketInfo] = futureStep1.flatMap { ticketInfo =>
  getTraffic(ticketInfo).recover {
    case _: TrafficServiceException => ticketInfo
  }
}.recover {
  case e => TicketInfo(ticketNr)
}
```

getEventが失敗した場合はticketNrだけの空のTicketInfoを返す

第5章　Future

futureStep1が失敗した場合、flatMapのコードブロックは実行されません。flatMapは単に失敗したFutureの結果を返します。上記コードの最後の**recover**によって、失敗したFutureが**Future[TicketInfo]**に変わります。本節では、Futureのエラーから回復する方法を学びました。ここから、**TicketInfo**サービスのFutureをさらにつなぎ合わせる方法を見ていきます。

5.4　Futureの合成

前節では、Futureの**map**と**flatMap**を使って非同期関数をチェーンさせました。本節では、非同期関数とFutureを組み合わせる方法をさらに見ていきます。**Future[T]**トレイトとFutureオブジェクトは**flatMap**や**map**のような、Futureを結合するための**コンビネーターメソッド**を提供しています。これらのコンビネーターメソッドは、Scalaのコレクション APIにある**flatMap**、**map**などと似ています。それらは、イミュータブルなコレクションから次のコレクションへの変換のパイプラインを作成し、問題を段階的に解決することを可能にします。本節では、Futureを関数型スタイルで組み合わせる方法のさわりを紹介します。Scalaの関数型プログラミングについて詳しく知りたい場合は、Paul Chiusanoと Rúnar Bjarnasonによる『Functional Programming in Scala』(Manning Publications 刊、2014年)[1]をお勧めします。

TicketInfoサービスは複数のWebサービス呼び出しを合成し、追加情報を提供する必要があります。**TicketInfo**を引数に取って**Future[TicketInfo]**を返す関数とあわせてコンビネーターメソッドを使って、**TicketInfo**へステップバイステップで情報を追加していきます。すべてのステップにおいて**TicketInfo**のケースクラスのコピーが作成され、さらに次の関数に渡されます。そして、最終的に完全な**TicketInfo**の値が完成します。**TicketInfo**のケースクラスとサービスで使用するその他のケースクラスを修正し、**リスト5.15**に示します。

リスト5.15　TicketInfoクラスの改良

```
case class TicketInfo(ticketNr:String,
                      userLocation:Location,
                      event:Option[Event]=None,              ← TicketInfoケースクラスは旅
                      travelAdvice:Option[TravelAdvice]=None,   行のアドバイス、気象情報、
                      weather:Option[Weather]=None,             イベントの提案を収集する
                      suggestions:Seq[Event]=Seq())

case class Event(name:String,location:Location,
                 time:DateTime)

case class Weather(temperature:Int, precipitation:Boolean)
```

---

[1]　[訳注]　邦訳版『Scala関数型デザイン＆プログラミング —— Scalaz コントリビューターによる関数型徹底ガイド』(インプレス刊、2015年)。

128

```
case class RouteByCar(route:String,
                     timeToLeave:DateTime,
                     origin:Location,
                     destination:Location,
                     estimatedDuration:Duration,
                     trafficJamTime:Duration)
```

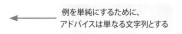
例を単純にするために、
ルートは単なる文字列とする

```
case class TravelAdvice(routeByCar:Option[RouteByCar]=None,
  publicTransportAdvice: Option[PublicTransportAdvice]=None)

case class PublicTransportAdvice(advice:String,
  timeToLeave:DateTime,
  origin:Location, destination:Location,
  estimatedDuration:Duration)

case class Location(lat:Double, lon:Double)

case class Artist(name:String, calendarUri:String)
```

例を単純にするために、
アドバイスは単なる文字列とする

チケット番号（ticketNr）とユーザーの位置情報（userLocation）以外のすべての項目はオプションです。フローの各ステップでは、引数の TicketInfo をコピーし、新しい TicketInfo のプロパティを変更して次の関数に渡すことで、情報を追加していきます。前節で Future のエラーについて説明しましたが、サービス呼び出しが完了できない場合、関連する情報は空のままになります。**図5.12**に、この例で使用する非同期な Web サービス呼び出しとコンビネーターのフローを示します。

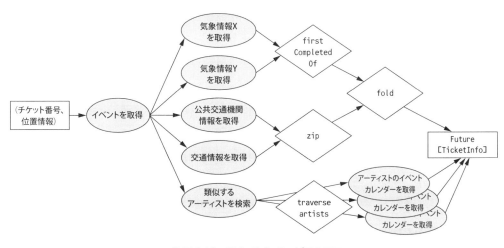

● 図5.12　TicketInfo サービスのフロー

この図では、コンビネーターを菱形で示しています。すべてのコンビネーターを詳しく見てい

きましょう。このフローは、TicketInfoサービスのチケット番号とユーザーのGPSの位置情報から始まり、最終的にTicketInfoのFutureを完成させます。気象情報サービスからは一番早いレスポンスを使用します。公共交通機関と車のルート情報は、TravelAdviceに合成します。同時に、類似のアーティストを検索し、各アーティストのイベント情報をリクエストします。この結果が、類似イベントの提案になります。すべてのFutureは最終的にFuture[TicketInfo]に合成されます。

最後に、Future[TicketInfo]に対してonCompleteコールバックが呼ばれ、ここでクライアントにレスポンスを返すことでHTTPリクエストが完了します。ただし、この流れは図では省略しています。

まずは気象情報サービスを組み合わせることから始めます。TicketInfoサービスは複数の気象情報サービスを並行して呼び出し、一番早いレスポンスを使用しなければなりません。図5.13に、このフローで使用するコンビネーターを示します。

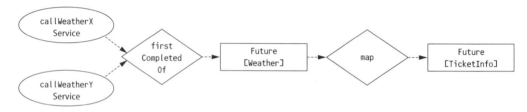

● 図5.13　気象情報サービスのフロー

どちらの気象情報サービスもFuture[Weather]を返します。これは次のステップのためにFuture[TicketInfo]へ変換しなければなりません。いずれかのサービスからのレスポンスがない場合も、もう一方のサービスのレスポンスを使って気象情報をクライアントに知らせることができます。リスト5.16は、TicketInfoサービスのフローでFuture.firstCompletedOfメソッドを使って、最初に完了したサービスのレスポンスを返す方法を紹介します。

リスト5.16　firstCompletedOfを使用して一番早いレスポンスを取得

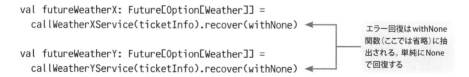

```
val fastestResponse: Future[Option[Weather]] =
  Future.firstCompletedOf(futures)    ← 最初に完了したFuture[Weather]

fastestResponse.map { weatherResponse =>
  ticketInfo.copy(weather = weatherResponse)    ← 気象情報のレスポンスを新しいticketInfo
}                                                にコピーする。そのコピーはmapコードブ
}                                                ロックの結果として返す
```

mapコードブロックは完了した気象情報をTicketInfoに変換し、その結果Future[TicketInfo]になる

　最初の2つのFutureは、気象情報サービスを取得するために生成します。**Future.firstComp**
letedOf関数は2つの気象情報サービスから取得した2つのFutureを基に新しいFutureを生
成します。重要なポイントとして、**firstCompletedOf**は最初に**完了した**Futureを返します。
Futureの完了とは、成功もしくは失敗することです。上記のコードでは、たとえば、気象情報
サービスYが正しい結果を返すより先に気象情報サービスXが失敗した場合、**TicketInfo**サー
ビスは気象情報を追加できません。さしあたり、レスポンスのないサービスやパフォーマンス
の悪いサービスが、正常に機能しているサービスより遅れてレスポンスを返すと想定し、これで
良しとします。

　firstCompletedOfの代わりに、**find**を使うこともできます。**find**はいくつかのFutureと述語
関数を引数に取り、マッチするFutureを見つけて**Future[Option[T]]**として返します。次のリ
ストは、**find**を使用して、最初に**成功した**結果を取得する方法を紹介します。

リスト5.17 findを使って最初に成功した結果を取得

```
val futures: List[Future[Option[Weather]]] =
  List(futureWeatherX, futureWeatherY)

val fastestSuccessfulResponse: Future[Option[Weather]] =      最初の空以外の結果がマッチする
  Future.find(futures)(maybeWeather => !maybeWeather.isEmpty) ←
      .map(_.flatten) ←
```

findは、TraversableOnce[Future[T]]を取り、Future[Option]を
返すので結果を平坦化 (flatten) しなければならない。この場合、
Tは実際にはOption[T] (Futureの値はList[Future[Weather]]で
はなくList[Future[Option[Weather]]])

　公共交通機関サービスと車のルートサービスを並行して処理し、両方の結果が利用できる場
合は、**TravelAdvice**に合成する必要があります。**図5.14**に、**TravelAdvice**を追加するフロー
で使用するコンビネーターを示します。

●図5.14　TravelAdviceのフロー

　getTrafficとgetPublicTransportは、それぞれFutureの中でRouteByCarとPublicTransportAdviceという異なる型を返します。これらの2つの値はタプルにまとめられ、タプルはTravelAdviceに変換します。TravelAdviceクラスを**リスト5.18**に示します。

リスト5.18　TravelAdviceクラス

```
case class TravelAdvice(
  routeByCar:Option[RouteByCar] = None,
  publicTransportAdvice: Option[PublicTransportAdvice] = None
)
```

　この情報に基づいて、ユーザーは車か公共交通機関のどちらで旅行するかを決定できます。**リスト5.19**は、zipコンビネーターの使用方法を示しています。

リスト5.19　zipとmapを使った車のルートと公共交通機関のアドバイスの合成

```
def getTravelAdvice(info:TicketInfo,
                    event:Event): Future[TicketInfo] = {

  val futureR: Future[Option[RouteByCar]] = callTraffic(
    info.userLocation,
    event.location,
    event.time
  ).recover(withNone)

  val futureP: Future[Option[PublicTransporAdvice]] =
    callPublicTransport(info.userLocation,
      event.location,
      event.time
    ).recover(withNone)

  futureR.zip(futureP)
    .map {
      case(routeByCar, publicTransportAdvice) =>
        val travelAdvice = TravelAdvice
                           (routeByCar,
                            publicTransportAdvice)
```

Future[RouteByCar]とFuture[PublicTransportAdvice]をまとめてFuture[(RouteByCar, PublicTransportAdvice)]にする

車のルートと公共交通機関のアドバイスの両方を持つFutureをFuture[TicketInfo]に変換する

```
        info.copy(travelAdvice = Some(travelAdvice))
    }
}
```

このコードでは、公共交通機関と車のルートの両方の**Future**を、新しい**Future**にまとめています。この**Future**には両方の結果がタプルとして入っています。その後、合成した**Future**の結果を**Future[TicketInfo]**に変換することで、さらにチェーンさせることができます。**map**メソッドを使う代わりに**for内包表記**を使うことにより、可読性の高いコードにできることがあります。**リスト5.20**は、その使用方法を示しています。**リスト5.19**で**zip**と**map**を利用してやっていたこととまったく同じことを行います。

リスト5.20 for 内包表記を使った車のルートと公共交通機関のアドバイスの合成

> zip メソッドによって作成された Future は、ある時点で routeByCar と publicTransportAdvice のタプルになる

```
for(
  (route, advice) <- futureRoute.zip(futurePublicTransport);
  travelAdvice = TravelAdvice(route, advice)
) yield info.copy(travelAdvice = Some(travelAdvice))
```

> for 内包表記は、TicketInfo を生成する。これは、map メソッドと同じように、for 内包表記から Future[TicketInfo] として返される

for内包表記に慣れていないなら、コレクションの要素の繰り返しとして考えることもできます。Futureの場合、最終的に1つの値を含むか、何も含まないコレクション（例外の場合）の要素を「繰り返し」ます。

次は類似するイベントを提案する部分のフローを見ていきます。2つのWebサービスが使われており、類似アーティストサービスはイベントに出演しているアーティストと類似したアーティストに関する情報を返します。アーティスト情報はアーティストごとに特定のイベントカレンダーサービスを呼び出すために使われ、そのイベントと近くの場所である次のイベントの予定を取得し、ユーザーに提案します。**リスト5.21**は、その提案を作成する過程を示しています。

リスト5.21 for 内包表記を使ったアーティストごとのイベントの結合

> 全アーティストの開催予定イベントのリストである Future[Seq[Events]] を返す

> 類似のアーティストを Future[Seq[Artist]] で返す

```
def getSuggestions(event: Event): Future[Seq[Event]] = {

  val futureArtists: Future[Seq[Artists]] = callSimilarArtistsService(event)

  for(
    artists <- futureArtists
    events <- getPlannedEvents(event, artists)
  ) yield events
}
```

> artists はある時点で Seq[Artist] になる

> events はある時点で、呼び出された各アーティストの開催予定イベントである Seq[Event] になる

> for 内包表記は Future[Seq[Event]] として Seq[Event] を返す

第5章　Future

　この例は、やや複雑です。コードは複数のメソッドに分割されています。もちろんインライン化できますが、わかりやすくするためにあえてそうしています。getPlannedEventsは、アーティストが得られると実行されます。getPlannedEventsはFuture.sequenceメソッドを使ってSeq[Future[Event]]からFuture[Seq[Event]]を生成します。言い換えると、複数のFutureを、それぞれの結果のリストを持つ1つのFutureにまとめているわけです。getPlannedEventsのコードを**リスト5.22**に示します。

> **リスト5.22**　sequenceを使ったFuture の配列の合成

類似アーティストの開催予定イベントのリストである、Future[Seq[Event]]を返す

```
def getPlannedEvents(event: Event,
                     artists: Seq[Artist]): Future[Seq[Event]] = {

  val events: Seq[Future[Event]] = artists.map { artist=>
    callArtistCalendarService(artist, event.location)
  }
  Future.sequence(events)
}
```

Seq[Artists]の各要素に対してマッピングを行う。アーティストごとに、イベントカレンダーサービスを呼び出す。"events"はSeq[Future[Event]]

Seq[Future[Event]]をFuture[Seq[Event]]に変換する。非同期のcallArtistCalendarServiceの呼び出し結果がすべて完了すると、最終的にイベントのリストを返す

　sequenceメソッドはtraverseメソッドをシンプルにしたバージョンです。**リスト5.23**の例は、代わりにtraverseを使うとgetPlannedEventsがどのようになるかを示しています。

> **リスト5.23**　traverseを使って再度合成

```
def getPlannedEventsWithTraverse(
  event: Event,
  artists: Seq[Artist]
): Future[Seq[Event]] = {
  Future.traverse(artists) { artist =>
    callArtistCalendarService(artist, event.location)
  }
}
```

traverseはコードブロックを引数に取る。これはFutureを返すために必要。コレクションをトラバースすると同時に、Futureの結果を作れる

　sequenceを使用する場合、Seq[Future[Event]]を作成しFuture[Seq[Event]]に変換する必要がありましたが、トラバースを使用すると、直接Seq[Future[Event]]を作成し、中間ステップなしに同じことができます。

　さあ、TicketInfoServiceフローの最後のステップに入りましょう。気象情報を含んだTicketInfoは、TravelAdviceを含んだTicketInfoとまとめる必要があります。foldメソッドを使用して2つのTicketInfoを1つにまとめます。**リスト5.24**にその方法を示します。

134

5.4 Futureの合成

リスト5.24 foldでもう一度合成

TravelAdviceを含んだTicketInfoと、Weather
を含んだTicketInfoのリストを作成する

```
val ticketInfos = Seq(infoWithTravelAdvice, infoWithWeather)

val infoWithTravelAndWeather: Future[TicketInfo] =
  Future.foldLeft(ticketInfos)(info) {
    (acc, elem) =>

    val (travelAdvice, weather) = (elem.travelAdvice, elem.weather)
    acc.copy(
      travelAdvice = travelAdvice.orElse(acc.travelAdvice),
      weather = weather.orElse(acc.weather)
    )
  }
```

リストを渡してfoldLeftを呼び出し、
アキュムレーターはイベント情報のみ
を含むticketInfoで初期化される

travelAdviceもweatherも、値が
入っていた場合には、アキュムレー
ターのTicketInfoにコピーする。
コピーは、コードブロックの次回
の呼び出しでaccとして返される

foldは前回実行したコードブロックの結果を、
アキュムレーター（acc）に入れてコードブロッ
クに渡します。加えて、foldはリストの要素を
1つずつコードブロックに渡します。ここでは、
すべてのTicketInfoの値がその対象となる

ticketInfoからオプション
のtravelAdviceとweather
プロパティを抽出する

foldメソッドは`Seq[T]`や`List[T]`のようなデータ構造が持つfoldメソッドと同じように動作します。これらのデータ構造が持つfoldメソッドについては、すでにご存知でしょう。従来のforループの代わりに、コレクションを繰り返し処理してなんらかのデータ構造を構築するときによく使われます。foldはコレクション、初期値、コードブロックを引数に取ります。コードブロックは、コレクション内のすべての要素に対して実行されます。このブロックには状態を蓄積する値（アキュムレーター）と、コレクションの次の要素という2つの引数があります。前のケースでは、最初の`TicketInfo`が初期値として使用されます。コードブロックが繰り返し実行されるたびに、`TicketInfo`のリストにある要素をベースにして、より多くの情報を含んだ`TicketInfo`のコピーが返ります。

完全なフローを**リスト5.25**に示します。

リスト5.25 TicketInfoServiceの完全なフロー

```
def getTicketInfo(ticketNr:String,
                  location:Location):Future[TicketInfo] = {
  val emptyTicketInfo = TicketInfo(ticketNr, location)
  val eventInfo = getEvent(ticketNr, location)
                  .recover(withPrevious(emptyTicketInfo))

  eventInfo.flatMap { info =>

    val infoWithWeather = getWeather(info)

    val infoWithTravelAdvice = info.event.map { event =>
      getTravelAdvice(info, event)
```

getEventを呼び出すと、
Future[TicketInfo]が返る

Weatherを格納したTicketInfoを作る

TravelAdviceを格納したTicketInfoを作る

135

```scala
  }.getOrElse(eventInfo)

  val suggestedEvents = info.event.map { event =>
    getSuggestions(event)                    ← お勧めのイベントのリストをFutureで取得する
  }.getOrElse(Future.successful(Seq()))

  val ticketInfos = Seq(infoWithTravelAdvice, infoWithWeather)

  val infoWithTravelAndWeather = Future.foldLeft(ticketInfos)(info) { (acc,
    elem) => val (travelAdvice, weather) = (elem.travelAdvice, elem.weather)

    acc.copy(travelAdvice = travelAdvice.orElse (acc.travelAdvice),
             weather = weather.orElse(acc.weather))    ←
  }
                                              WeatherとTravelAdviceを
                                              1つのTicketInfoに結合する
  for(info <- infoWithTravelAndWeather;
    suggestions <- suggestedEvents
  ) yield info.copy(suggestions = suggestions)    ←        最終的にお勧め情報も追加する
  }
}

// コピー・ペーストを最小化するエラー回復関数    ← TicketInfoサービスで使ったエラーからの回復メソッド
type Recovery[T] = PartialFunction[Throwable,T]

// None で回復する
def withNone[T]:Recovery[Option[T]] = {
  case e => None
}

// 空の Sequence で回復する
def withEmptySeq[T]:Recovery[Seq[T]] = {
  case e => Seq()
}

// 前のステップの ticketInfo で回復する
def withPrevious(previous:TicketInfo):Recovery[TicketInfo] = {
  case e => previous
}
```

　Futureを使ったTicketInfoサービスのサンプルを締めくくります。先ほどお見せしたように、Futureはさまざまな方法で合成することができ、コンビネーターメソッドは非同期関数の結果を簡単に変換して順序付けることができます。TicketInfoサービスのフロー全体で1つとしてブロッキングコールを行いません。仮想Webサービスの呼び出しをakka-httpライブラリのような非同期HTTPクライアントで実装する場合、ブロッキング・スレッドの量はI/Oに対して最小限に抑えられます。本書の執筆時点で、I/Oのみならずデータベースアクセスの領域においても、戻り値としてFutureを返すScalaの非同期クライアントライブラリが増えています。

次節では、Futureをアクターと組み合わせる方法を見ていきます。

5.5 Futureとアクターの組み合わせ

第2章では最初のRESTサービスにakka-httpを使いました。そこですでに、askメソッドがFutureを返すことを説明しています。**リスト5.26**はその例です。

リスト5.26 イベント情報の収集

```
class BoxOffice(implicit timeout: Timeout) extends Actor {
  // ... 省略

case GetEvent(event) =>
  def notFound() = sender() ! None
  def getEvent(child: ActorRef) = child forward TicketSeller.GetEvent
  context.child(event).fold(notFound())(getEvent)

case GetEvents =>
  import akka.pattern.ask
  import akka.pattern.pipe

def getEvents: Iterable[Future[Option[Event]]] = context.children.map {
  child =>
  self.ask(GetEvent(child.path.name)).mapTo[Option[Event]]
}

def convertToEvents(f: Future[Iterable[Option[Event]]]): Future[Events] =
  f.map(_.flatten).map(l=> Events(l.toVector))

pipe(
  convertToEvents(Future.sequence(getEvents))
) to sender()
```

askにはタイムアウトを定義する必要がある。タイムアウトするまでの間にaskが完了しない場合、Futureにはタイムアウトの例外が入る

askパターンをインポートしてaskメソッドをActorRefに追加する

pipeパターンをインポートしてpipeメソッドをActorRefに追加する

このローカル定義はOptionのIterableコレクションを、その中の結果のみを含むリストに平坦化する（Noneの場合は破棄される）。その後、Iterable[Event]をEventsに変換する

Futureはsenderにパイプされる。Futureのコールバックを閉じ込める（close over）必要はない

内側から見ていくと、getEventsが返すIterable[Future[Option Event]]]がFuture.sequenceによってFuture[Iterable[Option [Event]]]へ変換される。Future[Iterable[Option[Event]]]はconvertToEventsによってFuture[Events]へ変換される

すべての子アクターをイテレートする。この場合、すべての子アクターに対してGetEventでaskする

BoxOfficeを示すselfに対してGetEventをaskするローカルメソッドの定義。askメソッドはFutureを返す。アクターはどんなメッセージも返すことができるため、返されたFutureは型付けされない。Future [Any]をFuture[Option[Event]]に変換するためにmapToメソッドを使用する。アクターがOption [Event]以外の型のメッセージで応答した場合、mapToは失敗のFutureで完了する

このコードではたくさんの処理をしていますが、第2章の例よりもずっとわかりやすいはずです。BoxOfficeアクターが販売員の手元に残ったチケット数を集計する方法を示しています。この例には重要な点がいくつかあります。まず、結果をsenderにパイプしています。これは

スマートなやり方です。なぜなら、**sender**はアクターコンテキストの一部であり、アクターが
メッセージを受け取るたびにその値が異なることもあるからです。Futureのコールバックは、使
用する値を**閉じ込め**（close over）てしまう可能性があります。**sender**はコールバックが呼び出
された時点でまったく異なる値を持つ可能性があります。Futureの結果を呼び出し時の**sender**
にパイプすることで、Futureのコールバックの中から**sender()**を参照する必要がなくなります。

アクターからFutureを使うときには、**ActorContext**がコールバックの実行スレッドに**Actor**
の現在の状態を見せてしまうことに注意してください。アクターはステートフルなので、閉じ込
めた値は別のスレッドから変更できないようにすることが重要です。この問題を防ぐ最も簡単な
方法は、この例に示すように、イミュータブルなデータ構造を使用し、Futureをアクターにパイ
プすることです。もう1つの方法は、**sender()**の現在の値を「キャプチャ」することです。

5.6 まとめ

この章ではFutureについて紹介しました。Futureを使用して非同期関数からフローを作成す
る方法を学びました。この目的は、スレッドを明示的にブロッキングすることと待機することを
最小限に抑えることによって、リソースを最大限に利用し、不要な待ち時間を最小限に抑えるこ
とです。

Futureは最終的に利用可能となる、関数の結果のプレースホルダーです。これは関数を非同
期フローと合成するためのすばらしいツールです。Futureを使うことによって、ある結果から次
の結果への変換を定義できます。Futureはすべて関数の結果に関するものなので、結果を結合
するために関数型の手法を採る必要があるのは当然です。

FutureのコンビネーターメソッドはScalaコレクションライブラリにあるコンビネーターと同
様の「変形スタイル」を提供します。関数は並行して実行され、必要に応じて逐次的に実行さ
れ、最終的に意味のある結果が得られます。Futureには、成功したときの値か失敗が含まれて
います。しかし失敗の場合も、代替の値を使って失敗から回復し、フローを継続できます。

Futureに含まれる値は、ミュータブルな状態を誤って共有しないようにイミュータブルにする
必要があります。Futureはアクターから使うことができますが、Futureがアクターのミュータブ
ルな状態を参照してはいけません。たとえば、アクターの**sender**への参照を安全に利用するた
めには、あらかじめ値をキャプチャしておく必要があります。FutureはActor APIで**ask**メソッ
ドのレスポンスとして使用されます。Futureの結果は**pipe**パターンでアクターに受け渡すこと
もできます。

Futureについて理解できたところで、次章ではアクターの話に戻ります。今度は、GoTicks.
comアプリケーションをリモートアクターを使ってスケールさせます。

第6章

Akkaによるはじめての分散アプリケーション

この章で学ぶこと

☐ スケールアウトの導入
☐ GoTicks.comアプリケーションの分散化
☐ リモートモジュールを使ったアクターの分散化
☐ 分散したアクターシステムのテスト

これまでは、単一ノード上でAkkaのアクターシステムを構築してきました。この章では、Akkaアプリケーションのスケールアウトについて紹介します。Akkaによる分散アプリケーション構築の実践として、第2章のGoTicks.comアプリケーションを題材に、このアプリケーションをスケールアウトしていきます。

まず、一般的な用語とAkkaでスケールアウトするためのいくつかのアプローチを簡単に確認します。それから、**akka-remote**モジュールを紹介し、ネットワーク上でアクター同士のコミュニケーションを行うための洗練された解決策を**akka-remote**がどのように提供するかを紹介します。GoTicks.comアプリケーションをフロントエンドサーバーとバックエンドサーバーの2つのノードにスケールします。最後に、マルチJVMテストキットを使用してアプリケーションの単体テストを実施する手法を学びます。

この章が扱うのはアプリケーションをスケールアウトすることだけですが、後続の章ではより深掘りしていきます。たとえば、第9章では、ルーターを使用してローカルおよびリモートのアクターを複数のアクターに負荷分散する方法を紹介し、第14章ではクラスタリングを取り扱います。実際のAkkaアプリケーションを構築する方法をより深く理解した上で、第14章でスケールアウトの詳細を説明します。

6.1　スケールアウト

この章が何千台ものマシンにアプリケーションをスケールアウトするための銀の弾丸になれ

139

第6章　Akkaによるはじめての分散アプリケーション

ばよいのですが、実際の分散コンピューティングはそれほど簡単ではありません。むしろ、そこには大変な困難がつきまといます。しかし、どうかこの本を読むのを止めないでください！Akkaは分散コンピューティングの扱いを少し楽にする、本当にすばらしいツールを提供してくれます。Akkaを使えばすべてが解決するというわけではありませんが、アクターが並行プログラミングを単純化するのと同じように、本当の分散コンピューティングへの移行を簡単にすることがわかると思います。それでは、GoTicks.comプロジェクトに話を戻して、これを分散化してみましょう。

ほとんどのネットワーク技術は、オブジェクトのローカル呼び出しとリモート呼び出しの違いを隠蔽するために、ネットワーク経由のオブジェクトとの通信に、ブロッキングを行ってRPCスタイルの対話を行います。プログラマーが最も単純なローカルのプログラミングモデルと同じように実装し、その中で必要に応じて透過的にリモート呼び出しを行えるようにするというのがこのスタイルの考え方です。

このような通信の方法は、サーバー間のポイントツーポイント接続では機能しますが、次節で説明するような大規模なネットワーク上の通信には適していません。Akkaではネットワークを介してアプリケーションをスケールアウトする場合に、RPCスタイルとは異なるアプローチを採用しています。このアプローチは透過的にリモート呼び出しを行うことができ、それでもブロッキングを行いません。リモートのノード同士が相対的な透過性を持ち、リモート呼び出しを行うためにアクターのコードを変更する必要はなく、表面上はローカル呼び出しと同じように見えます。

詳細な説明をする前に、ネットワークトポロジーの例とよく使う用語について説明します。すでにこの分野に精通している方は、この節は読み飛ばして6.2節へ進んでいただいてもかまいません。

6.1.1　ネットワークの一般的な用語

この章では、ノードという言葉はネットワークを介して通信する実行中のアプリケーションを意味します。ノードはネットワークトポロジー内の接続ポイントであり、分散システムの一部です。たくさんのノードが1台のサーバー上で動作しているかもしれませんし、それぞれ別のサーバーで動作しているかもしれません。**図6.1**にいくつかの一般的なネットワークトポロジーを示します。

ノードは分散システムにおいて特定のタスクを実行するために明確な責務を負います。ノードは、分散データベースの一部であったり、フロントエンドのWeb要求を満たす多くのWebサーバーの1つであったりします。

ノードは、特定のネットワーク転送プロトコルを使用して他のノードと通信します。転送プロトコルの例はTCP/IPやUDPです。ノード間のメッセージは転送プロトコルを介して送信され、ネットワーク固有のプロトコルデータユニットにエンコード・デコードされる必要があります。

140

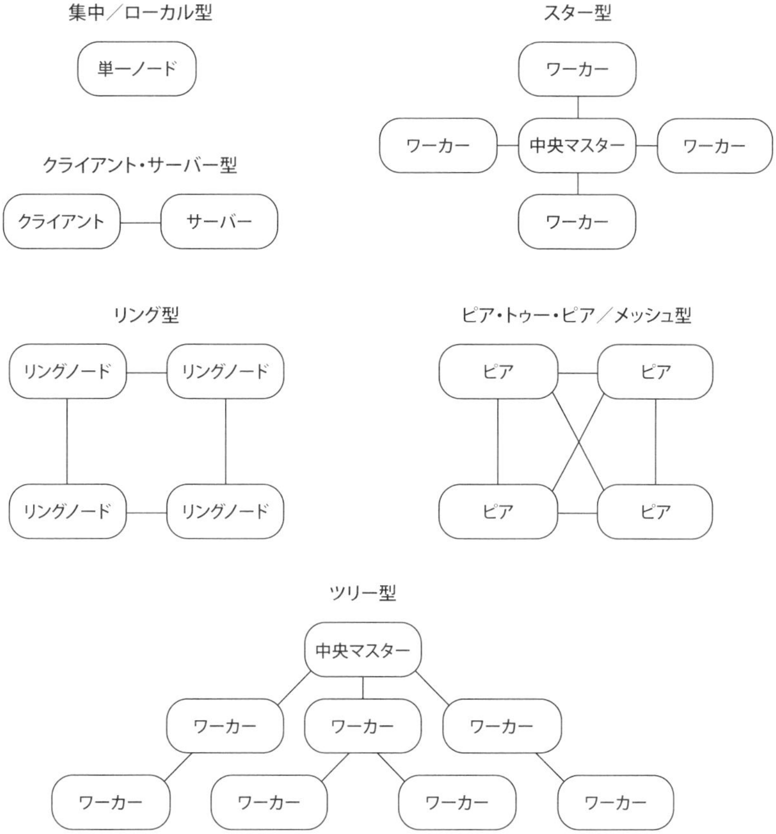

6.1 スケールアウト

集中／ローカル型

単一ノード

クライアント・サーバー型

クライアント ― サーバー

スター型

ワーカー

ワーカー ― 中央マスター ― ワーカー

ワーカー

リング型

リングノード ― リングノード

リングノード ― リングノード

ピア・トゥー・ピア／メッシュ型

ピア ― ピア

ピア ― ピア

ツリー型

中央マスター

ワーカー　ワーカー　ワーカー

ワーカー　ワーカー　ワーカー　ワーカー

● 図6.1　一般的なネットワークトポロジー

プロトコルデータユニットはメッセージに格納した表現をバイト配列として持ちます。メッセージはバイト配列と相互変換できる必要があり、これらをそれぞれシリアライゼーションとデシリアライゼーションと呼びます。Akkaはこのためにシリアライゼーションモジュールを提供していますが、この章では簡単に触れるだけにとどめておきます。

　複数のノードが同じ分散システムの一部である場合、それらのノードはグループメンバーシップを共有しています。このメンバーシップは、静的であることもあれば動的である（または両方の組み合わせ）こともあります。静的メンバーシップでは、ノードの数とそれぞれの役割は固定されており、ネットワークの有効期間中は変更できません。動的メンバーシップではノードが異なる役割を果たすことができ、ネットワークに参加したり離脱したりできます。

　この2つのうち、静的メンバーシップのほうが明らかに単純です。すべてのサーバーは、起動時に他のノードのネットワークアドレスへの参照を取得します。しかし静的メンバーシップを使う手法は、異なるネットワークアドレスで動作している別のノードに単純に置き換えることがで

141

第6章　Akkaによるはじめての分散アプリケーション

きないため、回復力という点では劣ります。

　動的メンバーシップはより柔軟で、必要に応じてノードのグループを拡大したり縮小したりできます。このため、ネットワーク内の障害ノードを対処し、自動的にそれらを置き換えることができますが、静的メンバーシップと比べるとかなり複雑です。動的メンバーシップではノードのネットワークアドレスが静的に決まらないため、グループへの動的参加と離脱、ネットワーク障害の検出と対処、ネットワーク内の到達不能なノードや障害ノードの識別、新しいノードがネットワーク上の既存グループを見つけるための検出メカニズムといったものを適切に提供する必要があります。

　この項では、ネットワークトポロジーと一般的な用語について簡単に紹介しました。次項では、Akkaがローカルシステムと分散システムの両方を構築するために分散プログラミングモデルを使用する理由について説明します。

6.1.2　分散プログラミングモデルを使う理由

　はじめは単一ノードで動作するノートパソコン上のローカルアプリケーションであったとしても、我々の最終的な目標は、そのアプリケーションを大量のノードにスケールさせることです。前項で説明した分散トポロジーへとステップを進めると何が変わるのでしょうか？　すべてのノードが1つの「仮想ノード」上で実行されるかのように事実を抽象化し、何か賢明なツールが細かいことをすべて行い、ノートパソコン上で実行するコードを変更しないで済むようにはできないものでしょうか？　一言でいうと答えは「NO」です[1]。ローカル環境と分散環境の違いを簡単に抽象化することはできません。しかし、幸いなことにこの言葉をそのまま受け取る必要はありません。ACMの電子ライブラリにある『A Note on Distributed Computing（分散コンピューティングに関する研究メモ）』という論文[2]によれば、ローカルプログラミングと分散プログラミングの違いとして無視できない4つの重要な領域があります。それは、レイテンシー、メモリーアクセス、部分障害、並行処理です。4つの領域の違いを以下に簡単にまとめました。

- **レイテンシー**── 通信対象との間にネットワークがあるということはメッセージの到達にそれだけ時間がかかるということです。L1キャッシュを参照するのにおよそ0.5ナノ秒、メインメモリーからの読み込みに100ナノ秒、オランダからカリフォルニアへのパケット送信は約150ミリ秒かかり、さらに再送信パケット、断続的接続などによる遅延が発生します。
- **部分障害**── システムの一部が、常に観測可能ではなく、見えなくなったり現れたりしている場合は、分散システムのすべての部分がまだ機能しているかどうかを知ることが困難です。
- **メモリーアクセス**── ローカルシステムのメモリー内のオブジェクトへの参照はほぼ失敗しま

---

[1] この手のアイデアを商売とするソフトウェアの販売業者はきっと同意しないでしょう。

[2] Jim Waldo, Geoff Wyant, Ann Wollrath, and Sam Kendall, Sun Microsystems, Inc., 1994.
http://dl.acm.org/citation.cfm?id=974938

せんが、分散構成のオブジェクトへの参照を取得する場合は失敗することがあります。

- **並行性** —— すべてのものを所有するただ１つのオーナーがいるわけではないので、複数のノードにより行われる順序を前提とした操作は失敗することがあります。

このため、分散環境でローカルプログラミングモデルを用いるとスケールすることが難しくなります。Akkaでは、これとは逆に分散環境とローカル環境の両方で分散プログラミングモデルを用います。前述のACM論文では、このような方式を採ることは、分散プログラミングを簡潔にする可能性がある一方、ローカルプログラミングを不必要に分散プログラミングと同じくらい難しくする可能性もあると述べています。

しかし、それから約20年経過して、たくさんのCPUコアに対処しなければならない時代になりました。タスクが増えたら増えた分だけクラウドに分散することが可能になりました。前の章で見たように、ローカルシステムを分散プログラミングモデルで実装することは並行プログラミングを簡略化するという利点があります。我々は、すでに非同期の相互作用や、部分障害の予測（ないしは許容）に慣れていて、並行性のためにシェアード・ナッシングアプローチを採用しています。つまり、たくさんのCPUコアに対してのプログラミングと分散環境に対応しています。

これから、ローカルアプリケーションと分散アプリケーションの両方のための堅固な基盤を構築するという今日の課題に対して、ここで述べた選択が適しているということを示していきます。Akkaは、非同期プログラミング用のシンプルなAPIと、アプリケーションをローカルおよびリモートでテストするために必要なツールを提供します。次節では、第2章で構築したGoTicks.comアプリケーションをスケールアウトする方法を見ていきます。

6.2 リモート処理によるスケーリング

まずはスケールアウトの説明のため、第2章で使ったシンプルなGoTicks.comアプリケーションを使用します。次項では、アプリケーションを複数のノードで動作するように変更します。GoTicks.comアプリケーションは単純化しすぎた例ですが、スケーリングの調整を何もしていないアプリケーションにどのような変更を加える必要があるのかを知るのには十分でしょう。

ローカル環境から分散環境への道のりとして、クライアント・サーバーのネットワークトポロジーを用いるのが最も簡単なので、2つのノード間の静的メンバーシップを定義してみましょう。ここでの2つのノードの役割は、フロントエンドとバックエンドです。RESTインターフェイスはフロントエンドノード上で動作します。`BoxOffice`とすべての`TicketSeller`は、バックエンドノード上で動作します。両方のノードには、互いのネットワークアドレスへの静的な参照を持ちます。**図6.2**にこれから行う変更を示します。

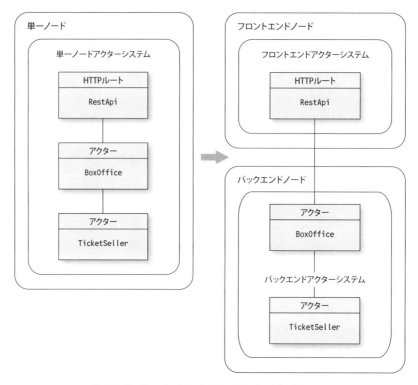

● 図6.2　単一ノードからクライアント・サーバーへ

　この変更を行うためにakka-remoteモジュールを使用します。このアプリケーションのローカルバージョンでは、新しいEventsが作成されたときにBoxOfficeアクターがTicketSellerアクターを生成しました。クライアントとサーバーのトポロジーでも、同じことを行う必要があります。ご覧のとおり、akka-remoteモジュールを使用すると、アクターをリモートで生成してデプロイできます。フロントエンドは既知のアドレスを使用してバックエンドのBoxOfficeアクターを参照し、BoxOfficeアクターがTicketSellerを生成します。では、フロントエンドがバックエンドノード上のBoxOfficeアクターをリモートでデプロイするパターンも見ていきます。

　次項では、手を動かしてリモート部分を作っていきます。まず、sbtビルドファイルの変更を確認し、それからソースコードへの変更を見てみましょう。

6.2.1　GoTicks.comアプリケーションの分散化

　akka-in-actionディレクトリのchapter-remotingフォルダには、第2章の例の修正バージョンが含まれています。第2章のサンプルの最初のほうにここで説明する変更を加えることで内容を理解できるでしょう。まず、akka-remoteとakka-multinode-testkitへの依存関係をsbtビルドファイルに追加します（**リスト6.1**）。

6.2 リモート処理によるスケーリング

> **リスト6.1** 分散型GoTicksのビルドファイルの変更

akka-remoteモジュールへの依存

```
"com.typesafe.akka" %% "akka-remote"              % akkaVersion,
"com.typesafe.akka" %% "akka-multi-node-testkit" % akkaVersion % "test",
```

分散アクターシステムをテストするための
マルチノードテストキットへの依存

　sbtを起動するとこれらの依存ライブラリが自動的に取り込まれます。また、**sbt update**を実行して依存ライブラリを明示的に取り込むこともできます。ライブラリの依存関係を修正して準備が整ったので、フロントエンドとバックエンドを接続するために必要な変更を見てみましょう。フロントエンドとバックエンドのアクターは、次項で説明するコラボレーターへの参照を取得する必要があります。

6.2.2 リモートREPLの実行

　Akkaには、リモートノードのアクターへの参照を取得する方法が2つあります。1つは、パスによってアクターを検索する方法で、もう1つは、生成したアクターの参照を、リモートにデプロイするという方法です。前者から始めていきましょう。

　REPLコンソールは、新しいScalaクラスを手っ取り早く試すのに非常に便利なインタラクティブツールです。**sbt**コンソールを使用して、2つのREPLセッションで2つのアクターシステムを稼働させましょう。1つ目のセッションにはバックエンドアクターシステムが含まれ、2つ目のセッションにはフロントエンドアクターシステムが含まれます。バックエンドセッションを作成するには、**sbt**コンソールを使用して、**chapter-remoting**フォルダでターミナルを開始します。リモート処理を有効にする必要があるため、最初にいくつかの設定を行います。通常、**src/main/resources**フォルダ内の**application.conf**にこの設定を行いますが、REPLセッションの場合は**String**から読み込むこともできます。**リスト6.2**では、設定のためにREPLの**:paste**コマンドを使っています。

> **リスト6.2** リモート処理をロードするためのREPLコマンド

```
scala> :paste
// Entering paste mode (ctrl-D to finish)

val conf = """
akka {
  actor {
    provider = "akka.remote.RemoteActorRefProvider"
  }
  remote {
    enabled-transports = ["akka.remote.netty.tcp"]
    netty.tcp {
      hostname = "0.0.0.0"
```

リモートのブートストラップを行う
ために、リモートのActorRefプロ
バイダーを選択する

リモート用の設定セクション

TCPトランスポートを有効にする

TCPトランスポート、ホスト、およびポートをリッスンするための設定

145

第6章 Akkaによるはじめての分散アプリケーション

```
        port = 2551
      }
    }
  }
"""

// Exiting paste mode, now interpreting.    ◀─── pasteコマンドを終了するには、[Ctrl] + [D] を押下する
...

scala>
```

この設定文字列を `ActorSystem` にロードします。特に注意すべきなのは、リモートの設定として `akka-remote` モジュールをブートストラップする `ActorRefProvider` を指定していることです。名前が示すように、これがコードの中の `ActorRef` をリモートアクターのものにします。**リスト6.3** は、最初に必要な `config` パッケージと `actor` パッケージをインポートし、次に `config` をアクターシステムにロードします。

> **リスト6.3** リモートの設定

```
scala> import com.typesafe.config._
import com.typesafe.config._

scala> import akka.actor._
import akka.actor._

scala> val config = ConfigFactory.parseString(conf)    ◀─── Stringを解析してConfig
config: com.typesafe.config.Config = ....                   オブジェクトにする

scala> val backend = ActorSystem("backend", config)    ◀─── 解析したConfigオブジェクトを使
[Remoting] Starting remoting                                用してActorSystemを作成する
.....
[Remoting] Remoting now listens on addresses:
[akka.tcp://backend@0.0.0.0:2551]
backend: akka.actor.ActorSystem = akka://backend
```

コンソールに入力することで、REPLからリモートに対応した `ActorSystem` が開始します。簡単ですね！ 見方にもよりますが、ブートストラップしてサーバーを起動するまでたった5行のコードでした。

リモート処理を可能にする `Config` オブジェクトによってバックエンドの `ActorSystem` が作成されます。Akkaにパッケージされているデフォルトの `application.conf` はリモート処理をブートストラップしないため、`ActorSystem` に `config` を渡すのを忘れた場合は起動した `ActorSystem` でリモート処理が有効になりません。`Remoting` モジュールは、すべてのインターフェイス（0.0.0.0）の2551ポートでバックエンドのアクターシステムを待ち受けます。コンソールに

受け取ったものを表示するだけのシンプルなアクターを追加して、すべてが機能することを確認しましょう。

リスト6.4 受信したメッセージを出力するバックエンドを作成して起動

```
scala> :paste
// Entering paste mode (ctrl-D to finish)

class Simple extends Actor {
  def receive = {
    case m => println(s"received $m!")
  }
}

// Exiting paste mode, now interpreting.
defined class Simple

scala> backend.actorOf(Props[Simple], "simple")
res0: akka.actor.ActorRef = Actor[akka://backend/user/simple#485913869]
```

> バックエンドアクターシステムに「simple」という名前を持つSimpleアクターを作成する

これで、Simpleアクターがバックエンドアクターシステムで実行されます。Simpleアクターが「simple」という名前で作成されることに注意してください。名前があることによってネットワーク上のアクターシステムに接続したときに、この名前で見つけることができます。別のターミナルでsbtコンソールを起動し、フロントエンド、すなわちリモート操作が可能なアクターシステムを作成しましょう。異なるTCPポート上で動作するようにするという点を除いて、以前と同じコマンドを使用します。

リスト6.5 フロントエンドアクターシステムの作成

```
scala> :paste
// Entering paste mode (ctrl-D to finish)

val conf = """
akka {
  actor {
    provider = "akka.remote.RemoteActorRefProvider"
  }
  remote {
    enabled-transports = ["akka.remote.netty.tcp"]
    netty.tcp {
      hostname = "0.0.0.0"
      port = 2552
    }
  }
}
"""
```

> バックエンドとは異なるポートでフロントエンドを実行するため、2つとも同じマシン上で実行できる

```
import com.typesafe.config._

import akka.actor._

val config = ConfigFactory.parseString(conf)

val frontend= ActorSystem("frontend", config)
// Exiting paste mode, now interpreting.

...
[INFO] ... Remoting now listens on addresses:
    [akka.tcp://frontend@0.0.0.0:2552]
...
frontend: akka.actor.ActorSystem = akka://frontend

scala>
```

　設定はフロントエンドのアクターシステムにロードされます。これでフロントエンドのアクターシステムも起動し、リモート処理が開始します。フロントエンド側からバックエンドアクターシステム上のSimpleアクターへの参照を取得しましょう。まず、アクターのパスを組み立てます。**図6.3**はこのパスの構成になります。

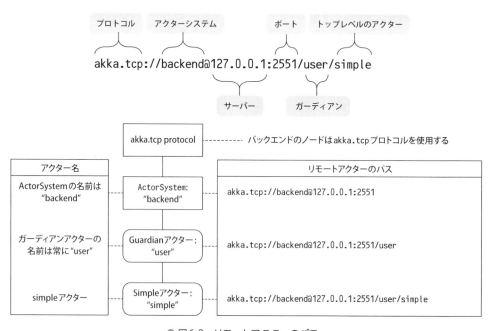

● 図6.3　リモートアクターのパス

パスを文字列として組み立て、フロントエンドのアクターシステムからactorSelectionメソッドを使って検索できます（**リスト6.6**）。

リスト6.6　actorSelectionの使用

```scala
scala> :paste
// Entering paste mode (ctrl-D to finish)
val path = "akka.tcp://backend@0.0.0.0:2551/user/simple"    ← リモートのSimpleアクターへのパス
val simple = frontend.actorSelection(path)    ← ActorSelectionでアクターを選択する
// Exiting paste mode, now interpreting.
path: String = akka.tcp://backend@0.0.0.0:2551/user/simple
simple: akka.actor.ActorSelection = ActorSelection[
  Anchor(akka.tcp://backend@0.0.0.0:2551/), Path(/user/simple)]
```

actorSelectionメソッドは、アクターの階層構造に対するクエリーとして考えてください。ここでのクエリーはリモートアクターへの正確なパスです。ActorSelectionは、actorSelectionメソッドを使用してアクターシステムで見つかったすべてのアクターを表すオブジェクトです。ActorSelectionを使用すると、クエリーに一致するすべてのアクターにメッセージを送信できます。つまり、Simpleアクターの正確なActorRefを使わなくても、ActorSelectionがSimpleアクターにメッセージを送信してくれます。バックエンドのアクターシステムはすでに他のコンソールで実行しているので、次のようなことができるはずです。

```scala
scala> simple ! "Hello Remote World!"

scala>
```

バックエンドのアクターシステムを起動したターミナルに切り替えると、次のようなメッセージが表示されます。

```scala
scala> received Hello Remote World!!
```

REPLコンソールの出力は、メッセージがフロントエンドからバックエンドに送信されたことを表しています。REPLコンソールを使って対話的にリモート処理システムの振る舞いを確認できるのは、非常に便利なので、他の章でもこれを使用します。

　この振る舞いの裏側では、"Hello Remote World！"メッセージをシリアライズし、TCPソケットに送信してから、リモート処理モジュールがメッセージを受信し、デシリアライズを行い、バックエンドで実行されているSimpleアクターに転送しています。

第6章　Akkaによるはじめての分散アプリケーション

> **※ 注意！**
>
> Javaのシリアライゼーションは今回のREPLサンプルでは簡単に利用できますが、実際の分散アプリケーションでは使用しないでください。Javaのシリアライゼーションはスキーマの進化をサポートしていないので、マイナーなコードの変更により、システムの通信が停止する可能性があります。また、他のオプションと比べて遅く、オブジェクトが信頼されていないソースからデシリアライズされると、さまざまなセキュリティ上の問題があることがわかっています。Javaのシリアライゼーションを使用している場合、Akkaは警告をログに出力します。

シリアライゼーションのために特別なコードを書いていないことに気づいたかもしれませんが、なぜこれが動作するのでしょうか？　これは、単純な`String`（`"Hello Remote World！"`）を送信したためです。Akkaは、通信ケーブルを介して送信する必要のあるメッセージに対してデフォルトでJavaのシリアライゼーションを使用しますが、他のシリアライザーや独自のシリアライザーも利用できます。これは、第15章で扱うトピックです。Akkaリモートメッセージプロトコルには、受信側のリモートモジュールがペイロードをデシリアライズするときに利用するシリアライザーの名前を含むフィールドがあります。メッセージを表現するために使用するクラスは、`Serializable`である必要があり、両側のクラスパスで使用可能である必要があります。幸いなことに、標準のケースクラスとケースオブジェクトは、デフォルトでシリアライズ可能[※3]であり、GoTicks.comアプリケーションのメッセージはこれらを使用しています。

リモートアクターを探してREPLでメッセージを送信する方法を見てきたので、次項はGoTicks.comアプリケーションでどのように適用できるかを見ていきましょう。

6.2.3　リモート参照

`RestApi`アクター内で直接`BoxOffice`アクターを生成するのではなく、バックエンドノードを参照するようにしましょう。**図6.4**はこれから行うことを示しています。

古いバージョンのコードでは、`RestApi`は`BoxOffice`を直接の子アクターとして生成していました。

```
val boxOffice = context.actorOf(Props[BoxOffice], "boxOffice")
```

この呼び出しでは`boxOffice`は`RestApi`の直接の子アクターとなります。この章では、アプリケーションをもう少し柔軟に、単一ノードでもクライアントサーバーとしても起動できるようにするために、いくつかの`Main`オブジェクトを用意して、それぞれ異なるモードで起動できるようにします。どの`Main`クラスも少しずつ異なる方法で`BoxOffice`を生成または参照をしています。ここでは、第2章で使ったコードを少しリファクタリングすることにより、異なるシナリオでアプリケーションを起動しやすくしています。これらは、`RestApi`に必要な修正も含めて**リスト6.7**に

※3　`Serializable`はマーカーインターフェイスであり、何も保証はしません。非標準のオブジェクトを生成する場合、正しく動作するかどうかを確認しなければいけません。

6.2 リモート処理によるスケーリング

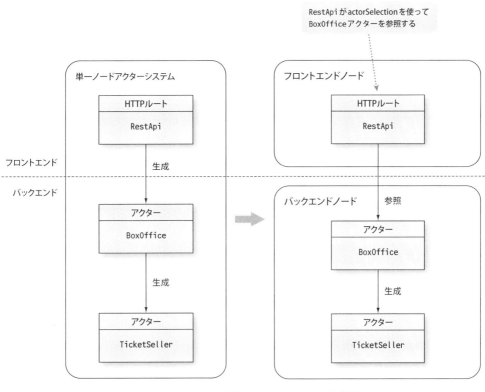

● 図6.4　BoxOfficeアクターのリモート参照

示します。

今回作成するSingleNodeMain、FrontendMainおよびBackendMainでは、アプリケーションを単一ノードモードで起動することもフロントエンドとバックエンドに分けて起動することもできます。次の3つのメインクラスのコードスニペットは興味深く感じると思います。

リスト6.7　中核となるアクターのハイライト

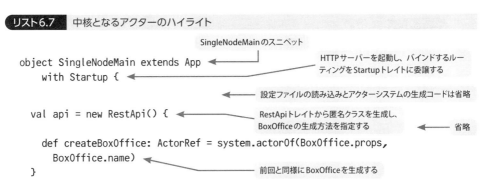

第6章　Akkaによるはじめての分散アプリケーション

```
    startup(api.routes)
}
object FrontendMain extends App        ←──── FrontendMain のスニペット
    with Startup {                     ←──── HTTPサーバーを起動し、バインドする
                                              ルーティングをStartupトレイトに委譲する

                                       ←──── 設定ファイルの読み込みとアクターシステムの生成コードは省略

  val api = new RestApi() {
                                       ←──── 設定ファイルの読み込みとアクターシステムの生成コードは省略

    def createPath(): String =
                                       ←──── リモートアクターへのパスの生成コードは省略

    def createBoxOffice: ActorRef = {
      val path = createPath()
      system.actorOf(Props(new RemoteLookupProxy(path)), "lookupBoxOffice") ←──┐
    }                                                                           │
  }                                    リモートノード上のBoxOfficeを参照する ─────┘


    startup(api.routes)
}
                                       ←──── BackendMain のスニペット
object BackendMain extends App with RequestTimeout {
                                       ←──── 設定ファイルの読み込みとアクターシステムの生成コードは省略

  system.actorOf(BoxOffice.props, BoxOffice.name) ←──┐
}                                                       │
        RestApiトレイトから匿名クラスを生成し、    バックエンドにトップレベルの
        BoxOfficeの生成方法を指定する           boxOfficeアクターを生成する
```

　すべてのメインクラスは、それぞれ固有の設定ファイルを読み込みます。**SingleNodeMain**は singlenode.confを、**FrontendMain**はfrontend.confを、そして**BackendMain**はbackend.conf を読み込みます。singlenode.confは第2章のapplication.confと同様です。backend.confに は先ほどのREPLの例でも見たとおり、リモート用の設定およびログ設定が必要です。**リスト6.8** にbackend.confの内容を示します。

リスト6.8　バックエンドの設定を記述した backend.conf

```
akka {
  loglevel = DEBUG
    stdout-loglevel = WARNING
    event-handlers = ["akka.event.slf4j.Slf4jLogger"]

  actor {
    provider = "akka.remote.RemoteActorRefProvider"
  }
  remote {
    enabled-transports = ["akka.remote.netty.tcp"]
```

```
      netty.tcp {
        hostname = "0.0.0.0"
        port = 2551
      }
    }
  }
```

ロギング設定の詳細については、第7章「設定とロギングとデプロイ」を参照してください。

frontend.confはsinglenode.confとbackend.confの設定を合わせ、加えてBoxOfficeアクターを参照するための設定セクションが含まれています。RemoteBoxOfficeCreatorがこれらの追加設定情報を読み込みます（**リスト6.9**）。

リスト6.9 フロントエンドの設定を記述したfrontend.conf

```
akka {
  loglevel = DEBUG
  stdout-loglevel = DEBUG
  loggers = ["akka.event.slf4j.Slf4jLogger"]

  actor {
    provider = "akka.remote.RemoteActorRefProvider"
  }

  remote {
    enabled-transports = ["akka.remote.netty.tcp"]
    netty.tcp {
      hostname = "0.0.0.0"
      port = 2552
    }
  }

  http {
    server {
      server-header = "GoTicks.com REST API"
    }
  }
}

http {
  host = "0.0.0.0"
  host = ${?HOST}
  port = 5000
  port = ${?PORT}
}

backend {
  host = "0.0.0.0"
  port = 2551
```

第6章　Akkaによるはじめての分散アプリケーション

```
    protocol = "akka.tcp"
    system = "backend"
    actor = "user/boxOffice"
}
```

フロントエンドには、リモートのBoxOfficeに接続するためのバックエンドに関する設定が新たに必要となります。REPLコンソールでリモートアクターを取得するには、ActorSelectionを使うとよいでしょう。試しにメッセージを送ってみて、バックエンドが存在することを確認してみてください。

今回は単一ノード版と同じく、ActorRefを使用します。RemoteLookupProxyという新しいアクターを生成しますが、これはリモート上のBoxOfficeを参照しメッセージを転送する責務を持ちます。FrontendMainオブジェクトが、RemoteLookupProxyアクターを作ってBoxOfficeを参照します。

リスト6.10 リモートのBoxOfficeを参照

```
def createPath(): String = {                        ← BoxOfficeへのパスを作成する
  val config = ConfigFactory.load("frontend").getConfig("backend") ←
  val host = config.getString("host")
  val port = config.getInt("port")                  frontend.conf設定ファイルを読
  val protocol = config.getString("protocol")       み込み、backend設定セクションの
  val systemName = config.getString("system")       プロパティを使ってパスを構築する
  val actorName = config.getString("actor")
  s"$protocol://$systemName@$host:$port/$actorName"
}

def createBoxOffice: ActorRef = {
  val path = createPath()
  system.actorOf(Props(new RemoteLookupProxy(path)), "lookupBoxOffice")
}            ←    BoxOfficeアクターを参照するActorを返す。Actorにはリモート
                  のBoxOfficeへのパスをコンストラクターの引数として渡す
```

FrontendMainはboxOfficeを参照するために別途RemoteLookupProxyを生成しています。Akkaの古いバージョンでは、リモートアクターに対するActorRefをactorForメソッドで直接取得できました。しかしこのメソッドは、返却されるActorRefがローカルから取得したActorRefと（たとえば、アクターが停止したときなどに）異なる振る舞いをするという理由から非推奨となっています。

actorForで得られたActorRefは新しく生成されたリモートアクターを指す可能性がありますが、ローカル環境ではそれは決して起こりえません。このような場合においては、ローカルアクターと同じようにリモートアクターの終了を監視することはできません。これもこのメソッドが非

154

推奨となった理由の1つです。

ここでRemoteLookupProxyを用いる理由として、以下のものが挙げられます。

- バックエンドのアクターシステムはまだ起動が終わっていないかもしれない。あるいは障害で停止していたり、再起動しているかもしれない
- BoxOfficeアクター自体も障害により停止または再起動しているかもしれない
- フロントエンド側が起動直後に参照を得ることができるので、フロントエンドが起動する前にバックエンドノードが起動しているのが理想的

これらの問題については、RemoteLookupProxyアクターを使うとうまく対処してくれます。**図6.5**は、RemoteLookupProxyがどのようにしてRestApiとBoxOfficeの仲介してくれるかを示しています。プロキシはRestApiのために透過的にメッセージを転送します。

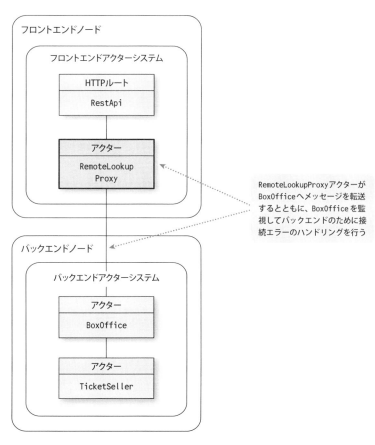

● 図6.5 RemoteLookupProxyアクター

第6章　Akkaによるはじめての分散アプリケーション

RemoteLookupProxyアクターは、identifyとactiveという2つの状態だけを持つ状態マシンです（**リスト6.11**）。受信メソッドをidentifyまたはactiveに切り替えるためにbecomeメソッドを使います。RemoteLookupProxyはidentify状態のときには、BoxOfficeを参照する有効なActorRefを持っていないので、取得を試みます。active状態のときにはBoxOfficeを参照するActorRefに送られてきたすべてのメッセージを転送します。RemoteLookupProxyがBoxOfficeが終了したことを検出した場合、しばらくの間メッセージ受信しなければ、もう一度有効なActorRefの取得を試みます。このときは、リモートのDeathWatchを使用します。目新しく感じるかもしれませんが、APIの使用法の観点からは、通常のアクターの監視と変わりありません。

リスト6.11 リモート参照

```scala
import scala.concurrent.duration._

class RemoteLookupProxy(path:String) extends Actor with ActorLogging {
  context.setReceiveTimeout(3 seconds)          // 3秒間メッセージを受信しないと
                                                 //   ReceiveTimeoutメッセージを送信する
  sendIdentifyRequest()                          // すぐにアクターの識別の要求を始める

  def sendIdentifyRequest(): Unit = {
    val selection = context.actorSelection(path)  // アクターをパスで選択する
    selection ! Identify(path)                    // IdentifyメッセージをactorSelectionに送信する
  }
                                                  // アクターは、最初はidentify状態にある
  def receive = identify

                                                  // アクターを認識するとそのアクターのActorRefを返す
  def identify: Receive = {
    case ActorIdentity(`path`, Some(actor)) =>
      context.setReceiveTimeout(Duration.Undefined)  // active状態になるため、アクターがメッセージを受信しないときのReceiveTimeoutはもう送信しない
      log.info("switching to active state")
      context.become(active(actor))               // active状態に変更する
      context.watch(actor)                        // リモートアクターの終了を監視する

                                                  // バックエンドは到達不能か未起動のため、アクターは（まだ）利用できない
    case ActorIdentity(`path`, None) =>
      log.error(s"Remote actor with path $path is not available.")

    case ReceiveTimeout =>
      sendIdentifyRequest()                       // メッセージを受信しなかった場合、リモートアクターの識別を試行し続ける

    case msg:Any =>
      log.error(s"Ignoring message $msg, not ready yet.")  // identify状態ではメッセージは送信されない
  }

  def active(actor: ActorRef): Receive = {        // active状態
    case Terminated(actorRef) =>
      log.info("Actor $actorRef terminated.")     // リモートアクターが終了した場合、RemoteLookupProxyアクターはその振る舞いをidentify状態に変更する必要がある
      context.become(identify)
      log.info("switching to identify state")
```

156

```
        context.setReceiveTimeout(3 seconds)
        sendIdentifyRequest()

      case msg: Any => actor forward msg  ←――  リモートアクターがactive状態のとき
    }                                           に他のすべてのメッセージを転送する
  }
}
```

　ご覧のとおり、第4章で説明した監視APIは、ローカルアクターとリモートアクターでまった
く同じです。ActorRefを監視するだけで、それがリモートかローカルかにかかわらず、アクター
に監視対象のアクターの終了が通知されるようになります。Akkaは洗練されたプロトコルを
使用して、ノードが到達不能であることを統計的に検出します（第14章で詳しく説明します）。
BoxOfficeを参照するActorRefは、ActorSelectionに送信する特殊なIdentifyメッセージを
使って取得します。バックエンドのActorSystemのリモートモジュールはcorrelationIdとリ
モートアクターへの参照を表すActorRefをオプションで含むActorIdentityメッセージで応答
します。ActorIdentityのパターンマッチでは、変数pathをバッククォートで囲みます。これは、
ActorIdentifyのcorrelationIdがpathの値と等しくなければならないことを意味します。こ
のバッククォートを忘れると、メッセージのcorrelationIdの値を含む新しい変数pathを定義す
ることになります。

　以上が、GoTicks.comアプリケーションに対する、単一ノードからフロントエンドとバックエ
ンドノードに移行するために必要な変更点です。通信をリモートで行うことができるということ
に加えて、フロントエンドとバックエンドは個別に起動でき、フロントエンドはBoxOfficeを参
照し、それが利用可能なときに通信し、そうでないときには対策を打つことができます。

　最後に、FrontendMainとBackendMainクラスを実行してみましょう。2つのターミナルを起動
し、sbt runを使ってプロジェクトのMainクラスを実行します。ターミナルで次の出力が表示さ
れるでしょう。

```
[info] ...
[info] ...（sbtのメッセージ）
[info] ...

Multiple main classes detected, select one to run:

[1] com.goticks.SingleNodeMain
[2] com.goticks.FrontendMain
[3] com.goticks.BackendMain

Enter number:
```

　2つのうち一方のターミナルではFrontendMainを、もう一方のターミナルではBackendMain
を選択してください。BackendMainを実行するsbtプロセスを強制終了して再起動するとどうな

第6章　Akkaによるはじめての分散アプリケーション

るか見てみましょう。アプリケーションは以前と同じ httpie コマンドで動作するかどうかをテストできます。たとえば、10枚のチケットでイベントを作成するには http POST localhost:5000/events/RHCP tickets:=10、イベントへのチケットを取得するには http GET localhost:5000/events/RHCP です。バックエンドプロセスを強制終了して再度起動すると、RemoteLookupProxy クラスが active から identify に切り替わってから元に戻ることがコンソールの出力からわかります。Akkaが、他のノードへのリモート接続に関するエラーを報告していることにも気がつくでしょう。これらのリモートライフサイクルイベントのロギングに興味がない場合は、リモート設定セクションに以下を追加してログ出力を off に切り替えることができます。

```
remote {
  log-remote-lifecycle-events = off
}
```

リモートライフサイクルイベントは、デフォルトでログに出力するようになっています。これにより、リモートモジュールを使い始めたときに問題を見つけやすくなります。たとえば、アクターのパス構文を少し間違えた場合などです。第10章のチャネルに関する節で説明するアクターシステムの EventStream を使用して、リモートライフサイクルイベントをサブスクライブできます。リモートアクターはあらゆるローカルアクターと同じように監視されるので、接続管理のためにこれらのイベントに個別に対処する必要はありません。

どのような変更があったのかを確認しておきましょう。

- バックエンドの BoxOffice を参照する FrontendMain オブジェクトを追加
- FrontendMain オブジェクトは、RestApi と BoxOffice の間に RemoteLookupProxy アクターを追加。このプロキシが受け取ったすべてのメッセージを BoxOffice に転送。また、BoxOffice を参照する ActorRef を特定し、それを遠隔監視する

本項の冒頭で述べたように、Akkaにはリモートアクターの ActorRef を取得する方法が2つあります。次項では、2つ目のオプションであるリモートデプロイを見ていきます。

6.2.4　リモートデプロイ

リモートデプロイは、プログラムから行うことも設定ファイルを通じて行うこともできます。推奨される方法は設定ファイルを通じたデプロイです。この方法を推奨する理由は、アプリケーションを再ビルドすることなくクラスター設定を変更できるためです。標準の SingleNodeMain オブジェクトが boxOffice をトップレベルのアクターとして生成します。

```
val boxOffice = system.actorOf(Props[BoxOffice],"boxOffice")
```

158

このアクターへのローカルパスは/boxOfficeで、userというガーディアンアクターのパスは省略します。設定済みのリモートデプロイを使用するときにやらなければならないことは、/boxOfficeというパスを使用してアクターを生成するときに、そのアクターをローカルではなくリモートで生成することをフロントエンドのアクターシステムに知らせておくことだけです。**リスト6.12**の中で設定の一部がこの通知を行っています。

リスト6.12 RemoteActorRefProviderの構成

```
actor {
  provider = "akka.remote.RemoteActorRefProvider"

  deployment {
    /boxOffice {          ←──── このパスを持つアクターは、リモートでデプロイされる
      remote = "akka.tcp://backend@0.0.0.0:2552"  ←──
    }                          アクターをデプロイするリモートアドレス。IPアドレスまた
  }                           はホスト名は、リモートバックエンドアクターシステムがリッ
}                            スンしているインターフェイスと正確に一致する必要がある
```

リモートデプロイもプログラムから行うことができるので、紹介しておきます。ほとんどの場合、(プロパティを使用した) 設定の仕組みを介してアクターのリモートデプロイの設定を行うほうがよいのですが、たとえば、CNAMEで別のノードを参照している場合 (これ自体も設定可能) は、コードの中で設定したいと思うかもしれません。akka-clusterモジュールを使用する場合、動的メンバーシップをサポートするために特別に構築されているため、一貫して動的なリモートデプロイを行うほうが理にかなっています。プログラムによるリモートデプロイの例を**リスト6.13**に示します。

リスト6.13 プログラムによるリモートデプロイ設定

```
val uri = "akka.tcp://backend@0.0.0.0:2552"
val backendAddress = AddressFromURIString(uri)  ←──── URIからバックエンドのアドレスを作成する

val props = Props[BoxOffice].withDeploy(
  Deploy(scope = RemoteScope(backendAddress))  ←──── リモートデプロイのスコープでPropsを作成する
)

context.actorOf(props, "boxOffice")
```

上記のコードはBoxOfficeをリモートで生成してバックエンドにデプロイします。Propsという設定オブジェクトが、デプロイのためのリモートスコープを指定します。

リモートデプロイでは、AkkaがBoxOfficeアクターの実際のクラスファイルをなんらかの方法でリモートアクターシステムに自動的にデプロイする必要がないという点が重要です。これが動作するためには、リモートアクターシステム上にすでにBoxOfficeのコードが存在していて、

第6章　Akkaによるはじめての分散アプリケーション

リモートアクターシステムが稼働している必要があります。リモートのバックエンドアクターシ
ステムが障害により停止して再起動すると、ActorRefは自動的に新しいリモートアクターのイン
スタンスを参照しません。アクターはリモートからデプロイされるので、バックエンドのアクター
システムでは、BackendMainで行ったようにリモートのアクターを開始できません。このため、
いくつかの変更が行われなければなりません。バックエンド（BackendRemoteDeployMain）とフ
ロントエンド（FrontendRemoteDeployMain）を起動するための新しいMainクラスから見ていき
ましょう（**リスト6.14**）。

リスト6.14　バックエンドとフロントエンドを開始するための主なオブジェクト

```scala
// バックエンドノードを開始するMainクラス
object BackendRemoteDeployMain extends App {
  val config = ConfigFactory.load("backend")
  val system = ActorSystem("backend", config)   ◀─── boxOfficeアクターはここでは生成しない
}

object FrontendRemoteDeployMain extends App   ◀─── フロントエンドノードを開始するMainクラス
    with Startup {
  val config = ConfigFactory.load("frontend-remote-deploy")
  implicit val system = ActorSystem("frontend", config)

  val api = new RestApi() {
    implicit val requestTimeout = configuredRequestTimeout(config)
    implicit def executionContext = system.dispatcher

  def createBoxOffice: ActorRef =   ◀─── 設定を使ってboxOfficeアクターを自動的に生成する
    system.actorOf(
      BoxOffice.props,
      BoxOffice.name
    )
  }

  startup(api.routes)
}
```

　以前行ったように、2つのターミナルでこれらのMainクラスを実行し、httpieを使っていくつ
かのイベントを作成すると、フロントエンドのアクターシステムのコンソールに次のようなメッ
セージが表示されます。

```
// 非常に長いメッセージなので、数行に収まるように調整
INFO 〔frontend-remote〕: Received new event Event(RHCP,10), sending to
Actor〔akka.tcp://backend@0.0.0.0:2552/remote/akka.tcp/
      frontend@0.0.0.0:2551/user/boxOffice#-1230704641〕
```

160

この出力から、フロントエンドのアクターシステムがリモートデプロイされた`boxOffice`に対して、実際にメッセージを送信していることがわかります。アクターのパスは予測していたものと違うかもしれません。このパスはアクターがどこからデプロイされたのかを表しています。バックエンドのアクターシステムをリッスンするリモートデーモンは、この情報を使用してフロントエンドのアクターシステムと通信します。

ここまではうまくいきましたが、このアプローチには1つの問題があります。フロントエンドがリモートアクターをデプロイしようとしたときにバックエンドのアクターシステムが起動していないと、デプロイが失敗することは明らかですが、それでも`ActorRef`が生成されてしまうことです。バックエンドのアクターシステムがあとで開始したとしても、ここで生成した`ActorRef`は機能しません。前回の失敗例では、アクターが再生成された後、再生成されたアクターを参照するように実装されていましたが、今回はそのようにはなっていないので、これは正しい振る舞いです。

リモートバックエンドが障害により停止したり、リモートの`boxOffice`アクターが停止したときに対処するためには、いくつかの変更を加える必要があります。以前と同じように`boxOffice` `ActorRef`を監視して、障害で停止したとき、やらなければならないことがあります。ここでは、`RestApi`が`boxOffice`への参照を直接持っているので、`RemoteLookupProxy`アクターと同じ役割を果たす中間のアクターを置く必要があります。この中間のアクターを`RemoteBoxOfficeForwarder`と名付けておきます。

`boxOffice`は、`RemoteBoxOfficeForwarder`を間に挟むために`/forwarder/boxOffice`というパスを持つため、設定を少し変更する必要があります。デプロイメントセクションの`/boxOffice`というパスの代わりに、`/forwarder/boxOffice`というパスを指定します。

リスト6.15は、リモートデプロイされたアクターを監視する`RemoteBoxOfficeForwarder`の実装例です。

リスト6.15 リモートアクターの監視メカニズム

```scala
object RemoteBoxOfficeForwarder {
  def props(implicit timeout: Timeout) = {
    Props(new RemoteBoxOfficeForwarder)
  }
  def name = "forwarder"
}

class RemoteBoxOfficeForwarder(implicit timeout: Timeout)
    extends Actor with ActorLogging {
  context.setReceiveTimeout(3 seconds)

  deployAndWatch()          ←──────── リモートにデプロイし、BoxOfficeを監視する

  def deployAndWatch(): Unit = {
```

161

第6章 Akkaによるはじめての分散アプリケーション

```
val actor = context.actorOf(BoxOffice.props, BoxOffice.name)
context.watch(actor)
log.info("switching to maybe active state")
context.become(maybeActive(actor))  ◀──────────
context.setReceiveTimeout(Duration.Undefined)
}

def receive = deploying

def deploying: Receive = {
  case ReceiveTimeout =>
    deployAndWatch()

  case msg: Any =>
    log.error(s"Ignoring message $msg, remote actor is not ready yet.")
}

def maybeActive(actor: ActorRef): Receive = {
  case Terminated(actorRef) =>  ◀──────────
    log.info("Actor $actorRef terminated.")
    log.info("switching to deploying state")
    context.become(deploying)
    context.setReceiveTimeout(3 seconds)
    deployAndWatch()

  case msg: Any => actor forward msg
}
}
```

アクターがデプロイされたら、maybeActive状態に切り替える。アクターがデプロイされているかどうかはルックアップを行わなければわからない

デプロイされたBoxOfficeが終了し、デプロイの再試行が必要であることが明らか

前述のRemoteBoxOfficeForwarderは、前節のRemoteLookupProxyクラスと非常によく似ており、同じような状態マシンです。このアクターはdeployingまたはmaybeActiveという2つの状態のいずれかを持っています。actorSelectionによるルックアップを行わなければ、リモートアクターが実際にデプロイされているかどうかはわかりません。RemoteBoxOfficeForwarderにactorSelectionを使用したリモートルックアップを追加する練習は、読者に委ねることとし、ひとまず、今はmaybeActiveという状態にあるとしましょう。

フロントエンドのMainクラスは、RemoteBoxOfficeForwarderを生成できるようにする必要があります。

```
object FrontendRemoteDeployWatchMain extends App
    with Startup {
  val config = ConfigFactory.load("frontend-remote-deploy")
  implicit val system = ActorSystem("frontend", config)

  val api = new RestApi() {
    val log = Logging(system.eventStream, "frontend-remote-watch")
    implicit val requestTimeout = configuredRequestTimeout(config)
```

162

```
    implicit def executionContext = system.dispatcher

    def createBoxOffice: ActorRef = {      ◄────────  リモートのBoxOfficeを監視・デプ
      system.actorOf(                                 ロイするforwarderを生成する
        RemoteBoxOfficeForwarder.props,
        RemoteBoxOfficeForwarder.name
      )
    }
  }
  startup(api.routes)
}
```

これまで述べた変更を含む新しい**Main**クラス**FrontendRemoteDeployWatchMain**を作成しました。

2つのターミナルからsbtコンソールで**FrontendRemoteDeployWatchMain**と**BackendRemoteDeployMain**を実行すると、バックエンドプロセスを強制終了して再起動したとき、またはバックエンドの前にフロントエンドを起動したときに、リモートデプロイされたアクターの監視と再デプロイがどのように行われるかがわかります。

前の段落を読み終わったばかりで、「よくわからない」と感じている方はその段落をもう一度読んでください。アクターを実行しているノードが再起動したとき、アプリケーションが自動的にアクターを再デプロイし、機能し続けます。ちょっと触っただけでこんなことができるなんてすごいですよね！

以上で、リモートデプロイに関する説明を終わりにします。リモートルックアップとリモートデプロイ、そしてこれらを回復力のある方法で行うには何が必要かを見てきました。サーバーが2台しかない状況でも、はじめから回復力を組み込めることが大きな利点です。ルックアップとデプロイでは、ノードは任意の順序で自由に起動できます。リモートデプロイの例は、デプロイの設定を変更するという純粋なやり方もできましたが、ノードやアクターの障害による停止を考慮していない、あまりにも単純な解決策に終わり、起動順序を守ることが必要でした。

次項では、GoTicksアプリケーションでフロントエンドとバックエンドのノードをテストできるようにする、sbtのmulti-JVMプラグインと**akka-multinode-testkit**を見ていきます。

6.2.5 マルチJVMテスト

アプリケーションを分散化すると、アクターが異なるノードで動作する別のアクターに依存するようになるため、リモートアクターを使用しているアクターのテストは複雑になります。理想的には、複数のノードを起動し、起動した複数のノードを使用して実行できるテストを作成したいと考えています。**図6.6**にRESTフロントエンドのテストの例を示します。

今回のテストでは、図のように2つのJVMが必要になります。1つはフロントエンドとテストコードのためのもので、もう1つは**BoxOffice**をデプロイするサーバーのものです。さらに重要

なのは、このテストでは、2つのJVM間の調整が必要なことです。フロントエンドをデプロイするには、`BoxOffice`へのリモート参照が必要で、`BoxOffice`の起動後にのみに開始できます。sbtのmulti-JVMプラグインは両方を考慮しています。

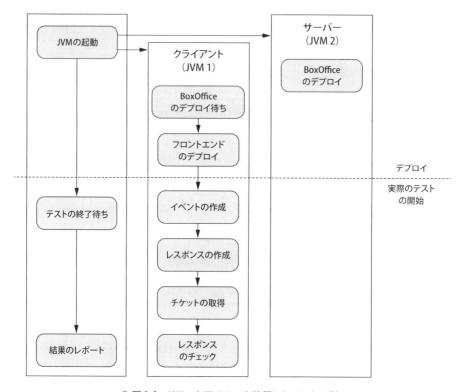

● 図6.6　リモートアクターを使用したテストの例

sbtのmulti-JVMプラグインを使用すると、複数のJVMでテストを実行できます。プラグインは、project/plugins.sbtファイルのsbtに登録する必要があります。

```
resolvers += Classpaths.typesafeResolver

addSbtPlugin("com.eed3si9n" % "sbt-assembly" % "0.13.0")

addSbtPlugin("com.typesafe.sbt" % "sbt-start-script" % "0.10.0")

addSbtPlugin("com.typesafe.sbt" % "sbt-multi-jvm" % "0.3.11")
```

また、これを使用するには別のsbtのビルドファイルを追加する必要があります。multi-JVMプラグインはsbtプロジェクトファイルのscala DSLバージョンのみをサポートしているため、

GoTicksBuild.scalaファイルをchapter-remoting/projectフォルダに追加する必要があります。sbtはbuild.sbtファイルと**リスト6.16**のビルドファイルを自動的にマージします。つまり、依存関係の記述を**リスト6.16**と重複して行う必要はありません。

リスト6.16 マルチJVMの設定

```
import sbt._
import Keys._
import com.typesafe.sbt.SbtMultiJvm
import com.typesafe.sbt.SbtMultiJvm.MultiJvmKeys.{ MultiJvm }

object GoTicksBuild extends Build {
  lazy val buildSettings = Defaults.defaultSettings ++
                           multiJvmSettings ++
                           Seq(
                           crossPaths := false
                           )

  lazy val goticks = Project(
    id = "goticks",
    base = file("."),
    settings = buildSettings ++ Project.defaultSettings
  ) configs(MultiJvm)

  lazy val multiJvmSettings = SbtMultiJvm.multiJvmSettings ++
    Seq(
      compile in MultiJvm <<=
          (compile in MultiJvm) triggeredBy (compile in Test),
      parallelExecution in Test := false,
      executeTests in Test <<=
      ((executeTests in Test), (executeTests in MultiJvm)) map {
        case ((_, testResults), (_, multiJvmResults)) =>
        val results = testResults ++ multiJvmResults
        (Tests.overall(results.values), results)
      }
    )
}
```

テストがデフォルトのテストコンパイルの一部であることを確認する

並列実行をオフにする

multi-JVMテストがデフォルトのテストターゲットの一部として実行されることを確認する

sbtのエキスパートではないのなら、このビルドファイルの詳細を気にすることはありません。これまでの手順でmulti-JVMプラグインの基本的な設定を行い、マルチJVMのテストが通常の単体テストとともに実行されるようにしています。詳細をもっと知りたい場合は、『SBT in Action』（www.manning.com/suereth2/）を読むとsbtを理解するのに非常に役立つでしょう。

マルチJVMのテスト用のすべてのテストコードは、デフォルトで**src/multi-jvm/scala**フォルダに追加する必要があります。マルチJVMのテストのためのプロジェクトの設定を正しく行ったら、GoTicks.comアプリケーションのフロントエンドとバックエンドの単体テストを実装して

第6章 Akkaによるはじめての分散アプリケーション

いきましょう。まず、テストされるノードのロールを記述する`MultiNodeConfig`を定義する必要
があります。クライアント・サーバー（フロントエンドとバックエンド）構成用のマルチノード設
定を定義するオブジェクトクラス`ClientServerConfig`を作成します。**リスト6.17**は、この新し
いオブジェクトクラスです。

リスト6.17 テストされたノードのロールの定義

```
object ClientServerConfig extends MultiNodeConfig {
  val frontend = role("frontend")  // フロントエンドロール
  val backend = role("backend")    // バックエンドロール
}
```

フロントエンドとバックエンドの2つのロールを定義しました。ロールは、単体テストのた
めにノードを識別し、テスト目的のために各ノードで特定のコードを実行するために使用され
ます。テストを書き始める前に、テストを`scalatest`に組み込むための基盤となるコードを書く
必要があります（**リスト6.18**）。

リスト6.18 `STMultiNodeSpec`は`scalatest`に接続する

```
import akka.remote.testkit.MultiNodeSpecCallbacks
import org.scalatest.{BeforeAndAfterAll, WordSpec}
import org.scalatest.matchers.MustMatchers                TestKitのクラスのメソッドを拡
                                                           張してコールバックを取得する
trait STMultiNodeSpec extends MultiNodeSpecCallbacks
  with WordSpec with MustMatchers with BeforeAndAfterAll {    必要な残りのテスト
                                                              トレイトを取得する
  override def beforeAll() = multiNodeSpecBeforeAll()
  override def afterAll() = multiNodeSpecAfterAll()
}                                                          すべてのテストで前処理
                                                           と後処理を使用する
```

これはマルチノードテストの起動と停止を行うためのトレイトで、すべてのマルチノードテス
トで再利用できます。これを、実際のテストを定義する単体テストクラスにミックスインします。
この例では、**リスト6.19**に示す`ClientServerSpec`というテストを作成します。かなりのコード
量になるので分解することにしましょう。まず最初に、定義したばかりの`STMultiNodeSpec`に
ミックスインする`MultiNodeSpec`を作成します。`ClientServerSpec`の2つのバージョンは、2つ
の別々のJVMで実行する必要があります。**リスト6.19**は、このために2つの`ClientServerSpec`
クラスを定義しています。

リスト6.19 マルチノードのテスト仕様

```
                                              フロントエンドJVMで実行するテスト
class ClientServerSpecMultiJvmFrontend extends ClientServerSpec
```

166

6.2 リモート処理によるスケーリング

```
class ClientServerSpecMultiJvmBackend extends ClientServerSpec
```
← バックエンドJVM上
で実行するテスト

```
class ClientServerSpec extends MultiNodeSpec(ClientServerConfig)
  with STMultiNodeSpec with ImplicitSender {
```
両方のノードが何をすべきかを記述するテスト

```
  def initialParticipants = roles.size
```
← テストに参加しているノードの数

ClientServerSpec は STMultiNodeSpec と ImplicitSender トレイトも使用します。Implicit Sender トレイトは、すべてのメッセージのデフォルトの sender として testActor を設定します。これにより、毎回メッセージの sender として testActor を設定することなく、expectMsg やその他のアサーション関数を呼び出すことができます。**リスト6.20**では、バックエンドノードのアドレスを取得しています。

リスト6.20 バックエンドノードのアドレスの取得

```
import ClientServerConfig._
```
← バックエンドのロールにアクセスできるように設定をインポートする

```
val backendNode = node(backend)
```
←
node(role)メソッドは、テスト中のバックエンドロールノードのアドレスを返す。ここではActorPathを作成する（nodeメソッドはメインのテストスレッドから呼び出さなければならず、これはテストでbackendNodeに割り当てられている理由となっている）

バックエンドとフロントエンドロールのノードは、デフォルトでランダムなポートで実行されます。ClientServerSpecMultiJvmFrontend は、テストの中で ClientServerSpec を置き換えます。これは、frontend.conf の中で設定したホスト、ポート、アクター名からパスを作成するためです。

今回のテストではバックエンドのロールを持つノードのアドレスを使用しますが、フロントエンドのノードから boxOffice アクターを検索するようにします。**リスト6.21**は、実装した分散アーキテクチャのテストです。

リスト6.21 分散アーキテクチャのテスト

```
// クライアントサーバー構成のアプリケーション
"A Client Server configured app" must {

  // すべてのノードがバリアに入るのを待つ
  "wait for all nodes to enter a barrier" in {
    enterBarrier("startup")
  }
```
← すべてのノードを起動できるようにする

フロントエンドノードとバックエンドノードのテストシナリオ

```
  // イベントを作りチケットを売ることができる
  "be able to create an event and sell a ticket" in {
    runOn(backend) {
```
← このブロックのコードをバックエンドJVM上で実行する

167

第6章　Akkaによるはじめての分散アプリケーション

```scala
    system.actorOf(BoxOffice.props(Timeout(1 second)), "boxOffice")
      enterBarrier("deployed")
  }
```

バックエンドがデプロイされたシグナル

boxOfficeという名前でアクターを生成し、RemoteLookupProxyクラスが見つけることができるようにする

```scala
  runOn(frontend) {
    enterBarrier("deployed")
```

このブロックのコードをフロントエンドJVMで実行する

バックエンドノードがデプロイされるまで待機する

```scala
    val path = node(backend) / "user" / "boxOffice"
    val actorSelection = system.actorSelection(path)
```

リモートのboxOfficeへのactor selectionを取得する

```scala
    actorSelection.tell(Identify(path), testActor)
```

actor selectionにIdentifyメッセージを送信する

```scala
    val actorRef = expectMsgPF() {
      case ActorIdentity(path, Some(ref)) => ref
    }
```

boxOfficeが使用可能である報告を待つ。RemoteLookupProxyクラスは、boxOfficeのActorRefを取得するプロセスを通過する

```scala
    import BoxOffice._

    actorRef ! CreateEvent("RHCP", 20000)
```

```scala
    expectMsg(EventCreated(Event("RHCP", 20000)))
```

TestKitでいつものようにメッセージを待つ

```scala
    actorRef ! GetTickets("RHCP", 1)

    expectMsg(Tickets("RHCP", Vector(Ticket(1))))
  }

  enterBarrier("finished")
  }
}
```

テストが完了したことを示す

　ここではかなりたくさんのことを行っています。単体テストは3つに分割できます。まず、両方のノードで実行されるenterBarrier("startup")を呼び出して、すべてのノードが開始するのを待ちます。次に、フロントエンドノードとバックエンドノードで実行するコードを指定し、実行を続けます。フロントエンドノードは、バックエンドノードがそのノードがデプロイされたことを通知するのを待ち、テストを実行します。最後に、enterBarrier("finished")を呼び出してすべてのノードが終了するのを待ち合わせます。

　バックエンドノードはboxOfficeを起動して、フロントエンドノードから使用されるだけです。実際のRestApiを使用するには、HTTPクライアントのリクエストを追加する必要があるため、RestApiは使わずにBoxOfficeに直接アクセスします。

　これでようやく、フロントエンドとバックエンドノード間の相互作用をテストできるようになりました。第3章でメッセージの検証を行ったのと同じようにテストすることができます。このマルチJVMテストは、sbtでmulti-jvm:testコマンドにより実行できます。

　図6.7にテストの実際の流れを示します。マルチJVMテストキットがさまざまな登場人物の調

整と実行において、かなりの自動化を行っているということがわかると思います。これを手作業で行うと、多くの作業が必要になります。

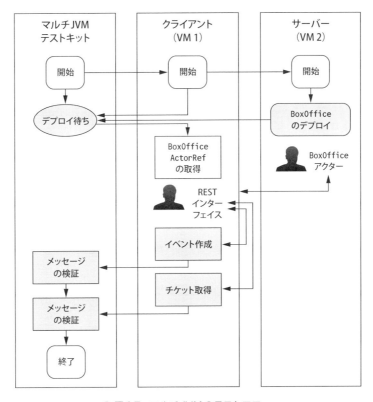

● 図6.7　マルチJVMのテストフロー

chapter-remotingプロジェクトには、単一ノード版のアプリケーションの単体テストもあります。基盤部分の設定を除けばテストは基本的に同じです。ここでのマルチJVMテストの例は、最初に単一ノード用に構築したアプリケーションを、2つのノードで実行するように改良する方法を示しています。単一ノードとクライアントサーバーの設定の大きな違いは、アクターがリモートにデプロイされ、それを参照するということです。RestApiとboxOfficeの間でリモートルックアップを行うことで、いくらかの柔軟性と障害による停止に耐える力を得ることができました。リモートのルックアップを行うということが、サンプルの単体テストで解決すべき面白い問題を与えてくれました。boxOfficeのリモートActorRefが利用可能になるのをどのように待てばよいでしょうか？　actorSelectionとIdentifyメッセージのメカニズムがこれに対する答えでした。

multi-node-testkitモジュールに関する最初のお話はおしまいです。以降の章で、もっとた

第6章 Akkaによるはじめての分散アプリケーション

くさんのことがわかると思います。この章のテストは、GoTicks.comアプリケーションを分散環境で単体テストする方法の例です。このテストは1台のマシンの2つのJVM上で実行されます。後ほど第14章で紹介するように、複数のサーバーで単体テストを実行するためにもmulti-node-testkitを使用することもできます。

6.3 まとめ

この章の冒頭で述べた、単にスイッチを入れ替えて、アプリケーションを分散的に（リモート処理で）動作させることができない理由を覚えているでしょうか？ それはローカル専用アプリケーションでは完全に無視できても、ネットワーク環境では無視できない事柄があるためです。

この章の多くをこの新しい事柄の説明に使いましたが、Akkaは期待どおりこれらを簡単にしてくれました。

いくつかの変更が必要であったものの、多くの恒常性を見出すこともできました。

- アクターがローカルであるかリモートであるかにかかわらずActorRefを同じように利用することができた
- 分散システムの死活監視のモニタリングAPIは、ローカルシステムとまったく同じものを使うことができた
- コラボレーターがネットワークにより分離されているにもかかわらず、単に転送（RemoteLookupProxyとRemoteBoxOfficeForwarder）を行うだけで、RestApiとBoxOfficeが互いに透過的に通信することができた

この恒常性が重要です。なぜなら、アプリケーションを1つ上のレベルに引き上げるときに、今まで学んだことを忘れることも、まったく新しいことを学ぶことも必要がないからです。基本的な操作はほぼ同じままです。これが、うまく設計されたツールキットの特徴です。

ここでは、以下に挙げているような新しいことも学びました。

- REPLは、任意の分散トポロジーで自分のプログラムを動かすための簡単でインタラクティブな手段になる
- multi-node-testkitモジュールを使うと、akka-remote、akka-cluster、またはその両方でビルドされているかにかかわらず、分散アクターシステムを非常に簡単にテストできる（Akkaは、分散環境用の適切な単体テストツールを提供するという点で他に例のない存在である）

バックエンドノードが利用できないときに、RemoteLookupProxyとRemoteBoxOfficeForwarderでメッセージが失われるという事実はあえて扱いませんでした。

本書の後半では、次のことを学びます。

- ピアノード間のメッセージングに信頼性の高いプロキシを使用する方法 (第10章「メッセージチャネル」)
- バックエンドノードがクラッシュしたときに TicketSeller の状態が失われるという事実に対処するために GoTicks.com を改良する方法 (第15章「アクターの永続化」)
- 状態をクラスター全体に複製する方法 (第15章「アクターの永続化」)

　これらの話題はAkkaの基本を学習することからは少し外れるので、本書の後半で説明します。単純なアプリケーションを実行する前に、アプリケーションの設定、ロギング、デプロイなどの実際のアプリケーションを作成するためのユーティリティ機能が必要です。これについては、次の章で説明します。

171

第7章
設定とロギングとデプロイ

この章で学ぶこと

☐ 設定ライブラリの使い方
☐ アプリケーションレベルのイベントとデバッグメッセージのロギング
☐ Akkaベースのアプリケーションをパッケージしてデプロイする方法

　これまでは、アクターの生成とアクターシステムの操作にフォーカスしてきました。実際に動作するアプリケーションを作成するには、デプロイの準備を整える前にいくつかやっておかなければいけないことがあります。まずは、Akkaがどのように設定をサポートしているかを見ていきましょう。次に、ロギングについて、独自のロギングフレームワークとの組み合わせ方などを確認し、最後に、アクターベースのアプリケーションのデプロイ方法を紹介します。

7.1　設定

　Akkaは、最先端の機能を備えたTypesafe Configライブラリを使用しています。典型的な機能は、さまざまな方法でプロパティを定義し、ソースコード内でそれらを参照できることです（設定の役割の1つは、コードの外から変数を使えるようにすることで実行時の柔軟性を担保することです）。簡単な規則に基づいて設定値をオーバーライドし、複数の設定ファイルをマージできる洗練された機能も提供します。設定の仕組みにおいて最も重要な要件の1つは、バンドルを分解することなく、複数の環境（開発、テスト、本番など）に対応する手段を提供することです。これをどのように行うのかを見ていきましょう。

7.1.1　Akkaの設定を試す

　他のAkkaのライブラリと同様に、Typesafe Configライブラリは必要な依存関係を最小限に抑えており、他のライブラリへの依存はありません。まず、設定ライブラリの使い方を簡単に説明します。

このライブラリはプロパティの階層を使います。**図7.1**は、自分で定義した階層を使用して4つのプロパティを定義するアプリケーションの設定の例です。`MyAppl`ノード内のすべてのプロパティをグループ化し、`database`というプロパティもグループ化しています。

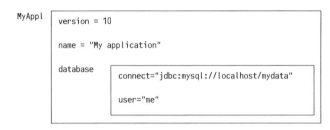

● 図7.1 設定例

設定内容の取得には`ConfigFactory`を使います（**リスト7.1**）。多くの場合、アプリケーションの`Main`クラス内から呼び出します。このライブラリは、どの設定ファイルを使うかを指定する機能もサポートしています。設定ファイルの詳細は次節で見ていくこととして、ここではデフォルトのものを使用します。

リスト7.1 設定内容を取得

```
val config = ConfigFactory.load()
```

デフォルトの設定を使用する場合、ライブラリは設定ファイルから読み取りを行います。このライブラリはさまざまな設定ファイルの形式をサポートしており、次の順序で異なる形式のファイルを読み取ります。

- `application.properties` ── Javaプロパティファイル形式の設定プロパティ
- `application.json` ── JSONスタイルの設定プロパティ
- `application.conf` ── HOCON形式の設定プロパティ。JSONをベースにしたフォーマットで読みやすい。HOCONやTypesafe Configライブラリの詳細については次のURLを参照
  https://github.com/lightbend/config

異なるファイルをすべて同時に使うことができます。**リスト7.2**は`application.conf`の使用例です。

リスト7.2 application.conf

```
MyAppl {
  version = 10
```

```
  description = "My application"
  database {  ←──────────── 単純に{}でグループ化してネストできる
    connect="jdbc:mysql://localhost/mydata"
    user="me"
  }
}
```

シンプルなアプリケーションでは、このファイルだけで十分です。このフォーマットはJSONと似ていて、読みやすく、プロパティのグループ化の方法がわかりやすいという利点があります。JDBCは非常に多くのアプリケーションで利用されるので、グループを用いるのが適しているということができる例でしょう。DIの世界では、オブジェクト（**DataSource**など）へのプロパティの注入を制御するのに、このようなアイテムのグループを使います。以下では、これらのプロパティをどのように利用できるかを見てみましょう。

　値を異なる型として取得するにはいくつかの方法があり、ピリオド（**.**）はプロパティのパスの区切り文字として使います。サポートされている基本型だけでなく、基本型のリストを取得することもできます（**リスト7.3**）。

リスト7.3　プロパティの取得

```
val applicationVersion = config.getInt("MyAppl.version")
val databaseConnectString = config.getString("MyAppl.database.connect")  ←──
```
前のリストのdatabase{}内に定義した接続文字列を使う

オブジェクトにそれほど多くの設定が必要ない場合もあります。データベース接続を生成する**DBaseConnection**クラスがある場合はどうでしょうか？　このクラスは、接続文字列とユーザープロパティだけが必要です。完全な設定を**DBaseConnection**クラスに渡すのなら、プロパティの完全パスを知る必要があります。しかし、別のアプリケーションで**DBaseConnection**を再利用したい場合に問題が発生してしまいます。パスの先頭は**MyAppl**です。別のアプリケーションでは異なる設定のルートを持つ可能性があり、プロパティへのパスが変更されます。これは、設定としてサブツリーを取得する機能を使って解決できます（**リスト7.4**）。

リスト7.4　configurationサブツリーの取得

最初にサブツリーを名前で取得する。これにはアプリケーション特有のコードが使われる

```
val databaseCfg = config.getConfig("MyAppl.database")  ←──
val databaseConnectString = databaseCfg.getString("connect")  ←──
```

その後、サブツリーのルートから相対的にプロパティを参照する。これがDBaseConnectionで使われる

このアプローチを使用すると、**databaseCfg**に設定ファイルそのものではなく**DBaseConnec**

第7章　設定とロギングとデプロイ

tionを渡すことができます。`DBaseConnection`にはプロパティの完全なパスは必要ありません。最後の部分、つまりプロパティの部分的な名前のみが必要です。つまり、パスの問題を引き起こすことなく`DBaseConnection`を再利用できます。

設定ファイルに何度も使用されるプロパティ（たとえば、データベースの接続文字列のホスト名）がある場合に、そのプロパティを置き換えることもできます（**リスト7.5**）。

リスト7.5 置換

```
hostname="localhost"  ←———————  シンプルな変数定義で、型は不要（引用符「"」で囲む）
MyAppl {
  version = 10
  description = "My application"
  database {
    connect="jdbc:mysql://${hostname}/mydata"  ←———  おなじみの置換構文
    user="me"
  }
}
```

設定ファイルの変数は、アプリケーション名やバージョン番号などに頻繁に使われます。ファイルの多くの箇所でそれらを繰り返すことは潜在的な誤りの危険性があるからです。また、システムプロパティや環境変数も置換に利用できます（**リスト7.6**）。

リスト7.6 システムプロパティや環境変数による置換

```
hostname=${?HOST_NAME}  ←———  クエスチョンマーク「?」は環境変数から値を取得することを意味する
MyAppl {
  version = 10
  description = "My application"
  database {
    connect="jdbc:mysql://${hostname}/mydata"
    user="me"
  }
}
```

しかし、変数を利用するときに、あらかじめその変数が定義されているかどうかはわからないという問題があります。これを考慮して、プロパティを再定義することによって前の定義を上書きできることを利用します。**リスト7.7**のように記述すると、`HOST_NAME`というシステムプロパティまたは環境変数が存在しない場合、その定義は使用されません。

リスト7.7 デフォルトのシステムプロパティまたは環境変数の置換

```
hostname="localhost"  ←———  最初に通常のシンプルな方法で定義
hostname=${?HOST_NAME}
MyAppl {                      もし環境変数があればオーバーライドされる。
                              なければ、割り当てられた値をそのまま残す
```

```
version = 10
description = "My application"
database {
  connect="jdbc:mysql://${hostname}/mydata"
  user="me"
}
}
```

　この振る舞いを理解することは簡単でしょう。ユーザーができるだけ設定を変更しなくてもよいようにするためにもデフォルト設定は重要です。実際に本番環境にプッシュする必要が出てくるまで、アプリケーションは設定なしで実行できるべきです。開発では、ほとんどの場合デフォルト設定のみで実行できるようにしておきましょう。

7.1.2　デフォルト設定の使用

　引き続き、単純なJDBCの設定について考えてみましょう。一般的には、開発者が自分のマシン（ローカルホストともいいます）上のデータベースインスタンスに接続すると想定するのは特に問題がないでしょう。誰かがデモを見たいと思ったときに、それをどこかのそれぞれ別名を持つインスタンスに配置して、他のマシンにあるデータベースに接続したいことがあります。ここでうっかりやってしまいがちなのは、設定ファイル全体をコピーして別の名前を付けて、アプリケーションの中で「この環境でこの設定ファイルを使用し、この設定ファイルは別の環境でも使用する」というロジックを持たせてしまうことです。この仕組みの問題は、すべての設定を2箇所で持つようになってしまうことです。しかし、新しい環境ができたときには、異なる2つまたは3つの値をオーバーライドするだけのほうが理にかなっています。デフォルト設定の仕組みを使うと、これを簡単に行うことができます。設定ライブラリはフォールバックメカニズムを持っています。デフォルトの設定を設定オブジェクトが持っていて、これがフォールバックの元情報になります。**図7.2**はこれを簡単に示したものです。

Nullプロパティの防止

　デフォルト設定の仕組みは、使用している箇所によって値が異なるケースで起こる問題を防止します。この原則に従うと、設定プロパティを読み取るときには、常に値を設定しておく必要があります。フレームワークが空のプロパティを許可してしてしまうと、コードはどのように（そしてどこで）設定が行われたかによって異なる動作をします。したがって、値が設定されていない設定ファイルから設定値を取得しようとすると、例外がスローされます。

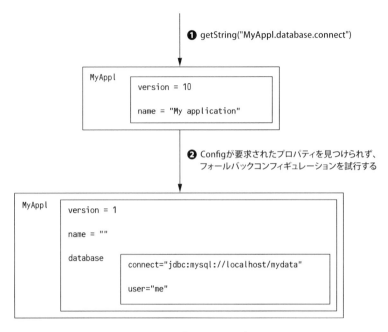

● 図7.2　設定のフォールバック

　このフォールバックの構造は非常に柔軟です。しかし、フォールバックからデフォルトの値を得るためには、設定する方法を知っておく必要があります。フォールバック用の設定は**reference.conf**で行い、JARファイルのルートに配置します。このようにすることで、ライブラリがデフォルト値を持つことができます。設定ライブラリはすべての**reference.conf**ファイルを検索し、これらの設定を設定のフォールバック構造に統合します。このため、ライブラリの必要なすべてのプロパティは常にデフォルト値を持つことになり、常になんらかの値を取得できるという原則が維持されます（後で例示しますが、プログラムでデフォルト値を明示的に指定することもできます）。

　すでに設定ライブラリが複数のフォーマットをサポートしていると述べました。1つのアプリケーションで複数のフォーマットを使用することを妨げるものは何もありません。各ファイルは別のファイルのフォールバックとして使用できます。また、システムプロパティでプロパティを無効にできるようにするために、システムプロパティによる設定の優先度が高くなっています。構造は常に同じであるため、デフォルトとオーバーライドの関係も同様に常に同じです。**図7.3**は、構成ライブラリが完全なツリーを構築するために使用するファイルを優先順に示したものです。

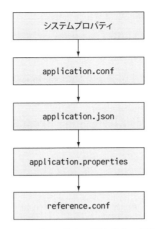

● 図7.3　設定フォールバック構造の優先順位。優先度の高いものが
上にあり、優先度の低い定義を上書きする

　ほとんどのアプリケーションは、これらのファイルフォーマットのうちの1つだけを使用します。しかし、アプリケーションのデフォルトのセットを提供し、それらのいくつかをオーバーライドしたい場合は、JDBCの設定の例で見たように値を上書きできます。この場合、**図7.3**の上側の設定が下側の設定で定義した値を上書きします。

　デフォルトでは、`application.{conf, json, properties}`が設定の読み取りに使用されます。設定ファイルの名前を変更する方法は2つあります。

　1つ目の方法は、`ConfigFactory`でオーバーロードする`load`関数を使用することです。設定をロードするときは、ファイル名の本体（ファイル名の拡張子を除いた部分）を指定する必要があります（**リスト7.8**）。

リスト7.8　設定ファイルの変更

```
val config = ConfigFactory.load("myapp")    ◀── 読み込むファイルの名前部分を指定する
```

　もう1つの方法は、Javaシステムプロパティを使用することです。Bashスクリプトを作成してプロパティを設定するだけで、アプリケーションがそれを受け取って使用できるため、場合によっては最も簡単な方法です（JARやWARを展開してファイルを編集するより良い方法です）。次のリストは、どの設定ファイルを読み込むかを制御するために使用できる3つのシステムプロパティです。

- `config.resource` —— リソースの名前を指定。ベース名ではないので、`application`ではなく`application.conf`のように指定（拡張子を含む）
- `config.file` —— ファイルシステムのパスでファイルを指定。拡張子を含む

第7章 設定とロギングとデプロイ

- config.url ── URL を使ってファイルを指定

　引数なしでloadメソッドを使用している場合は、システムプロパティを設定ファイルの名前として使用できます。設定ファイルとしてconfig/myapp.confを使用する場合は、-Dオプションを追加して、-Dconfig.file="config/myapp.conf"と記述します。これらのプロパティのいずれかを使用すると、別の.conf、.json、および.propertiesを検索するというデフォルトの動作はスキップされます。

7.1.3　Akkaの設定

　さて、アプリケーションのプロパティのために設定ライブラリを使用する方法を見てきましたが、Akkaの設定オプションの一部を変更するには何をする必要があるでしょうか？　Akkaはどのようにこのライブラリを使用しているのでしょうか？　独自の設定を持つ複数のアクターシステムを構成することは可能です。作成時に独自の設定を行わなかった場合、アクターシステムは、**リスト7.9**に示すように、デフォルトの設定を読み込みます。

リスト7.9　デフォルト設定

```
val system = ActorSystem("mySystem")
```
設定の引数を省略しているので、ConfigFactory.load() を内部で使用して、デフォルトの設定を作成する

　しかし、アクターシステムを作るときに設定することも可能（かつ便利）です。**リスト7.10**はその簡単な例です。

リスト7.10　独自設定の使用

```
val configuration = ConfigFactory.load("myapp")
val systemA = ActorSystem("mysystem",configuration)
```
はじめに、指定した名前で設定ファイルを読み取る

それから、ActorSystemのコンストラクターに渡す

　設定はアプリケーションの中にあり、アクターシステムの中で検索されます。すべてのアクターがこれにアクセスできます。**リスト7.11**はMyAppl.nameというプロパティを取得する例です。

リスト7.11　実行中のアプリケーションからの設定ファイルへのアクセス

```
val mySystem = ActorSystem("myAppl")
val config = mySystem.settings.config
val applicationDescription = config.getString("MyAppl.name")
```
一度ActorSystemを作成したあとは、このように設定の参照を取得することができる

それから、通常どおりプロパティを取得できる

このように、自身でプロパティを設定するために設定ファイルの仕組みを用いる方法と、Akka
のバックボーンであるアクターシステムの設定を行うために同じ仕組みを用いる方法を見てきま
した。ここまでの前提は、ホストしているシステム上に1つのAkkaアプリケーションしかない
ということでした。次項では、単一のインスタンスを共有するシステムの設定の仕組みについて
説明します。

7.1.4 複数システム

要件によっては、単一のインスタンス（またはマシン）上で複数のサブシステムに対して異
なる設定を持つ必要があるかもしれません。Akkaは、これに対していくつかの方法を用意して
います。まず、複数のJVMを同じ設定ファイルを使った同じ環境で実行している例から見てい
きましょう。すでに最初のオプション、つまりシステムプロパティを利用する方法について説明
しました。この場合、新しいプロセスを開始すると、別の設定ファイルが使用されます。しかし、
通常、多くの設定はすべてのサブシステムで同じで、わずかな一部分だけが異なります。この
問題は、インクルードオプションを使用することで解決できます。

例を見てみましょう。**リスト7.12**のような**baseConfig**ファイルがあるとしましょう。

リスト7.12 baseConfig.conf

```
MyApp1 {
  version = 10
  description = "My application"
}
```

この例では、共有プロパティとサブシステムによって異なるプロパティを1つずつ持つ単純な
ルートの設定から始めます。バージョン番号はサブシステム間で同じになりますが、名前や説
明のようなプロパティはおそらく異なるでしょう（**リスト7.13**）。

リスト7.13 subAppl.conf

```
include "baseConfig"    ◀────── インクルードするファイルのベース名を指定（拡張子は含まない）
MyApp1 {
    description = "Sub Application"   ◀────── 説明を記載
}
```

先頭に**include**があるため、設定内の**description**の値は単一のファイルに定義する場合と
同じようにオーバーライドされます。このように、1つの基本的な設定を再利用しながら、各サ
ブシステム独自の設定ファイルに必要な違いだけを持たせることができます。

しかし、サブシステムを同じJVMで実行する場合はどうでしょうか？　この場合、システムプ
ロパティを使用して他の設定ファイルを読み取ることはできません。では、どのように設定を行

えばよいでしょうか？ 実は、この場合に必要なことはすでに説明しています。設定をロードする際に、アプリケーション名を指定します。また、includeメソッドを使用して、同じ設定を共通利用することもできます。唯一の欠点は、設定ファイルの数が増えることです。これが問題になる場合は、フォールバックメカニズムを使用して設定ツリーをマージする機能を活用します。

まず、2つの設定を1つにまとめてみましょう。

リスト7.14 combined.conf

```
MyApp1 {
  version = 10
  description = "My Application"
}

subApplA {
  MyApp1 {        ← リフトによりプロパティ（バージョン）を共有し、説明を上書き
    description = "Sub application"
  }
}
```

ここでのポイントは、設定のsubApplA内にサブツリーを設けて、それを設定チェーンの手前に置くことです。設定パスの内側を読み取ることから、**設定セクションのリフト**と呼びます。設定パスが短縮されているからです。これがどのように行われるかを**図7.4**に示します。

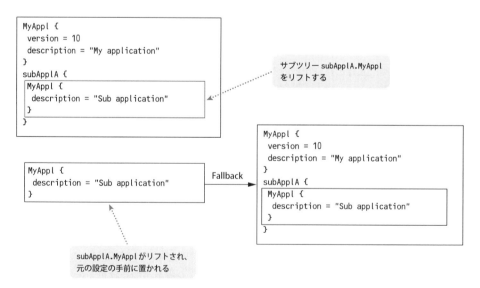

● 図7.4 設定セクションのリフト

`config.getString("MyAppl.description")`という呼び出しを行ってプロパティ`MyAppl.description`を要求すると、設定値の優先度が最も高い`subApplA.MyAppl.description`に設定されている"Sub application"を取得します。`MyAppl.version`を要求すると、設定値が優先度の高い`subApplA.MyAppl`で定義されていないため、フォールバックメカニズムによって、値10が返されます。**リスト7.15**は、リフトとフォールバックの両方を使って設定を読み取る例です。フォールバックはここでプログラムで組み込んでいることに注意してください（以前説明したファイルの優先順位の規約に依存しません）。

リスト7.15 フォールバックを伴うリフトの例

```
val configuration = ConfigFactory.load("combined")
val subApplACfg = configuration.getConfig("subApp1A")  ◀──── subApplAを選択

val config = subApplACfg.withFallback(configuration)  ◀──┐
                                      フォールバックとしてconfigurationを追加
```

　設定は、アプリケーションをデリバリーする際に重要な役割を持ちます。はじめは簡単だった要件も、時と共に複雑になっていくものです。そして、しばしばアプリケーションの設定レイヤーが複雑で厄介なものになってしまいます。この問題を防ぐための強力なツールがTypesafe Configライブラリにはいくつか用意されています。

- オーバーライド可能で、規約に基づいた簡単なデフォルト設定
- 必要最小限の設定を行えばいいように設計された、洗練されたデフォルト設定
- さまざまな構文オプション：従来のJava、JSON、HOCON

　設定に関してすべてを語り尽くすには至りませんでしたが、ここで紹介した仕組みがAkkaアプリケーションのデプロイを始めるときに必要となる、かなり幅広い一般的な要件に対応できることを十分に示しました。次節ではロギングに取り組んでいきます。ロギングは重要ですが、開発者が強い意見を持っていて、使い慣れたものを使いたがる傾向があります。Akkaが設定を通じて、この傾向をどのように受け入れるかを説明していきます。

7.2　ロギング

　すべてのアプリケーションが必要とするもう1つの機能は、メッセージをログファイルに書き込むことです。ロギングライブラリの好みは人それぞれなので、Akkaツールキットはあらゆる種類のロギングフレームワークをサポートするロギングアダプターを提供し、他のライブラリへの依存性を最小限に抑えています。設定の場合と同様に、ログには2つの側面があります。1つ

第7章　設定とロギングとデプロイ

は、アプリケーションレベルのロギングの必要に応じて、ログをどのように使うかということで、もう1つは、Akkaがログに書き込む内容（デバッグの重要な部分）をどのように制御するかということです。まず、Akkaがどのようにロギングを行うかということから始めて、それぞれの側面について考えてみましょう。

7.2.1　Akkaアプリケーションのロギング

通常のJavaやScalaコードと同様に、ログにメッセージを渡す必要がある任意のアクター内にロガーインスタンスを生成する必要があります（**リスト7.16**）。

リスト7.16　ロギングアダプターの生成

```
class MyActor extends Actor {
  val log = Logging(context.system, this)
  ...
}
```

まず、**ActorSystem**が必要であるということに注目してください。これによりフレームワークからロギングが分離されます。ロギングアダプターは、システムの**EventStream**を使用して、ログメッセージをイベントハンドラーに送信します。**EventStream**は、Akkaのパブリッシュ・サブスクライブメカニズムを用います（後述します）。イベントハンドラーはこれらのメッセージを受け取り、適切なロギングフレームワークを使用してメッセージをログに出力します。この方式では、特定のロギングフレームワークの実装に依存するアクターは1つだけが、すべてのアクターがログを出力できます。どのイベントハンドラーを使用するかは設定できます。もう1つの利点はロギングのI/Oを分離できることです。I/Oは常に遅く、並行環境では、別スレッドによるログメッセージの書き込みを待つことにより、遅延が悪化するおそれもあります。したがって、高性能なアプリケーションを構築するには、ログ出力が完了するまで待つことのないようにする必要があります。Akkaのロギングを使用すると、アクターはログ出力の完了を待つ必要がありません。**リスト7.17**は、デフォルトのロガーを生成するために必要な設定です。

リスト7.17　イベントハンドラーの設定

```
akka {
  # 起動時に登録するイベントハンドラー
  # （Logging$DefaultLogger は STDOUT にログ出力する）
  loggers = ["akka.event.Logging$DefaultLogger"]
  # 選択候補 : ERROR, WARNING, INFO, DEBUG
  loglevel = "DEBUG"
}
```

このイベントハンドラーはロギングフレームワークを使用しませんが、受信したすべてのメッセージを`STDOUT`に記録します。Akkaツールキットには、このロギングを行うイベントハンドラーの実装が2つあります。

1つは、すでに述べた`STDOUT`にログ出力するデフォルトのロガーです。もう1つは、`SLF4J`を使用します。これは`akka-slf4j.jar`に実装クラスがあります。このハンドラーを使用するには、`application.conf`に**リスト7.18**の設定を追加します。

リスト7.18 SLF4Jのイベントハンドラーの使用

```
akka {
  loggers = ["akka.event.slf4j.Slf4jLogger"]
  # 選択候補：ERROR, WARNING, INFO, DEBUG
  loglevel = "DEBUG"
}
```

しかし、`STDOUT`や`SLF4J`のロギングでは不十分な場合は、独自のイベントハンドラーも作成できます。この場合、いくつかのメッセージを扱うアクターを生成する必要があります。ハンドラーの例を**リスト7.19**に示します。

リスト7.19 独自のイベントハンドラー

```
import akka.event.Logging.InitializeLogger
import akka.event.Logging.LoggerInitialized
import akka.event.Logging.Error
import akka.event.Logging.Warning
import akka.event.Logging.Info
import akka.event.Logging.Debug

class MyEventListener extends Actor{
  def receive = {
    case InitializeLogger(_) =>
      sender ! LoggerInitialized
    case Error(cause, logSource, logClass, message) =>
      println( "ERROR " + message)
    case Warning(logSource, logClass, message) =>
      println( "WARN " + message)
    case Info(logSource, logClass, message) =>
      println( "INFO " + message)
    case Debug(logSource, logClass, message) =>
      println( "DEBUG " + message)
  }
}
```

このメッセージを受け取ったときは、ハンドラーの初期化を行い、完了後にLoggerInitializedを送信者に送信

エラーメッセージを受信し、メッセージなどをロギングする。ここには、ロギングフレームワークがサポートしていない場合に、ログレコードをフィルタリングするロジックを追加できる

警告メッセージを受信

情報メッセージを受信

デバッグメッセージを受信

これはメッセージプロトコルのみを示した非常にシンプルな例です。実際には、このアクターの実装はもっと複雑になります。

第7章　設定とロギングとデプロイ

7.2.2　ロギングの使用

リスト7.16で最初に示したAkkaロガーインスタンスの生成に戻ってみましょう（**リスト 7.20**）。生成プロセスの最初の部分（`ActorSystem`）について説明しました。2番目の引数があったことを思い出してください。以下に再掲します。

リスト7.20 ロガーの生成［再掲］

```
class MyActor extends Actor {
  val log = Logging(context.system, this)
  ...
}
```

`Logging`の2番目のパラメータは、このロギングチャネルのソースとして使用されます（この場合はクラスインスタンスです）。ソースオブジェクトは、ログメッセージの出力元を示す`String`に変換されます。`String`への変換は、次の規則に従って行われます。

- `Actor`または`ActorRef`の場合、そのパスを使用する
- `String`の場合、その文字列を使用する
- クラスの場合、その`simpleName`に近い値を使用する

これらを簡単に行うため`ActorLogging`トレイトを使用して、`log`メンバーをアクターにミックスインすることもできます。このトレイトは、ログを使うときに**リスト7.21**のように使います。

リスト7.21 ロギングアダプターの生成

```
class MyActor extends Actor with ActorLogging {
  ...
}
```

アダプターは、メッセージにプレースホルダーを使うこともできます。プレースホルダーを使用すると、ログレベルをチェックする必要がなくなります（**リスト7.22**）。文字を連結してメッセージを組み立てる場合、ログが出力されないログレベルであったとしても、毎回その評価が行われてしまいます！　プレースホルダーを使用すると、レベルをチェックする必要はなく（たとえば、`if (logger.isDebugEnabled())`のように）、ロギングが行われるレベルの場合にのみメッセージが作成されます。プレースホルダーは、メッセージ内の文字列`{}`です。

リスト7.22 プレースホルダーの使用

```
log.debug("two parameters: {}, {}", "one","two")
```

Javaまたは VM言語でロギングを行ってきたほとんどの方にとっておなじみのコードでしょうから、難しく考える必要はありません。

開発者を悩ませるその他の一般的なログの課題の1つとして、アプリケーションが使用しているさまざまなツールキットやフレームワークのログを制御する方法を学ぶことがあります。次項では、これをAkkaでどのように行うかを見ていきます。

7.2.3 Akka のロギングの制御

アプリケーションを開発する際に、低レベルなデバッグログが必要になることがあります。Akkaは特定の内部イベントが発生した場合や、アクターがメッセージを処理しているときに、それらをログに出力できます。これらのログメッセージは開発者向けのものであり、運用のためのものではありません。Akkaのロギングのアーキテクチャについてすでに述べたとおり、選択したロギングフレームワークとAkkaが使用するロギングフレームワークは異なるため、パフォーマンスへの悪影響や競合の可能性について心配する必要はありません。Akkaはシンプルな設定レイヤーを提供し、ログに何を出力するかを制御し、これらの設定を変更すると、選択したアペンダー（コンソール、ファイルなど）に結果が表示されます。**リスト7.23**は、Akkaから情報を取得するために設定可能な項目をいくつか列挙したものです。

リスト7.23 Akkaのロギング設定ファイル

```
akka {
  # 以下のいずれかのオプションを使用するには、ログレベルを DEBUG に設定する必要がある
  loglevel = DEBUG
  # ActorSystem 起動時に有効になる非常に基礎的なロガーのログレベル。
  # このロガーは、ログメッセージを stdout（System.out）に出力する
  # 選択候補：OFF、ERROR、WARNING、INFO、DEBUG
  stdout-loglevel = "WARNING"
  # アクターシステムが起動したときに、完全な設定を INFO レベルで出力する。
  # どのような設定が使用されているかが不確かな場合に便利
  log-config-on-start = on
  debug {
    # akka.event.LoggingReceive を使っているアクターが処理した
    # すべてのユーザーレベルのメッセージのログを出力する。
    # 受信したすべてのメッセージを DEBUG レベルで出力する
    # LoggingReceive の機能を有効にする
    receive = on
    # すべての AutoReceiveMessages の DEBUG ログを有効にする
    # （Kill、PoisonPill など）
    autoreceive = on
    # アクターのライフサイクルの変更をデバッグログに記録する
    # （再起動、停止など）
    lifecycle = on
    # イベント、状態遷移、タイマーに使われている
    # すべての LoggingFSM の DEBUG ログを有効にする
```

> アクターが受信したメッセージをログ出力。メッセージを処理するときに akka.event.LoggingReceive を使用する必要がある

第7章 設定とロギングとデプロイ

```
      fsm = on
      # イベントストリームのDEBUGログ出力 (サブスクライブ／アンサブスクライブ) を有効にする
      event-stream = on
    }
    remote {
      # 「on」の場合、Akkaはすべての送信メッセージをDEBUGレベルでログ出力、
      # 「off」の場合は出力しない
      log-sent-messages = on
      # 「on」の場合、Akkaはすべての受信メッセージをDEBUGレベルでログ出力、
      # 「off」の場合は出力しない
      log-received-messages = on
    }
  }
```

　それぞれのオプションについては、コメントで説明を行っています（receiveプロパティの注釈とその追加要件も確認してください）。どのパッケージのレベルを変更すればいいのかさえ知っていれば、フレームワークやツールキットの設定を微調整しなければならないという大きな悩みから解放されます。これは、メッセージベースのシステムならではのもう1つの利点です（それぞれがやっていることが自明なので、コラボレーター間のメッセージトラフィックの流れを観察すればシステムの状態がわかるということです）。**リスト7.24**は、LoggingReceiveを使って、アクターが受け取るすべてのユーザーレベルのメッセージを記録する例です。

リスト7.24 LoggingReceiveの使用

```
class MyActor extends Actor with ActorLogging {
  def receive = LoggingReceive {
    case ... => ...
  }
}
```

LoggingReceiveトレイトを追加すると、アクターのメッセージをログの追跡として参照できる

　プロパティakka.debug.receiveをonに設定すると、アクターが受信したメッセージがログに出力されます。

　ロギングに関することをすべて網羅したわけではありませんが、ロギングを使っていくのに十分な情報を得られたと思います。また、他のアプローチを使用したほうがいいのではないかという心配や、異なる2つのロガー（自分のものとAkkaのもの）の使い分けに関する不安を和らげたのではないかと思います。メッセージパッシングシステムでは、デバッガでソースコードを1行ずつステップ実行することが難しいことがあるので、ロギングは重要なツールです。次節では、アプリケーションデリバリーの最後の要件、デプロイについて説明します。

188

7.3 アクターベースのアプリケーションのデプロイ

ここまで、ActorSystemやアクターを使った設定やロギングの方法を見てきました。しかし、アプリケーションの構築にはまだやるべきことが残っています。システムを起動し、デプロイメントを作成するという一連の流れをまとめて行う必要があります。本節では、アプリケーションのディストリビューションを作成する方法を説明します。シンプルな例を通して、ディストリビューションを作るのがいかに簡単であるかを紹介していきます。

スタンドアロンなアプリケーションを作成するには、sbt-native-packagerプラグインを使ってディストリビューションを作成します。まずHelloWorldアクターを生成します（**リスト7.25**）。これはメッセージを受け取ってハローメッセージを返すというシンプルなアクターです。

リスト7.25 HelloWorldアクター

```scala
class HelloWorld extends Actor with ActorLogging {
  def receive = {
    case msg: String =>
      val hello = "Hello %s".format(msg)
      sender() ! hello
      log.info("Sent response {}",hello)
  }
}
```

ActorLoggingトレイトを使って、メッセージのロギングを行う

次に、HelloWorldアクターを呼び出すActorが必要です（**リスト7.26**）。これをHelloWorldCallerと呼びましょう。

リスト7.26 HelloWorldCaller

```scala
class HelloWorldCaller(timer: FiniteDuration, actor: ActorRef)
    extends Actor with ActorLogging {

  case class TimerTick(msg: String)

  override def preStart() {
    super.preStart()
    implicit val ec = context.dispatcher
    context.system.scheduler.schedule(
      timer,
      timer,
      self,
      new TimerTick("everybody"))
  }
  def receive = {
    case msg: String => log.info("received {}",msg)
```

Akkaスケジューラを使ってメッセージを自分自身に送信

スケジューリングされたトリガーの発動間隔

送信するメッセージ

メッセージの送信先であるActorRef

スケジュールが最初にトリガーされるまでの時間

第7章　設定とロギングとデプロイ

```
    case tick: TimerTick => actor ! tick.msg
  }
}
```

このアクターは、定期的にメッセージを作成するために組み込みのスケジューラを使用しています。`TimerTick`メッセージを定期的に送信します。`HelloWorldCaller`は、`TimerTick`を受信するたびに、コンストラクターで受け取ったアクター参照（`HelloWorld`アクターを指す）に対してメッセージを送信します。`HelloWorld`アクターが受信するすべての`String`メッセージは、ログに出力されます。

アプリケーションを完成させるために実行時にアクターシステムを起動するようにしましょう（**リスト7.27**）。

リスト7.27 BootHello

```
import akka.actor.{ Props, ActorSystem }
import scala.concurrent.duration._          ← Appトレイトを継承して、アプリケーショ
                                              ンの起動時に呼び出されるようにする
object BootHello extends App {  ←

  val system = ActorSystem("hellokernel")        ← ActorSystemを作成
  val actor = system.actorOf(Props[HelloWorld])  ← HelloWorldアクターを生成
  val config = system.settings.config  ←
  val timer = config.getInt("helloWorld.timer")  ← 設定ファイルからタイマーの時間を取得
  system.actorOf(Props(                                    IntegerからDurationを作成。
    new HelloWorldCaller(  ←        Callerアクターを生成    scala.concurrent.duration._
      timer millis,  ←                                    のインポートにより実現
      actor)))  ←
}                      ← HelloWorldアクターへの参照をCallerに渡す
```

アクターシステムを起動するようにしましたが、アプリケーションを動作させるにはいくつかのリソースが必要です。ここで設定ファイルを使ってタイマーのデフォルト値を定義してみましょう（**リスト7.28**）。

リスト7.28 reference.conf

```
helloWorld {
  timer = 5000
}
```

デフォルト値は5,000ミリ秒です。`reference.conf`をJARファイルに含めるために、このconfファイルを`main/resources`ディレクトリに配置することを忘れないようにしてください。次にロガーの設定を行います。これは`application.conf`で行います（**リスト7.29**）。

190

7.3　アクターベースのアプリケーションのデプロイ

リスト7.29 application.conf

```
akka {
  loggers = ["akka.event.slf4j.Slf4jLogger"]
  # 選択候補：ERROR、WARNING、INFO、DEBUG
  loglevel = "DEBUG"
}
```

　これでソースコードもリソースも揃い、あとはディストリビューションを作成するだけです。この例ではsbt-native-packagerプラグインを使って完全なディストリビューションを作成します。sbt-native-packagerを使って設定ファイルをディストリビューションに含めるため、application.confおよびlogback.xmlを<project home>/src/universal/conf配下に配置してください。

　次に、<project home>/projectディレクトリにあるplugins.sbtファイルに sbt-native-packagerを追加します（**リスト7.30**）。

リスト7.30 project/plugins.sbt

```
addSbtPlugin("com.typesafe.sbt" % "sbt-native-packager" % "1.2.2")
```

　最後の手順として、プロジェクト用のsbtビルドファイルを用意します（**リスト7.31**）。

リスト7.31 build.sbt

```
name := "deploy"

version := "0.1-SNAPSHOT"

organization := "manning"

scalaVersion := "2.12.3"

enablePlugins(JavaAppPackaging)     ◀──── スタンドアロンアプリケーションがあることを定義

scriptClasspath +="../conf"     ◀──── confディレクトリをクラスパスに追加。追加しなければ
                                       application.confもlogback.xmlも見つからない

libraryDependencies ++= {     ◀──── アプリケーションの依存関係を定義
  val akkaVersion = "2.5.4"
  Seq(
    "com.typesafe.akka" %% "akka-actor"     % akkaVersion,
    "com.typesafe.akka" %% "akka-slf4j"     % akkaVersion,
    "ch.qos.logback"    % "logback-classic" % "1.0.13",
    "com.typesafe.akka" %% "akka-testkit"   % akkaVersion  % "test",
    "org.scalatest"     %% "scalatest"      % "3.0.0"      % "test"
  )
}
```

191

第7章 設定とロギングとデプロイ

> **check sbt**
>
> 　本書を読み進めるうちに、sbtでいったい何ができるかをより詳細に知りたいと思ったかもしれません。sbtプロジェクトはGitHub上にホスティングされており（https://github.com/sbt/sbt）、ドキュメントを参照できます。
>
> 　また、Manning社より『SBT in Action』という書籍が出版されています。この書籍ではsbtを用いて何ができるかだけでなく、次世代のビルドツールとしてのsbtの機能について細かく解説しています。

　これで、プロジェクトをsbtに定義し、ディストリビューションを作成する準備が整いました。**リスト7.32**に、sbtを起動して**dist**コマンドを実行する手順を示します。

リスト7.32 ディストリビューションの作成

```
sbt
[info] Loading global plugins from home\.sbt\0.13\plugins
[info] Loading project definition from
        \github\akka-in-action\chapter-conf-deploy\project
[info] Set current project to deploy (in build
        file:/github/akka-in-action/chapter-conf-deploy/)
> stage  ──────── sbtのローディングが終わったら、「stage」と入力し [Return] キーを押す
```

　sbtは**target/universal.stage**ディレクトリ内にディストリビューションを作成します。このディレクトリには3つのサブディレクトリが含まれています。

- **bin**── Windows用とUnix用の起動スクリプトを含む
- **lib**── アプリケーションが依存しているすべてのJARファイルを含む
- **conf**── アプリケーションのすべての設定ファイルを含む

　こうしてディストリビューションが作成され、残すはアプリケーションを起動するだけです。アプリケーションをデプロイしたので、**stage**コマンドは2つの起動ファイルを作成しています（**リスト7.33**）。1つがWindowsプラットフォーム用のもので、もう1つがUnix系のシステム用です。

リスト7.33 アプリケーションを起動する

```
deploy.bat
./deploy
```

ログファイルを確認すると、5秒ごとに`helloWorld`アクターがメッセージを受け取り、さらに呼び出し元がそのメッセージを受け取っています。もちろんこのアプリケーションは何の実用性もありませんが、シンプルなルールに従って、アプリケーションの完全なディストリビューションが簡単に作れるということをおわかりいただけたと思います。

7.4 まとめ

ソフトウェア開発と同じで、デプロイも慣れ親しむうちに、容易になっていくのではないでしょうか。しかし実際のところは、システム全体の方向付けもなく、個々のコンポーネントが独自の方法で設定を行うような混沌とした作りになっていくことがしばしばあります。**設計に関するすべての点において**、Akkaのアプローチは最先端のツールを提供しつつも、実装しやすいシンプルな規約に重きを置いています。これらのツールを使って、最初のアプリケーションを簡単に起動できるようにできました。しかしより重要なのは、このシンプルなアプリケーションをより複雑なものへと進展させることができるということを確認できたことです。

- シンプルに設定を上書きするためのファイルの規約
- インテリジェントなデフォルト値：アプリケーションは必要なものの大半を提供できる
- 設定を注入することによる細かな制御
- アダプターと単一の依存ポイントによる最先端のロギング機構
- 軽量なアプリケーションバンドリング
- アプリケーションのバンドリングと実行ができるビルドツールの利用

リリースエンジニアがチーム内の一番働き者のメンバーだった時代は終わろうとしています。本書は次第に複雑な例へと進んでいきますが、そこでデプロイが大きな問題になることはないでしょう。この点が非常に重要です。つまり、Akkaは、メッセージングと並行処理が組み込まれた強力なランタイムであるだけではなく、多くの人がこれまで利用してきたそこまで強力とはいえないアプリケーションの実行環境と比べて素早くデプロイし、動作させることができるのです。

第8章
アクターの構造パターン

この章で学ぶこと

- □ 逐次処理のためのパイプ＆フィルター
- □ タスクを並列化するためのスキャッタギャザー
- □ 受信者リスト：スキャッタコンポーネント
- □ アグリゲータ：ギャザーコンポーネント
- □ ルーティングスリップ：ダイナミックパイプと
  フィルター

　アクターベースのプログラミングで直面する課題の1つは、複数のコラボレーターがそれぞれの作業単位を並列実行し、共同作業する必要があるコードをどのようにモデル化するかということです。共同作業という言葉は複数のプロセスの概念があることを意味しますが、これらが並列実行可能であるとしても、先行ステップが確実に完了したあとに後続ステップを実行しなければならないこともあります。この章では、典型的な**エンタープライズインテグレーションパターン** (Enterprise Integration Patterns：EIP) のいくつかを実装することで、Akka持ち前の並行性を活かしつつ、これらの設計アプローチを採用する方法を示します。

　問題解決の手段としてアクターを接続するさまざまな方法を示すため、まずはEIPの中から最も関連性の高いものに焦点を当てます。アプリケーションの構造を考えることが目的なので、この章ではアーキテクチャに関するEIPに着目しましょう。

　まず、簡単なパイプ＆フィルターパターンから始めます。これはほとんどのメッセージパッシングシステムが備えている単純なパターンです。従来は逐次的に動作するパターンでしたが、ここでは並行メッセージベースのアーキテクチャで動作するように修正します。次にスキャッタギャザーパターンを扱います。このパターンはタスクを並列化する手段を提供します。これらのパターンはアクターを用いると非常にコンパクトで効率的に実装できます。それだけでなく、(パターンの実装のほとんどがそうであるように) 実装の詳細が切り離されているため、ほとんどのパターンですぐに利用できます。

8.1 パイプ&フィルター

パイプという概念は、あるプロセスまたはスレッドがその結果を別のプロセッサーに受け渡して追加の処理を行うことを指します。ほとんどの人は、その起源であるUnixの経験からパイプのことを知っているでしょう。パイプされたコンポーネントの集合をしばしば**パイプライン**といいますが、パイプラインの各ステップが並列的ではなく逐次的に実行されることを期待する人がほとんどでしょう。しかし、プロセスの独立した部分が並列に動作するのを期待することも多々あります。ここではまず、パイプ&フィルターパターンの適用性とその形式の説明、そしてAkkaを使用してこれを実装する方法を見ていきます。

8.1.1 エンタープライズインテグレーションパターン ——パイプ&フィルター

多くのシステムでは、1つのイベントが一連のタスクを起動します。例として、スピード違反を取り締まるカメラについて考えてみましょう。このカメラは、写真撮影とスピード測定を行います。しかし、イベントが中央処理システムに送られる前に、多数のチェックが行われます。写真の中にナンバープレートがない場合、システムはそれ以上メッセージを処理できず、イベントを破棄します。また、この例では、速度が法定速度を下回ったときにもメッセージを破棄します。つまり、スピード違反した車両のナンバープレートを含むメッセージだけが中央処理システムに到達することになります。パイプ&フィルターパターンをどのように適用するかはもうわかるでしょう。この場合、制約はフィルターであり、その相互接続がパイプです（**図8.1**）。

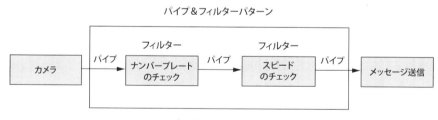

● 図8.1　パイプ&フィルターパターンの例

各フィルターはメッセージを受信するインバウンドパイプ、メッセージのプロセッサー、そして処理の結果をパイプラインの外部へ送信するアウトバウンドパイプの3つの部分で構成されます（**図8.2**）。

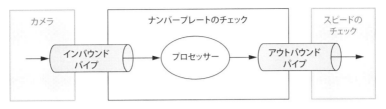

● 図8.2　フィルターの3つのパーツ

　ナンバープレートをチェックするフィルターのアウトバウンドパイプはスピードをチェックするフィルターのインバウンドパイプでもあるため、2つのパイプを部分的にフィルターからはみ出させて記述します。重要な制約として、フィルターのアウトバウンドパイプは他のあらゆるフィルターのインバウンドパイプにもなりうるため、各フィルターは同じメッセージを送受信できなければいけません。つまり、すべてのフィルターは同じインターフェイスを持つ必要があります。インバウンドとアウトバウンドのパイプも同様です。このようにすると、新しいプロセスの追加、プロセスの順序変更や削除などが容易になります。フィルターは同じインターフェイスを持ち、独立しているため、新たなパイプを追加する場合を除いて、変更する必要はありません。

8.1.2　Akkaでのパイプとフィルター

　フィルターはメッセージシステムにおける処理単位のため、パイプ＆フィルターパターンをAkkaに適用する場合、アクターを使ってフィルターを実装します。すでにメッセージングの仕組みがあるおかげで、複数のアクターを接続するだけで、パイプも実装したことになります。Akkaを使ってこのパターンを実装するのは簡単に見えますが、これがすべてではありません。パイプ＆フィルターパターンを実装するために重要な要件は2つあります。インターフェイスがすべてのフィルターで同じであるということと、すべてのアクターが独立していることです。これは、図8.3に示すように、メッセージがフィルターのインターフェイスの一部であるため、異なるアクターが受信するすべてのメッセージの型が同じである必要があることを意味します。異なるメッセージ型を使用してしまうと、次にくるアクターのインターフェイスが異なるため、統一性の要件に違反し、互換性のあるフィルターとして差し替えて利用できなくなります。

● 図8.3 異なるアクターから送られたメッセージ

第8章　アクターの構造パターン

　パイプへの入力と出力が同じという要件があるので、両方のアクターは同じ型のメッセージを
送受信する必要があります。

　Photoというメッセージと**LicenseFilter**（ナンバープレートをチェックするフィルター）と
SpeedFilter（スピードをチェックするフィルター）という2つのフィルターの小さなサンプルを
作ってみましょう（**リスト8.1**）。

リスト8.1　2つのフィルターがあるパイプ

```scala
case class Photo(license: String, speed: Int)     ← フィルタリングされる
class SpeedFilter(minSpeed: Int, pipe: ActorRef) extends Actor {      メッセージ
  def receive = {
    case msg: Photo =>
      if (msg.speed > minSpeed)     ← 法定速度を下回るすべてのPhotoをフィルタリング
        pipe ! msg
  }
}

class LicenseFilter(pipe: ActorRef) extends Actor {
  def receive = {
    case msg: Photo =>
      if (!msg.license.isEmpty)     ← 車のナンバーがないすべてのPhotoをフィルタリング
        pipe ! msg
  }
}
```

　これらのアクターのフィルターは特別なことはしていません。2.1.2節や他の例では一方向の
メッセージを持つアクターを使用しました。しかし、2つのアクターの入出力のメッセージ型が同
じなので、お互いに他方の処理結果を入力としてパイプラインを構築できます。つまり、フィル
ターを適用する順序は重要ではありません。次の例では、順序が処理時間に大きな影響を及ぼ
すことが判明したときに、これがどのように有用な柔軟性をもたらすのかを示します。まず、ど
のように動作するのかを確認しましょう（**リスト8.2**）。

リスト8.2　パイプとフィルターのテスト

```scala
val endProbe = TestProbe()
val speedFilterRef = system.actorOf(     ← パイプライン構造
  Props(new SpeedFilter(50, endProbe.ref))
)
val licenseFilterRef = system.actorOf(
  Props(new LicenseFilter(speedFilterRef))
)
val msg = new Photo("123xyz", 60)     ← スピード違反によりメッセージが通過することの確認
licenseFilterRef ! msg
endProbe.expectMsg(msg)
```

198

```
licenseFilterRef ! new Photo("", 60)          ←  車のナンバーを認識できなかった場合のテスト
endProbe.expectNoMsg(1 second)

licenseFilterRef ! new Photo("123xyz", 49)    ←  法定速度を下回る場合のテスト
endProbe.expectNoMsg(1 second)
```

　LicenseFilterは、多くのリソースを使用します。ナンバープレート上の文字と数字の位置を特定する必要があり、CPUを消費します。交通量の多い道にカメラを置くと、フィルターの処理が受け取った写真の量に対して処理が追いつかなくなることがわかりました。ここでLicenseFilterはメッセージの90%を許可し、SpeedFilterはメッセージの50%を許可するということがわかっているとします。

　この例では、LicenseFilterは毎秒20個のメッセージを処理する必要があります（**図8.4**）。パフォーマンスを向上させるには、フィルターを並べ替えるほうがよいでしょう。SpeedFilterがほとんどのメッセージをフィルターするため、LicenseFilterの負荷が大幅に減少します。

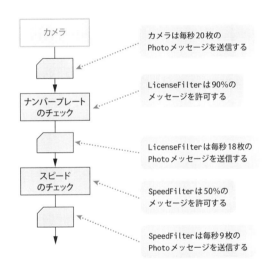

● 図8.4　初期設定での各フィルターの処理済みメッセージ数

　図8.5に示すように、フィルターの順番を変更すると、LicenseFilterは毎秒10枚のナンバープレートを評価します。並べ替えによってフィルターの負荷が半分になりました。また、インターフェイスが同じでプロセスが独立しているため、機能やコードを変更することなく、アクターの順序を簡単に変更できました。パイプ＆フィルターパターンを用いなければ、両方のコンポーネントを変更して機能させる必要がありますが、このパターンを使用すると、起動時のアクターのチェーンの構築を変更するだけでよく、簡単に設定できます。

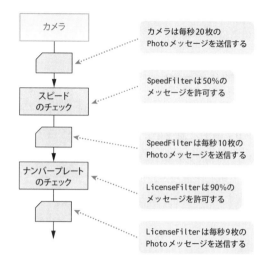

● 図8.5　設定変更したときの各フィルターの処理済みメッセージ数

リスト8.3　フィルターの順序を変更

```
val endProbe = TestProbe()
val licenseFilterRef = system.actorOf(    ←――― パイプライン構造を並べ替える
  Props(new LicenseFilter(endProbe.ref))
)
val speedFilterRef = system.actorOf(
  Props(new SpeedFilter(50, licenseFilterRef))
)
val msg = new Photo("123xyz", 60)
speedFilterRef ! msg
endProbe.expectMsg(msg)

speedFilterRef ! new Photo("", 60)
endProbe.expectNoMsg(1 second)

speedFilterRef ! new Photo("123xyz", 49)
endProbe.expectNoMsg(1 second)
```

　パイプラインが同じ機能を提供するので、フィルターを使用する順序は関係ありません。この柔軟性がこのパターンの利点です。この例では、フィルターを使っていましたが、このパターンを拡張することもできます。処理パイプラインはフィルターに限らず、プロセスが同じ型のメッセージを送受信し、他のプロセスから独立してさえいれば、このパターンを適用できます。次節では、並行性を実現し分割統治を行うパターンを見ていきます。Akkaを使えば、これは簡単に実現できます。複数のアクターに作業を分配し、結果を1つにまとめるようにすると、コンシューマーはレスポンスを1つ受け取るだけで作業成果物を利用できるようになります。

8.2 エンタープライズインテグレーションパターン ―― スキャッタギャザー

前節では、逐次実行されるタスクのパイプラインを作りました。タスクを並列実行するのが好ましいことがしばしばありますが、スキャッタギャザーパターンがこれをどのように実現するかを見ていきましょう。Akkaにはアクターに作業を非同期的に送り出す機能が標準で備わっており、その機能がこのパターンを実現するために必要なことの大部分を担います。処理タスク（前の例のフィルター）はギャザー部分です。受信者リストはスキャッタコンポーネントです。ギャザー部分には（Akkaが提供する）アグリゲータを使用します。

8.2.1 適用性

このパターンは、2つの異なるシナリオに適用できます。1つ目は、機能的には同じタスクで、ある1つの結果のみがギャザーコンポーネントに渡されるというシナリオです。2つ目は、並列処理のために作業を分割し、アグリゲータが各プロセッサーから提出された結果を1つの結果セットにまとめるというシナリオです。次節で両方のAkkaによる実装を確認し、このパターンの利点をはっきりと理解できるでしょう。

競争タスク

次の問題から始めましょう。クライアントがある商品を買おうとしています。ひとまず、オンライン書店の書籍ということにしましょう。書店にはクライアントが購入したい書籍がないため、仕入先から書籍を購入する必要があります。しかし、書店は3店舗の仕入先と取引しており、この中の最低価格で購入したいと考えています。このシステムで、商品がいくらで入手できるのかを確認しなければいけません。この確認は各仕入先に対して行い、最低価格の仕入先のみを採用します。**図8.6**に、スキャッタギャザーパターンがどのように役立つかを示します。

クライアントのメッセージは3つのプロセスに分散され、各プロセスは商品を購入可能かということと、いくらで購入できるのかをチェックします。ギャザープロセスがすべての結果を収集し、最低価格（この例では20ドル）のメッセージのみを後続のプロセスに渡します。処理タスクはすべて、商品の価格を取得することだけに特化していますが、それぞれ仕入先が異なるため、異なる方法で処理を行っている可能性があります。パターンの用語では、これは**競争タスク**と呼びますが、これはこの中から最良のものだけが使われるからです。

ここでは最も価格が低いものを選ぶという基準を設けていますが、他のケースではこの基準が異なる場合があります。ギャザーコンポーネントの選択は、必ずしもメッセージの内容に基づいているとは限りません。単に最も早い応答を返すという競争の場合は、内容が必要になるメッセージは1つだけです。たとえば、リストをソートするのにかかる時間は、使用するアルゴリズ

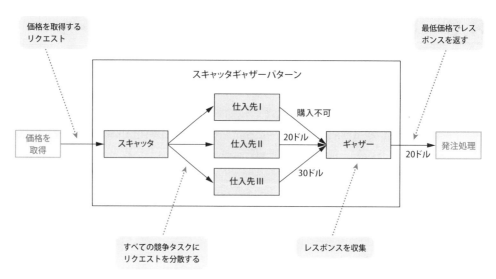

● 図8.6 競合するタスクによるスキャッタギャザーパターン

ムとソート前のリストに大きく依存します。パフォーマンスが重要な場合は、さまざまなソートアルゴリズムを使用してリストを並列にソートします。Akkaでこのようなことを行う場合、バブルソートを行うアクター、クイックソートを行うアクター、ヒープソートを行うアクターなどが出てくるでしょう。すべてのタスクの結果は同じソートリストになりますが、そのうちのどれが最速になるかは、ソート前のリストの内容次第です。この場合、ギャザーコンポーネントは最初に受信したメッセージを採用し、他のアクターに停止を指示します。これは、競争タスクにスキャッタギャザーパターンを使用する例にもなります。

並列協調処理

スキャッタギャザーパターンのもう1つの適用ケースは、タスクがサブタスクを実行するケースです。カメラの例に戻ってみましょう。Photoメッセージを処理している間に、写真から他の情報を取り出す必要があります。たとえば、写真が撮影された時刻や車のスピードなどを取り出し、Photoメッセージに追加する必要があります。両方のアクションは互いに独立しており、並列に実行できます。両方のタスクが準備できたら、結果は時刻とスピードを含む単一のメッセージに結合しなければなりません。図8.7に、この問題に対するスキャッタギャザーパターンの使用方法を示します。

このパターンは、メッセージを GetTime と GetSpeed というタスクに分散させることから始めます。両方のタスクの結果は、後続のタスクで利用できるように、単一のメッセージに結合する必要があります。

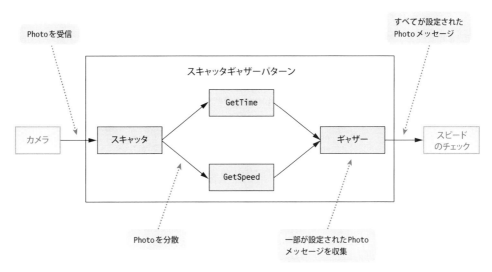

● 図8.7　タスクの並列化のためのスキャッタギャザーパターン

8.2.2　Akkaの並列タスク

　2つ目の写真の例のシナリオでAkkaのアクターを使ったスキャッタギャザーパターンを実装する方法を見てみましょう。このパターンの各コンポーネントはそれぞれを1つのアクターとして実装します。この例では、すべてのタスクが使用するメッセージを1つの共通の型にします。各タスクは、処理が完了したときに同じ型のメッセージにデータを追加します。すべてのタスクが独立していなければならないという要件をいつも満たせるとは限りません。この場合、お互いが依存し合う関係にあるタスク同士の順序を入れ替えることができないことを意味します。その他の、タスクの追加、削除といったメリットは享受できます。

　まず、使用するメッセージを定義します。このメッセージは、この例のすべてのコンポーネントによって送受信されます。

```
case class PhotoMessage(
    id: String,
    photo: String,
    creationTime: Option[Date] = None,
    speed: Option[Int] = None
)
```

　このメッセージの例では交通監視カメラと画像認識ツールは単に画像を提供するという形でモックアップします。メッセージにはIDがあり、アグリゲータがメッセージをそれぞれのフローに関連付けるためにそのIDを使用するという点に注意してください。その他の属性は撮影時刻とスピードです。はじめはそれぞれの属性が空ですが、`GetSpeed`と`GetTime`タスクによって値

が設定されます。次のステップで、`GetTime`と`GetSpeed`の2つの処理タスクを実装します（**図8.8**）。

● 図8.8　2つの処理タスク：GetTimeとGetSpeed

2つのアクターの構造は同じですが、画像から抽出する属性が異なります。これらのアクターは実際に処理を行いますが、この処理に画像をディスパッチするためのスキャッタ機能を実装したアクターが必要です。次項では、受信者リストを使用してタスクを分散します。結果はアグリゲータパターンによって結合します。

8.2.3　受信者リストパターンを使用したスキャッタコンポーネントの実装

`PhotoMessage`をスキャッタギャザーパターンで処理するとき、スキャッタコンポーネントはメッセージをプロセッサー（前節の`GetTime`と`GetSpeed`アクター）に送信する必要があります。EIPの受信者リストというパターンを使ってスキャッタコンポーネントの最も単純な実装を行います（メッセージの分散は、1つのメッセージから複数のメッセージを作成して送信する方法であれば、どのような方法でも実装できます）。

受信者リストは1つのコンポーネントで構成される単純なパターンです。受信したメッセージを他の複数のコンポーネントに送信します。**図8.9**は、受信したメッセージが`GetTime`と`GetSpeed`タスクに送信されることを示しています。

8.2 エンタープライズインテグレーションパターン —— スキャッタギャザー

● 図8.9 受信者リストパターン

すべてのメッセージに対して同じ2つの抽出処理を実行しなければならないことを考えると、`RecipientList`は静的であり、メッセージは常に`GetTime`と`GetSpeed`タスクに送られます。他のやり方として、メッセージの内容やリストの状態に基いて受信者を決定するような動的受信者リストを使った実装をすることもあります。

図8.10は受信者リストの最も単純な実装例です。メッセージを受信すると、メッセージがメンバーに送信されます。Akkaの`TestProbe`（第3章で出てきました）を使って`RecipientList`を動かしてみましょう（**リスト8.4**）。

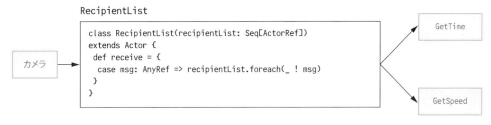

● 図8.10 RecipientList

リスト8.4 RecipientListのテスト

```
val endProbe1 = TestProbe()
val endProbe2 = TestProbe()
val endProbe3 = TestProbe()
val list = Seq(endProbe1.ref, endProbe2.ref, endProbe3.ref)   ← RecipientListの生成
val actorRef = system.actorOf(
  Props(new RecipientList(list))
)

val msg = "message"
actorRef ! msg   ← メッセージの送信
endProbe1.expectMsg(msg)
endProbe2.expectMsg(msg)   ← すべての受信者がメッセージを受信
endProbe3.expectMsg(msg)
```

205

RecipientListというアクターにメッセージを送信すると、そのメッセージをすべてのTest Probeが受信します。

このパターンに驚くべきところはありませんが、スキャッタギャザーパターンを用いると非常に便利です。

8.2.4　アグリゲータパターンを使用したギャザーコンポーネントの実装

受信者リストは、1つのメッセージをGetSpeedとGetTimeへの2つのメッセージフローに分散しています。両方のフローがそれぞれ全体の処理の一部を行っています。時刻とスピードの両方を取得すると、メッセージを1つの結果に結合する必要があります。この結合はギャザーコンポーネントで行われます。図8.11はアグリゲータパターンを示しています。RecipientListをスキャッタコンポーネントとして使用しているのと同様に、アグリゲータパターンをギャザーコンポーネントとして使用しています。

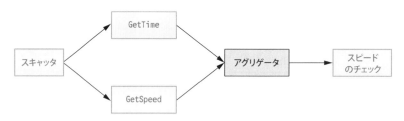

●図8.11　ギャザーコンポーネントとしてのアグリゲータパターン

アグリゲータパターンは、複数のメッセージを1つにまとめるために使用します。たとえば、処理タスクが互いに競争している場合にどの結果を採用するか決める処理に用いたり、ここで行うように単に複数のメッセージを1つにまとめるために用いることができます。アグリゲータの特徴は、複数のメッセージを保持しておいて、すべてのメッセージが受信できたときにそれらを処理できることです。簡単にするため、2つの`PhotoMessages`を1つにまとめるアグリゲータを実装します（**リスト8.5**）。

リスト8.5　アグリゲータ

```
class Aggregator(timeout:Duration, pipe:ActorRef) extends Actor {
  val messages = new ListBuffer[PhotoMessage]  ← まだ処理できないメッセージを格納するためのバッファー
  def receive = {
    case rcvMsg: PhotoMessage => {
      messages.find(_.id == rcvMsg.id) match {
        case Some(alreadyRcvMsg) => {  ← これは（2つのうち）2番目のメッセージなので、結合できる
          val newCombinedMsg = new PhotoMessage(
```

8.2　エンタープライズインテグレーションパターン —— スキャッタギャザー

```
                rcvMsg.id,
                rcvMsg.photo,
                rcvMsg.creationTime.orElse(alreadyRcvMsg.creationTime),
                rcvMsg.speed.orElse(alreadyRcvMsg.speed) )
            pipe ! newCombinedMsg
            // メッセージをクリーンアップ
            messages -= alreadyRcvMsg        ←──────  処理したメッセージをリストから削除
        }
        case None => messages += rcvMsg     ←──────  最初のメッセージを受信したので、
    }                                                 あとで処理するために保存
  }
}
```

　メッセージを受信したときに、同じIDのメッセージをすでに受け取ったかどうかを確認します。まだ受け取っていない場合、メッセージをメッセージバッファーに格納します。すでに受け取っている場合はそのメッセージを処理できるため、アグリゲータがメッセージを1つにまとめ、その結果を次のプロセスに送信します。

リスト8.6　アグリゲータのテスト

```
val endProbe = TestProbe()
val actorRef = system.actorOf(
  Props(new Aggregator(1 second, endProbe.ref)))
val photoStr = ImageProcessing.createPhotoString(new Date(), 60)
val msg1 = PhotoMessage("id1",
  photoStr,
  Some(new Date()),
  None)
actorRef ! msg1        ←──────  最初のメッセージを送信

val msg2 = PhotoMessage("id1",
  photoStr,
  None,
  Some(60))
actorRef ! msg2        ←──────  2番目を送信

val combinedMsg = PhotoMessage("id1",
  photoStr,
  msg1.creationTime,
  msg2.speed)

endProbe.expectMsg(combinedMsg)   ←──────  結合されたメッセージを期待する
```

　アグリゲータは期待どおりに動作します（**リスト8.6**）。準備が整っていれば、2つのメッセージをアグリゲータに送信すると、1つのメッセージにまとめられて送り返されます。しかし、アクターに状態を持たせているため、状態の一貫性が常に保たれていることを保証する必要があり

ます。タスクが1つ失敗した場合、どうなるでしょうか？　この場合、最初のメッセージが永久に
バッファーに保存されたままで、メッセージに何が起こったかがわからなくなってしまいます。
失敗が積み重なると、バッファーサイズが増加し、最終的にはメモリーサイズを超過する致命的
なエラーが発生してしまうかもしれません。

　この問題を回避する方法はたくさんありますが、ここではタイムアウトを使用します。両方の
タスクの実行にほぼ同じ時間がかかると仮定すると、両方のメッセージはほぼ同時に受信するこ
とになります。この時間は、メッセージを処理するために必要なリソースの割り当て方の違いに
よって異なることがありますが、ある決まったタイムアウト時間内に2番目のメッセージを受信
できなかった場合、消失したものとみなします。

　次に考えなければならないことは、アグリゲータがメッセージの消失にどのように反応すべき
かということです。この例では、メッセージの消失は致命的なものではないため、まだ完了して
いないメッセージがあっても処理を続けるものとします。したがって、この例の実装では、アグ
リゲータは一方のメッセージを受信しなくても常にメッセージを送信します。

　タイムアウトを実装するには、スケジューラを使用します（**リスト8.7**）。最初のメッセージを
受信したときに、TimeoutMessageをスケジューリングします（受信者としてselfを指定します）。
TimeoutMessageを受信したときに、メッセージがまだバッファーに残っているかどうかを確認し
ます。このときバッファーにメッセージが残っているのは、2番目のメッセージを時間どおりに受
信できなかった場合のみです。この場合、メッセージを1つだけ送信します。メッセージがバッ
ファー内にないということは、結合したメッセージをすでに送信したことを意味します。

リスト8.7　タイムアウトの実装

```
case class TimeoutMessage(msg:PhotoMessage)

def receive = {
  case rcvMsg: PhotoMessage => {
    messages.find(_.id == rcvMsg.id) match {
      case Some(alreadyRcvMsg) => {
        val newCombinedMsg = new PhotoMessage(
          rcvMsg.id,
          rcvMsg.photo,
          rcvMsg.creationTime.orElse(alreadyRcvMsg.creationTime),
          rcvMsg.speed.orElse(alreadyRcvMsg.speed) )
        pipe ! newCombinedMsg
        // メッセージをクリーンアップ
        messages -= alreadyRcvMsg
      }
      case None => {
        messages += rcvMsg
        context.system.scheduler.scheduleOnce(          ◀──────  タイムアウトのスケジューリング
          timeout,
          self,
```

```
                new TimeoutMessage(rcvMsg))
          }
        }
      }
      case TimeoutMessage(rcvMsg) => {          ← タイムアウトが発生
        messages.find(_.id == rcvMsg.id) match {
          case Some(alreadyRcvMsg) => {          2番目のメッセージを受信しなかっ
            pipe ! alreadyRcvMsg          ←      た場合、はじめのメッセージを送信
            messages -= alreadyRcvMsg
          }

          case None => // メッセージは処理済み   ←  両方のメッセージをすでに処
        }                                           理しているため、何もしない
      }
    }
```

　タイムアウトを実装できたので、アグリゲータが許容時間内に2つのメッセージを受信できな
かったときに応答するかどうかを確認します。

```
val endProbe = TestProbe()
val actorRef = system.actorOf(
  Props(new Aggregator(1 second, endProbe.ref)))
val photoStr = ImageProcessing.createPhotoString(  ←   メッセージの作成
  new Date(), 60)
val msg1 = PhotoMessage("id1",
  photoStr,
  Some(new Date()),
  None)
actorRef ! msg1     ←    1つのメッセージのみを送信

endProbe.expectMsg(msg1)   ←   タイムアウトを待ってメッセージを受信
```

　見てのとおり、メッセージを1つだけ送信した場合にタイムアウトが発生します。メッセージ
の消失を検出し、最初のメッセージを結果のメッセージとして送信しています。

　しかし問題はこれだけではありません。4.2節でアクターのライフサイクルを説明しました
が、アクターを再起動する可能性があるため、状態を使用する場合は注意が必要です。アグリ
ゲータがなにか失敗すると、アグリゲータが再起動するため、すでに受信したすべてのメッセー
ジが失われます。どうすればこの問題を解決できるでしょうか？　アクターが再起動する前に
preRestartメソッドが呼び出されます。このメソッドを使うことで状態を保持できます。この
アグリゲータの場合、再起動する前にメッセージを再送信するというシンプルな解決策がありま
す。受信したメッセージは順序に依存しないため、障害が発生したとしても問題ありません。
バッファーからメッセージを再送しておくと、アクターの新しいインスタンスが開始されたとき
にメッセージが再びバッファーに保存されます。アグリゲータの完全な実装は**リスト8.8**のとお

第8章 アクターの構造パターン

りです。

リスト8.8 アグリゲータ

```scala
class Aggregator(timeout: FiniteDuration, pipe: ActorRef)
  extends Actor {

  val messages = new ListBuffer[PhotoMessage]
  implicit val ec = context.system.dispatcher
  override def preRestart(reason: Throwable, message: Option[Any]) {
    super.preRestart(reason, message)
    messages.foreach(self ! _)    ←──────── 受信したすべてのメッセージを自身のメールボックスに送信
    messages.clear()
  }

  def receive = {
    case rcvMsg: PhotoMessage => {
      messages.find(_.id == rcvMsg.id) match {
        case Some(alreadyRcvMsg) => {
          val newCombinedMsg = new PhotoMessage(
            rcvMsg.id,
            rcvMsg.photo,
            rcvMsg.creationTime.orElse(alreadyRcvMsg.creationTime),
            rcvMsg.speed.orElse(alreadyRcvMsg.speed))
          pipe ! newCombinedMsg
          // メッセージをクリーンアップ
          messages -= alreadyRcvMsg
        }
        case None => {
          messages += rcvMsg
          context.system.scheduler.scheduleOnce(
            timeout,
            self,
            new TimeoutMessage(rcvMsg))
        }
      }
    }
    case TimeoutMessage(rcvMsg) => {
      messages.find(_.id == rcvMsg.id) match {
        case Some(alreadyRcvMsg) => {
          pipe ! alreadyRcvMsg
          messages -= alreadyRcvMsg
        }
        case None => // メッセージは処理済み
      }
    }
    case ex: Exception => throw ex    ←──────── テスト用に追加
  }
}
```

210

テストで再起動をトリガーするために例外をスローする機能を追加しました。しかし、同じ種類のメッセージを2回受け取った場合、タイムアウトメカニズムはどのように機能するでしょうか？ メッセージをすでに処理している場合は何もしないので、タイムアウトが2回発生しても問題ありません。タイムアウトなので、タイマーはリセットしません。この例では、最初に設定したタイムアウトが発生したときにだけ動作するため、この単純なメカニズムが機能します。

これらの変更は問題を解決したでしょうか？ 最初のメッセージを送信してから2番目のメッセージを送信する前にアグリゲータを再起動するというテストを実施しましょう。アグリゲータにスローされる`IllegalStateException`を送信して、再起動をトリガーします（**リスト8.9**）。再起動してもアグリゲータは2つのメッセージをまとめることができるでしょうか？

リスト8.9 アグリゲータがメッセージを消失

```
val endProbe = TestProbe()
val actorRef = system.actorOf(
  Props(new Aggregator(1 second, endProbe.ref)))
val photoStr = ImageProcessing.createPhotoString(new Date(), 60)

val msg1 = PhotoMessage("id1",
  photoStr,
  Some(new Date()),
  None)
actorRef ! msg1          ←──────── 最初のメッセージを送信

actorRef ! new IllegalStateException("restart")  ←──────── アグリゲータの再起動

val msg2 = PhotoMessage("id1",
  photoStr,
  None,
  Some(60))
actorRef ! msg2          ←──────── 2番目のメッセージを送信

val combinedMsg = PhotoMessage("id1",
  photoStr,
  msg1.creationTime,
  msg2.speed)

endProbe.expectMsg(combinedMsg)
```

テストは成功し、アグリゲータが再起動したあとでもメッセージをまとめることができたことがわかります。メッセージングにおける永続性とは、サービスが中断している間にメッセージを維持する機能を指します。単純に自身が保持しているメッセージを再送するという実装をアグリゲータに行い、単体テストで永続性があることを確認しました（永続性に影響のある変更が行われた場合は、本番での障害が発生する前にテストで検知できます）。

第8章　アクターの構造パターン

8.2.5　コンポーネントをスキャッタギャザーパターンに結合する

　コンポーネントのテストを行い準備が整ったため、このパターンの実装を仕上げましょう。それぞれの要素を個別でテストと一緒に開発することで、それぞれが正常に協調作業できることを保証したうえで、最終的な組み立て段階に入っていきます。

リスト8.10　スキャッタギャザーパターンの実装

```
val endProbe = TestProbe()
val aggregateRef = system.actorOf(
  Props(new Aggregator(1 second, endProbe.ref)))     ← アグリゲータの生成
val speedRef = system.actorOf(
  Props(new GetSpeed(aggregateRef)))    ← GetSpeedアクターを生成し、Aggregatorにパイプする
val timeRef = system.actorOf(
  Props(new GetTime(aggregateRef)))     ← GetTimeアクターを生成し、Aggregatorにパイプする
val actorRef = system.actorOf(
  Props(new RecipientList(Seq(speedRef, timeRef))))   ← GetTimeおよびGetSpeedア
                                                         クターの受信者リストを生成

val photoDate = new Date()    ← GetSpeedアクターを作成し、アグリゲータにパイプする
val photoSpeed = 60
val msg = PhotoMessage("id1",
  ImageProcessing.createPhotoString(photoDate, photoSpeed))

actorRef ! msg     ← 受信者リストにメッセージを送信

val combinedMsg = PhotoMessage(msg.id,
  msg.photo,
  Some(photoDate),
  Some(photoSpeed))

endProbe.expectMsg(combinedMsg)    ← 結合されたメッセージを受信
```

　この例では、最初のアクター（RecipientList）にメッセージを1つ送信します。RecipientListは並列に処理できるメッセージフローを2つ作成します。両方の結果がアグリゲータに送信され、その両方のメッセージを受信すると、1つのメッセージが次のステップ（ここではTestProbe）に送信されます。以上がスキャッタギャザーパターンの仕組みです。この例ではタスクは2つですが、パターン自体にタスク数の制限はありません。

　スキャッタギャザーパターンはパイプ＆フィルターパターンと組み合わせることもできます。これには2つの方法があります。1つは、完全なスキャッタギャザーパターンをパイプラインの部品にすることです。これは、完全なスキャッタギャザーパターンが1つのフィルターとして実装されていることを意味します。スキャッタコンポーネントはフィルターパイプライン内の他のフィルターコンポーネントと同じメッセージを受信し、ギャザーコンポーネントはそれらのインターフェイスメッセージのみを送信します。

212

図8.12を見ると、フィルターパイプラインのフィルターの1つがスキャッタギャザーパターンを使って実装されていることがわかるでしょう。これにより、フィルターの順序を変更したり、残りの処理ロジックを乱すことなくフィルターを追加・削除できる柔軟な解決策が得られます。

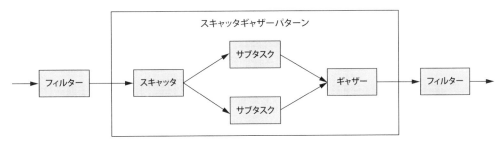

● 図8.12　フィルターとしてスキャッタギャザーパターンを使用

もう1つの方法は、パイプラインを分散した流れの一部にすることです。これは、メッセージを結合する前にメッセージがパイプラインを通ってくるということです。

図8.13では、スキャッタギャザーパターンを使って、メッセージを2つのストリームに分散しています。ストリームの1つはパイプラインになっていますが、もう1つは単なる処理タスクです。パターンを組み合わせると、部品に柔軟性を持たせ、再利用できるようになります。これはシステムが大きくなるにつれて役立つ場面が多くなっていくでしょう。

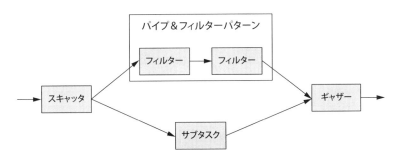

● 図8.13　スキャッタギャザーパターンでのパイプ＆フィルターパターンの使用

8.3　エンタープライズインテグレーションパターン──ルーティングスリップ（回覧票）

もう1つのエンタープライズインテグレーションパターンはルーティングスリップ（回覧票）です。このパターンは、パイプ＆フィルターパターンの動的なバージョンと捉えることができます。このパターンの利点を説明するために、少し複雑な例を使用します。車の工場があり、標

準装備の黒い車があるとします。新しい車を発注する際には、クライアントはカーナビ、パーキングセンサー、グレーの塗装など、さまざまなオプションを選択できます。それぞれの車はすべての顧客がカスタマイズできます。標準装備のままの車が発注されると、車は黒く塗るだけで良く、他のすべてのステップはスキップできます。しかし、クライアントがすべてのオプションを希望するときは、黒く塗る手順をスキップして、他のすべての手順を実行する必要があります。この問題を解決するために、ルーティングスリップパターンが使用できます。回覧票（ルーティングスリップ）は、メッセージに追加されたタスクのロードマップです。routeSlipプロパティはすべてのメッセージの中に含まれていて、各タスクは処理が終了したときに、メッセージを渡す次のタスクをrouteSlipプロパティから見つけることができます。このコンセプトは一般的に、回覧票が入った封筒というメタファーを使って説明されます。その封筒には、書類にサインする必要がある人たちのリストが入っています。封筒は人から人へ渡ってゆきます。封筒を受け取った人は各自必要な検査を行い、そして次の人に書類を渡す際に、封筒に時刻を記入します。

　図8.14は2人の顧客の要求を示したものです。1つは、標準装備のままの車を注文するする場合で、もう1つはすべてのオプションを注文する場合です。SlipRouterはどのステップを実行すべきかを決定し、メッセージを最初のステップに送る必要があります。

　図8.14の標準装備のままの例（上段）では、SlipRouterはステップPaintBlackだけを実行するべきであると判断し、このステップと終点だけで回覧票を作成します。PaintBlackタスクが終了すると、次のステップ（この場合は終点）にメッセージを送信し、他のすべてのステップはスキップします。2つ目の例では、すべてのオプションを選択したため、回覧票にはPaintBlack

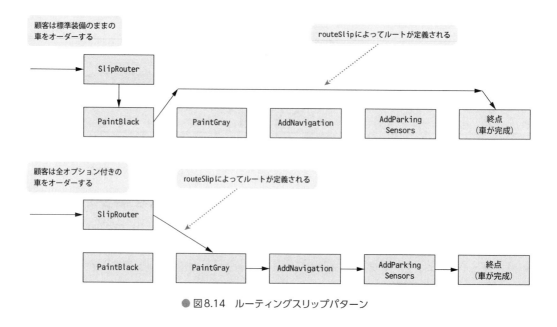

● 図8.14　ルーティングスリップパターン

ステップを除くすべてのステップが含まれています。タスクが終了するたびに、メッセージと回覧票をリストの次のステップに送信します。このため、ルートは動的に決定されるので、各処理タスクは同じインターフェイスを実装する必要があります。タスクをスキップしたり、タスクの順序を変更したりすることもできるので、さまざまな種類のメッセージを使ってしまうと、どのように処理すればよいかわからないメッセージをタスクが受信してしまう可能性があるためです。

　パイプ＆フィルターパターンでも同じような要件がありました。唯一異なる点は、パイプ＆フィルターパターンのパイプラインが静的ですべてのメッセージに対して固定であるということです。ルーティングスリップパターンは動的であり、メッセージごとに異なるパイプラインを作成できます。このパターンを動的なパイプ＆フィルターパターンと考えることもできます。SlipRouterはそれぞれのメッセージに対して、そのメッセージ固有のパイプラインを作成します。

　このパターンを使用する場合は、パイプ＆フィルターパターンと同じように、各ステップのインターフェイスが同じで、それぞれのタスクが独立していることが重要です。各タスクのインターフェイスとなるメッセージを作成して、この例を実装してみましょう。

```scala
object CarOptions extends Enumeration {
  val CAR_COLOR_GRAY, NAVIGATION, PARKING_SENSORS = Value
}

case class Order(options: Seq[CarOptions.Value])
case class Car(color: String = "",
               hasNavigation: Boolean = false,
               hasParkingSensors: Boolean = false)
```

　ルーターがrouteSlipを作成するために使用するOrderというメッセージと、SlipRouterがルーティングするCarというメッセージを作成しました。次に、回覧票を使用してメッセージを次のステップにルーティングする機能がそれぞれのタスクに必要です（**リスト8.11**）。ここでもメッセージクラスを使用しますが、次の受信者（そのメッセージに含まれる回覧票によって決まります）にメッセージを送信する機能も追加しておきます。

リスト8.11 メッセージのルーティング

```scala
case class RouteSlipMessage(routeSlip: Seq[ActorRef],   ←──────────
                            message: AnyRef)              タスク間で送信する実際のメッセージ

trait RouteSlip {

  def sendMessageToNextTask(routeSlip: Seq[ActorRef],
                            message: AnyRef): Unit = {
    val nextTask = routeSlip.head   ←──────────── 次のステップを取得
    val newSlip = routeSlip.tail
```

第8章　アクターの構造パターン

```
      if (newSlip.isEmpty) {                    ←──── 最終ステップでは回覧票なしで実際のメッセージを送信
        nextTask ! message
      } else {

        nextTask ! RouteSlipMessage(           ←──── メッセージを次のステップに送信して回覧票を更新
          routeSlip = newSlip,
          message = message)
      }
    }
  }
```

　この機能はすべてのタスクに必要です。タスクが終了し、新しいCarメッセージがある場合、sendMessageToNextTaskメソッドを使って次のタスクを見つける必要があります。それでは、タスクの実装を行ってみましょう（**リスト8.12**）。

リスト8.12　タスクの例

```
class PaintCar(color: String) extends Actor with RouteSlip {   ←──── 塗装タスク
  def receive = {
    case RouteSlipMessage(routeSlip, car: Car) => {
      sendMessageToNextTask(routeSlip,
        car.copy(color = color))
    }
  }
}

class AddNavigation() extends Actor with RouteSlip {   ←──── カーナビタスクを追加
  def receive = {
    case RouteSlipMessage(routeSlip, car: Car) => {
      sendMessageToNextTask(routeSlip,
        car.copy(hasNavigation = true))
    }
  }
}

class AddParkingSensors() extends Actor with RouteSlip {
  def receive = {                                 ←──── パーキングセンサータスクを追加
    case RouteSlipMessage(routeSlip, car: Car) => {
      sendMessageToNextTask(routeSlip,
        car.copy(hasParkingSensors = true))
    }
  }
}
```

　これらのタスクはCarの1つのフィールドを更新し、**sendMessageToNextTask**を使って、Carを次のステップに送ります。次に実装しなければならないのは、実際の**SlipRouter**です。**SlipRouter**は、注文（Order）を受け取って、オプションに基づいて回覧票を作成する普通のア

216

クターです（**リスト8.13**）。

リスト8.13 SlipRouter

```
class SlipRouter(endStep: ActorRef) extends Actor with RouteSlip {
  val paintBlack = context.actorOf(
    Props(new PaintCar("black")), "paintBlack")
  val paintGray = context.actorOf(
    Props(new PaintCar("gray")), "paintGray")          ── 処理タスクを作成
  val addNavigation = context.actorOf(
    Props[AddNavigation], "navigation")
  val addParkingSensor = context.actorOf(
    Props[AddParkingSensors], "parkingSensors")

  def receive = {
    case order: Order => {
      val routeSlip = createRouteSlip(order.options)  ◀── 回覧票を生成

      sendMessageToNextTask(routeSlip, new Car)  ◀── 最初のタスクのためにメッ
    }                                                  セージとrouteSlipを作成
  }

  private def createRouteSlip(options: Seq[CarOptions.Value]):
    Seq[ActorRef] = {

    val routeSlip = new ListBuffer[ActorRef]
    // 車には色が必要
    if (!options.contains(CarOptions.CAR_COLOR_GRAY)) {
      routeSlip += paintBlack                    処理する必要があるオプションごとに
    }                                            タスクのActorRefを回覧票に追加
    options.foreach { ◀───────────────────────
      case CarOptions.CAR_COLOR_GRAY => routeSlip += paintGray
      case CarOptions.NAVIGATION => routeSlip += addNavigation
      case CarOptions.PARKING_SENSORS => routeSlip += addParkingSensor
      case other => //何もしない
    }
    routeSlip += endStep
    routeSlip
  }
}
```

　回覧票には、実行する必要があるタスクのアクター参照が含まれています。グレーの塗装が要求されないときは、車は黒く塗られます。最後のアクター参照はルーターの作成時に指定する最終ステップです。さて、動作するか確認してみましょう。まず、標準装備のままの車から始めます（**リスト8.14**）。

第8章　アクターの構造パターン

> **リスト8.14**　標準装備のままの車を作成

```
val probe = TestProbe()
val router = system.actorOf(          ◄──── routeSlipと前処理ステップを生成
  Props(new SlipRouter(probe.ref)), "SlipRouter")

val minimalOrder = new Order(Seq())
router ! minimalOrder                 ◄──── 標準装備のままの車のリクエストを送信
val defaultCar = new Car(
  color = "black",
  hasNavigation = false,
  hasParkingSensors = false)
probe.expectMsg(defaultCar)           ◄──── 標準装備のままの車を受け取る
```

　オプションを指定せずに注文を送信すると、ルーターは**PaintCar**アクターの**ActorRef**を使っ
て**RouteSlip**を作成し、引数には黒を与え、最後の送信先として**TestProbe**を参照するようにし
ます。**Car**と**RouteSlip**の両方を含む**RouteSlipMessage**は、最初のステップである**PaintCar**に
送られます。このステップが終了すると、メッセージが**TestProbe**に送信されます。すべてのオ
プションを指定した場合、**Car**はすべてのタスクに送信され、最終的にすべてのオプションを含
むようになります（**リスト8.15**）。

> **リスト8.15**　すべてのオプションを使用して車を作成

```
val fullOrder = new Order(Seq(
  CarOptions.CAR_COLOR_GRAY,
  CarOptions.NAVIGATION,
  CarOptions.PARKING_SENSORS))
router ! fullOrder                    ◄──── すべてのオプション付きでオーダーを送信
val carWithAllOptions = new Car(
  color = "gray",
  hasNavigation = true,
  hasParkingSensors = true)
probe.expectMsg(carWithAllOptions)    ◄──── すべてのオプションが付いた車を受け取る
```

　ルーティングスリップパターンを使用すると、パイプ＆フィルターパターンのメリットを活かし
て動的にパイプラインが作成でき、メッセージの処理方法を柔軟に変更できます。

8.4　まとめ

　この章では、一般的なエンタープライズインテグレーションパターンをいくつか使って、
Akkaにおける柔軟で協調的な解決策の設計に取り組みました。パターンを組み合わせることで、
複雑なシステムを構築できます。ここで学んだことは以下のとおりです。

- 処理をスケールするには、共同作業を行うプロセス間で作業を分散する必要がある
- パターンを標準的なスケーリング方法の出発点にできる
- アクタープログラミングモデルを使用すると、メッセージングやスケジューリングの詳細な実装ではなく、ビジネスロジックの設計に集中できる
- パターンとは、より大きなシステムの部品を構築するために組み合わせることができるブロックのようなもの

　これらすべての実装で、Akkaは、コンポーネントを構成する基本的なアプローチを変更することなく、より複雑な要件に容易に適応できました。ここで用いるメッセージは、逐次処理の一部です。いくつかのパーツを並行に処理できますが、フローは静的であり、すべてのメッセージは変わりません。次の章では、さまざまなアクターにメッセージをルーティングして動的なタスク構造を作成することに焦点を当てます。

第9章
メッセージのルーティング

この章で学ぶこと

- ☐ EIPのルーターパターン
- ☐ Akkaのルーターを使ってスケールする
- ☐ becomeとunbecomeを使って状態を持つ
    ルーターを作る

　前章では、アクターを利用して広範な問題を解決する方法として**エンタープライズインテグ**
レーションパターン（EIP） を紹介しました。これらの手法は、受信したメッセージを同じ方法で
処理する必要がありましたが、メッセージの処理方法が異なることも頻繁にあります。

　ルーターは、スケールアップしたりスケールアウトするときに不可欠です。たとえば、スケー
ルアウトには、同じタスクを処理する複数のインスタンスが必要であり、ルーターは受信した
メッセージを処理するインスタンスを決定します。この章では、EIPのルーターパターンについ
て説明し、メッセージフローを制御するためにルーティングを使う3つの理由について検証し
ます。

- パフォーマンス
- メッセージの内容
- 状態

　それでは、それぞれのパターンを使ってどのようにルーティングの処理を作っていけばよいの
かを見ていきましょう。

　メッセージのルーティングを行う理由がパフォーマンスやスケーリングである場合は、Akka
に組み込まれている最適化されたルーターを使用するべきです。一方、メッセージの内容や状
態が主要な関心事である場合は、通常のアクターを使用しましょう。

221

9.1　EIPのルーターパターン

まず、個別のルーターの話に移る前に、一般的にどのような場合にパターンを適用できるかということについて検討します。そのために、異なるメッセージを必要なステップにルーティングするための、有名なパターンの実装から始めます。以前紹介したスピード違反の例を見てみましょう。今回は、問題とする車のスピードに応じて、クリーニングステップまたは次のステップにメッセージを送信します。スピードが法定速度以下の場合、メッセージを（単に破棄するのではなく）クリーニングステップに送信しますが、法定速度を超えている場合はスピード違反となり、メッセージは通常どおり処理されます。このための実装としてルーターパターンを使用します。**図9.1**に示すように、ルーターは異なるフローにメッセージを送信します。

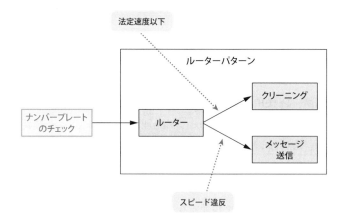

● 図9.1　異なる処理フローに異なるメッセージを送信するルーティングロジック

メッセージをどこにルーティングするかを決定するロジックを構築するのにはさまざまな理由があります。冒頭で述べたように、アプリケーションでメッセージフローを制御する理由として次の3つがあります。

- **パフォーマンス**——タスクを処理するのに多くの時間が必要ですが、メッセージは並列に処理できます。したがって、メッセージは異なるインスタンスに分割すべきです。スピード違反の例では、個々のドライバーの評価は、それぞれに保存された情報の中ですべての処理ロジックが完結するため、並列に行うことができます。
- **受信したメッセージの内容**——メッセージには属性（この例ではナンバープレート）があり、その値に応じて、メッセージを別のタスクに移動する必要があります。
- **ルーターの状態**——たとえば、速度を計測するためのカメラの準備ができていない場合は、すべてのメッセージをクリーニングステップに転送すべきです。カメラを利用できる場合のみ、通

常どおり処理します。

すべての場合において（理由や適用されるロジックに関わらず）、どのタスクにメッセージを送信するかを決定する必要があります。ルーターが選択できるタスクのことをAkkaでは**ルーティー**と呼んでいます。

この章では、メッセージをルーティングするさまざまな方法を見ていきます。この中では、ルーターの実装だけでく、アクターの状態に応じて異なる方法でメッセージを処理する場合など、別の処理の実装にも役立つAkkaの機能をいくつか紹介します。9.2節では、パフォーマンスに基づいて決定を下すルーターの例を使って、ルーターの使用方法の概要を説明します。ルーターはAkkaのスケーリング戦略全体の中心的コンポーネントであり、ルーター機能を使用する主な目的はスケーリングです。9.3節では、メッセージの内容と状態が主要な関心事である場合に、通常のアクターを使用したルーティングについて検討し、通常のアクターを使用するその他の方法も検討します。

9.2　Akkaのルーターを使った負荷分散

ルーターを使用する理由の1つは、多くのメッセージを処理するときに、システムのパフォーマンスを向上させるために、異なるアクターに負荷を分散することです。これはローカルアクター（スケールアップ）でもリモートサーバー上のアクター（スケールアウト）でも同じです。スケーリングのためのAkkaの中心的な機能の1つは簡単なルーティングです。

スピードカメラの例では、認識ステップは比較的長い処理時間を必要とします。このタスクをルーターを使って並列化してみましょう。

図9.2は、ルーターが`GetLicense`インスタンスのどれか1つにメッセージを送信できることを

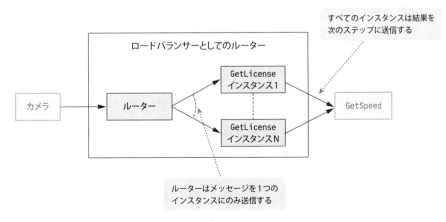

● 図9.2　ロードバランサーとしてのルーター

示しています。ルーターはメッセージを受信すると、利用できるプロセスを1つ選択し、そのプロセスにメッセージを送信します。次のメッセージを受信すると、ルーターは同様に別のプロセスを選択します。

Akkaに組み込まれたルーター機能を使ってこのルーターを実装してみます。Akkaでは、ルーティングロジックとルーターアクターが分かれています。ルーティングロジックはどのルーティーを選択するかを決定し、ルーターアクターがルーティーの選択を行うために利用します。ルーターアクターは、ルーティングロジックやその他の設定を読み取り、ルーティーを自身で管理する自己完結型のアクターです。

組み込みルーターは2種類あります。

- **プール**――ルーターがルーティーを管理します。ルーターはルーティーを生成し、ルーティーが終了すると、リストからそれらを除去する責務を負います。プールは、すべてのルーティーを同じ方法で生成・分散し、ルーティーの特殊な障害回復が必要ない場合に使用します。
- **グループ**――グループルーターはルーティーを管理しません。システムがルーティーを生成する必要があり、グループルーターはルーティーを見つけるために`ActorSelection`を使用します。グループルーターはルーティーを監視しません。すべてのルーティーの管理は、システム内の他の場所に実装する必要があります。グループは、ルーティーのライフサイクルを特別な方法で制御する必要がある場合や、ルーティーがインスタンス化される場所（どのインスタンスか）をより詳細に制御したい場合に使用します。

プールルーターのアクターの階層構造

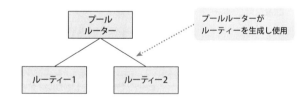

グループルーターのアクターの階層構造

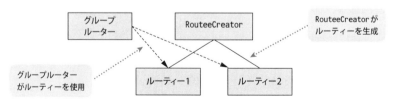

● 図9.3　プールルーターとグループルーターのアクターの階層構造

プールルーターの場合、ルーターがルーティのライフサイクルを管理するため利用者側から見るとシンプルに扱えるという特徴がありますが、その代わりにルーティーを生成するロジックをカスタマイズすることはできません。

図9.3はルーティーのアクターの階層構造を図示したもので、プールルーターとグループルーターの違いを表しています。プールの場合、ルーティーはルーターの子アクターですが、グループの場合、ルーティーは他の任意のアクターの子アクターになることができ（この例では、`RouteeCreator`）、ルーティーは同じ親アクターを持つ必要はありません。ただ動作していれば問題ありません。

● 表9.1　利用可能なAkkaのルーター一覧

ロジック	プール	グループ	内容
RoundRobinRoutingLogic	RoundRobinPool	RoundRobinGroup	このロジックは、最初に受信したメッセージを最初のルーティーに送信し、次のメッセージを2番目のルーティーに送信する。すべてのルーティーが1通ずつのメッセージを取得すると、次のメッセージはまた最初のルーティに送信され、これを繰り返す
RandomRouting Logic	RandomPool	RandomGroup	このロジックは、受信したすべてのメッセージをランダムに選択されたルーティーに送信する
SmallestMailboxRoutingLogic	SmallestMailboxPool	なし	このルーターはルーティーのメールボックスをチェックし、メールボックスが最小のルーティーを選択する。グループ版は内部的に Actor Selection の機能を使用しており、これらの参照からメールボックスサイズを知ることはできない。したがって、グループ版ではこのロジックは使用できない
なし	BalancingPool	なし	このルーターはメッセージをアイドル状態のルーティーに配信する。これは他のルーターとは内部的に異なり、すべてのルーティーに共通のメールボックスを使用する。ルーターが、特殊なディスパッチャーを利用してこれを実現しているため、このルーターはプール版のみを使用できる
BroadcastRoutingLogic	BroadcastPool	BroadcastGroup	受信したメッセージをすべてのルーティーに送信する。これはエンタープライズインテグレーションパターンで定義されているルーターではなく、受信者リストを実装している
ScatterGatherFirstCompletedRoutingLogic	ScatterGatherFirstCompletedGroup	ScatterGatherFirstCompletedPool	このルーターは、すべてのルーティーにメッセージを送信し、最初の応答を元の送信者に送信する。技術的には、これは、最良の結果（この場合は最速の応答）を選択する競争タスクを使用するスキャタギャザーパターン
ConsistentHashingRoutingLogic	ConsistentHashingPool	ConsistentHashingGroup	このルーターは、メッセージにコンシステントハッシュを使用してルーティーを選択する。異なるメッセージを同じルーティーにルーティングしたいが、どのルーティーにルーティングするかは重要ではない場合に使用する

225

第9章　メッセージのルーティング

表9.1は、Akkaの組み込みルーターをまとめたものです。この表にはルーターのロジックとそのロジックを利用するプールとグループがあります。

9.2.1節では、これらのルーターを使用するさまざまな方法を示します。どのタイプを使用しても論理的には同じ要件を満たすことができます（違いは前述のとおり、実装固有のものです）。次項からは、最も一般的なルーターロジック（ラウンドロビン、バランシング、コンシステントハッシュ）を取り上げます。9.2.1項ではプールルーターの中から、まず特別な動作をしている`BalancingPool`ルーターを取り上げます。9.2.2項では、グループルーターの使い方について学びます。ここでは`RoundRobinGroup`ルーターを使用します。9.2.3項では最後の例として`ConsistentHashingPool`を取り上げ、このルーターがいつどのように使用できるのかを説明します。

9.2.1　Akkaのプールルーター

前述のとおり、ルーターには3つの種類があります。通常のアクターにルーティングのロジックを持つ場合と、グループアクターおよびプールアクターです。まず、プールルーターの使い方を紹介します。アクターがプールルーターを利用する場合、自分でルーティーを生成したり管理する必要はありません。それはプールルーターが行います。プールは、すべてのルーティーを同じ方法で生成・分散し、ルーティーに特殊な障害回復の必要がない場合に使用できます。したがって、「シンプル」なルーティーにはプールが適しています。

プールルーターの生成

プールルーターの使い方は、シンプルですべての異なるプールルーターで同じです。プールの使用方法には、設定ファイルを使う方法と、ソースコード内で設定を行う方法の2つがあります。コード内でルーターの設定を行う場合は、コードを変更することなくロジックを変更することはできません。しかし、設定ファイルを使用する場合はルーターで使用するロジックを変更できるので、まず設定ファイルを使う方法から始めましょう。それでは、`GetLicense`のアクターが`BalancingPool`を使うようにしてみましょう（**リスト9.1**）。

ルーターはプログラム中で生成する必要があります。ルーターは`ActorRef`でもあるので、ルーターに対してメッセージを送信することもできます。

リスト9.1　設定ファイルを使用したルーターの生成

```
val router = system.actorOf(        ← 設定ファイルを使ったルーター定義を行う
  FromConfig.props(Props(new GetLicense(endProbe.ref))),  ←
  "poolRouter"        ← ルーターの名前
)                              ← ルーターがどのようにルー
                                   ティーを生成するかを指定
```

226

ルーターを生成するためにコード上で行うことは以上ですべてですが、コードを動作させるために設定を行う必要があります（**リスト9.2**）。

リスト9.2 ルーターの設定

```
akka.actor.deployment {          ← ルーターのフルネーム
  /poolRouter {
    router = balancing-pool      ← ルーターが使用するロジック
    nr-of-instances = 5          ← プール内のルーティーの数
  }
}
```

ルーターの設定はこの3行です。最初の行はルーターの名前で、コード内で使用する名前と同じでなければなりません。この例では、`system.actorOf`を使ってルーターを生成し、ルーターをアクターパスの最上位に生成したので、名前は`/poolRouter`です。たとえば`getLicenseBalancer`という名前の別のアクター内でルーターを生成する場合、設定ファイル内のルーター名は`/getLicenseBalancer/poolRouter`になります。ルーター名が間違っていると設定ファイルからAkkaのフレームワークがルーターを見つけられないので、注意してください。

設定ファイルの次の行は、ルーターが使用するロジックを定義します。ここではバランシングプールアクターを使用します。最後の行は、プール内に生成するルーティーの数として5を指定しています。

これだけで、1つの`GetLicense`アクターのみを使用する代わりに`GetLicense`アクターのプールを使用できます。アクターのプールを使用する場合の唯一のコードの違いは、`FromConfig.props()`を差し込むことです。残りはまったく同じです。`GetLicense`ルーティーの1つにメッセージを送信する場合は、生成したルーターの`ActorRef`にメッセージを送信するだけです。

```
router !  Photo("123xyz", 60)
```

ルーターは、どのルーティーがメッセージを処理するかを決定します。本項のはじめに、ルーターを定義する方法が2つあると述べました。2つ目の方法は柔軟性に欠けますが、完全性のために記載しておきます。**リスト9.3**のように、ソースコード内に同じプールルーターを定義することもできます。

リスト9.3 ソースコード内で`BalancingPool`を生成

```
val router = system.actorOf(
  BalancingPool(5).props(Props(new GetLicense(endProbe.ref))),   ← 5つのルーティーを持つ
  "poolRouter"                                                      BalancingPoolを生成
)
```

第9章　メッセージのルーティング

唯一の違いは、FromConfigをBalancingPool(5)に置き換え、コード内でプールとルーティーの数を直接定義したことです。これは、先ほど定義した設定とまったく同じです。

通常、ルーターに送信したメッセージはルーティーに送信されます。しかし、ルーター自体が処理するいくつかのメッセージがあります。本節では、これらのメッセージの大部分についてカバーしており、まずはKillおよびPoisonPillメッセージから始めます。これらのメッセージはルーティーには送信されず、ルーターが処理をします。アクターがプールルーターを使用しており、ルーターがこれらのメッセージによって終了すると、ルーティーも親子関係に基づいて終了します。

ルーターにメッセージを送信した場合、ほとんどの場合は1つのルーティーだけがそのメッセージを受信します。しかし、1つのメッセージをルーターのすべてのルーティーに送信することも可能です。この場合、もう1つの特殊メッセージであるBroadcastメッセージを使用します。このメッセージをルーターに送信すると、ルーターはメッセージの内容をすべてのルーティーに送信します。Broadcastメッセージは、プールルーターとグループルーターの両方で使用できます。

※ 注意！

BalancingPoolルーターだけはBroadcastメッセージが機能しません。すべてのルーティーが1つの同じメールボックスを使っているためです。例として、5つのインスタンスを持つBalancingPoolについて考えてみましょう。ルーターがメッセージをブロードキャストする場合、ルーターは5つのルーティーすべてにメッセージを送信しようとします。メールボックスが1つしかないため、5つのメッセージすべてが同じメールボックスに格納されます。それぞれのルーティーの負荷に応じて、メッセージはルーティーに分散され、ルーティーは最初の5つのリクエストを次のメッセージとして取得します。これは、負荷が均等に分散している場合は機能しますが、あるルーティーがブロードキャストメッセージより処理に時間がかかるメッセージを持っている場合、別のルーティーはビジー状態のルーティーが処理を終える前に複数のブロードキャストメッセージを処理します。1つのルーティーがすべてのブロードキャストメッセージを取得し、それ以外の4つのルーティーが何もしない可能性もあります。したがって、BroadcastメッセージをBalancingPoolと組み合わせて使用しないようにしてください。

■ リモートルーティー

前項で生成したルーティーはすべてローカルのアクターでしたが、その前に複数のサーバー間でルーターを使用できると説明しました。リモートサーバーでルーティーをインスタンス化することは難しくありません。ルーターの設定をRemoteRouterConfigで上書きし、リモートアドレスを指定するだけです（**リスト9.4**）。

リスト9.4　RemoteRouterConfigで設定を上書き

```
val addresses = Seq(
  Address("akka.tcp", "GetLicenseSystem", "192.1.1.20", 1234),
```

```
    AddressFromURIString("akka.tcp://GetLicenseSystem@192.1.1.21:1234"))

val routerRemote1 = system.actorOf(
  RemoteRouterConfig(FromConfig(), addresses).props(
    Props(new GetLicense(endProbe.ref))), "poolRouter-config")

val routerRemote2 = system.actorOf(
  RemoteRouterConfig(RoundRobinPool(5), addresses).props(
    Props(new GetLicense(endProbe.ref))), "poolRouter-code")
```

ご覧のとおり、アドレスを作成する方法には**Address**クラスを直接使用する方法と、URIから**Address**を作成する方法があります。また、**RouterConfig**を作成する方法も2つあります。ここで作成したプールルーターは、異なるリモートサーバー上にルーティーを生成します。ルーティーはラウンドロビン方式で指定したリモートアドレスにデプロイされます。つまり、ルーティーはリモートサーバー上に均等に分散されます。

このように、ルーターを使うと**RemoteRouterConfig**を利用するだけで簡単にスケールアウトできます。同様に、**ClusterRouterPool**というラッパーを利用すると、クラスター環境の複数のリモートサーバー上にルーティーを生成できます（第14章でクラスターに関わるトピックとして詳しく説明します）。

ここまではあらかじめ決まった数のルーティーを持つルーターを使用してきましたが、メッセージの負荷が大きく変化する場合は、システムのバランスを取るためにルーティーの数を変更する必要があります。この場合、プールのリサイザーを使用します。

動的にサイズ変更可能なプール

負荷が大きく変化したときに、ルーティーの数を変更したいことがあります。ルーティーが少なすぎると、ルーティーが処理を終えるまでメッセージを待たなければならないため、遅延が発生します。しかし、ルーティーが多すぎると、多くのリソースを無駄にしてしまうかもしれません。このような場合、負荷に応じてプールサイズを動的に変更するといいでしょう。このために、リサイザーを使用します。

リサイザーへの設定で必要に応じてルーティーの数の上限と下限を設定できます（**リスト9.5**）。プールを定義するときに、これらの設定を行っておくことで、プールを増減する必要があるときに、Akkaがこれを行ってくれます。

リスト9.5 リサイザーの設定

```
akka.actor.deployment {
  /poolRouter {
    router = round-robin-pool
    resizer {
```

```
        enabled = on           ←──────── リサイザー機能を有効にする

        lower-bound = 1    ←──────── ルーターが持つルーティー数の下限を設定
        upper-bound = 10   ←──────── ルーターが持つルーティー数の上限を設定

        pressure-threshold = 1    ←──────── ルーティー数を増やすタイミングを設定

        rampup-rate = 0.25    ←──────── ルーティー数を増やすスピードを設定

        backoff-threshold = 0.3    ←──────── ルーティー数を減らすタイミングを設定

        backoff-rate = 0.1    ←──────── ルーティー数を減らすスピードを設定

        messages-per-resize = 10    ←──────── 再サイズ変更を行うタイミングを設定
      }
    }
  }
```

　まず、この機能を有効にする必要があります。次に、**lower-bound**と**upper-bound**という属性を使ってルーティー数の上限と下限を設定します。それ以外の属性は、ルーティーを増減するタイミングを決めるためのものです。

　まず、ルーティーを増やすタイミングについて考えてみましょう。ルータープールが圧迫されている（負荷がかかっているということ）場合は、ルーティーの数を増やす必要があります。しかし、プールが圧迫されるのはどんなときでしょうか？　答えは、現在のルーティーがすべて圧迫されているときです。あらかじめ設定した**pressure-threshold**という属性の値を超えるとルーティーが圧迫されているとみなされます。この属性の値はルーティーのメールボックスにいくつのメッセージが存在したら圧迫されているとみなすのかを決めます。たとえば、値を1に指定した場合、メールボックスに1つ以上のメッセージがあればルーティーは圧迫されていることになり、3を指定した場合は圧迫されている状態とみなされるのに3つのメッセージが必要です。0という値は特殊です。0を指定した場合、ルーティーがメッセージを処理すると圧迫されていることになります。圧迫という概念がわかったので、次はルーティーを追加する仕組みについて考えてみましょう。

　5つのインスタンスを持ち、**pressure-threshold**を0に設定したルータープールの例を考えてみましょう。このルーターがメッセージを受け取ると、最初の4つのルーティーに転送されます。このとき、4つのルーティーがビジー状態で、1つのルーティーがアイドル状態になります。**図9.4**の上のように、5番目のメッセージを受信したときには、ルーティーにメッセージを割り当てる前にチェックが行われるため、何も起こりません。この時点ではまだルーティーがアイドル状態なので、プールはまだ圧迫状態ではありません。

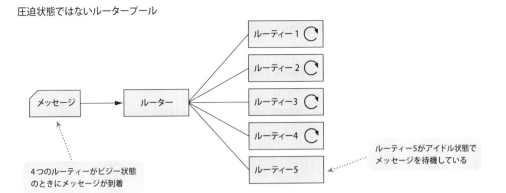

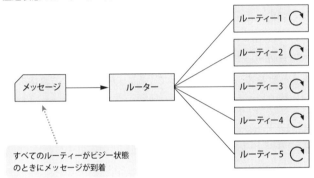

● 図9.4 圧迫状態になるルータープール

　しかし、ルーターが別のメッセージを受信すると、すべてのルーティーがメッセージ処理中になります（**図9.4**の下の状況）。つまり、この時点でプールが圧迫されているため、新しいルーティーが追加されます。新しいルーティーの生成は、ルーティーが前のメッセージを終了するよりも必ずしも速いとは限らないため、このサイズ変更はメッセージのルーティングと同期して行われません。システムのバランスが取れていれば、前のメッセージの処理はほとんど終了しているので、6番目のメッセージは新しく生成されたルーティーにルーティングされず、既存のルーティーのどれかにルーティングされます。しかしさらに次のメッセージの処理には新しく追加したルーティーを使います。

　プールが圧迫されているときは、新しいルーティーが追加されます。このとき追加するルーティーの数を`rampup-rate`に定義します。値はルーティーの総数からの割合です。たとえば、5つのルーティーがあり、`rampup-rate`が0.25の場合、プールは25パーセント増加するので（整数に切り上げられます）、プールには2つのルーティーが追加され（$5 \times 0.25 = 1.25$を切り上げ

て2になります)、ルーティーの数は7になります。

プールサイズを増やす方法がわかりましたが、サイズを小さくすることもできます。backoff-thresholdという属性を使ってルータープールを減少させるタイミングを設定できます。ビジー状態のルーティーの割合がこの値を下回るまで、バックオフはトリガーされません。たとえば、ルーティーが10個あるときに、ビジー状態のルーティーの割合が30パーセント未満になるとバックオフがトリガーされるように設定できます。この場合、ビジー状態のルーティーが2つ以下のときにプール内のルーティーの数が減らされます。

削除されるルーティーの数は、backoff-rateによって定義され、rampup-rateと同じように機能します。この例のようにルーティーが10個あり、backoff-rateが0.1の場合は、ルーティーが1だけ（$10 \times 0.1 = 1$）減少します。

最後の属性、messages-per-resizeは、ルーターが次のサイズ変更を行う前に受信しなければならないメッセージの数を定義します。メッセージごとにルーターが連続的に増加したり減少したりする状況を防ぐためにこの値を指定します。ルーティーの生成途中でプールサイズが変更前から変更後の間にある場合にこのような状況が発生することがあります。負荷に対してプールサイズが小さいからといってプールサイズを上げるだけだと、毎回プールサイズが調整されてしまいます。あるいは、まとまった数のメッセージが入ってくるような場合、この属性を使用して、次のまとまったメッセージが到着するまでサイズ変更のアクションを遅らせることができます。

監督

ルーターの機能の中でもう1つ言及しておくべきものは監督（スーパービジョン）です。ルーターはルーティーを生成しているため、アクターのスーパーバイザーでもあります。デフォルトのルーターを使用する場合、ルーティーは常にスーパーバイザーにエスカレーションしますが、これが予期しない結果につながることもあります。あるルーティーに障害が発生すると、ルーターはスーパーバイザーにエスレカーションします。このスーパーバイザーはおそらくアクターを再起動しようとしますが、ルーティーを再起動するのではなくルーターを再起動してしまいます。ルーターを再起動すると、障害が発生したルーティーだけではなく、すべてのルーティーが再起動されてしまいます。これはルーターがAllForOneStrategyを使用しているのと同じような振る舞いになります。ルーターの生成時にルーターに独自の戦略を与えることで、この問題を解決できます。

```
val myStrategy = SupervisorStrategy.defaultStrategy    ◀──── スーパーバイザー戦略を作成
val router = system.actorOf(
    RoundRobinPool(5,supervisorStrategy = myStrategy).props(Props[TestSuper]),  ◀─┐
    "roundrobinRouter"                                  スーパーバイザー戦略を使用 ─┘
)
```

1つのルーティーに障害が発生すると、障害の発生したルーティーだけが再起動されるので、他のルーティーは問題なく処理を続行できます。前の例のようにデフォルトスーパーバイザーを使用することもできますが、新たな戦略を作成してルーターに適用したり、ルーターの親アクターの戦略を使用したりすることもできます。後者の場合、ルーター配下のすべてのルーティーは、それらがルーターの親アクターの子アクターであるのと同様に動作します。

障害が発生したときに子アクターを停止することはできますが、ルーティーが終了したときにプールはプールからルーティーを削除するだけで新しいルーティーを生成しません。すべてのルーティーが終了すると、ルーターも終了します。リサイザーを使用する場合に限り、ルーターは終了せず、指定した最小数のルーティーを保持します。

本項では、特に設定ファイルを使用してルーターをインスタンス化する場合において、柔軟さを持っていることがわかりました。ルータープールはルーティーの数やルーターロジックを変更できます。複数のサーバーを使用する場合も、複雑で難しい生成ロジックを組み立てることなく、異なるサーバー上でルーティーをインスタンス化することもできます。

しかし、場合によってはプールの制限が強すぎることがあり、もっと柔軟にルーティーの生成と管理を制御したいことがあります。このような場合には、グループルーターを用います。

9.2.2 Akka のグループルーター

前節に出てきたプールはルーティーの管理を行っていました。グループルーターを使用する場合、自分でルーティーをインスタンス化する必要があります。これはルーティーが生成されるタイミングを制御する場合に必要となります。まず、グループルーターを生成し、次に、ルーターメッセージを使ってルーティーを動的に変更する方法を示します。

グループの作成

グループの作成方法は、プールのときとほぼ同じです。唯一の違いは、プールの場合はルーティーの数を指定しますが、グループの場合はルーティーパスのリストを指定するということです。それでは、ルーティーを生成してみましょう。特別な操作は必要ありませんが、この例ではすべての`GetLicense`アクターに対して1つの親`Actor`を持つようにします。`GetLicenseCreator`というアクターが`GetLicense`アクターを生成します（**リスト9.6**）。このアクターは、ルーティーが終了したときに新しいルーティーの生成も行います。

リスト9.6 ルーティーを生成する`GetLicenseCreator`

```scala
class GetLicenseCreator(nrActors: Int) extends Actor {
  override def preStart() {
    super.preStart()
    (0 until nrActors).map { nr =>
```

第9章　メッセージのルーティング

```
        context.actorOf(Props[GetLicense], "GetLicense"+nr)
        system.actorOf(Props( new GetLicenseCreator(2)),"Creator")     ← ルーティーを生成
      }
    }
    ...
  }

                                                              ルーティークリエイターを生成
  system.actorOf(Props( new GetLicenseCreator(2)),"Creator")   ←
```

　プールのときと同じように、ルーターグループの作成方法には設定ファイルを使う方法とソースコードによって実装する方法の2種類があります。まず、設定ファイルを用いてグループを作ってみましょう（**リスト9.7**）。

リスト9.7 グループを使用するルーターの設定

```
akka.actor.deployment {                           ルーターのフルネーム
  /groupRouter {            ←
    router = round-robin-group    ←              ルーターが使用するグループ
    routees.paths = [         ←                   使用するルーティーのアクターパス
      "/user/Creator/GetLicense0",
      "/user/Creator/GetLicense1"]
  }
}
                                                   グループルーターを生成
val router = system.actorOf(FromConfig.props(), "groupRouter")   ←
```

　ご覧のとおり、設定内容はプールの場合とかなり異なります。**nr-of-instances**ではなく、**routees.paths**を指定します。グループを作成するときは、ルーティーの生成方法を指定する必要がないため、プールを作成するより簡単です。また、グループの場合はアクターのパスを使用するため、リモートアクターを追加する必要はありません。

```
akka.actor.deployment {
  /groupRouter {
    router = round-robin-group

    routees.paths = [
      "akka.tcp://AkkaSystemName@10.0.0.1:2552/user/Creator/GetLicense0",
      "akka.tcp://AkkaSystemName@10.0.0.2:2552/user/Creator/GetLicense0"]
  }
}
```

　ソースコード内でグループの設定を行う場合も、ルーティーパスのリストを与えるだけです（**リスト9.8**）。

234

9.2　Akkaのルーターを使った負荷分散

リスト9.8　ソースコード内でグループルーターを作成

```
val paths = List("/user/Creator/GetLicense0",
    "/user/Creator/GetLicense1")
val router = system.actorOf(
    RoundRobinGroup(paths).props(), "groupRouter")
```

これで、ルータープールと同じようにルーターを使うことができます。しかしルーティーが終了するときの振る舞いに違いがあります。ルーティーがプール内で終了すると、ルーターがこれを検知してプールからルーティーを削除します。グループルーターの場合はこのようなことを行いません。ルーティーが終了しても、グループルーターは引き続きルーティーにメッセージを送信します。これはルーターがルーティーを管理しておらず、いつかアクターが利用できるようになる可能性があるためです。

それでは、GetLicenseCreatorを改良して、子アクターが終了したときに新しいアクターを生成するようにしてみましょう。このために第4章で説明した**watch**機能を使用します（**リスト9.9**）。

リスト9.9　ルーティーが終了したときに新しいアクターを生成

```
class GetLicenseCreator(nrActors: Int) extends Actor {

  override def preStart() {
    super.preStart()
    (0 until nrActors).map(nr => {
      val child = context.actorOf(
        Props(new GetLicense(nextStep)), "GetLicense"+nr)
      context.watch(child)   ◀─────────── 生成したルーティーに対してwatchを使用する
    })
  }

  def receive = {
    case Terminated(child) => {   ◀───── ルーティーが終了したときにルーティーを再生成する
      val newChild = context.actorOf(
        Props(new GetLicense(nextStep)), child.path.name)
      context.watch(newChild)
    }
  }
}
```

この新しいGetLicenseCreatorを使用すると、ルーターグループは、変更や操作を行うことなく常にアクターへの参照を利用できます。これを実際に確認しておきましょう。まずルーティーとグループを作成し、何か操作を行う前にすべてのルーティーにPoisonPillを送信しておきます（**リスト9.10**）。

235

第9章　メッセージのルーティング

> **リスト9.10** `GetLicenseCreator`のルーティー管理のテスト

```
val endProbe = TestProbe()

val creator = system.actorOf(
  Props(new GetLicenseCreator2(2, endProbe.ref)),"Creator")    ← ルーティーを生成
val paths = List(
  "/user/Creator/GetLicense0",
  "/user/Creator/GetLicense1")
val router = system.actorOf(
  RoundRobinGroup(paths).props(), "groupRouter")    ← ルーターを生成

router ! Broadcast(PoisonPill)    ← すべてのルーティーをkill
Thread.sleep(100)
                                  ルーティーが再生成される前にルーターがメッ
                                  セージを受信した場合、メッセージは失われる
val msg = PerformanceRoutingMessage(
  ImageProcessing.createPhotoString(new Date(), 60, "123xyz"),
  None,
  None)

// ルーティーが応答するかをテスト
router ! msg                                                      新しいルーティーが
endProbe.expectMsgType[PerformanceRoutingMessage](1 second)       リクエストを処理す
                                                                  るかどうかをテスト
```

　このように、ルーティーが終了した後も新たに生成されたルーティーが受信したメッセージの処理を引き継ぎます。`Thread.sleep`を行っているのは、`GetLicenseCreator`がルーティーを再生成したことを簡単に確認するためです。すべてのルーティーが再生成されたら、イベントストリームにそのイベントをパブリッシュし、テストの中ではそのイベントをサブスクライブするとよいでしょう。あるいは、再生成したルーティーの数を調べられるように`GetLicenseCreator`にいくつかメッセージを追加してもよいでしょう。次節で説明する`GetRoutees`メッセージを使用することもできます。これらは皆さんの練習問題とします。

　この例では、同じパスに新しいアクターを生成しましたが、ルーターメッセージを使用してグループにルーティーを追加または削除することもできます。

ルーターグループの動的なサイズ変更

　すでにルーターが処理するメッセージについて話をしました。ここでは、グループルーティーを管理するための3つのメッセージについて説明します。これらのメッセージを利用すると、特定のルーターのルーティーを取得したり、追加や削除を行うことができます。

- `GetRoutees`——現在ルーター内に存在するすべてのルーティーを取得するためのメッセージ。ルーターはルーター内のルーティーを示す`Routees`メッセージで応答する

236

- `AddRoutee(routee: Routee)`——ルーターにルーティーを追加するためのメッセージ。この
  メッセージは、新しいルーティーを含むRouteeトレイトを引数に取る
- `RemoveRoutee(routee: Routee)`——ルーターからルーティーを削除するためのメッセージ

　しかし、これらのメッセージを使用することにはいくつかの落とし穴があります。これらのメッセージと応答は、**send**というメソッドだけを持っている**Routee**トレイトを使用します。このメソッドを使用すると、ルーティーに直接メッセージを送信できます。他の機能は**Routee**を実装クラスにキャストしないと使うことができません。

　GetRouteesメッセージを使用した場合、**Routee**を実際の実装にキャストしなければ、得られる情報は元の実装よりも少なくなります。**GetRoutees**メッセージは、ルーティーの数を取得する場合とルーターを介さずにメッセージを送信する場合に使用します。特定のルーティーに特定のメッセージを送信する場合、この機能は便利です。もう1つの用途は、他のルーターメッセージの直後に**GetRoutees**メッセージを送信することによって、ルーターメッセージが処理されていることを確認することです。あとから応答（**Routees**メッセージ）を受信することで、**GetRoutees**メッセージの前に送信したルーターメッセージが処理されたことがわかります。

　メッセージの追加と削除には**Routee**が必要です。ルーターにアクターを追加する場合は、**ActorRef**またはパスを**Routee**に変換する必要があります。

　Akkaで利用可能な**Routee**トレイトには実装が3つあります。

- `ActorRefRoutee(ref: ActorRef)`
- `ActorSelectionRoutee(selection: ActorSelection)`
- `SeveralRoutees(routees: immutable.IndexedSeq[Routee])`

　最後の**SeveralRoutees**は**Routees**のリストから**Routee**を作るものなので、ここでは説明を省きます。**ActorRefRoutee**を使ってルーティーを追加した場合、ルーターは新しいルーティーをウォッチします。これで問題がないように思えますが、**Routee**のスーパーバイザーではないルーターが**Terminated**メッセージを受信すると、**akka.actor.DeathPactException**がスローされてルーターを停止してしまいます。これはおそらく望ましい振る舞いではないので、ルーティーの終了から回復できるようにするには、**ActorSelectionRoutee**を使用します。

　ルーティーを削除するには、**Routee**を追加したときと同じ型の**Routee**を使用する必要があります。そうしないと、**Routee**は削除されません。つまり、ここではルーティーを削除するときに**ActorSelectionRoutee**も使用する必要があります。

　それでは、グループのサイズを変更する機能が必要であると仮定しましょう。リストの9.11を見ればおそらく解決策がわかるはずです。まず、ルーティーとグループルーター内で使用する番号を管理する**DynamicRouteeSizer**を作成します（**リスト9.11**）。**PreferredSize**メッセージを送

第9章　メッセージのルーティング

信するとグループのサイズを変更できます。

リスト9.11　グループのルーティーサイズの変更例

```scala
class DynamicRouteeSizer(nrActors: Int,
                        props: Props,
                        router: ActorRef) extends Actor {
  var nrChildren = nrActors
  var childInstanceNr = 0


  // 子アクターの再起動
  override def preStart() {          ← 開始時に、最初に要求した数だけのルーティーを生成
    super.preStart()
    (0 until nrChildren).map(nr => createRoutee())
  }


  def createRoutee() {
  childInstanceNr += 1
  val child = context.actorOf(props, "routee" + childInstanceNr)
  val selection = context.actorSelection(child.path)
  router ! AddRoutee(ActorSelectionRoutee(selection))    ← 新しい子アクターを生成し、
  context.watch(child)                                      ActorSelectionRouteeを使っ
}                                                           てルーターに追加


  def receive = {
    case PreferredSize(size) =>    ← ルーティーの数を変更
      if (size < nrChildren) {
        // 削除
        context.children.take(nrChildren - size).foreach(ref => {
          val selection = context.actorSelection(ref.path)
          router ! RemoveRoutee(ActorSelectionRoutee(selection))  ←
        })                                    余分なルーティーをルーターから取り除く
        router ! GetRoutees
      } else {
        (nrChildren until size).map(nr => createRoutee())   ← 新しいルーティーを生成
      }
      nrChildren = size
    }
    case routees: Routees => {    ← 子アクターを終了できるか、または停止後に
    // Routee を actorPath に変換する       再生成する必要があるかをチェックする
    import collection.JavaConversions._
    var active = routees.getRoutees.map{     ← ルーティーのリストをアク
      case x: ActorRefRoutee => x.ref.path.toString   ターパスのリストに変換
      case x: ActorSelectionRoutee => x.selection.pathString
    }
    // ルーティーリストの処理
    for(routee <- context.children) {
      val index = active.indexOf(routee.path.toStringWithoutAddress)
      if (index >= 0) {
            active.remove(index)
```

238

9.2　Akkaのルーターを使った負荷分散

```
    } else {
      // 子アクターはもうルーターに使われることはない
      routee ! PoisonPill
    }
  }
  //active は終了したルーティーを含む
  for (terminated <- active) {
    val name = terminated.substring(terminated.lastIndexOf("/")+1)
    val child = context.actorOf(props, name)
    context.watch(child)
  }
}
case Terminated(child) => router ! GetRoutees
  }
}
```

子アクターがルーターから取り除かれ
ているので、子アクターを停止できる

なんらかの原因で停止した子アクターを再起動

子アクターが停止したときにルーター
が持つルーティーを要求して、それが
計画停止だったのかどうかをチェック

　ステップがたくさんありますが、まず**PreferredSize**を受信します。このメッセージを受信するのは、ルーティーが少なすぎたり、多すぎたりしているときです。少なすぎる場合は、追加の子アクターを生成してルーターに追加することで、問題を修正します。多すぎる場合は、それらをルーターから取り除いて終了させる必要があります。これはルーターが強制終了した子アクターにメッセージを送信しないようにするためです。終了したアクターにメッセージを送信するとメッセージを失ってしまいます。このため、**GetRoutees**メッセージの後に**RemoveRoutee**メッセージを送信します。応答としてルーティーを取得すると、ルーターが削除されたルーティーにメッセージを送信しないことを確認した上で子アクターを終了させることができます。**PoisonPill**を使用するのは、ルーティーがそれより前のメッセージを処理してから停止するようにするためです。

　次に、子アクターが終了したときの操作について説明します。子アクターが終了メッセージを受け取る状況は2つあります。1つはダウンサイジングによって動作中のアクターが停止された場合で、この場合は何もする必要はありません。2つ目は、動作中のルーティーが誤って終了した場合です。この場合はルーティーを再生成する必要があります。終了した子アクターを削除すると、最後のアクティブなルーティーが終了するとルーターも終了してしまうため、ルーターから子アクターを削除して新しい子アクターを生成するのではなく、同じ名前を使用して子アクターを再生成します。何をすべきか決めるために、ルーターに**GetRoutees**メッセージを送信し、応答を受け取ったときに実行する必要のあるアクションを選択します。

　最後に、ルーターに送信した**GetRoutees**メッセージの応答として**Routees**メッセージを受信したときの振る舞いについて説明します。このメッセージを使って、子アクターを安全に終了できるかどうかということと、子アクターを再起動する必要があるかどうかということを判断します。このためには、ルーティーのアクターパスを知る必要があります。ルーティーのアクターパスは**Routee**インターフェイスから取得できません。このため、パターンマッチを使って

239

第9章　メッセージのルーティング

`ActorSelectionRoutee`と`ActorRefRoutee`という実装を利用します。後者のクラスはおそらくルーター内で使用することはありませんが、念のため処理を定義しておきます。これでアクターパスのリストを取得できるようになったので、子アクターを停止するか再起動する必要があるかどうかを確認できます。

このリサイザーを使用するために、ルーターとリサイザーのアクターを生成します。

```
val router = system.actorOf(RoundRobinGroup(List()).props(), "router")
val props = Props(new GetLicense(endProbe.ref))
val creator = system.actorOf(
  Props( new DynamicRouteeSizer(2, props, router)),
  "DynamicRouteeSizer"
)
```

本項で説明したように、グループのルーティーを動的に変更することは可能ですが、数多くの落とし穴があるため、利用はなるべく控えてください。

これで、プールルーターとグループルーターの使い方がわかりましたが、次項ではこれまでのルーターとは少し違った振る舞いをする`ConsistentHashing`ルーターについて説明します。

9.2.3　ConsistentHashing ルーター

前項ではスケールアップやスケールアウトを行うのに非常に便利な手段としてルーターを紹介しました。しかし、さまざまなルーティーに対してメッセージを送信する際に問題が起こることがあります。受信したメッセージに従って状態を変えるアクターを実装した場合どうなるでしょうか？　例として8.2.4項で取り上げたスキャッタギャザーパターンのアグリゲータについて考えてみましょう。仮にルーターの元に10個のアグリゲータルーティーがあり、それぞれが2つの関連したメッセージを1つに結合する処理を行うとします。おそらく最初のメッセージがルーティー1に、2番めのメッセージがルーティー2に送信されることになると思いますが、そうなった場合どちらのアグリゲータもメッセージを結合できないことになってしまいます。このような問題に対処するために`ConsistentHashing`ルーターを使います。

このルーターは同じようなメッセージを同一のルーティーに送信します。2つ目のメッセージを受信したとき、ルーターはこのメッセージを最初のメッセージを受信したのと同じルーティーにルーティングするので、アグリゲータは2つのメッセージを結合できます。これを実現するには、異なる2つのメッセージを同じ種類のメッセージかどうかをルーターが判別する必要があります。`ConsistentHashing`ルーターはメッセージのハッシュコードとルーティーのマッピングを作成します。**図9.5**はメッセージをルーティーにマッピングするために必要なステップを示したものです。

240

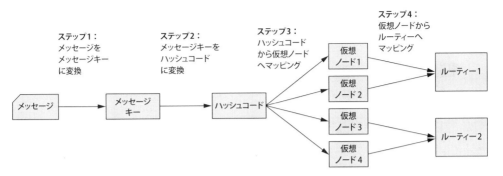

● 図9.5 ConsistentHashingルーターがどのルーティーを選択するか決定する際に実行するステップ

ステップ1ではメッセージをメッセージキーオブジェクトと呼ばれるものに変換します。同一種類のメッセージは同じキーを持ちます。たとえばメッセージのIDなどがこれにあたります。キーがどのような型であるかは関係ありません。守らなければいけない制約は、このオブジェクトは同一のメッセージに対しては常に同じでなければいけないということです。ルーターはメッセージからメッセージキーに変換するための3つの手段をサポートしています。

- **ルーター内で部分関数を指定** —— 固有の決定ロジックをルーターに提供する
- **メッセージが** akka.routing.ConsistentHashingRouter.ConsistentHashable **を実装** —— 固有の決定ロジックをメッセージに提供する
- **メッセージを** akka.routing.ConsistentHashingRouter.ConsistentHashableEnvelope **でラップ** —— 固有の決定ロジックを送信者に提供する。送信者がどのキーを使えばよいかを知る必要がある

送信者がルーティーと深く結合してしまうため、最後のオプションは非推奨です。このオプションを使用する場合、送信者は送信先の`ActorRef`が`ConsistentHashingRouter`を使っているということと、どのようにメッセージを分配するかということについて知る必要があります。他の2つのオプションは、これと比べてはるかに疎結合です。これらの3つの方法については後ほど説明します。

ステップ2ではメッセージキーからハッシュコードを生成します。このハッシュコードは仮想ノードを選択するときに利用します（ステップ3）。最後のステップ4では、その仮想ノードに向けたすべてのメッセージを処理するルーティーを選択します。ここで、仮想ノードを使うと述べましたが、ハッシュコードを直接ルーティーにマッピングすることはできないのでしょうか？ 仮想ノードを使うのは、すべてのメッセージを均等かつなるべくまばらにルーティーに配分するためです。ルーティーに用意する仮想ノードの数は`ConsistentHashingRouter`を使う際に設定しておく必要があります。今回の例では各ルーティーに2つの仮想ノードを設定しています。

第9章　メッセージのルーティング

　ここでIDに基づいて2つのメッセージを結合するルーティーを使う例を見てみましょう（**リスト9.12**）。この例では、エラー処理は省略しています。

> **リスト9.12**　2つのメッセージを1つに結合する

```
trait GatherMessage {
  val id:String
  val values:Seq[String]
}

case class GatherMessageNormalImpl(id:String, values:Seq[String])
  extends GatherMessage

class SimpleGather(nextStep: ActorRef) extends Actor {
  var messages = Map[String, GatherMessage]()
  def receive = {
    case msg: GatherMessage => {
      messages.get(msg.id) match {
        case Some(previous) => {
          //結合
          nextStep ! GatherMessageNormalImpl(
                        msg.id,
                        previous.values ++ msg.values)
          messages -= msg.id
        }
        case None => messages += msg.id -> msg
      }
    }
  }
}
```

　SimpleGatherアクターは同じIDを持つ2つのメッセージを1つに結合します。メッセージの型として、異なる実装を可能とするためにトレイトを使っていますが、あとでハッシュマッピングを行うためです。次に、メッセージキーを指定するための3つの方法について見ていきます。

ハッシュマッピングを行う部分関数をルーターに提供する場合

　はじめに、ルーターにハッシュマッピングを指定するやり方を紹介します。ルーターを生成する際、メッセージキーを選択する部分関数を提供します。

```
def hashMapping: ConsistentHashMapping = {    ← ハッシュマッピングを行う部分関数を定義
  case msg: GatherMessage => msg.id
}

val router = system.actorOf(
  ConsistentHashingPool(10,
```

242

```
    virtualNodesFactor = 10,        ← ルーティーごとに仮想ノード数を指定
    hashMapping = hashMapping       ← マッピング関数を指定
  ).props(Props(new SimpleGather(endProbe.ref))),
  name = "routerMapping"
)
```

ConsistentHashingRouterを利用するために必要な作業は以上です。受信したメッセージか
らメッセージキーを選択するための部分関数を作りましたが、これが同じIDを持った2つのメッ
セージをルーターに送信した際に、ルーターがどちらのメッセージも同じルーティーに送信する
ことを保証します。次のコードを確認してください。

```
router ! GatherMessageNormalImpl("1", Seq("msg1"))
router ! GatherMessageNormalImpl("1", Seq("msg2"))
endProbe.expectMsg(GatherMessageNormalImpl("1",Seq("msg1","msg2")))
```

この方法は、ルーターがメッセージの分散を行うのに特別な要件がある場合に使います。たと
えば、システム内に同一のメッセージ型を受け取るルーターがいくつかあり、それぞれに異なる
メッセージキーを用いる場合に有効です。あるルーターはメッセージをIDベースで結合し、別
のルーターは先頭に同じ値を持つメッセージをカウントし、その値をメッセージキーに使う場合
などがそれにあたります。しかし、あるメッセージに対して常に同じキーを使うであれば、メッ
セージ内に変換処理を持たせるほうが合理的でしょう。

メッセージがハッシュマッピングを行う場合

ConsistentHashableトレイトを継承して、メッセージ自身にキーへの変換ロジックを持たせ
ることも可能です。

```
case class GatherMessageWithHash(id:String, values:Seq[String])
    extends GatherMessage with ConsistentHashable {

  override def consistentHashKey: Any = id
}
```

このメッセージを使う場合、メッセージのマッピング関数を利用するため、ルーターにマッピ
ング関数を提供する必要はありません。

```
val router = system.actorOf(
  ConsistentHashingPool(10, virtualNodesFactor = 10)
    .props(Props(new SimpleGather(endProbe.ref))),
  name = "routerMessage"
)
```

第9章　メッセージのルーティング

```
router ! GatherMessageWithHash("1", Seq("msg1"))
router ! GatherMessageWithHash("1", Seq("msg2"))
endProbe.expectMsg(GatherMessageNormalImpl("1",Seq("msg1","msg2")))
```

同じ種類のメッセージに対して常に同じメッセージキーが求まるのであれば、この方法を使うのがいいでしょう。先ほど、メッセージをメッセージキーに変換する方法が3つあると述べましたので、最後のConsistentHashableEnvelopeを使う方法を確認しましょう。

送信元がハッシュマッピングを行う場合

最後の方法では、ConsistentHashableEnvelopeメッセージを使ってメッセージキーを提供します。

```
val router = system.actorOf(
  ConsistentHashingPool(10, virtualNodesFactor = 10)
    .props(Props(new SimpleGather(endProbe.ref))),
  name = "routerMessage"
)

router ! ConsistentHashableEnvelope(
  message = GatherMessageNormalImpl("1", Seq("msg1")), hashKey = "1")
router ! ConsistentHashableEnvelope(
  message = GatherMessageNormalImpl("1", Seq("msg2")), hashKey = "1")
endProbe.expectMsg(GatherMessageNormalImpl("1",Seq("msg1","msg2")))
```

元々のメッセージをルーターに送信するのではなく、ConsistentHashableEnvelopeメッセージを送信します。このオブジェクトには実際のメッセージに加えメッセージキーとして利用するhashKeyも含まれています。しかし最初に説明したとおり、この方法は、ルーターにConsistentHashingRouterが使われていること、そしてメッセージキーがどのようなものかを、すべての送信者が知っておく必要があります。この方法を用いるのが妥当なケースとして、特定の送信者からのすべてのメッセージを特定のルーティーに処理させたいようなケースが考えられます。この場合、senderIdをhashKeyとして利用します。しかしこれは、それぞれのルーティーが1つの送信者からのメッセージだけを処理するということではありません。ルーティーが複数の送信者からのメッセージを処理することもあります。

ここまででメッセージをメッセージキーに変換するための3つの方法を紹介しましたが、1つのルーターがこれらすべてを使うことも可能です。

本節ではAkkaのルーターの使い方を学びました。ここではパフォーマンス向上のためにルーターを使いましたが、メッセージの内容や状態に基づいてルーターを使用することもあります。次節では、メッセージの内容や状態に基づいたルーティングを行う方法について説明します。

244

9.3 アクターを使ったルーターパターンの実装

ルーターパターンを実装するのに必ずしもAkkaのルーターは必要ではありません。ルーティーの決定がメッセージやなんらかの状態に基づいている場合、通常のアクターでそれを実装するほうが簡単です。なぜなら、アクターの利点をすべて利用できるからです。Akkaのルーターを用いる場合は、独自のAkkaルーターを生成するときに起こりうる並行性の問題に対処する必要があります。

本節では、通常のアクターによるルーターパターンのいくつかの実装を見ていきます。まず、メッセージベースのルーターを実装します。その次に、**become**と**unbecome**という機能を利用して、状態ベースのルーターを実装します。その後、ルーターパターンを独立したアクターとして実装する必要がない理由と、ルーティングメッセージを処理するアクターに統合できるケースについて説明します。

9.3.1 内容ベースのルーティング

システム内で最も一般的なルーターパターンは、メッセージそのものに基づいてルーティングを行うというものです。9.1節のはじめに、メッセージベースのルーターの例を示しました。車のスピードが法定速度以下の場合はドライバーはスピード違反をしていないので、そのメッセージを処理する必要はありませんが、クリーンアップを行う必要があります。車のスピードが法定速度を超過している場合は、スピード違反なので、メッセージ送信タスクに続きます。

図9.6はこれを図示したもので、メッセージの内容に応じてフローが決まります。この例では車のスピードに基づいていますが、メッセージの型やメッセージに対するなんらかの検証に基づくこともあります。実装はそれぞれの仕様と深く関わるのでそれらを例示しませんが、今持っ

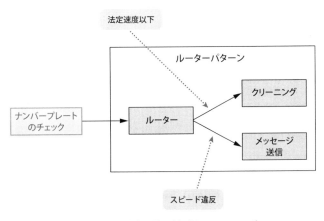

● 図9.6　速度の値に基づくルーティング

第9章　メッセージのルーティング

ているAkkaに関する知識を使えば、きっと実装できるでしょう。次項では、状態ベースのルーティングについて説明します。

9.3.2　状態ベースのルーティング

このアプローチでは、ルーターの状態に基づいてルーティングの振る舞いを変更します。最も簡単なケースは、オンとオフという2つの状態を持つスイッチングルーターです。オン状態のときにはすべてのメッセージを通常のフローに送信し、オフの状態のときにはメッセージをクリーンアップフローに送信します（**リスト9.13**）。この実装例では、Akkaのルーターを使用せず、通常のアクターとして実装します。ここでは、ルーターが状態を持つ必要がありますが、Akkaのルーターの状態はデフォルトではスレッドセーフではないからです。状態をクラスの属性として実装することは可能ですが、ライフサイクル上のアクターの動作をbecomeとunbecomeという機能を使って変更することできるため、これを状態表現メカニズムとして使用します。

becomeという機能を利用して、アクターの状態に応じて、アクターの振る舞いを変更します。この例では、onとoffという2つの状態があります。アクターがonのときはメッセージを通常のフローにルーティングし、off状態のときはメッセージをクリーンアップ処理にルーティングする必要があります。このために、メッセージを処理する2つの関数を作成します。他の状態に切り替えるためには、単にアクターのコンテキストのメソッドを使ってreceive関数を置き換えます。この例では、RouteStateOnとRouteStateOffというメッセージを使用して状態、すなわち振る舞いを変更します。

リスト9.13　状態ベースのルーター

```
case class RouteStateOn()
case class RouteStateOff()

class SwitchRouter(normalFlow: ActorRef, cleanUp: ActorRef)
  extends Actor with ActorLogging {

  def on: Receive = {                              ← 状態がonのときのReceiveメソッド
    case RouteStateOn =>
      log.warning("Received on while already in on state")
    case RouteStateOff =>                          ← 状態をoffに切り替える
      context.become(off)
    case msg: AnyRef => {
      normalFlow ! msg    ← 状態がonのときは通常フローにメッセージを送信する
    }
  }
  def off: Receive = {          ← 状態がoffのときのReceiveメソッド
    case RouteStateOn => context.become(on)        ← 状態をonに切り替える
    case RouteStateOff =>
      log.warning("Received off while already in off state")
```

246

9.3　アクターを使ったルーターパターンの実装

```scala
    case msg: AnyRef => {
      cleanUp ! msg          ← 状態がoffのときはクリーンアップ
    }                           処理にメッセージを送信する
  }
  def receive = off          ← アクターの初期状態はoff
}
```

　このアクターの最初の状態は**off**で、アクターがメッセージを受信するとメッセージをクリーンアップアクターにメッセージをルーティングします。アクターが**RouteStateOn**メッセージを受信すると、**become**メソッドが呼び出され、**receive**関数が**Receive**を戻り値に持つ**on**の実装に置き換えられます（**リスト9.14**）。以降のすべてのメッセージは、通常フローのアクターにルーティングされます。

リスト9.14 SwitchRouter アクターの状態のテスト

```scala
val normalFlowProbe = TestProbe()
val cleanupProbe = TestProbe()
val router = system.actorOf(
  Props(
    new SwitchRouter(normalFlow = normalFlowProbe.ref,cleanUp = cleanupProbe.ref)
  )
)

val msg = "message"          ← 最初はoff状態
router ! msg

cleanupProbe.expectMsg(msg)
normalFlowProbe.expectNoMsg(1 second)

router ! RouteStateOn        ← onに変更

router ! msg

cleanupProbe.expectNoMsg(1 second)
normalFlowProbe.expectMsg(msg)

router ! RouteStateOff       ← offに変更
router ! msg
cleanupProbe.expectMsg(msg)
normalFlowProbe.expectNoMsg(1 second)
```

　この例では、**become**メソッドだけを使用していましたが、**unbecome**というメソッドもあります。このメソッドを呼び出すと、新しい**receive**関数が削除され、元の関数が使用されます。ルーターを**unbecome**メソッドを使うように書き直してみましょう（意味論上の違いしかありませんが、すでにある慣例に従ってみようということです）。

247

リスト9.15 unbecomeを使った状態ベースのルーター

```
class SwitchRouter2(normalFlow: ActorRef, cleanUp: ActorRef)
  extends Actor with ActorLogging {

  def on: Receive = {
    case RouteStateOn =>
      log.warning("Received on while already in on state")
    case RouteStateOff => context.unbecome()    ← becomeメソッドの代わりに
    case msg: AnyRef => normalFlow ! msg            unbecomeメソッドを使用
  }
  def off: Receive = {
    case RouteStateOn => context.become(on)
    case RouteStateOff =>
      log.warning("Received off while already in off state")
    case msg: AnyRef => cleanUp ! msg
  }
  def receive = {
    case msg: AnyRef => off(msg)
  }
}
```

becomeメソッドを使用する際には、アクターが再起動したらアクターの振る舞いも初期状態に戻ってしまうということに注意しておく必要があります。becomeとunbecomeという機能は、お手軽ですがメッセージの処理中に振る舞いを変更する必要があるときには強力な機能だといえるでしょう。

9.3.3 ルーターの実装

この章では、さまざまなルーターとその実装方法を紹介してきました。しかし、これらすべての例は、ルーターで処理を行わず、メッセージを適切な受信者に送信するだけのクリーンなルーターパターンを実装しています。これらのパターンを使って設計するときの準備としては問題ありません。しかし、処理タスクとルーターコンポーネントを実装するときは、**図9.7**に示すように、ルーティングとタスク処理を単一のアクターに組み込むこともできます。これは、処理の結果が次のステップに影響を与えるときには有用な方法です。

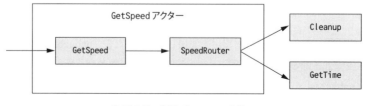

● 図9.7 複数パターンの実装

これまで扱ってきたスピードカメラの例では、スピードを検出する`GetSpeed`処理があります。これが失敗した場合や車のスピードが法定速度以下の場合は、メッセージを`Cleanup`タスクに送信します。それ以外の場合は、通常のフローにメッセージを送信します。ここでは`GetTime`タスクです。これを設計するには、2つのパターンを使用します。

- タスクごとのプロセス分割
- ルーターパターン

しかし、これらのパターンを実装に落とし込むときには、`GetSpeed`と`SpeedRouter`という2つのコンポーネントを1つのアクターに統合することもできます。まずアクターが処理タスクを開始し、処理結果に応じて`GetTime`タスクまたは`Cleanup`タスクのいずれかにメッセージを送信します。これらのコンポーネントを1つのアクターとして実装するか、2つのアクターとして実装するかは、要求される再利用性の程度によって決まります。`GetSpeed`を分離する必要がある場合、両方のステップを1つのアクターに統合することはできません。

もう1つの考慮点として、通常フローとエラーフローの分離が、`GetSpeed`コンポーネントにとって望ましいかどうかという点が挙げられます。`GetSpeed`コンポーネントのエラーと通常フローにおいて車のスピードが法定速度以下の場合を明確に区別する必要がある場合は、コンポーネントを分離するべきです。しかし、処理を行うアクターがクリーンアップフローと通常フローのどちらにメッセージをルーティングするのかを判断するという責務に注目する場合、2つのコンポーネントを統合するほうが簡単です。

9.4 まとめ

この章では、さまざまな例を通じてメッセージをルーティングする方法について述べました。Akkaのルーターはアプリケーションをスケールするための重要な仕組みであり、特に設定を通じて行う場合は非常に柔軟です。さまざまな組み込みロジックがあることも確認しました。この章で学んだことをまとめると以下のようになります。

- Akkaにはグループとプールという2種類のルーターがある。プールはルーティーの生成と終了を管理するが、グループを使用するときはルーティーを自分で管理する必要がある
- Akkaのルーターはリモートアクターをルーティーとして簡単に使用できる
- `become`と`unbecome`というメカニズムを用いる状態ベースのルーターは、`receive`メソッドを置き換えることで、アクターの振る舞いをライフサイクルの途中で切り替える。このアプローチを用いる場合は、アクターの再起動時に`receive`メソッドが最初の実装に戻るため注意する必要がある

249

第9章　メッセージのルーティング

- メッセージの送信先はパフォーマンスや受信したメッセージの内容、ルーターの状態に基づいて決めることができる

　ここでは、アプリケーション内のステップの組み立てと、Akkaの中心となる機能を使用してプログラムフローをどのようにモデル化できるかということに焦点を当てました。次の章はアクター間でメッセージを送信する方法に焦点を当てます。単にアクター参照を使ってメッセージを送信する方法の他にさまざまな方法があることがわかるでしょう。

第10章

メッセージチャネル

この章で学ぶこと

- ☐ ポイントツーポイントチャネルを用いたダイレクトメッセージング
- ☐ パブリッシュ・サブスクライブチャネルを用いた柔軟なメッセージング
- ☐ EventBusへのパブリッシュとサブスクライブ
- ☐ デッドレターチャネルを用いた未配信メッセージの読み込み
- ☐ 保証配信チャネルによる高信頼性配信の実現
- ☐ ReliableProxyによる保証配信

　この章では、アクターから別のアクターにメッセージを送信するために使用するメッセージチャネルについて詳しく見ていきます。はじめに、ポイントツーポイントチャネルとパブリッシュ・サブスクライブチャネルを紹介します。ポイントツーポイントチャネルは、本書のこれまでの例で使用しているチャネルですが、より柔軟な方法での受信者へのメッセージ送信が必要なことがあります。10.1節の「パブリッシュ・サブスクライブチャネル」の項では、送信者がメッセージを必要としている受信者を知ることなく複数の受信者にメッセージを送信する方法について説明します。この方法は、チャネルが受信者を知っており、アプリケーションの動作中に変更できます。これらのチャネルには EventQueue または EventBus といった名前をよく使います。Akkaには、パブリッシュ・サブスクライブチャネルの実装として EventStream があります。しかし、これだけでは十分ではない場合のため、独自のパブリッシュ・サブスクライブチャネルの実装に役立つさまざまなトレイトがあります。

　次に、**デッドレターチャネル**を紹介します。デッドレターチャネルは配信できなかったメッセージを受け取ります。これを**デッドメッセージキュー**と呼ぶこともあります。このチャネルは、一部のメッセージが処理されない理由をデバッグするときや、問題のある場所を監視するのに役立ちます。

　最後に、**保証配信チャネル**について説明します。信頼できるシステムを構築するには、メッセージの配信を保証する必要があります。しかし、常にそれが必要というわけではありません。Akkaは完全な配信を保証していませんが、どのようなサポートがあるのかについて説明します。

これは、メッセージをローカルのアクターに送信する場合とリモートのアクターに送信する場合で異なります。

10.1 チャネルの種類

この節では、ポイントツーポイントチャネルとパブリッシュ・サブスクライブチャネルを紹介します。ポイントツーポイントチャネルはその名が示すとおり、ある地点（送信者）を別の地点（受信者）に接続します。ほとんどの場合はこれで十分ですが、複数の受信者にメッセージを送信したい場合もあり、複数のチャネルが必要です。この場合パブリッシュ・サブスクライブチャネルを使用します。パブリッシュ・サブスクライブチャネルの利点は、アプリケーションが動作しているときに受信者の数を動的に変更できることです。Akkaにはこの種のチャネルをサポートするために、`EventBus`という実装があります。

10.1.1 ポイントツーポイントチャネル

チャネルは送信者から受信者にメッセージを運びます。ポイントツーポイントチャネルは、メッセージを1つの受信者に送信します。これまでのすべての例でポイントツーポイントチャネルを使用してきたので、2つのチャネルの違いを説明するために重要なことについておさらいしておきます。

これまでの例では、送信側はプロセスの次のステップを知っていて、次のステップにメッセージを送信するためにどのチャネルを使うかを決定できます。8.1節のパイプ&フィルターの例のように、チャネルが1つだけの場合もあります。これらの例では、送信者はチャネルとして`ActorRef`を1つ持っていて、アクターが処理を終了したときにメッセージを送信します。しかし、8.2.3項の`RecipientList`のような別のケースでは、アクターは複数のチャネルを持ち、どのチャネルを使ってメッセージを送信するかを決定します。こういったアクター間の接続は本質的に静的です。

このチャネルのもう1つの特徴は、複数のメッセージを送信したときにメッセージの順序が変更されないことです。**図10.1**に示すように、ポイントツーポイントチャネルは1つの受信者へメッセージを配信します。

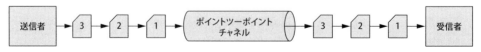

● 図10.1　ポイントツーポイントチャネル

ポイントツーポイントチャネルが複数の受信者を持つことは可能ですが、チャネルは1つの受信者だけがメッセージを受信するようにします。9.2.1項で述べたラウンドロビンルーターは、複数の受信者を持つチャネルの例です。異なる受信者がメッセージの処理を並行実行できますが、ある1つのメッセージを受信する受信者は1つだけです。**図10.2**はこれを図示しています。

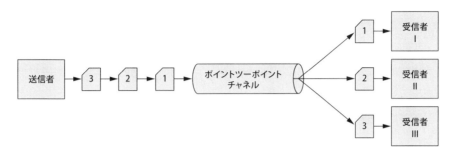

● 図10.2 複数の受信者とポイントツーポイントチャネル

チャネルに複数の受信者がいますが、それぞれのメッセージはただ1つの受信者に配信されます。この種のチャネルは、送信側と受信側の接続が本質的に静的である場合に使用します。送信者は受信者にメッセージを配信するためにどのチャネルを使用しなければならないかを知っています。

Akkaの`ActorRef`はポイントツーポイントチャネルの実装であるため、複数の受信者にメッセージを送信したい場合、このチャネルがAkkaで最も一般的なチャネルです。送信したすべてのメッセージは1つのアクターに配信され、`ActorRef`に送信されたメッセージの順序は変更されません。

10.1.2 パブリッシュ・サブスクライブチャネル

前項では、ポイントツーポイントチャネルが各メッセージをただ1つの受信者に配信することがわかりました。このような場合、送信者はメッセージの送信先を知っています。しかし、送信者はメッセージに誰が関心を持っているのかわからないことがあります。これがポイントツーポイントチャネルとパブリッシュ・サブスクライブチャネルの最大の違いです。メッセージを必要とする受信者を追跡する責任を持つのは送信者ではなくチャネルです。チャネルは同じメッセージを複数の受信者に配信することもできます。

例としてオンラインショップのアプリケーションについて考えてみましょう。アプリケーションの最初のステップは注文を受けることです。この後システムは、次のステップとして受注した商品（例：書籍）を顧客に配送する処理を実行する必要があります。注文を受けるステップが、受注商品を配送するステップにメッセージを送信します。しかし、在庫を最新の状態に保つため

に、在庫コンポーネントも注文メッセージを受け取る必要があります。つまり、**図10.3**に示すように受けた注文を2つの部品に分配する必要があります。

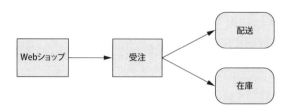

● 図10.3　オンラインショップにおける注文メッセージの処理

さらに、顧客が書籍を購入したときに特典としてプレゼントを送付する場合を考えてみましょう。システムにギフトモジュールを追加しますが、このモジュールも注文メッセージを必要とします。新しいサブシステムを追加するたびに、新しい受信者にメッセージを送信するため最初のステップを変更する必要があります。そこで、パブリッシュ・サブスクライブチャネルを使うことでこの問題を解決できます。このチャネルは、送信者が受信者について知ることなく、同じメッセージを複数の受信者に送信できます。**図10.4**は、発行したメッセージが配送システムと在庫システムに送信されることを表しています。

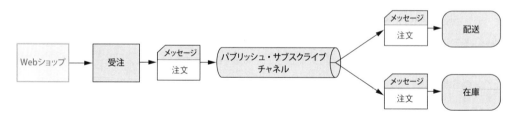

● 図10.4　パブリッシュ・サブスクライブチャネルを使用して注文メッセージを配信する

ギフトの機能を追加する場合はギフトモジュールがチャネルをサブスクライブします。このとき、受注タスクを変更する必要はありません。このチャネルのもう1つの利点は、受信者の数が動作中に変化し、静的ではないことです。たとえば、特定の期間だけにギフトを贈りたいこともあるでしょう。このチャネルを使用している場合、特定の期間中のみギフトモジュールをチャネルに追加し、ギフトを贈る必要が場合はチャネルからモジュールを削除できます。**図10.5**はこれを図示しています。

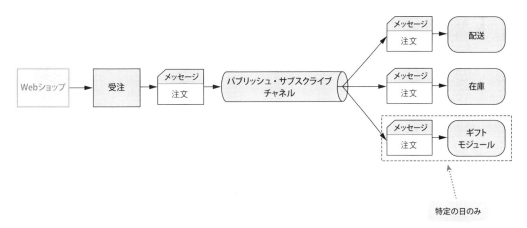

● 図10.5　ギフトモジュールは特定の日にのみメッセージを受信する

　受信者がパブリッシャー（メッセージをパブリッシュした人）のメッセージに関心を持っている場合、受信者がチャネルをサブスクライブします。パブリッシャーがチャネルを介してメッセージを送信すると、チャネルはすべてのサブスクライバー（メッセージをサブスクライブする人）がメッセージを受け取るようにします。ギフトモジュールが注文メッセージを必要としなくなったら受信者はチャネルのサブスクライブを止めます。つまり、チャネルには2つの用途を満たさなければなりません。1つは送信側の用途で、メッセージをパブリッシュできる必要があります。もう1つは受信側の用途で、受信者がチャネルのサブスクライブとサブスクライブの解除を行える必要があります。**図10.6**はこの2つの用途を図示しています。

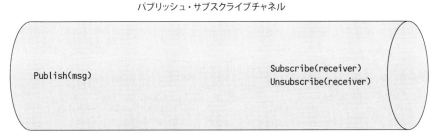

● 図10.6　パブリッシュ・サブスクライブチャネルの用途

　この方法は受信者が自身でチャネルをサブスクライブするため非常に柔軟です。パブリッシャーが受信者を知る必要はありません。サブスクライバーはシステムの動作中に変化する可能性があるため、受信者がいないこともあります。

Akka のイベントストリーム

Akkaはパブリッシュ・サブスクライブチャネルをサポートしています。EventStream（イベントストリーム）を使用することでパブリッシュ・サブスクライブチャネルを簡単に使うことができます。すべてのアクターシステムには1つのEventStreamがあり、（context.system.eventStreamを介して）どのアクターからでも利用できます。アクターは特定のメッセージ型をサブスクライブでき、誰かがその特定の型のメッセージをパブリッシュすると、そのアクターがメッセージを受信します。このため、EventStreamは複数のパブリッシュ・サブスクライブチャネルのマネージャと考えることができます。EventStreamからメッセージを受信するためにアクターを変更する必要はありません。

```
class DeliverOrder() extends Actor {

  def receive = {
    case msg: Order => ... // メッセージに対する処理
  }
}
```

ここで特徴的なのはメッセージの送信方法です。アクターが自身でサブスクライブの設定を行う必要はありません。サブスクライブするアクターの参照とサブスクライブの設定を行うEventStreamへの参照があればソースコード内の任意の場所でメッセージをサブスクライブさせることができます。図10.7にAkkaのsubscribeメソッドのインターフェイスを示します。アクターがOrderメッセージをサブスクライブして受信するには、EventStreamのsubscribeメソッドを呼び出す必要があります。

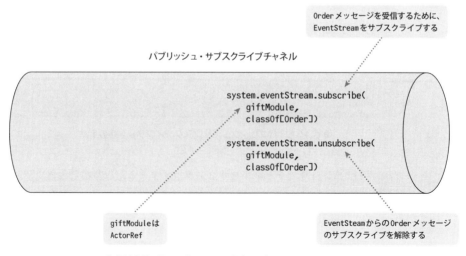

● 図10.7　EventStreamのSubscribeインターフェイス

アクターがメッセージを受け取る必要がなくなった、先ほどの例でいえばギフトを贈る期間が終了したときは unsubscribe メソッドを呼び出してサブスクライブを停止します。この例では、GiftModule のサブスクライブを停止すると、そのアクターがパブリッシュされた Order メッセージを受け取らなくなります。

GiftModule が Order メッセージを受信するために行わなければならないことはこれがすべてです。subscribe メソッドを呼び出した後、GiftModule は EventStream にパブリッシュされたすべての Order メッセージを受け取ります。このメソッドは、Order メッセージを必要とするいかなるアクターに対しても呼び出すことができます。アクターが複数のメッセージ型を必要とする場合、subscribe メソッドは異なるメッセージ型を使って何度でも呼び出すことができます。

図10.8 のように publish メソッドを呼び出すだけでメッセージを EventStream に簡単にパブリッシュできます。この呼び出しの後、サブスクライブを行い動作しているすべてのアクターにメッセージが送信されます。これが Akka におけるパブリッシュ・サブスクライブチャネルの完全な実装になります。

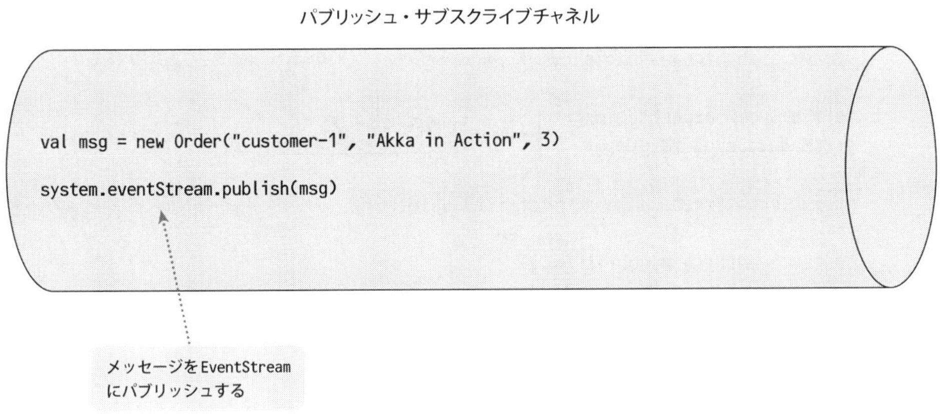

パブリッシュ・サブスクライブチャネル

```
val msg = new Order("customer-1", "Akka in Action", 3)

system.eventStream.publish(msg)
```

メッセージを EventStream
にパブリッシュする

● 図10.8　EventStream のパブリッシュインターフェイス

Akka では、複数のメッセージ型をサブスクライブできます。たとえば、GiftModule は注文がキャンセルされたときにもメッセージを必要とします。なぜなら、注文がキャンセルされた場合はギフトを贈るべきではないからです。この場合、GiftModule は EventStream を通じて Order メッセージと Cancel メッセージをサブスクライブします。しかし、Order の unsubscribe を呼び出すとき、キャンセルの申し込みは依然として有効ですので、これらのメッセージは引き続き受信されることになります。

GiftModule を停止するときは、すべてのサブスクライブを解除する必要があります。これは、1回の呼び出しで行うことができます。

```
system.eventStream.unsubscribe(giftModule)
```

以後、`GiftModule`はいかなるメッセージ型もサブスクライブしません。`publish`、`subscribe`、`unsubscribe`といったAkkaのインターフェイスが提供するメソッドは非常にシンプルです。**リスト10.1**は、Akkaの`EventStream`が`Order`メッセージを受信しているかどうかのテストを実装したものです。

リスト10.1 実際のEventStream

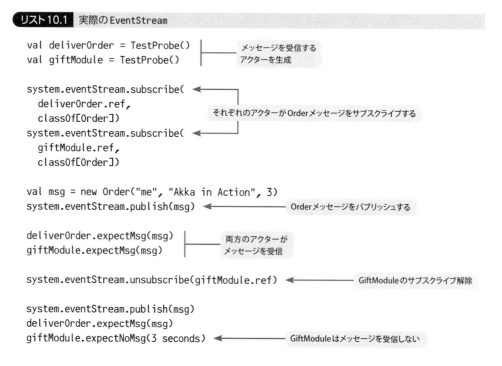

ここではメッセージの受信者として`TestProbes`を使いました。それぞれの受信者は`Order`メッセージをサブスクライブしています。`EventStream`に1つのメッセージをパブリッシュすると、両方の受信者がメッセージを受信します。`GiftModule`のサブスクライブを解除した後は、期待どおり`DeliverOrder`だけがメッセージを受信しています。

受信者と送信者を分離させることとパブリッシュ・サブスクライブチャネルの動的な性質の利点についてはすでに説明しましたが、`EventStream`はすべてのアクターが利用できるため、ローカルシステム全体からメッセージを送信して1つ以上のアクターがそれらを収集するための優れた解決策ともいえます。良い例はロギングです。ロギングはシステム全体のあらゆる場所で行われますが、1箇所に集積してログファイルに書き込む必要があります。`ActorLogging`は内部的に`EventStream`を使用してシステム全体からログを収集しています。

このように`EventStream`は便利ですが、さらに細かく制御したい場合は、独自のパブリッ

シュ・サブスクライブチャネルを作ることもできます。以下ではその方法を説明します。

カスタムイベントバス

「誰かが複数の本を注文したときにのみギフトを贈る」というケースを考えてみましょう。この場合、GiftModuleは注文数が1より大きい場合にのみメッセージを必要とします。EventStreamを使用する場合、EventStreamでそのフィルタリングを行うことはできません。EventStreamはメッセージのクラス型に基づいてのみ動作します。GiftModule内でフィルタリングを行うこともできますが、これには許容できないリソースを消費すると仮定しましょう。この場合は独自のパブリッシュ・サブスクライブチャネルを作成する必要があります。Akkaはこのための手段も提供しています。

Akkaでは一般化されたインターフェイスであるEventBus（イベントバス）を使ってパブリッシュ・サブスクライブチャネルを作成できます。EventBusはパブリッシュ・サブスクライブチャネルのすべての実装に使用できるように一般化されています。一般化された形式として3つのエンティティが用意されています。

* Event —— バスにパブリッシュするイベントすべてを表す型。EventStream では、AnyRef 型をイベント型として使用しており、参照型はすべてイベントとして使用可能
* Subscriber —— イベントバスに登録するサブスクライバーの型。Akka の EventStream のサブスクライバーの型は ActorRef
* Classifier —— イベントを送信するときのサブスクライバ選択に使用する分類子を定義。Akka の EventStream の分類子はメッセージのクラス型

これらのエンティティの定義を変更することで任意のパブリッシュ・サブスクライブチャネルを作成できます。このインターフェイスには、3つのエンティティのプレースホルダーがあり、publishメソッドとsubscribeメソッドをそれぞれの型をシグネチャに持つ定義に変更できます。これらのメソッドをEventStreamで使用することもできます。**リスト10.2**は、EventBusトレイトの実際のコードです。

リスト10.2 EventBusトレイト

```
package akka.event

trait EventBus {
  type Event
  type Classifier
  type Subscriber

  /**
```

```
 * Attempts to register the subscriber to the specified Classifier
 * @return true if successful and false if not (because it was
 * already subscribed to that Classifier, or otherwise)
 */
def subscribe(subscriber: Subscriber, to: Classifier): Boolean

/**
 * Attempts to deregister the subscriber from the specified Classifier
 * @return true if successful and false if not (because it wasn't
 * subscribed to that Classifier, or otherwise)
 */
def unsubscribe(subscriber: Subscriber, from: Classifier): Boolean

/**
 * Attempts to deregister the subscriber from all Classifiers it may
 * be subscribed to
 */
def unsubscribe(subscriber: Subscriber): Unit

/**
 * Publishes the specified Event to this bus
 */
def publish(event: Event): Unit
}
```

このすべてを実装することもできますが、ほとんどの実装は同じような機能を持つため、Akka
はEventBusを合成して利用できるいくつかの実装が用意されています。これらの実装を使うこ
とでEventBusの独自実装が容易になります。

それでは、GiftModuleが複数の書籍を持つ注文だけを受け取るようにEventBusを独自に実
装しましょう。このEventBusは注文を送受信できるので、EventBusが持つEventの型はOrder
クラスになります。EventBusで定義されたイベントの型を設定するだけでOrderMessageBusと
いう独自のイベントバスを作ることができます。

```
class OrderMessageBus extends EventBus {
  type Event = Order
}
```

さらに、Classifierを定義してみましょう。この例では、単一の書籍の注文と複数の書籍
の注文を区別することにします。そして、「複数の書籍を購入したか」ということをOrderメッ
セージから判別してそれをBoolean型の分類子として使用することにしました。したがって、
ClassifierはBooleanとして定義する必要があります。

```
class OrderMessageBus extends EventBus {
  type Event = Order
```

```
    type Classifier = Boolean
  }
```

Subscriberエンティティは少し違う形で定義するため、ここではスキップします。Classifierを定義し、各ClassifierのSubscriberを追跡する必要があります。ここでは、「複数の本の注文」がtrueまたはfalseかどうかを追跡します。Akkaには3つの合成可能なトレイトがあり、Subscriberを追跡するのに役立ちます。これらのトレイトはすべてEventやClassifier、Subscriberに対して一般化されるので、定義したすべてのエンティティで使用できます。これは、新しい抽象メソッドを導入することによって行われます。

- LookupClassification —— このトレイトは最も基本的な分類を行います。それぞれの有効な分類子ごとにサブスクライバーのセットを保持し各イベントから分類子を抽出します。classifyメソッドを使って分類子を抽出します。このメソッドはカスタマイズしたEventBusの中で実装する必要があります。
- SubchannelClassification —— このトレイトは分類子が階層を持っており、リーフノードだけでなく上位のノードでもサブスクライブ可能にしたい場合に使います。このトレイトは、EventStreamの実装で使用されています。クラスには階層があるため、継承したクラスをサブスクライブするのにそのスーパークラスを使うことができます。
- ScanningClassification —— このトレイトはより複雑です。分類子を重ねて使うことができます。つまり、あるEventは複数の分類子の一部になりえます。たとえば、書籍を買えば買うほど多くの特典を与えるような場合です。2冊以上の書籍を注文したときには栞をもらえますが、11冊以上の書籍を注文したときには次の注文のためのクーポンももらえるような場合です。従って、11冊を注文した場合、注文は「2冊以上の本」と「11冊以上の本」という分類子を持ちます。この注文がパブリッシュされると、「2冊以上の本」という分類子のサブスクライバーがメッセージを受け取りますが、「11冊以上の本」という分類子のサブスクライバーもメッセージを受け取ります。このような状況では、ScanningClassificationトレイトを使用します。

本書の例では、LookupClassificationを使用します。他の2つのトレイトを使う場合もこれと実装は似ています。これらのトレイトは、EventBusインターフェイスのsubscribeメソッドとunsubscribeメソッドを実装しています。しかし、これらのトレイトは抽象メソッドを具象クラスで実装する必要があります。LookupClassificationトレイトを使う場合は、以下のメソッドを実装します。

- classify(event: Event): Classifier —— 着信イベントから分類子を抽出するために使用
- compareSubscribers(a: Subscriber, b: Subscriber): Int —— java.lang.Comparableのcompareメソッドと同様にサブスクライバーのソート順を定義

第10章　メッセージチャネル

- publish(event: Event, subscriber: Subscriber)——イベントの分類子に登録されたすべてのサブスクライバを対象としてイベントごとに呼び出される

- mapSize: Int——異なる分類子の期待数を返す。内部データ構造の初期サイズとして使用

　ここでは分類子として「複数書籍の注文かどうか」を使用します。ここでは2つの値しかないので、mapSizeには2を指定します。

```
import akka.event.{LookupClassification, EventBus}
class OrderMessageBus extends EventBus with LookupClassification {
  type Event = Order
  type Classifier = Boolean

  def mapSize = 2          ← mapSizeに2を指定

  protected def classify(event: StateEventBus#Event) = {
    event.number > 1       ← 数字が1より大きい場合はtrueを返し、それ以外は
  }                          falseを返す。これが分類子として使用される
}
```

　LookupClassificationはclassifyメソッドを使ってイベントから分類子を取得します。この例ではevent.number > 1を評価した結果を返すだけです。次にサブスクライバーの定義を行いますが、このためにActorEventBusトレイトを使います。このトレイトのサブスクライバーはActorRefなので、はAkkaのメッセージシステムでほとんどの場合このトレイトを使用すればいいでしょう。このトレイトはLookupClassificationに必要なcompareSubscribersメソッドの実装もしています。あとはpublishメソッドを定義するだけです。**リスト10.3**は、この例の完全な実装です。

リスト10.3 OrderMessageBusの完全な実装

```
import akka.event.ActorEventBus
import akka.event.{ LookupClassification, EventBus }

class OrderMessageBus extends EventBus      ← Akkaの2つのサポートトレイトを継承する
  with LookupClassification
  with ActorEventBus {

  type Event = Order      ← Entityを定義する
  type Classifier = Boolean
  def mapSize = 2

  protected def classify(event: OrderMessageBus#Event) = {   ← classifyメソッドを実装する
    event.number > 1
  }
```

262

10.1 チャネルの種類

```
protected def publish(event: OrderMessageBus#Event,
                      subscriber: OrderMessageBus#Subscriber): Unit = {
  subscriber ! event
}
}
```

イベントをサブスクライバーに送信するようにpublishメソッドを実装する

これでメッセージのサブスクライブとパブリッシュを行うことができる独自の**EventBus**を実装できました。**リスト10.4**はこの**EventBus**の使用例です。

リスト10.4 OrderMessageBusの使用例

```
val bus = new OrderMessageBus

val singleBooks = TestProbe()
bus.subscribe(singleBooks.ref, false)
val multiBooks = TestProbe()
bus.subscribe(multiBooks.ref, true)

val msg = new Order("me", "Akka in Action", 1)
bus.publish(msg)
singleBooks.expectMsg(msg)
multiBooks.expectNoMsg(3 seconds)

val msg2 = new Order("me", "Akka in Action", 3)
bus.publish(msg2)
singleBooks.expectNoMsg(3 seconds)
multiBooks.expectMsg(msg2)
```

OrderMessageBusを生成する

singleBooksは単一書籍の分類子をサブスクライブする (false)

multiBooksは複数書籍の分類子をサブスクライブする (true)

1冊の注文をパブリッシュする

singleBooksだけがメッセージを受け取る

複数書籍の注文をパブリッシュしたときは、multiBooksだけがメッセージを受け取る

このように独自の**EventBus**は、異なる分類子を使用することを除いて、**EventStream**と同じように使うことができます。Akkaにはこのようなトレイトが他にもいくつかあります。これらのトレイトの詳細についてはAkkaのドキュメントを参照してください。

これまで述べてきたように、Akkaはパブリッシュ・サブスクライブチャネルをサポートしています。パブリッシュ・サブスクライブチャネルが必要なほとんどのケースは**EventStream**で十分です。しかし、より特殊なチャネルが必要な場合は**EventBus**インターフェイスを実装して独自のチャネルを作ることができます。**EventBus**インターフェイスは一般化されたインターフェイスなので必要に応じて実装を行うことができます。Akkaは独自の**EventBus**の実装をサポートするために、インターフェイスの一部分を実装したトレイトをいくつか用意しています。

本節では2つの基本的な種類のチャネルを見てきました。次節では、特殊なチャネルについて見ていきます。

263

10.2 特殊チャネル

ここでは、2つの特殊なチャネルを見ていきます。まず、デッドレターチャネルについて説明します。失敗したメッセージのみがこのチャネルに送信されます。このチャネルをサブスクライブすると、システムの問題を見つけるのに役立てることができます。

次に保証配信チャネルについて説明します。保証配信チャネルは肯定応答（ACK）を受け取るまで送信メッセージを再試行できます。

10.2.1　デッドレターチャネル

エンタープライズインテグレーションパターンでは、**デッドレターチャネル**と**デッドレターキュー**を扱うことができます。このチャネルは、処理または配信できないすべてのメッセージを含むチャネルです。このチャネルは**デッドメッセージキュー**とも呼ばれます。これは通常のチャネルですが、正常時はこのチャネルを使用してメッセージを送信しません。メッセージに問題がある場合（たとえば、配信できない場合など）にのみ、このチャネルにメッセージが配信されます。これを**図10.9**に示します。

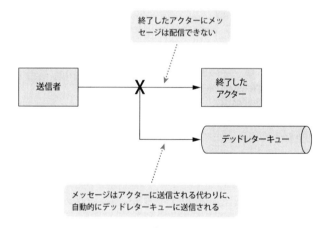

● 図10.9　デッドレターキュー

このチャネルを監視することで、処理されていないメッセージがわかり、是正措置を講じることができます。特に、システムをテストするときに、このキューはメッセージが処理されない理由を調べるのに役立ちます。メッセージを破棄することが許されないシステムを構築する場合、このようなキューを使用して、当初の問題が解決されたときにメッセージを再挿入できます。

Akkaでは`EventStream`を使用してデッドレターキューを実装し、失敗したメッセージに関心を持つアクターだけがそれを受信するようになっています。終了するアクターのメールボッ

クスにメッセージがキューイングされたり、終了後に送信されたりすると、メッセージはActor
SystemのEventStreamに送られます。メッセージはDeadLetterオブジェクトにラップされ
ます。このオブジェクトは、元のメッセージ、メッセージの送信者、予定していた受信者を含
んでいます。このように、デッドレターキューはEventStreamに統合されています。これらの
デッドレターメッセージを取得するには、アクターがDeadLetterクラスを分類子としてEvent
Streamをサブスクライブするようにします。これは前節で説明したのと同じですが、ここでは
DeadLetterという別のメッセージ型を使用します。

```
val deadletterMonitor: ActorRef = ...        ← DeadLetterをサブスクライブ
                                                するアクターのActorRef

system.eventStream.subscribe(
  deadLetterMonitor,
  classOf[DeadLetter]
)
```

このようにサブスクライブすることで、deadLetterMonitorは配信に失敗したすべてのメッ
セージを取得します。簡単な例を見てみましょう。受信したメッセージを元の送信者に送り返す
だけのシンプルなEchoアクターを作成し、アクターを起動した後、アクターにPoisonPillメッ
セージを直接送信します。PoisonPillメッセージを受け取るとアクターは終了します。**リスト
10.5**のようにDeadLetterキューをサブスクライブするとdeadLetterMonitorがメッセージを受
け取ることを確認できます。

リスト10.5 配信できなかったメッセージの受信

```
val deadLetterMonitor = TestProbe()

system.eventStream.subscribe(        ← DeadLetterチャネルのサブスクライブ
  deadLetterMonitor.ref,
  classOf[DeadLetter]
)

val actor = system.actorOf(Props[EchoActor], "echo")
actor ! PoisonPill                   ← EchoActorを終了する
val msg = new Order("me", "Akka in Action", 1
actor ! msg                          ← 終了したアクターへのメッセージ送信

val dead = deadLetterMonitor.expectMsgType[DeadLetter]   ← DeadLetterMonitorが
dead.message must be(msg)                                    メッセージを受信する
dead.sender must be(testActor)
dead.recipient must be(actor)
```

終了したアクターに送信したメッセージは処理されないので、このアクターの**ActorRef**をも
う使用しないようにしてください。終了したアクターにメッセージを送信すると、メッセージは

第10章　メッセージチャネル

DeadLetterキューに送られます。先ほどのコードで実際にメッセージをdeadLetterMonitorが
受信することを確認できます。

　DeadLetterのもう1つの使い方は、エラー処理です。エラー処理はDeadLetterを受信する
アクターが行うように実装します。アクターが受信したメッセージを処理できないと判断し、そ
のメッセージを処理する方法がわからないことがあります。このような状況では、デッドレター
キューにメッセージを送信してもよいでしょう。ActorSystemはDeadLetterアクターへの参照を
持っています。デッドレターキューにメッセージを送信する必要がある場合は、このアクターに
メッセージを送信できます。

```
system.deadLetters ! msg
```

　メッセージをDeadLetterに送信すると、メッセージはDeadLetterオブジェクトにラップされ
ます。しかし、そのメッセージの最初の受信者はDeadLetterアクターになります。このような
システムによる自動修正を通じてデッドレターキューにメッセージを送信すると、元の送信者と
いった情報が失われます。DeadLetterオブジェクトから取得できる唯一の情報は、キューにメッ
セージを送信したアクターです。これで十分であることもありますが、元の送信者も知る必要が
ある場合は、元のメッセージの代わりにDeadLetterオブジェクトを送信できます。デッドレター
キューがこのメッセージ型を受信すると、ラップ処理をスキップするので、送信したメッセージ
が変更されずにキューに配置されます。**リスト10.6**では、DeadLetterオブジェクトを送信し、
このメッセージが変更されないことを確認しています。

リスト10.6 デッドレターメッセージの送信

```
val deadLetterMonitor = TestProbe()
val actor = system.actorOf(Props[EchoActor], "echo")       最初のメッセージ受信者として
                                                           使用するアクター参照を生成する

system.eventStream.subscribe(
  deadLetterMonitor.ref,
  classOf[DeadLetter]
)

val msg = new Order("me", "Akka in Action", 1)
val dead = DeadLetter(msg, testActor, actor)      DeadLetterメッセージを作成し、
system.deadLetters ! dead                          DeadLetterアクターに送信する

deadLetterMonitor.expectMsg(dead)      DeadLetterアクターがメッセージを受信する

system.stop(actor)
```

　このように、変更されていないDeadLetterメッセージを受信します。処理されなかったメッ
セージや配信されなかったメッセージをすべて同じ方法で処理することが可能になります。これ

266

らのメッセージをどのように処理すべきかは作成するシステムの要件次第です。メッセージが破棄されたことを知ることさえも重要ではないこともありますが、非常に堅牢なシステムを構築する場合、最初の送信時と同じようににメッセージを再送する必要があるかもしれません

本項では、処理に失敗したメッセージを捕捉する方法について説明しました。次項では、もう1つの特化チャネルである保証配信チャネルについて説明します。

10.2.2　保証配信チャネル

保証配信チャネルは、メッセージが受信者に配信されることを保証するポイントツーポイントチャネルです。これは、あらゆる種類のエラーが発生しても配信が行われることを意味します。チャネルには配信を保証するためのさまざまなメカニズムとチェックが必要です。たとえば、プロセスが異常終了した場合に備えて、メッセージをディスクに保存しなければいけません。システムを構築する場合は常に保証配信チャネルが必要なのでしょうか？　メッセージの配信を保証しない場合、信頼性の高いシステムを構築するにはどうすればよいでしょうか？　一定以上のメッセージ保証はいつも必要ですが、必ずしも最大限の保証が必要なわけではありません。

実際のところ、保証配信チャネルの実装も、メッセージが1つの場所から送信されているような状況でその場所が火災で焼け落ちてしまった場合など、すべての状況で配信を保証できるわけではありません。火災で失われた場所からメッセージを送信する方法はありません。ここでは目的と照らし合わせて保証の水準が十分かという問いかけが必要になります。

システムを構築する際には、チャネルがどのような保証をしているか、それがシステムにとって十分であるかどうかを知る必要があります。Akkaが提供する保証について見ていきましょう。

メッセージ配信の一般的なルールは、メッセージが最大で1回配信されることです。つまり、Akkaは、メッセージが1回配信されるか配信されないことを約束します。つまり、メッセージは失われることがあります。これは、信頼性の高いシステムを構築しなければならないときにはあまりよくありません。Akkaが完全な保証配信を実装していないのはなぜでしょうか？　第1の理由は、完全な保証配信を行うと、複雑になってしまったり、1つのメッセージを送信するだけでオーバーヘッドが発生してしまったりといったいくつかの課題があります。これにより、そのような保証配信レベルを必要としない場合まで、パフォーマンスが低下してしまいます。

2つ目の理由は、単に信頼性の高いメッセージングがあればよいというわけでもないということです。リクエストが正常に処理されたかどうかを知るためには、ビジネスレベルの承認メッセージの受信が必要です。これはシステムに依存するため、Akkaは推論できません。Akkaが完全な保証配信を実装しない最後の理由は、基本的な保証に加えて、必要に応じてより厳しい保証を加えることが常に可能であるためです。逆はできません。厳密なシステムのコアを変更することなく、制限を緩めることは不可能です。

Akkaはあらゆる場合においてメッセージが正確に一度だけ配信されたことを保証することは

できません。これはどのようなシステムでも不可能でしょう。しかしこれは、ローカルやリモートのアクターにメッセージを配信するための基本的なルールです。この2つの状況を別々に見ると、Akkaはそれほど悪くないことがわかります。

ローカルのメッセージ送信は、通常のメソッド呼び出しと同じように失敗することはないでしょう。StackOverflowErrorやOutOfMemoryError、メモリアクセス違反のような致命的なVMエラーが起きた場合にのみ失敗します。このようなケースでは、アクターのメッセージ処理そのものの問題とはいえないでしょう。したがって、ローカルアクターへのメッセージ送信の保証はかなり高いものになります。

リモートアクターを使用する場合はメッセージの消失が問題になります。リモートアクターでは、特に信頼できないネットワークが間に関与している場合に、メッセージ配信に失敗する可能性が非常に高くなります。誰かがイーサネットのケーブルを抜いたり、停電によってルーターがシャットダウンしたりすると、メッセージは消失します。この問題を解決するためにReliableProxyが用意されています。ReliableProxyを使用すると、リモートアクターを使ったメッセージ送信がローカルメッセージの送信と同様に信頼性の高いものとなります。唯一考えておかなければならないことは、送信側と受信側の両方のJVMにおける重大なエラーがこのチャネルの信頼性に悪影響を与える可能性があることです。

ReliableProxyはどのように機能しているのでしょうか？ ReliableProxyが起動すると、異なるノード上の2つのアクターシステム間にトンネルが作成されます。

図10.10に示すこのトンネルの例には、入口であるReliableProxyと出口になるEgressがあります。EgressはReliableProxyが開始したアクターであり、両方のアクターがどのメッセージがリモートの受信者に配信されたかということが追跡できるように、チェックと再送の機能を持っています。配信に失敗すると、ReliableProxyはメッセージの配信に成功するまで再送し続けます。Egressはメッセージを受信すると、メッセージをすでに受信したかどうかを確認してから実際の受信者に送信します。しかし、メッセージの配信対象となるアクターが終了した場合はどうなるでしょうか？ この場合は、メッセージを配信することは不可能です。この場合は、配信対象が終了したときにReliableProxyも終了するようにして解決します。このようにすると、システムは直接参照を使用するのと同じように動作します。受信側には、受信したメッセージがプロキシ経由のものかどうかという違いは現れません。ReliableProxyには、トンネルが単方向で受信者が1つに限られるという制限があります。つまり、受信者が送信者に返信するときには、トンネルは使用されません。応答が信頼できるものでなければならない場合、受信者と送信者との間にそれぞれ別のトンネルを作る必要があります。

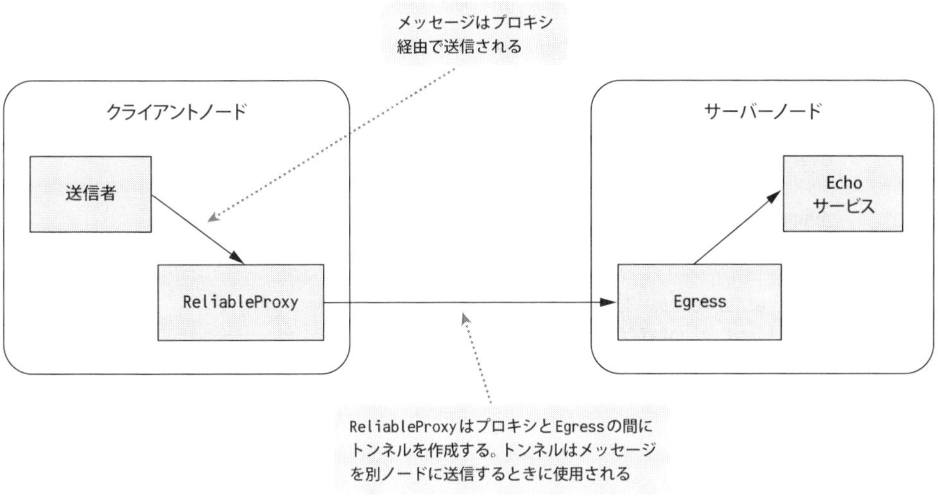

10.2 特殊チャネル

● 図10.10　ReliableProxy

　では、これを実際に試してみましょう。ReliableProxyは配信対象となるリモートのアクターへの参照を用意するだけで簡単に作成できます。

```
import akka.contrib.pattern.ReliableProxy

val pathToEcho = "akka.tcp://actorSystem@127.0.0.1:2553/user/echo"

val proxy = system.actorOf(
        Props(new ReliableProxy(pathToEcho, 500.millis)), "proxy")
```

　この例では、echoへの参照を使ってプロキシを作成します。このとき、retryAfter（第2引数）の値に500ミリ秒を指定します。メッセージが失敗すると、500ミリ秒後に再試行されます。これでReliableProxyを使用できます。結果を表示するために、クライアントノードとサーバーノードの2つのノードを持つマルチノードテストを作成します。サーバーノードでは、受信者としてEchoActorを作成し、クライアントノードでは実際のテストを実行します。第6章と同じように、マルチノードのための設定とReliableProxySampleをテストするためのSTMultiNodeSpecというテストクラスを用意します。

リスト10.7　マルチノードのテストとマルチノードの設定

```
import akka.remote.testkit.MultiNodeSpecCallbacks
import akka.remote.testkit.MultiNodeConfig
import akka.remote.testkit.MultiNodeSpec

trait STMultiNodeSpec
```

269

第10章 メッセージチャネル

```
  extends MultiNodeSpecCallbacks
  with WordSpecLike
  with MustMatchers
  with BeforeAndAfterAll {

  override def beforeAll() = multiNodeSpecBeforeAll()

  override def afterAll() = multiNodeSpecAfterAll()
}

object ReliableProxySampleConfig extends MultiNodeConfig {
  val client = role("Client")      ◀─────────────────── クライアントノード
  val server = role("Server")      ◀─────────── サーバーノード
  testTransport(on = true)         ◀───────────  メッセージ配送の失敗を
}                                                シミュレートする

class ReliableProxySampleSpecMultiJvmNode1 extends ReliableProxySample
class ReliableProxySampleSpecMultiJvmNode2 extends ReliableProxySample
```

ネットワークがしばらくダウンしてもメッセージが送信されることを実証したいので、test
Transportを有効にする必要があります。前述のとおり、サーバーノードでEchoServiceを実行
する必要があります。

```
system.actorOf(
  Props(new Actor {
    def receive = {
      case msg:AnyRef => {
        sender ! msg
    } }
  }),
  "echo" )
```

このサービスは、受信したすべてのメッセージを送信者に返信します。このサービスが動作
しているとき、クライアントノードで実際のテストを実行できます。次に、テストが行える完全
な環境を作成します（**リスト10.8**）。

リスト10.8 ReliableProxySampleのテスト環境のセットアップ

```
import scala.concurrent.duration._
import concurrent.Await
import akka.contrib.pattern.ReliableProxy
import akka.remote.testconductor.Direction

class ReliableProxySample
  extends MultiNodeSpec(ReliableProxySampleConfig)
  with STMultiNodeSpec
  with ImplicitSender {
```

270

```scala
    import ReliableProxySampleConfig._

    def initialParticipants = roles.size

    // MultiNodeSample
    "A MultiNodeSample" must {

      // すべてのノードがバリアに入るのを待つ
      "wait for all nodes to enter a barrier" in {
        enterBarrier("startup")
      }

      // リモートノードへの送受信
      "send to and receive from a remote node" in {
        runOn(client) {
          enterBarrier("deployed")
          val pathToEcho = node(server) / "user" / "echo"
          val echo = system.actorSelection(pathToEcho)    ←── echoサービスの直接参照を生成する
          val proxy = system.actorOf(
            Props(new ReliableProxy(pathToEcho, 500.millis)), "proxy")    ←┐
                                                             ReliableProxyを生成する
            ... 実際のテストを行う
        }

        runOn(server) {
          system.actorOf(Props(new Actor {  service    ←──────── echoサービスの実装
            def receive = {
              case msg:AnyRef => {
                sender ! msg
              }
            }
          }), "echo")
          enterBarrier("deployed")
        }
        enterBarrier("finished")
      }
    }
  }
```

　完全なテスト環境ができたので、**ReliableProxy**の振る舞いを確認してみましょう。**リスト10.9**では、ノード間の通信が途切れたときに送信されたメッセージが、プロキシを使用した場合にのみ処理されることを確認しています。アクター参照を直接使用するとメッセージは消失します。

第10章　メッセージチャネル

リスト10.9 ReliableProxySampleの実装

```
proxy ! "message1"          ← 通常の条件でプロキシの動作確認
expectMsg("message1")
Await.ready(
  testConductor.blackhole( client, server, Direction.Both),  ←
  1 second )
                            1秒経過したらノード間の通信を遮断する

  echo ! "DirectMessage"    ← 両方の参照にメッセージを送信
  proxy ! "ProxyMessage"
  expectNoMsg(3 seconds)

  Await.ready(
    testConductor.passThrough( client, server, Direction.Both),  ← 通信を回復させる
    1 second
  )

expectMsg("ProxyMessage")   ← プロキシに送信したメッセージを受信
echo ! "DirectMessage2"
expectMsg("DirectMessage2")    echoアクターを直接参照している場合は、
                               通信が回復したときのみメッセージを受信
```

　ReliableProxyを使用すると、リモートアクターに対して高い保証が得られます。システムの任意のノード上のJVMランタイムにクリティカルなVMエラーがなく、ネットワークが結果的に回復すれば、メッセージは宛先のアクターに最低1回配信されます。

　この項では、Akkaが保証配信チャネルを持たない代わりに保証のレベルを用意していることを説明しました。ローカルアクターの場合、重要なVMエラーがない限り、配信は保証されます。リモートアクターの場合は、最大1回の配信が保証されます。しかし、JVM境界を越えてメッセージを送信するときにReliableProxyを使用することでこれを改善できます。

　ほとんどのシステムではこれらの保証で十分ですが、システムでより強い保証が必要な場合は、Akkaの配信システムの上にそのような保証を得るためのメカニズムを作成できます。Akka自身はこの種のメカニズムを実装していません。そのような保証はシステム固有のものであり、ほとんどの場合には不必要なオーバーヘッドをもたらすためです。配信の保証ができないことやアプリケーションレベルで保証を考える必要があるシナリオは常に存在します。

10.3　まとめ

　この章では、1つの受信者にメッセージを送信するポイントツーポイントチャネルというメッセージチャネルと、複数の受信者にメッセージを送信するパブリッシュ・サブスクライブチャネルというメッセージチャネルについて学びました。メッセージの受信者はチャネルのサブスクライブを動的に行うことができるので、チャネルのサブスクライバーの数は常に変化します。

Akkaは、パブリッシュ・サブスクライブチャネルのデフォルト実装として、メッセージの型を識別子とする`EventStream`というAPIを提供しています。`EventStream`で要求を満たせない場合は、Akkaが用意しているいくつかのトレイトをミックスインすることで、独自のパブリッシュ・サブスクライブチャネルを作成できます。

AkkaのDeadLetterチャネルは`EventStream`を使用しています。アクターにメッセージを配信できなかった場合は、メッセージはこのチャネルに配信されるので、メッセージの消失が起こる場合にデバッグに利用できます。

最後の10.2.2項では、Akkaの保証配信について詳しく解説しました。保証配信はローカルのアクターとリモートアクターに送信されるメッセージで異なることを確認しました。より強力な保証配信が必要な場合は、`ReliableProxy`を使用します。しかし、この機能は一方向なので、受信者が送信者に返信を行う場合は、`ReliableProxy`は使用されないことに注意が必要です。

この章では、アクター間でどのようにメッセージを送信できるかについて学びました。アプリケーションを構築するときには、アクターが状態を必要とすることがあります。アクターは、第9章で紹介した`become/unbecome`メカニズムを使用して、状態マシンを実装するためによく使用されます。次の章では、Akkaがツールキットとして用意しているアクターによる有限状態マシンの実装方法を紹介します。また、状態の共有のためにツールキットが用意しているエージェントについても紹介します。

第11章
有限状態マシンとエージェント

この章で学ぶこと

☐ 有限状態マシンの実装
☐ 有限状態マシン内でのタイマーの使用
☐ エージェントによる状態の共有

　前章では、エラーが発生した後に状態を復元するなど、あらゆる問題を回避するために、ステートレスなコンポーネントを使ってシステムを実装する理由を説明しました。しかしほとんどの場合、要求される機能を提供するためにシステム内に状態を必要とするコンポーネントが存在します。我々はすでにアクターの状態を守るための2つの有効な方法を見てきました。1つ目は、クラス変数を使用する方法で、この方法についてはアグリゲータの例（8.2.4項）の中で説明しました。これは最も簡単な方法です。2つ目は、状態ベースのルーティング（9.3.2項）で用いたbecome/unbecome機能を使う方法です。これら2つのメカニズムは、状態を実装するための最も基本的な方法です。しかし状況によっては、これらの方法では不十分なことがあります。

　この章では、状態を扱うための2つの解決策を紹介します。まずは、有限状態マシンモデルを使って、アクターの状態に応じた動的な振る舞いを設計する方法から始めます。そして例題となるモデルを作成し、続く第2節では、Akkaによって有限状態マシンを簡単に実装できることを示します。最終節では、Akkaのエージェントを使って、異なるスレッド間で状態を共有する方法を示します。エージェントの状態はイベントによる非同期な変更しか受け付けないため、エージェントを使うとロック機構が必要なくなります。しかし、パフォーマンス上の重大なペナルティを負うことなく状態の読み取りを同期的に行えます。

11.1　有限状態マシンを使う

　状態マシンとも呼ばれる**有限状態マシン**（Finite State Machine：FSM）は、言語に依存しない一般的なモデリング技術です。FSMは多種多様な問題をモデル化できます。通信プロトコ

ルや言語解析、そしてビジネスそのもののモデル化にも適用できます。FSMは状態の隔離を促します。ここで扱うアクターは、アトミックな操作によって物事をある状態から別の状態へ遷移させます。アクターは一度に1つのメッセージしか受信しないため、ロックは不要です。FSMという言葉をはじめて目にする方のために、簡単な説明から始めます。その後、Akkaを使ったFSMの実装例に移ります。

11.1.1 有限状態マシンの簡単な紹介

　有限状態マシンの最も簡単な例は、いくつかの状態を遷移しながら動作し、イベントによって別の状態に遷移するようなデバイスです。洗濯機は、有限状態マシンの説明によく使われる古典的な例です。処理を開始するのに必要な手順があり、その指示によって機械は一連の特定の状態（洗濯槽の給水、かくはん、排水、脱水）を遷移します。ユーザーの希望（軽く洗う、じっくり洗う、予洗いをする、など）に基づいて、各ステップごとに一定時間のタイマープログラムから、洗濯機の状態遷移が引き起こされます。機械が一度に取りうる状態は1つだけです。購買発注処理も、2つの当事者間で商品やサービスの交換を定義するためのプロトコルを確立するビジネス面での有限状態マシンの例といえます。ビジネス文書を例に取ると、有限状態マシンの各ステップを状態（発注や見積もり、見積もり依頼）の表現と捉えられます。この方法でソフトウェアをモデリングすると、アクターモデルの基本原則である、アトミックかつ隔離された方法で状態を扱えます。

　有限状態マシンは有限個の状態のうちの1つの状態にしかならないため、**マシン（機械）**と呼ばれます。ある状態から別の状態への変更は、イベント、もしくは条件によって引き起こされます。この状態の変化を**遷移**と呼びます。個々の有限状態マシンは、多数の状態と、起きうるすべての遷移のトリガーによって定義されます。有限状態マシンを記述するにはさまざまな方法がありますが、ほとんどの場合、なんらかの図で記述されています。有限状態マシンの図にはさまざまな表記法があるため、本書における有限状態マシンの記述方法を**図11.1**に示します。

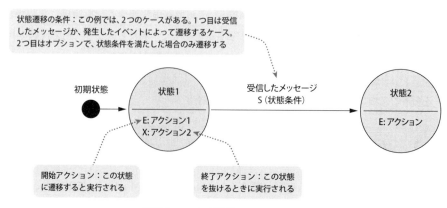

● 図11.1　有限状態マシンの図の例

この例は、状態1と状態2の2つの状態を持つ有限状態マシンを示しています。マシンをインスタンス化するときは、図に黒い点で示されている初期状態から状態1へ遷移して開始します。状態1には2つの異なるアクションがあります。**開始アクション**と**終了アクション**です（この章で終了アクションは扱いませんが、モデルがどう機能するのかは理解できるでしょう）。名前が示すように、マシンが状態1に状態を設定すると、最初のアクションが実行され、マシンが状態1から別の状態に変化すると、2番目のアクションが実行されます。この例では2つの状態しかないため、このアクションは状態2へ遷移するときにのみ実行されます。次の例は、単純な有限状態マシンのため、開始アクションのみを使います。終了アクションは、クリーニング処理や状態の復元を実行し、マシンのロジックの一部を組み込むことはできません。これは、try-catch式の finally 節によく似ています。finally 節は、try ブロックを終了するときに必ず実行されます。

状態の変化（**遷移**）は、イベントによってのみマシンに引き起こされます。**図11.1**では、この状態遷移は状態1と状態2の間の矢印で示されています。矢印はイベントを表し、状態の条件を表すこともあります（たとえば、脱水モードに状態遷移するのはタンクが空の場合だけでしょう）。Akka FSM のイベントは、アクターが受け取るメッセージです。以上が有限状態マシンの簡単な説明です。次に、有限状態マシンが実際の問題に対する解決策の実装において、どのように助けてくれるのかを見てみましょう。

11.1.2　有限状態マシンモデルの作成

Akkaで有限状態マシンを使う方法を示すために、書店の在庫システムを例に取りましょう。在庫システムは、特定の書籍の注文を受け取り、それに応答します。書籍の在庫があるとき、注文システムは書籍の予約が完了したという応答を受け取ります。しかし、書籍の在庫が足りない場合があります。この場合は、注文システムに応答する前に、在庫システムから出版社サービスへ追加発注のリクエストを送らなければならないでしょう。これらのメッセージを**図11.2**に示します。

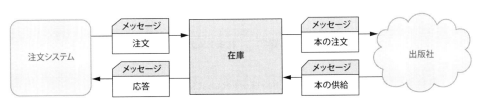

● 図11.2　在庫システムの例

この例を単純にするため、扱う書籍は1種類のみで、一度に注文できるのは1冊だけとします。注文を受け取ると、在庫システムがその書籍の在庫があるかどうかをチェックします。在庫があ

る場合は、書籍の予約が完了したという旨の応答を作成します。しかし、注文を受けた書籍が在庫切れの場合、処理中に出版社サービスへ書籍を追加発注し、商品を待つ必要があります。出版社サービスは、書籍の供給または売り切れを応答します。また、追加の書籍を待っている間も、他の注文を受け取ることができます。

　この状況の表現として有限状態マシンを使えます。在庫システムは異なる状態を取り、次の状態に移る際に異なるメッセージを期待するためです。在庫システムのモデルは有限状態マシンを使って以下のように表現できます（**図11.3**）。

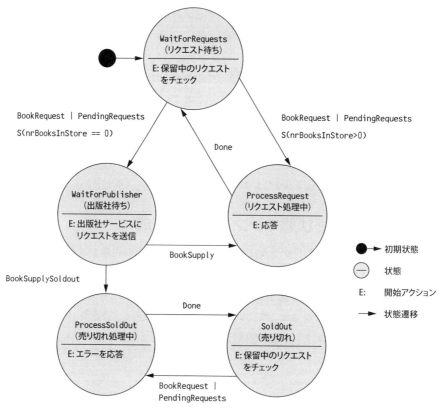

● 図11.3　在庫システムのFSM

　図11.3には示していませんが、WaitForRequests（リクエスト待ち）状態のときはPendingRequests（保留中のリクエスト）リストにリクエストを追加しておくため、BookRequest（本のリクエスト）をブロックすることなく受け取れます。これによって必要な並行性が維持されるので、重要なポイントです。WaitForRequests状態へ戻るときに、保留中のリクエストが存在するかもしれません。開始アクションはこれをチェックし、注文がある場合は書店にある書籍

の数に応じて、1つまたは両方の状態遷移を引き起こします。書籍が売り切れになると、状態はProcessSoldOut（売り切れ処理中）になります。この状態は、発注者にエラーを応答し、SoldOut（売り切れ）状態へ遷移します。有限状態マシンを使うと、複雑な振る舞いを明確かつ簡潔な方法で記述できるようになります。

ここまで、FSMを使った解決策を説明してきました。それでは、Akkaが有限状態マシンモデルの実装にどう役立つのかを見てみましょう。

11.2 有限状態マシンモデルの実装

9.3.2項では、become/unbecomeの仕組みを紹介しました。これは、状態ベースのルーターで行ったことと同じように有限状態マシンを実装するのにも役立ちます。つまり、振る舞いを状態にマッピングできます。become/unbecomeを使えば、小さくてシンプルな有限状態マシンモデルを実装できます。しかし、ある状態への遷移が複数存在する場合、開始アクションを異なるbecome/receiveメソッドで実装しなければならず、より複雑な有限状態マシンの場合は保守が困難です。そのため、Akkaは有限状態マシンモデルを実装する際に使えるFSMトレイトを提供しています。これを利用することで、より明確で保守しやすいコードになります。最初の項では、このFSMトレイトの使用方法について説明します。在庫FSMの状態遷移を実装することから始めます。次の項では、在庫FSMの実装を完了させるために、開始アクションを実装します。この段階では設計したとおりに有限状態マシンを実装するだけです。Akka FSMのFSMトレイトは他にもタイマーをサポートしており、その次の節で説明します。最後は、必要に応じてクリーンアップが行えるFSMトレイトの終了について説明します。これから紹介するコードは、リポジトリのchapter-stateディレクトリにあります。

11.2.1 状態遷移の実装

Akkaを使って有限状態マシンモデルの実装を始めるには、FSMトレイトを持つActorを作成します（FSMトレイトは、アクターにのみミックスインできます）。Akkaでは、アクターが作成されていることを明確にするため、Actorを拡張したFSMトレイトを用意する代わりに、この方法を選択しています。FSMを実装する際は、FSMアクターを完成させる前にいくつかの手順が必要です。大きくは、状態を定義することと状態遷移を定義することです。では、FSMトレイトをミックスインしたアクターを作り、在庫FSM（Inventoryアクター）を作成しましょう。

```
import akka.actor.{Actor, FSM}

class Inventory() extends Actor with FSM[State, StateData] {
  ...
}
```

FSMトレイトには2つの型パラメータがあります。

● State —— すべての状態のスーパータイプ
● StateData —— FSMがたどる状態値の型

スーパータイプは通常シールドトレイトで、ケースオブジェクトがそれを拡張します。なぜなら、取りうる状態間の遷移を与えずに、余計な状態だけを用意しても意味がないからです。では状態を定義してみましょう。

状態の定義

状態の定義は、単一のトレイト（**State**と名付けるのが適切）の定義から始め、オブジェクトが遷移する可能性のある特定の状態を定義します[1]。

```
sealed trait State
case object WaitForRequests extends State
case object ProcessRequest extends State
case object WaitForPublisher extends State
case object SoldOut extends State
case object ProcessSoldOut extends State
```

ここで定義した状態は、**図11.3**に示した状態を表します。次に状態値を作成します。

```
case class StateData(nrBooksInStore:Int,
                     pendingRequests:Seq[BookRequest])
```

これは状態遷移を発生させるか判断するために使うデータのため、保留中のすべてのリクエストと店舗にある書籍の在庫数が含まれています。このケースでは**StateData**クラスだけを（すべての状態で）用いますが、これは強制ではありません。**StateData**も同様にトレイトを使って、状態の基底トレイトを拡張したさまざまな**StateData**クラスを作成できます。FSMトレイトを実装する最初のステップは、初期の状態と初期の**StateData**を定義することです。これは、**startWith**メソッドを使って行います。

```
class Inventory() extends Actor with FSM[State, StateData] {
  startWith(WaitForRequests, new StateData(0,Seq()))
  ...
}
```

ここでは、有限状態マシンが**WaitForRequests**状態データは空の**StateData**で開始すること

---

[1] FSMのコードを自己文書化するのに役立ちます。

を定義します。次に、個々の状態遷移をすべて実装する必要があります。これらの状態遷移はイベントが発生したときにだけ行われます。FSMトレイトでは、状態ごとにどのようなイベントを期待し、次の状態が何になるかを定義します。次の状態を定義することによって、状態遷移を指示します。では、WaitForRequests状態のイベントから始めます。続いて、実際の状態遷移を定義し、設計から実装への入り方を見ていきます。

状態遷移の定義

図11.4は、WaitForRequests状態から遷移可能な状態が2つあることを示しています。WaitForRequests状態のときは、BookRequestもしくはPendingRequestsという2種類のイベントを受け取り、nrBooksInstanceの状態に応じて、ProcessRequest状態もしくはWaitForPubilsher状態に遷移します。これが状態遷移です。この状態遷移をwhen宣言を使って在庫FSMに実装してみましょう（**リスト11.1**）。

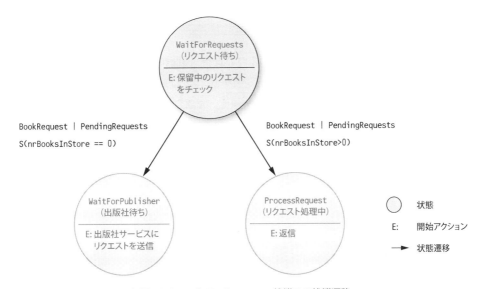

● 図11.4　WaitForRequests状態での状態遷移

リスト11.1 FSMトレイトにおけるトランザクションの定義

```
class Inventory() extends Actor with FSM[State, StateData] {
  startWith(WaitForRequests, new StateData(0,Seq()))

  when(WaitForRequests) {            ← WaitForRequestsの状態遷移を宣言
    case Event(request:BookRequest, data:StateData) => {   ←
      .....                          BookRequestメッセージを受信し
    }                                たときに起こりうるEventを宣言
```

第11章　有限状態マシンとエージェント

```
      case Event(PendingRequests, data:StateData) => {
        ...
      }
    }

    ...
  }
```

PendingRequestsメッセージを受信
したときに起こりうるEventを宣言

WaitForRequests状態の**when**を宣言します。これは、パラメータに指定した状態で起こりうるすべてのイベントを処理する部分関数です。今回のケースでは、2つの異なるイベントがあります。WaitForRequestsの状態になると、新しいBookRequestメッセージか、PendingRequestsメッセージのいずれかが届く可能性があります。次に、状態遷移を実装します。

同じ状態にとどまるか、別の状態へ遷移するかを選択します。これは、次の2つのメソッドで指示します。

```
goto(WaitForPublisher)
```
WaitForPublisherを次の状態値として宣言

```
stay
```
状態遷移しないことを宣言

この状態遷移を宣言するとき、もう1つの責務はStateDataの更新です。たとえば、新しいBookRequestイベントを受け取ったとき、そのリクエストをPendingRequestsに格納する必要があります。これは**using**宣言を使って行います。完成した**WaitForRequests**の状態遷移宣言は、**リスト11.2**のようになります。

リスト11.2　WaitForRequestsの状態遷移の実装

```
when(WaitForRequests) {
  case Event(request:BookRequest, data:StateData) => {
    val newStateData = data.copy(
      pendingRequests = data.pendingRequests :+ request)
    if (newStateData.nrBooksInStore > 0) {
      goto(ProcessRequest) using newStateData
    } else {
      goto(WaitForPublisher) using newStateData
    }
  }
  case Event(PendingRequests, data:StateData) => {
    if (data.pendingRequests.isEmpty) {
      stay
    } else if(data.nrBooksInStore > 0) {
      goto(ProcessRequest)
    } else {
      goto(WaitForPublisher)
    }
  }
}
```

リクエストを追加して新しい状態を作成

次の状態を宣言してStateDataを更新

保留中のリクエストがないときはstayを使う

StateDataを更新せずにgotoを使う

282

この例では、StateDataを更新せずにstayを使いましたが、goto宣言と同じようにusingを使って状態を更新することもできます。これが、最初の状態の状態遷移を宣言するためにやるべきことのすべてです。次のステップでは、すべての状態に対して状態遷移を実装します。それぞれの状態でイベントを受け取ったときの振る舞いをよく見ると、ほとんどの状態でBookRequestイベントは同じ効果をもたらすことがわかります。概して、リクエストを保留中のリクエストリストに追加して何もしません。このようなイベントについては、whenUnhandledを宣言できます（**リスト11.3**）。この部分関数は、状態の（when宣言）関数がイベントを処理しないときに呼び出されます。BookRequestを受け取ったときのデフォルトの振る舞いを実装できます。when宣言と同様に宣言を定義できます。

リスト11.3 whenUnhandledを用いたデフォルトの振る舞いの実装

```
whenUnhandled {
  // common code for all states
  case Event(request:BookRequest, data:StateData) => {
    stay using data.copy(          ← StateDataを更新するだけ
      pendingRequests = data.pendingRequests :+ request)
  }
  case Event(e, s) => {          ← イベントが処理されなかったときはログに記録
    log.warning("received unhandled request {} in state {}/{}",
      e, stateName, s)
    stay
  }
}
```

この部分関数では、未処理のイベントをログに記録することもできます。これは、この有限状態マシンの実装のデバッグに役立ちます。これで残りの状態を実装できるようになりました（**リスト11.4**）。

リスト11.4 他の状態遷移の実装

```
when(WaitForPublisher) {          ← WaitForPublisherの状態遷移を宣言
  case Event(supply:BookSupply, data:StateData) => {
    goto(ProcessRequest) using data.copy(
      nrBooksInStore = supply.nrBooks)
  }
  case Event(BookSupplySoldOut, _) => {
    goto(ProcessSoldOut)
  }
}
when(ProcessRequest) {          ← ProcessRequestの状態遷移を宣言
  case Event(Done, data:StateData) => {
    goto(WaitForRequests) using data.copy(
      nrBooksInStore = data.nrBooksInStore - 1,
      pendingRequests = data.pendingRequests.tail)
```

283

```
    }
  }
  when(SoldOut) {                    ← SoldOutの状態遷移を宣言
    case Event(request:BookRequest, data:StateData) => {
      goto(ProcessSoldOut) using new StateData(0,Seq(request))
    }
  }
  when(ProcessSoldOut) {             ← ProcessSoldOutの状態遷移を宣言
    case Event(Done, data:StateData) => {
      goto(SoldOut) using new StateData(0,Seq())
    }
  }
}
```

　これで、有限状態マシンのすべての状態遷移を定義できました。これはAkkaのFSMアクターを作るための第一歩です。現時点では、イベントに反応して状態が変化するFSMを作成できましたが、モデルの実際の機能（開始アクション）はまだ実装されていません。これについては、次項で説明します。

11.2.2　開始アクションの実装

　実際の機能は、ここで実装する開始アクションと終了アクションによって実行されます。我々の有限状態マシンモデルでは、いくつかの開始アクションを定義していました。状態遷移をそれぞれの状態に対して宣言するのと同様に、アクションも各状態に対して実装します。**図11.5**に`WaitForRequests`の初期状態を再び示し、これから実装する開始アクションを示します。実装が無駄のない構造をしていることは、これから見ていくように、単体テストにおいても役立ちます。

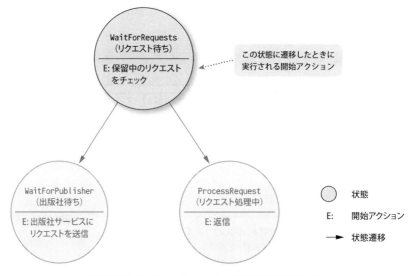

● 図11.5　`WaitForRequests`状態の開始アクション

11.2　有限状態マシンモデルの実装

状態遷移に関するアクション

開始アクションは、onTransition宣言で実装できます。状態遷移のコールバックは部分関数でもあり、入力として現在の状態と次の状態を取るため、可能性があるすべての遷移を宣言できます。

```
onTransition {
  case WaitForRequests -> WaitForPublisher => {
    ...
  }
}
```

この例では、WaitForRequestsからWaitForPublisherへの状態遷移が発生したときに実行されるアクションを定義します。ワイルドカードを使うこともできます。ここでは、どの状態から来ているかは問題にならないため、遷移元状態にワイルドカードを使用します。アクションを実装するときは、状態遷移が発生したときに呼び出されるため、おそらくStateDataが必要になるでしょう。遷移前の状態値と遷移後の状態値の両方が利用できます。新しい状態値はnextStateData変数から利用でき、古い状態値はStateData変数から利用できます。今回は開始アクションのみで、状態には常に完全な状態値が含まれているため、新しく作成された状態値だけを使います。**リスト11.5**では、FSMのすべての開始アクションを実装します。

リスト11.5　開始アクションの実装

```
class Inventory(publisher:ActorRef) extends Actor
  with FSM[State, StateData] {

  startWith(WaitForRequests, new StateData(0,Seq()))

  when...

  onTransition {
    case _ -> WaitForRequests => {          ← 保留中のリクエストをチェックする開始アクション
      if (!nextStateData.pendingRequests.isEmpty) {
        // 次の状態へ
        self ! PendingRequests
      }
    }
    case _ -> WaitForPublisher => {      ← 出版社サービスにリクエストを送信する開始アクション
      publisher ! PublisherRequest
    }
    case _ -> ProcessRequest => {            ← senderに処理完了を通知する開始アクション
      val request = nextStateData.pendingRequests.head
      reserveId += 1
      request.target !
        new BookReply(request.context, Right(reserveId))
```

285

第11章　有限状態マシンとエージェント

```
        self ! Done
      }
      case _ -> ProcessSoldOut => {
        nextStateData.pendingRequests.foreach(request => {
          request.target !
            new BookReply(request.context, Left("SoldOut"))
        })
        self ! Done
      }
    }
  }
}
```

> すべての PendingRequests に対
> してエラーを返信し、処理完了を
> 通知する開始アクション

　注意深く見てみると、SoldOut状態の宣言がないことがわかります。これは、状態に開始アクションがないためです。これで完全な有限状態マシンが定義できましたが、最後に**initialize**メソッドを呼び出すのを忘れないようにしてください（**リスト11.6**）。このメソッドは、有限状態マシンを初期化して起動するために必要です。

リスト11.6 FSMの初期化

```
class Inventory(publisher:ActorRef) extends Actor
  with FSM[State, StateData] {

  startWith(WaitForRequests, new StateData(0,Seq()))

  when...

  onTransition...

  initialize
}
```

　有限状態マシンの準備が整いました。他に必要なのは出版社サービス用のモックアップの実装だけです。続いて、有限状態マシンのテストを行います。

FSM のテスト

　リスト11.7の例は、Publisher（出版社）アクターのモックアップの実装を示しています。Publisherはあらかじめ定義した数の書籍を供給します。すべての書籍がなくなると、BookSupplySoldOutを返します。

リスト11.7 Publisherアクターの実装

```
class Publisher(totalNrBooks: Int, nrBooksPerRequest: Int)
  extends Actor {
```

11.2 有限状態マシンモデルの実装

```
    var nrLeft = totalNrBooks
    def receive = {
      case PublisherRequest => {
        if (nrLeft == 0)
          sender() ! BookSupplySoldOut          これ以上の書籍は提供できない
        else {
          val supply = min(nrBooksPerRequest, nrLeft)
          nrLeft -= supply
          sender() ! new BookSupply(supply)       要求された数の書籍を供給
        }
      }
    }
  }
```

これで、有限状態マシンをテストする準備が整いました。メッセージを送信し、期待する結果が得られたかどうかを確認することで有限状態マシンをテストできます。Akka FSMには、コンポーネントをデバッグするのに便利な機能がもう1つあります。**TestProbe**を使って有限状態マシンの状態が変わったことをサブスクライブできます。これはアプリケーションの機能を実装するのに役立つだけでなく、テストにも役立ちます。想定する状態がすべて発生したか、すべての状態遷移が正しいタイミングで発生したかどうかを詳しく確認できます。**Subscribe TransitionCallBack**メッセージを有限状態マシンに送信するだけで、状態遷移のイベントをサブスクライブできます（**リスト11.8**）。今回のテストでは、**TestProbe**内でこれらの遷移イベントを収集したいと考えています。

リスト11.8 状態遷移のイベントを取得するためのサブスクライブ

最初にPublisherアクターを生成

```
val publisher = system.actorOf(Props(new Publisher(2,2)))

val inventory = system.actorOf(Props(new Inventory(publisher)))       Probeは状態遷移の通
val stateProbe = TestProbe()                                          知をサブスクライブする
inventory ! new SubscribeTransitionCallBack(stateProbe.ref)
stateProbe.expectMsg(new CurrentState(inventory, WaitForRequests))
```

注意：Inventoryアクターを生成
するときにpublisherが必要

Probeは通知を受け取る

状態遷移イベントのサブスクライブを始めたとき、FSMは**CurrentState**メッセージで応答します。FSMは、期待どおり**WaitForRequests**から始まります。状態遷移をサブスクライブしているので、**BookRequest**を送信すると何が起きるかを確認できます。

このメッセージを送信することで状態遷移が起きる

補充を伴う書籍のリクエストを処理するために、Inventoryアクターは3つの状態を遷移する

```
inventory ! new BookRequest("context1", replyProbe.ref)
stateProbe.expectMsg(
  new Transition(inventory, WaitForRequests, WaitForPublisher))
```

287

第11章　有限状態マシンとエージェント

```
stateProbe.expectMsg(
  new Transition(inventory, WaitForPublisher, ProcessRequest))
stateProbe.expectMsg(
  new Transition(inventory, ProcessRequest, WaitForRequests))
replyProbe.expectMsg(new BookReply("context1", Right(1)))    ← 最後に、応答を受け取る
```

　このとおり、有限状態マシンは応答する前にさまざまな状態を経ています。まず、出版社サービスから書籍を受け取る必要があります。次のステップは、リクエストを実際に処理することです。最後に、状態は**WaitForRequests**に戻ります。しかし、在庫に2冊あることがわかっているので、もう1つリクエストを送信すると、有限状態マシンは最初と異なる状態になります。

```
inventory ! new BookRequest("context2", replyProbe.ref)
stateProbe.expectMsg(
  new Transition(inventory, WaitForRequests, ProcessRequest))
stateProbe.expectMsg(
  new Transition(inventory, ProcessRequest, WaitForRequests))    ← ちょうど2つの状態を経由して、期待どおりの応答を受け取る
replyProbe.expectMsg(new BookReply("context2", Right(2)))
```

　書籍の在庫があるため、**WaitForPublisher**の状態をスキップしました。この時点ですべての書籍が売れました。では、さらに**BookRequest**を送信するとどうなるでしょうか？

```
inventory ! new BookRequest("context3", replyProbe.ref)    ← それぞれのテストケースでただ同じメッセージだけを送信する必要がある
stateProbe.expectMsg(
  new Transition(inventory, WaitForRequests, WaitForPublisher))
stateProbe.expectMsg(
  new Transition(inventory, WaitForPublisher, ProcessSoldOut))
replyProbe.expectMsg(
  new BookReply("context3", Left("SoldOut")))
stateProbe.expectMsg(
  new Transition(inventory, ProcessSoldOut, SoldOut))    ← これまでとは異なる結果：売り切れ
```

　今度は設計したとおり、**SoldOut**メッセージを受け取ります。以上が基本的なAkka FSMの機能ですが、有限状態マシンモデルではイベント生成と状態遷移にタイマーを使うこともよくあります。Akkaは、**FSM**トレイト内のタイマーもサポートしています。

11.2.3　FSM内のタイマー

　前述したように、有限状態マシンを使うと多くの問題をモデル化できます。アイドル状態の接続や、特定の時間内に返信を受け取れない障害を検出するような問題の多くの解決策はタイマーによります。タイマーの使用方法を示すために、有限状態マシンを少し変更します。**Waiting ForPublisher**状態にあるとき、我々は出版社サービスが返信するのを永遠には待ちません。出版社サービスが応答しない場合は、リクエストを再送信することにしましょう。**図11.6**に変更した有限状態マシンを示します。

11.2 有限状態マシンモデルの実装

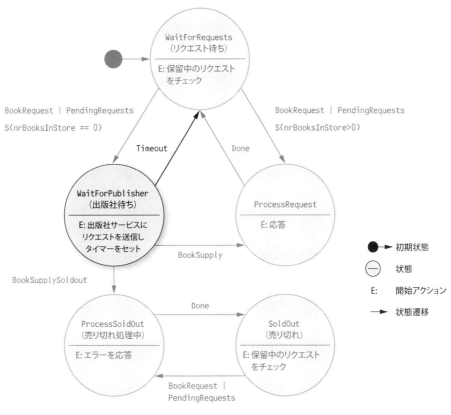

● 図11.6　タイマーを使ったFSM

　唯一の変更点は、タイマーが開始アクションの一部として設定され、このタイマーの期限が切れると、状態が WaitForRequests に変わることです。状態が変わると、WaitForRequests は PendingRequests があるかを確認します（もしなければ、FSMは最初の状態が WaitForPublisher ではなかったのでしょう）。そして、PendingRequests があれば、FSMは再び WaitForPublisher に状態遷移します。その開始アクションを再び引き起こすことで、メッセージが出版社サービスに送信されます。

　ここで必要な変更は軽微なものです。まず、タイムアウトを設定する必要があります。これは、WaitForPublisher の状態遷移を宣言するときに stateTimeout を指定することで設定できます。もう1つの変更は、タイマーの期限が切れたときの状態遷移を定義することです。when宣言が次のように変わります。

```
when(WaitForPublisher, stateTimeout = 5 seconds) {        ← stateTimeoutを設定
  case Event(supply:BookSupply, data:StateData) => {
    goto(ProcessRequest) using data.copy(
```

第11章　有限状態マシンとエージェント

```
          nrBooksInStore = supply.nrBooks)
  }
  case Event(BookSupplySoldOut, _) => {
    goto(ProcessSoldOut)
  }
  case Event(StateTimeout,_) => goto(WaitForRequests)  ←——— タイムアウト時の状態遷移を定義
}
```

　タイマーを使って出版社サービスに再びリクエストを送信可能にするために必要なのはこれ
だけです。このタイマーは、現在の状態で他のメッセージを受信すると取り消されます。他の
メッセージを受信した後には**StateTimeout**メッセージが処理されないことが保証されます。**リ
スト11.9**のテストを実行することで、これがどのように機能するかを見てみましょう。

リスト11.9　タイマーを使った在庫システムのテスト

```
val publisher = TestProbe()
val inventory = system.actorOf(
  Props(new InventoryWithTimer(publisher.ref)))
val stateProbe = TestProbe()
val replyProbe = TestProbe()

inventory ! new SubscribeTransitionCallBack(stateProbe.ref)
stateProbe.expectMsg(
  new CurrentState(inventory, WaitForRequests))

//start test
inventory ! new BookRequest("context1", replyProbe.ref)
stateProbe.expectMsg(
  new Transition(inventory, WaitForRequests, WaitForPublisher))
publisher.expectMsg(PublisherRequest)
stateProbe.expectMsg(6 seconds,   ←——— この状態遷移を確認するために5秒より多く待つ
  new Transition(inventory, WaitForPublisher, WaitForRequests))
stateProbe.expectMsg(
  new Transition(inventory, WaitForRequests, WaitForPublisher))
```

　このように、出版社サービスが応答しない場合は5秒後に**WaitForRequests**へ遷移します。
stateTimerを設定する別の方法もあります。遷移先の状態を指定する際に**forMax**メソッドを使
うことでタイマーをあわせて設定できます。たとえば、異なる状態ごとに異なる**stateTimer**を
設定したい場合などです。次のスニペットは、**forMax**メソッドを使用する例です。

```
goto(WaitForPublisher) using (newData) forMax (5 seconds)
```

　このメソッドは、**WaitForPublisher**の**when**宣言で指定されたデフォルトのタイマー設定を上
書きします。また、**forMax**の引数に**Duration.Inf**を渡すことでタイマーを無効にすることもで
きます。

状態タイマーに加え、有限状態マシン内でタイマーを使ってメッセージを送信することもできます。使い方は複雑ではありませんので、APIの簡単な概要だけを紹介します。有限状態マシンのタイマーを扱うメソッドは3つあります。1つ目はタイマーをセットするメソッドです。

```
setTimer(name: String,
         msg: Any,
         timeout: FiniteDuration,
         repeat: Boolean)
```

すべてのタイマーは、名前で参照されます。このメソッドで、名前、タイマーが切れたときに送信するメッセージ、タイムアウト（までの時間）、タイマーを繰り返すかどうかの情報を与えてタイマーをセットします。

次のメソッドはタイマーをキャンセルします。

```
cancelTimer(name: String)
```

このメソッドはタイマーを即座にキャンセルします。タイマーが発火されてメッセージがすでにキューに乗っていても、cancelTimerの呼び出しの後にそのメッセージが処理されることはありません。

最後のメソッドは、任意の時点でタイマーの状態を取得するのに使えます。

```
isTimerActive(name: String): Boolean
```

このメソッドは、タイマーが有効なときにtrueを返します。タイマーがまだ実行中か、またはタイマーの繰り返し設定がtrueになっているかのどちらかです。

11.2.4　FSMの終了

アクターが終わったときにクリーンアップが必要となるケースがあります。Akka FSMには、これらのケースで使えるonTerminationという特有のハンドラーがあります。このハンドラーも部分関数であり、引数としてStopEventを取ります。

```
StopEvent(reason: Reason, currentState: S, stateData: D)
```

次の3つの理由（Reason）を受け取る可能性があります。

- Normal —— 正常に終了した際に受信
- Shutdown —— シャットダウンによりFSMが停止した際に受信
- Failure(cause: Any) —— 障害が原因で終了した際に受信

第11章　有限状態マシンとエージェント

一般的な終了ハンドラーは、次のようになります。

```
onTermination {
  case StopEvent(FSM.Normal, state, data)     => // ...
  case StopEvent(FSM.Shutdown, state, data)    => // ...
  case StopEvent(FSM.Failure(cause), state, data) => // ...
}
```

有限状態マシンは、有限状態マシン内で**stop**メソッドを使って終了させることができます。このメソッドはFSMが終了した理由を引数に取ります。**ActorRef**を使ってアクターを停止すると、シャットダウンの理由が終了ハンドラーによって受信されます。

Akkaの**FSM**トレイトは、余計な労力を費やさずに、どんな有限状態マシンでも実装可能にする包括的なツールです。Akka FSMを使うことで、状態のアクションと状態遷移を明確に分離できます。また、タイマーを使って簡単にアイドル状態を表現したり、障害の検出を行えます。このように、有限状態マシンモデルから実際の実装への変換が簡単にできます。

本書にある状態の例では、状態は1つのアクターに内包されています。しかし、複数のアクターにまたがる状態が必要な場合は、どうすればよいのでしょうか？　次節では、エージェントを使った方法を見ていきます。

11.3　エージェントを使った状態共有の実装

状態を扱う最善の方法は、1つのアクター内でのみその状態を扱うことですが、常にそれが可能とは限りません。場合によっては、異なるアクターとの間で同じ状態を扱う必要があります。前述したように、状態を共有するにはなんらかのロックが必要であり、正しくロックを行うのは難しいことです。このような場合のために、Akkaにはエージェントというものがあり、これはロックの必要性を排除します。エージェントは共有された状態を保護し、複数のスレッドから状態を取得できるようにします。そして、さまざまなスレッドに代わってその状態を更新します。エージェントが更新を行うため、スレッドはロックを気にする必要はありません。この節では、エージェントがどのように状態の保護や共有を実現するのかについて説明します。まず、エージェントが何であるかを説明し、基本的な使い方を示します。その後、状態更新を追跡するためのエージェントの他の機能を見ていきます。

❋ **注意！**

エージェントの利用は非推奨に [訳注]

　エージェントはAkka 2.5.1から非推奨になりました。次のメジャーアップデートであるAkka 2.6.xで削除される予定です。エージェントはネットワーク越しの状態共有には利用できず柔軟性に乏しいため、今後は単純にアクターを用いて状態を共有することが推奨されます。エージェントと同様に型安全な値の更新と取得を実現したい場合はAkka Typedが利用できます。ただし、Akka TypedのAPIはAkka 2.5.3時点で"May Change"と

292

してマークされています。今後のリリースでAPIが変わる可能性が高く、バイナリ互換性が保証されないため、利用する際は注意が必要です。

- **May Change**
  https://doc.akka.io/docs/akka/current/scala/common/may-change.html

11.3.1　エージェントを用いたシンプルな状態の共有

　非同期で状態を更新している間に、同期呼び出しでエージェントの状態を取得するにはどうすればよいでしょうか？　Akkaはそれぞれの操作において、メッセージング基盤上でエージェントに対してアクションを送信することで競合状態を回避し（送信されたアクションは、与えられたExecutionContextで一度に1つのことしか実行しないことが保証されます）、これを実現します。今回の例では、書籍ごとに販売数を共有する必要があるため、この値を内包するエージェントを作成します。

```
case class BookStatistics(val nameBook: String, nrSold: Int)
case class StateBookStatistics(val sequence: Long,
                               books: Map[String, BookStatistics])
```

　StateBookStatisticsは状態を表すオブジェクトで、変更や現在の書籍統計をチェックするために使えるシーケンス番号を持ちます。各々の書籍ごとにBookStatisticsインスタンスが作成され、タイトルをキーとするMapに配置されます。**図11.7**は、簡単なメソッド呼び出しを使って、エージェントから状態を表すオブジェクトを取得できることを示しています。

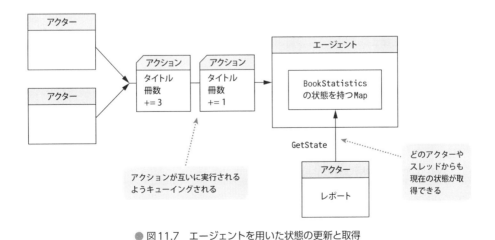

●図11.7　エージェントを用いた状態の更新と取得

第11章　有限状態マシンとエージェント

　書籍の冊数を更新する必要がある場合は、更新アクションをエージェントに送信します。この例では、最初の更新メッセージにより、書籍の販売冊数が1増加し、2つ目の更新では3増加します。これらのアクションは、さまざまなアクターやスレッドから送信でき、アクターに送信されるメッセージのようにキューに入れられます。そして、メッセージがアクターに送られるのと同じように、アクションは一度に1つだけ実行されるため、ロックが不要です。

　これを機能させるには、重要なルールが1つあります。状態に対するすべての更新は、呼び出し元から隔離されたエージェントの実行コンテキスト（execution context）で行う必要があります。これは、エージェントに含まれる状態オブジェクトがイミュータブルでなければならないことを意味します。この例では、状態を持つMapの内容を更新できません。更新できるようにするには、現在の状態を変更するためのアクションをエージェントへ送信する必要があります。これをどのように実装すればよいのか、ソースコードを見てみましょう。

　まず、エージェントを生成することから始めます。エージェントを生成するときは、初期状態を指定する必要があります。このケースでは、StateBookStatisticsの空のインスタンスを指定します。

```
import scala.concurrent.ExecutionContext.Implicits.global
import akka.agent.Agent

val stateAgent = new Agent(new StateBookStatistics(0,Map()))
```

　エージェントを作成する際は、エージェントが使う暗黙のExecutionContextを指定する必要があります。ここでは、scala.concurrent.ExecutionContext.Implicits.globalをインポートすることによって定義されたグローバルのExecutionContextを使います。この時点で、エージェントはすでに状態を保護しています。先に述べたように、エージェントの状態は同期呼び出しを使って簡単に取り出せます。これを行う方法は2つあります。1つは次のように呼び出しを行います。

```
val currentBookStatistics = stateAgent()
```

　また、もう1つはgetメソッドを使用します。先述のものとこれはまったく同じ意味になります。

```
val currentBookStatistics = stateAgent.get
```

　両方のメソッドはBookStatisticsの現在の状態を返します。ここまで特別なことは何もありませんでしたが、BookStatisticsの更新はエージェントに対して非同期でアクションを送信することによってのみ可能です。状態を更新するには、エージェントのsendメソッドを使います。新しい状態をエージェントに送信します。

294

```
val newState = StateBookStatistics(1, Map(book -> bookStat ))
stateAgent send newState
```

完全に新しい状態を送っていることに注意してください。この方法は、新しい状態が更新前の状態から独立していなければなりません。今回の例では、状態が前の状態に依存しています。なぜなら、他のスレッドが新しい数値や他の書籍を我々の前に追加しているかもしれないからです。したがって、ここで示した方法は使わないでください。状態を更新するときに正しい状態にするため、代わりにエージェント上で関数を呼び出します。

```
val book = "Akka in Action"
val nrSold = 1

stateAgent send( oldState => {
  val bookStat = oldState.books.get(book) match {
    case Some(bookState) =>
      bookState.copy(nrSold = bookState.nrSold + nrSold)
    case None =>  new BookStatistics(book, nrSold)
  }
  oldState.copy(oldState.sequence+1,
                oldState.books + (book -> bookStat))
})
```

同じsendメソッドを使いますが、新しい状態の代わりに関数を送信します。この関数は古い状態を新しい状態に変換します。1つの状態が持つnrSold（販売冊数）属性を更新しています。書籍のBookStatisticsオブジェクトが存在しない場合は、新しいオブジェクトが作成されます。最後のステップは状態を持つMapを更新しています。

アクションは一度に1つだけ実行されるため、この関数の実行中に状態が変更される心配はなく、ロックの機構は必要ありません。現在の状態を取得する方法と、状態を更新する方法を見てきました。これはエージェントの基本的な機能です。しかし、更新は非同期であるため、更新が完了するまで待たなければならないことがあります。この機能については次に説明します。

11.3.2　状態の更新を待機

場合によっては、共有された状態を更新して新しい状態を使う必要があります。たとえば、どの書籍が最も売れているかを知り、人気のある書籍はその著者に通知したいと考えています。これを行うには、その書籍に最も人気があるかどうかを確認する以前に、自身が行った販売冊数の更新が完了したことを知る必要があります。エージェントのalterメソッドを呼び出すことで、状態の更新を行えます。これはsendメソッドとまったく同じように機能し、新しい状態を待つFutureを返します。

第11章　有限状態マシンとエージェント

```
implicit val timeout = Timeout(1000)          ← 待ちが発生するため、タイムアウトが必要
val future = stateAgent alter( oldState => {   ← 値の更新を待つためにエー
  val bookStat = oldState.books.get(book) match {    ジェントはFutureを提供する
    case Some(bookState) =>
      bookState.copy(nrSold = bookState.nrSold + nrSold)   ← ここで値を更新
    case None => new BookStatistics(book, nrSold)
  }
  oldState.copy(oldState.sequence+1,
    oldState.books + (book -> bookStat))
})
val newState = Await.result(future, 1 second)   ← 更新が終わると、新しい状態が返される
```

この例では、関数を使って更新しましたが、**send**メソッドの場合と同様に、**alter**メソッド内で新しい状態を使うこともできます。このように、変更された状態はFutureで返されます。しかし、これが最後の更新とは限りません。まだ保留中の変更があるかもしれません。これまで述べてきたように、変更が処理されると変更結果が返されますが、ほぼ同時に複数の変更が送信されるかもしれません。その場合に欲しいのは最終結果でしょう。あるいは、他のスレッドが最終結果を必要とするかもしれませんが、そのスレッドが知りうるのは状態を更新する可能性がある処理だけです。したがって、このスレッドは**alter**メソッドからの参照を持つのではなく、単純に待つ必要があります。エージェントはこのための**Future**を返す機能を持っています。この**Future**は、保留中の状態変更がすべて処理されると終了します。

```
val future = stateAgent.future
val newState = Await.result(future, 1 second)
```

このようにして、現時点での最新の状態を確認できます。**map**や**flatMap**を使った場合、元のエージェントはそのままで、新しいエージェントが作られることに注意してください。元のエージェントの状態が変わらないことから、これらの操作は**永続的である**といえます。以下の**map**を用いた例では、新しいエージェントが作成されます。

```
import scala.concurrent.ExecutionContext.Implicits.global
val agent1 = Agent(3)

val agent2 = agent1 map (_ + 1)
```

この書き方を使う場合、**agent2**は4という値を持つ新しく作成されたエージェントであり、**agent1**は変更されません（3という値を持っています）。

　共有された状態が必要なときは、エージェントを使って状態を管理できることを示しました。状態の一貫性は、エージェントのコンテキストでのみ更新が行われることによって保証されます。これらの更新は、エージェントにアクションを送信することによって行われます。

11.4 まとめ

　状態を保持せずにアプリケーションは構築できません。この章では、状態を管理するために Akka が提供するいくつかのアプローチを見てきました。主に学んだことは次のとおりです。

- 有限状態マシンは一見特殊で難しいように思えるが、Akka で実装するのは簡単で、実装したコードはきれいで保守性が高い。トレイトに従って実装されたコードは、状態遷移を定義したコードから振る舞いが分離されたコードになる
- エージェントは、複数のアクターが状態にアクセスする必要がある場合に便利な手段を提供する
- 両方の技術（有限状態マシンとエージェント）によって、ロックを管理することなく状態の共有を実現できる
- タイマーを用いた有限状態マシンとエージェントが提供する Future を用いると、状態の変更を実装する際に、一定レベルの調和を取ることができる

　この章では共有された状態を変更する、相互に依存した複雑な実装の例を紹介しました。共有された状態に関係する複数のアクターを調整する仕組みを用いることで、ステートレスなメッセージングの原則をそのまま維持しながら、これを実現しました。

第12章

ストリーミング

この章で学ぶこと

- □ 有限のメモリー上でのイベントのストリーム処理
- □ akka-httpを使ったHTTPを経由したイベントの
  ストリーミング
- □ グラフDSLを用いたブロードキャストとマージ
- □ ストリーミングのプロデューサーとコンシュー
  マー間の仲介

　普段利用しているインターネットには、ストリーミングされるデータがたくさんあります。大きなデータセットを扱う場合は、小さな要素ごとに送信するストリーミングが適しているからです。データセット全体を一度に処理しようとすると、データサイズが大きくなりすぎて処理しきれないことがしばしばあります。想定を上回るサイズのデータセットを処理してしまったことによるメモリー不足エラー（OutOfMemoryError）を経験したことがある方も多いのではないでしょうか。この章では、データストリームを使用して外部サービスと安全に連携する方法について説明します。

　データのストリームは、終わりがない要素の配列です。概念的に、ストリームはプロデューサーがストリームに要素を提供していて、コンシューマーがストリームから要素を読み込んでいる間のみ存在します。

　ストリームを消費するアプリケーションには課題が2つあります。1つは、時間の経過とともにさらにデータが生成されるかもしれないので、どの程度のデータを処理しなければならないかを事前に知ることができないことです。もう1つの課題は、プロデューサーとコンシューマーの速度の変化に対処することです。アプリケーションがストリーミングのプロデューサーとコンシューマー間を仲介する場合、コンシューマーがメモリー不足を起こさずにデータをバッファーしなければいけません。コンシューマーの処理能力をプロデューサーはどうすれば知ることができるでしょうか？

　akka-streamは、有限のバッファーで無制限のストリームを処理する方法を提供します。また、AkkaのストリーミングアプリケーションのベースとなるAPIです。**akka-http**は内部的にakka-streamを使用し、HTTPストリーミングの操作を提供します。Akkaでストリーミングアプリケー

299

第12章 ストリーミング

ションを構築することは非常に大きなトピックですので、この章では、akka-streamのAPIと、akka-httpをストリーミングで使う方法、そしてシンプルなパイプラインから、より複雑なストリーム処理コンポーネントであるグラフまでを紹介します。

この章で説明する例では、構造化されたアプリケーションログの処理を扱います。多くのアプリケーションは、実行時のデバッグができるように、数種類のログファイルを作成します。ファイルを分析する前にすべてのログファイルをメモリーにロードするということはせずに、任意のサイズのログファイルを処理し、関心があるイベントを収集します。

その後、akka-httpを使ってログのストリーム処理サービスを作成します。本章を通じて、サンプルサービスを作成していきます。

12.1　基本的なストリーム処理

まず、akka-streamでのストリーム処理が実際には何を意味するのかを見ていきましょう。**図12.1**は、処理ノードで要素を1つずつ処理する様子を表しています。メモリーのオーバーフローを防ぐには、要素を1つずつ処理するということが重要です。また、処理チェーン内のいくつかの場所で有限のバッファーが使用されます。

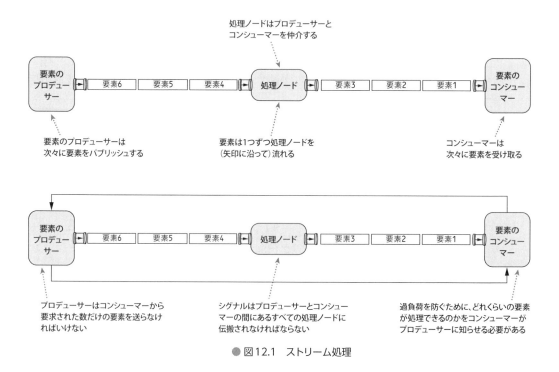

● 図12.1　ストリーム処理

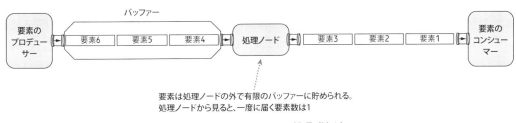

● 図12.1　ストリーム処理（続き）

アクターとの類似点を明確にしておきましょう。**図12.1**からわかるように、違いは、有限なメモリーで処理できるようにするため、プロデューサーとコンシューマーの間でシグナルが伝達されるということです。アクターを使う場合は、自身でこれを構築しなければなりません。**図12.2**は、ログイベントのフィルタリング、変換、フレーム化など、ログのストリーム処理に必要な線形の処理チェーンの例を示しています。

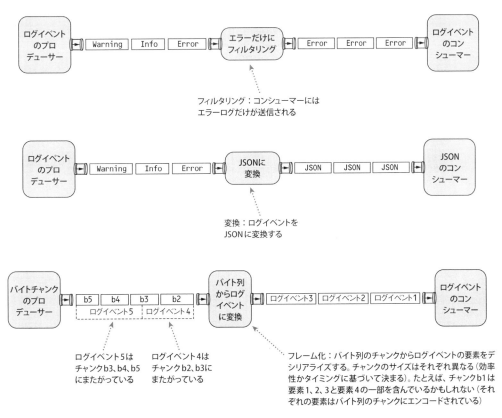

● 図12.2　線形ストリーム処理

ログのストリーム処理は、単純な1つのプロデューサーからの読み取りと1つのコンシューマーへの書き込みだけにとどまらず、より複雑な**処理グラフ**になります。処理グラフによって、既存の処理ノードからより高度な処理ロジックを構築できるようになります。たとえば、2つのストリームをマージして、要素をフィルタリングするグラフを**図12.3**に示します。本質的には、どの処理ノードもグラフです。グラフは、いくつかの入力と出力がある処理要素です。

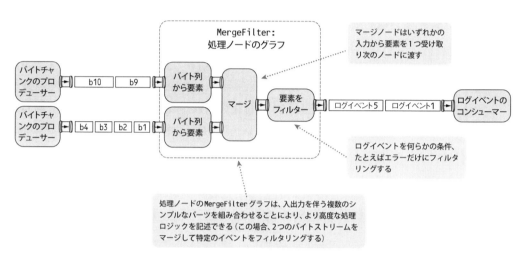

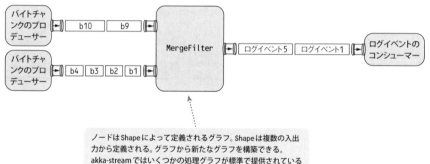

● 図12.3　グラフ処理

ログストリームプロセッサーサービスの最終バージョンは、ネットワーク上の多くのサービスからHTTPを用いてアプリケーションログを受信し、異なる種類のストリームを結合します。フィルタリングと分析、変換を行い、最終的にその結果を他のサービスに送信します。**図12.4**で、仮定するサービス使用例を示します。

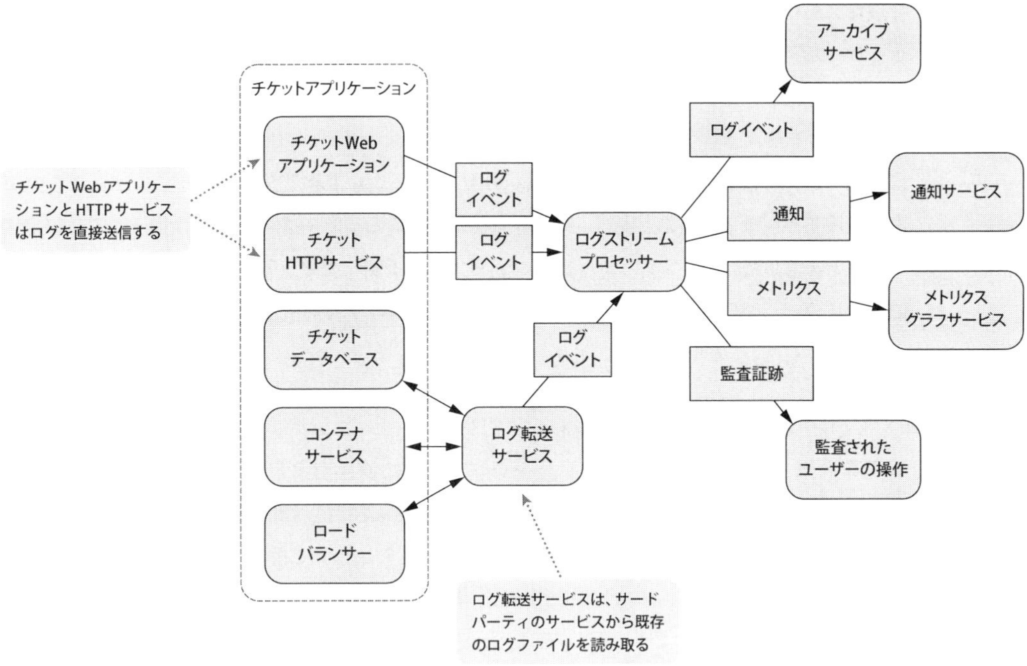

12.1 基本的なストリーム処理

チケットアプリケーション

チケットWeb
アプリケーション

チケット
HTTPサービス

チケット
データベース

コンテナ
サービス

ロード
バランサー

チケットWebアプリケー
ションとHTTPサービス
はログを直接送信する

ログ
イベント

ログ
イベント

ログ
イベント

ログ転送
サービス

ログ転送サービスは、サード
パーティのサービスから既存
のログファイルを読み取る

ログストリーム
プロセッサー

アーカイブ
サービス

ログイベント

通知

通知サービス

メトリクス

メトリクス
グラフサービス

監査証跡

監査された
ユーザーの操作

● 図12.4　ログストリームプロセッサーの使用例

図12.4は、チケットアプリケーションのさまざまなパーツからログイベントを受け取るログストリームプロセッサーを示しています。ログイベントはログストリームプロセッサーにすぐに送信されることもあれば、少し遅れて送信されることもあります。チケットWebアプリケーションとHTTPサービスはイベントが発生したときにログイベントを送信し、ログ転送サービスはサードパーティのサービスログを集約してからイベントを送信します。

図12.4に示した使用例では、ログストリームプロセッサーは、特定のログを仕分けして、後から問い合わせを行えるようにアーカイブサービスに送信します。また、ログストリームサービスはアプリケーションのサービスで起きる特定の問題を識別し、人間の介入が必要な場合は通知サービスを用いてチームに通知を行います。いくつかのイベントはメトリクスに変換されます。この変換により、さらに分析を進めるための（グラフなどの）図表を提供するサービスに送信できるようになります。

ログイベントのアーカイブ、通知、メトリクス、監査証跡への変換は、それぞれ異なる処理フローで実行され、別々の処理ロジックを必要とし、受信したログイベントをすべて処理する必要があります。

このログストリームプロセッサーの例では、いくつか解決すべき課題があります。それらの解決策については、次節で説明します。

第12章　ストリーミング

- **有限なメモリー使用量** —— ログデータがメモリーに収まりきらないため、ログストリームプロセッサーのメモリーが不足しないようにする必要があります。イベントを1つずつ処理し、イベントを一時的なバッファーに集めたとしても、決してすべてのログイベントをメモリーに読み込んではいけません。
- **非同期・ノンブロッキングI/O** —— スレッドのブロックをできるだけ避けて、リソースを効率的に使用するべきです。たとえば、ログストリームプロセッサーは、すべてのサービスに順番にデータを送信したり、すべてのサービスが応答するのを待ったりしてはいけません。
- **速度の変化** —— プロデューサーとコンシューマーが動作する速度が異なることを前提とすべきです。

　ログストリームプロセッサーの最終形はHTTPのストリーミングサービスですが、まずはファイルから取り出したイベントを処理し、結果をファイルに書き出すというシンプルなバージョンから始めるとよいでしょう。今から見ていくように、akka-streamは非常に柔軟です。処理ロジックとストリームの読み書きといった処理を簡単に切り離すことができます。次項では、シンプルなストリームコピーアプリケーションを作成し、それから順を追ってログストリーム処理アプリケーションを構築していきます。それでは、一緒にakka-streamのAPIを探検しながら、ストリーム処理を実現するためにakka-streamが行った選択について議論していきましょう。

12.1.1　ソースとシンクを使ったファイルのコピー

　ログストリーム処理アプリケーションを構築するための第一歩として、ストリーミングコピーの例を見ていきます。ソースのストリームから読み込まれたバイト列は、すべて宛て先のストリームに書き込まれます。

　いつもどおり、ビルドファイルに依存関係を追加する必要があります。**リスト12.1**を参照してください。

> **リスト12.1**　依存関係

```
"com.typesafe.akka" %% "akka-stream" % version,  ◀────── ストリームの依存関係
```

akka-streamを使うには、通常2つのステップが必要です。

1. **処理フローを定義する** —— ストリーム処理コンポーネントの**グラフ**。このグラフは、ストリームが行うべき処理を定義する。
2. **処理フローを実行する** —— アクターシステムでグラフを実行する。実際にデータをストリーミングするために必要なすべての作業が、グラフからアクターに変換される。

304

グラフ（処理フロー）はプログラム全体で共有できます。作成後のグラフはイミュータブル
です。グラフは何度でも好きなだけ実行でき、実行するたびに新しいアクターで処理されます。
実行中のグラフは、ストリーミングプロセス内のコンポーネントから結果を返すことができ
ます。この章の後半で、これらすべての仕組みについて詳しく説明しますので、現時点で完璧
に理解できていなくても心配しないでください。

ログストリーミングの課題の中でも非常に単純な例から始めます。単純にログをコピーする
アプリケーションを作成します。StreamingCopy アプリケーションは、入力ファイルを出力ファ
イルにコピーします。この場合の処理フローは非常にシンプルな**パイプ**です。ストリームから
受け取ったデータはすべてストリームに書き込まれます。**リスト12.2**と**リスト12.3**はそれぞれ、
akka-streamを使用するのに必要なパッケージのインポート宣言と処理フローの定義です。

コマンドライン引数から intputFile と outputFile を取得するところは、リストでは省略して
います。

リスト12.2 StreamingCopy アプリケーションのインポート

```
import akka.actor.ActorSystem
import akka.stream.{ ActorMaterializer, IOResult }
import akka.stream.scaladsl.{ FileIO, RunnableGraph, Source, Sink }
import akka.util.ByteString
```

scaladslパッケージにはストリームを
構築するためのScalaDSLが含まれて
いる。同様にjavadslパッケージもある

リスト12.3 ストリームをコピーするRunnableGraphの定義

```
val source: Source[ByteString, Future[IOResult]] =
  FileIO.fromPath(inputFile)

val sink: Sink[ByteString, Future[IOResult]] =
  FileIO.toPath(outputFile, Set(CREATE, WRITE, APPEND))

val runnableGraph: RunnableGraph[Future[IOResult]] =
  source.to(sink)
```

読み取りを行うソース

書き込みを行うシンク

ソースとシンクをつなげると
RunnableGraphになる

まず、FileIO.fromPath と FileIO.toPath を使って Source（要素の供給源）と Sink（要素の
吸収源）を定義します。

Source と Sink は両方ともストリームのエンドポイントです。Source には1つの出力があり、
Sink には1つの入力があります。Source と Sink が型付けされ、この場合、ストリーム要素の型
は両方とも ByteString です。

図12.5に示すように、Source と Sink を接続することで RunnableGraph を形成します。

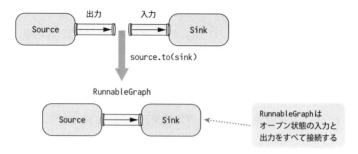

●図12.5　SourceとSink、そして最もシンプルなRunnableGraph

ブロッキングファイルI/O

　この例ではFileIOを使っています。ファイルの入出力はとても簡単に確認できますし、ファイルI/Oのソースとシンクは非常にシンプルだからです。

　ソースとシンクの種類をファイルから他のメディアへ切り替えるのは比較的簡単にできます。

　FileIOで作られたソースとシンクは、内部的にブロッキングファイルI/Oを使っています。FileIOのソースとシンク用に作成されたアクターは、他のアクターとは別のディスパッチャーで実行されます。このディスパッチャーは、システム内のakka.stream.blocking-io-dispatcherという項目で設定できます。また、ActorAttributesを引数に取るwithAttributesを使って、グラフ要素に対して独自のディスパッチャーを設定することもできます。12.1.2項では、ActorAttributesを使ってsupervisorStrategyを設定する例をお見せします。

　ファイルI/Oがブロッキングするのは、それほど悪いことではありません。ディスクのレイテンシーは、たとえばネットワーク上でストリーミングするレイテンシーよりもはるかに低いです。同時にたくさんのファイルストリームを並行に扱う際のパフォーマンスが向上すれば、FileIOの非同期バージョンが将来的に追加されるかもしれません。

マテリアライズされた値

　ソースとシンクは、グラフの実行時に補助値を提供できます。これを、**マテリアライズされた値**と呼びます。この例の場合、読み込みと書き込みのバイト数を持ったFuture[IOResult]です。マテリアライズについては12.1.2項で詳しく説明します。

StreamingCopyアプリケーションは、Source.to(sink)を使って定義できる最も単純なグラフを作成します。Source.to(sink)は、Sourceからデータを受け取り、Sinkに直接送るRunnable Graphを作成します。

ソースとシンクを作成する行は宣言的です。ファイルを作成したり、ファイルハンドルを開いたりすることはありませんが、RunnableGraphが実行されると、あとで必要となるすべての情報がキャプチャされます。

RunnableGraphを作成しても何も開始されないことにも注意してください。単にコピーする方法を決める処理フローを定義するだけです。

リスト12.4は、RunnableGraphの実行方法を示しています。

リスト12.4 RunnableGraphを実行してストリームをコピー

```
implicit val system = ActorSystem()
implicit val ec = system.dispatcher
implicit val materializer = ActorMaterializer()   ←  マテリアライザーは最終的にはグラフ
                                                     を実行するためのアクターを生成する

runnableGraph.run().foreach { result =>   ←
  println(s"${result.status}, ${result.count} bytes read.")
  system.terminate()                       実行中のグラフはFuture[IOResult]を
}                                          返す。この例では、IOResultにはSource
                                           から読み込んだバイト数が入っている
```

runnableGraphを実行すると、ソースからシンクにバイト列がコピーされます。この場合、ファイルからファイルにコピーされます。このようにグラフが一度実行することを「マテリアライズする」といいます。

今回のケースで、すべてのデータのコピーが終わると、グラフは停止します。詳細については、次項で説明します。

FileIOオブジェクトはakka-streamの部品であり、ファイルのソースとシンクを作成するための便利な道具を提供します。ソースとシンクを接続し、RunnableGraphをマテリアライズすると、ファイルのソースからByteStringを読み取り、1つずつファイルのシンクに送ります。

次項では、マテリアライズの詳細と、このRunnableGraphがどのように実行されるのかを見ていきます。

第12章　ストリーミング

> **Check サンプルの実行**
>
> 　これまでと同様に、本章の例はsbtコンソールから実行できます。実行するアプリケーションで必要な引数はrunコマンドに対して渡すことができます。
>
> 　アプリケーションを実行するときにsbt-revolverは非常に便利なプラグインです。このプラグインにより、sbtコンソールを終了することなく、（re-startとre-stopを使うことで）アプリケーションの実行と再起動、停止ができるようになります。このプラグインはGitHubで公開されています。
>
> https://github.com/spray/sbt-revolver
>
> 　GitHubプロジェクトのchapter-streamフォルダには、大きなテスト用ログファイルを作成できるGenerateLogFileアプリケーションも含まれています。
>
> 　（-Xmx引数で設定される）JVMの最大メモリーより大きいファイルをコピーして、ファイル全体を密かにメモリーに読み込んでいないことを確認してみることは、練習問題に良いでしょう。

12.1.2　実行可能なグラフのマテリアライズ

　リスト12.4のrunメソッドは暗黙的なスコープのMateralizerを必要とします。ActorMaterializerは、RunnableGraphをアクターに変換してグラフを実行します。

　このファイルコピーのサンプルが実行される際、内部では実際に何が行われているのかを見てみましょう。これらの詳細の一部は、Akka内部の非公開部分であるため変更される可能性がありますが、ソースコードをトレースしてすべての動作を確認することは非常に有用です。**図12.6**には、StreamingCopyグラフのマテリアライズがどのように開始されるのかを簡単に示しています。

- ActorMaterializerは、グラフのSourceとSinkが適切に接続されているかをチェックし、SourceとSinkの内部にリソースの準備を要求する。内部的には、fromPathはFileSource（SourceShapeの内部実装）からSourceを作成する
- FileSourceはリソースを作成するように求められると、FileChannelを開くアクターであるFilePublisherを作成する
- toPathメソッドは、SinkModuleを継承するFileSinkからSinkを作成する。FileSinkは、FileSubscriberアクターを作成し、FileChannelを開く
- この例でsourceとsinkを接続するために使っているtoメソッドは、ソースとシンクのモジュールを1つのモジュールにまとめる
- ActorMaterializerは、モジュールがどのように接続されているかに応じて、サブスクライバー

308

をパブリッシャーに登録する。このケースでは、`FileSubscriber`を`FilePublisher`に登録する
- `FilePublisher`は`ByteString`をファイルから読み込み、最後まで到達するとファイルを閉じる
- `FileSubscriber`は、`FilePublisher`から受け取った`ByteString`をすべて出力ファイルに書き込む。`FileSubscriber`が停止すると`FileChannel`が閉じられる
- `FilePublisher`は、ファイルからすべてのデータを読み込んだあとにストリームを完了させる。`FileSubscriber`は、ストリームが完了したときに`OnComplete`メッセージを受信し、書き込んだファイルを閉じる

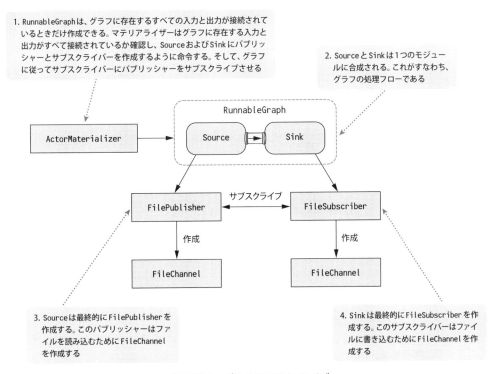

● 図12.6　グラフのマテリアライズ

ストリームは、`take`や`takeWhile`、`takeWithin`のようなオペレーターを使ってキャンセルできます。これらのオペレーターは、処理された要素数が最大に達したときや述語関数が`true`を返すとき、設定された時間が経過したときにストリームをキャンセルします。内部的には、これらのオペレーターも同様の方法でストリームを完了させます。

処理を実行するために内部で作成されたすべてのアクターは、ストリームがキャンセルされた時点で停止します。`RunnableGraph`を再び実行すると、新しいアクターのセットが作成され、プロセス全体がはじめから再実行されます。

メモリー過負荷の防止

FilePublisherがファイルからすべてのデータをメモリーに読み込むと、OutOfMemoryErrorが発生する可能性があります。どのように対処すればよいでしょうか？　その答えは、PublisherとSubscriberの相互作用の仕方にあります。これを**図12.7**に示します。

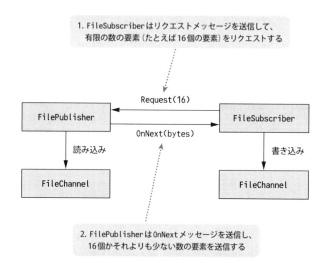

● 図12.7　Subscriberは処理できる範囲で、できるだけ多くのデータをPublisherに要求する

FilePublisherは、FileSubscriberから要求された数だけの要素をパブリッシュできます。

この例では、ソース側のFilePublisherは、シンク側のFileSubscriberが要求したデータの量だけ、ファイルからデータを読み取ることができます。つまり、ソースがデータを読み取る速度はシンクがデータを書き込む速度の同等以下です。この単純な例では、グラフには2つしかコンポーネントがありません。もっと複雑なグラフでも、要求はグラフの終わりから始まりまで、経路の全体に伝わり、サブスクライバーの要求よりも多くのデータをパブリッシャーがパブリッシュできないようになっています。

akka-streamのすべてのグラフコンポーネントは同じように動作します。最終的には、すべてのコンポーネントがReactive Streamsのパブリッシャーかサブスクライバーに変換されます。このAPIは、リクエストされた以上のパブリッシュを行わないなど、パブリッシャーとサブスクライバーが対話する方法のルールを規定し、限られたメモリー内で無限のデータストリームを処理できるようにします。

ここではパブリッシャーとサブスクライバー間のプロトコルをかなり単純化しました。最も重要なことは、サブスクライバーとパブリッシャーが需要と供給に関するメッセージを互いに非同期で送信し合うということです。互いをブロックすることは決してありません。需要と供給は一

定の要素の数として指定します。サブスクライバーはもっと少ない量のデータしか処理できない
か、もしくはもっと多くの処理ができるのかをパブリッシャーに知らせることができます。サブス
クライバーのこの能力は**ノンブロッキングバックプレッシャー**と呼ばれています。

> **memo**
> ## Reactive Streamsの先駆け
>
> 　Reactive Streamsはノンブロッキングバックプレッシャーを用いた非同期ストリーム処理の
> 標準を提供する先駆けです。Reactive Streams APIを実装したライブラリがいくつかあり、これ
> らはすべて相互に統合できます。akka-streamはReactive Streams APIを実装し、さらに高レ
> ベルなAPIを提供します。詳細については、http://www.reactive-streams.org/を参照してくだ
> さい。

内部バッファー

　akka-streamは内部的にバッファーを使ってスループットを最適化します。1要素ずつリクエ
ストとパブリッシュが行われるのではなく、内部的には複数の要素がひと塊りでリクエストされ、
1要素ずつパブリッシュされます。

　`FileSubscriber`は、一定数の要素を一度にリクエストできます。akka-streamライブラリは
ファイルの読み書きの際のメモリーの制約から保護します。気にする必要のないことですが、あ
る時点において`FileSubscriber`が処理を行うために要求できる要素の数の最大値を知りたいと
思う方もいるかもしれません。

　ソースコードを少し詳しく見てみると、`FileSubscriber`は、入力バッファーサイズの最大値
を最高水位標とした`WatermarkRequestStrategy`を使っていることがわかります。`FileSubscri
ber`はこの設定よりも多くの要素をリクエストすることはありません。

　次に、要素自体のサイズがありますが、これについてはまだ説明していませんでした。この
ケースでは、ファイルから読み取られるチャンクのサイズは`fromPath`メソッドで設定でき、デ
フォルトでは8KBです。

　入力バッファーサイズの最大値は、要素の最大数を設定します。これは、`akka.stream.mate
rializer.max-input-buffer-size`を使って設定できます。デフォルトの設定は16です。した
がって、この例では実行時のデータ量が最大で約128KBです。

　入力バッファーの最大値は、`ActorMaterializerSettings`で設定することもできます。`Actor
MaterializerSettings`は、マテリアライザーやこの章で後ほど説明するグラフコンポーネント
に渡されます。`ActorMaterializerSettings`を使うと、グラフを実行するアクターが使用する
ディスパッチャーや、グラフコンポーネントの監督方法など、マテリアライズの性質をいくつか
設定できます。

第12章　ストリーミング

12.4節で、再びバッファーに目を向けます。

オペレーター融合

　akka-streamは、ソースとシンクの間のこれから使用するノードを先読みし、「オペレーター融合」という手法を使って、グラフの直鎖の中にある不必要な非同期境界をできるだけ取り除きます。

　デフォルトでは、グラフ内のできるだけ多くのステージを1つのアクター上で実行することで、要素や要求・供給のシグナルをスレッド間で受け渡しするオーバーヘッドを削減します。asyncメソッドを使うと、グラフの非同期境界を明示的に作成できます。asyncによって区切られた処理要素は、後の実行時にそれぞれ異なるアクターによって処理されることが保証されます。

　オペレーター融合は、マテリアライズ時に行われます。akka.stream.materializer.auto-fusing = offを指定すると、オペレーター融合が無効になります。Fusing.aggressive(graph)を使ってグラフを事前（マテリアライズされる前）に融合させることもできます。

マテリアライズされた値の結合

　前にも述べたように、ソースとシンクはグラフがマテリアライズされたときに補助値を提供します。ファイルのソースとシンクは、完了時に読み込みと書き込みのバイト数を持ったFuture[IOResult]を補助値として提供します。

　RunnableGraphは実行時に1つのマテリアライズされた値を返します。それでは、グラフを通じてマテリアライズされた値に渡される値はどのように決まるのでしょうか？

　toメソッドはtoMatの省略形です。これは、マテリアライズされた値を結合する関数を引数に取るメソッドです。Keepオブジェクトには、マテリアライズされた値を結合するための2つの標準関数が定義されています。

　デフォルトでは、toメソッドはKeep.leftを使って左のマテリアライズされた値を保持します。StreamingCopyの例にあるグラフのマテリアライズされた値が**図12.8**に示したように、ファイル読み込みのFuture[IOResult]を返すのは、このためです。

　リスト12.5に示すとおり、toMatメソッドを使って左、右、両方の値を残すか、両方の値を残さないことを選択できます。

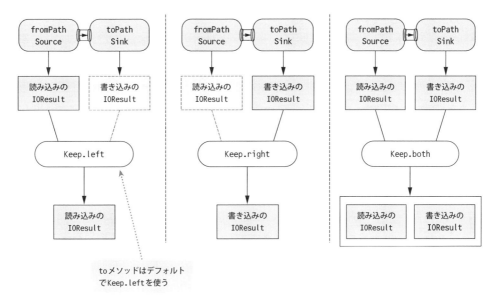

● 図12.8 グラフのマテリアライズされた値の保持

リスト12.5 マテリアライズされた値の保持

```
import akka.Done
import akka.stream.scaladsl.Keep

val graphLeft: RunnableGraph[Future[IOResult]] =
  source.toMat(sink)(Keep.left)         ← 読み込んだファイルのIOResultを保持する

val graphRight: RunnableGraph[Future[IOResult]] =
  source.toMat(sink)(Keep.right)        ← 書き込んだファイルのIOResultを保持する
val graphBoth: RunnableGraph[(Future[IOResult], Future[IOResult])] =
  source.toMat(sink)(Keep.both)         ← 両方を保持する
val graphCustom: RunnableGraph[Future[Done]] =
  source.toMat(sink) { (l, r) =>
    Future.sequence(List(l,r)).map(_ => Done)   ← ストリームが完了したことを示す独自の関数
  }
```

Keep.left、Keep.rightは左右の値をそれぞれ返し、Keep.bothは左右両方の値を返し、Keep.noneはどちらの値も返さないというシンプルな関数です。Keep.leftはデフォルトとして適切な設定です。長いグラフでは、グラフの先頭のマテリアライズされた値が保持されます。Keep.rightがデフォルトだと、最初のマテリアライズされた値を保持するために、すべてのステップでKeep.leftを指定しなければいけません。

ここまでで、ソースとシンクを結合する方法を見てきました。次項では、ログイベントの例に戻り、Flowコンポーネントを紹介します。イベントの処理とフィルタリングという文脈で、スト

第12章　ストリーミング

リーム操作を詳しく見ていきます。

12.1.3　フローによるイベントの処理

グラフの定義とマテリアライズの基本がわかったところで、バイト列のコピーよりも複雑な例を見ていきましょう。ログプロセッサーの最初のバージョンを作るところから始めます。

シンプルなコマンドラインアプリケーションである**EventFilter**アプリケーションは、ログイベント含んだ入力ファイル、JSONフォーマットのイベントを書き込む出力ファイル、フィルタリングするイベントの状態（この状態のイベントが出力ファイルに書き込まれます）の3つの引数を取ります。

ストリーム操作の説明に入る前に、ログイベントのフォーマットについて説明しましょう。ログイベントはテキストの1行として書き込まれ、ログイベントのすべての要素はパイプ文字（|）によって次の要素と区切られます。**リスト12.6**は、フォーマットの例を示しています。

> **リスト12.6**　ログイベントのフォーマット

```
my-host-1 | web-app | ok    | 2015-08-12T12:12:00.127Z | 5 tickets sold.||
my-host-2 | web-app | ok    | 2015-08-12T12:12:01.127Z | 3 tickets sold.||
my-host-1 | web-app | ok    | 2015-08-12T12:12:02.127Z | 1 tickets sold.||
my-host-2 | web-app | error | 2015-08-12T12:12:03.127Z | exception!!||
```

最初の例のログイベントの1行は、ホスト名、サービス名、状態、時間、説明のフィールドで構成されています。状態は**'ok'**、**'warning'**、**'error'**、**'critical'**のいずれかの値になります。それぞれの行は改行文字（**\n**）で終わります。

ファイル内のそれぞれのテキスト行は、パース後に**Event**ケースクラスに変換します（**リスト12.7**）。

> **リスト12.7**　Eventケースクラス

```
case class Event(
  host: String,
  service: String,
  state: State,
  time: ZonedDateTime,
  description: String,
  tag: Option[String] = None,
  metric: Option[Double] = None
)
```

Eventケースクラスは、単にログ1行に存在するすべてのフィールドに対応するフィールドを持っているだけです。

EventからJSONへの変換には**spray-json**ライブラリを使用します。ここでは省略していま

314

すがEventMarshallingトレイトには、EventケースクラスのJsonFormatが含まれています。EventMarshallingトレイトの実装については、本書のGithubリポジトリの中で、本章に該当するchapter-streamディレクトリのコードを参照してください。

図12.9に示すように、SourceとSinkの間でFlowというコンポーネントを使います。

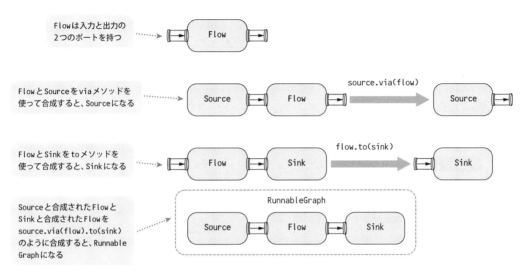

● 図12.9　FlowでSourceとSinkを接続する

　フローはすべてのストリーム処理ロジックをキャプチャします。このロジックは後ほどHTTPバージョンの例で再利用します。SourceとFlowは、両方ともストリーム上で操作を行うメソッドを提供します。**図12.10**はイベントフィルターフローで行われる操作を概念的に示しています。

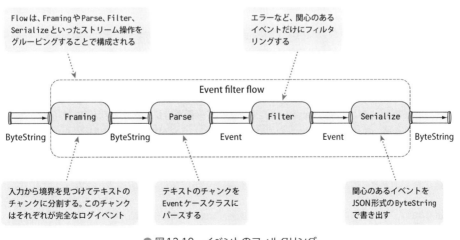

● 図12.10　イベントのフィルタリング

ここで直面する最初の問題は、フローがソースから受け取る要素が、任意のサイズの`ByteString`であるということです。受信した`ByteString`が、正確に1つのログイベントの行を含んでいるとは限りません。

akka-streamには、ストリーム内のデータのフレームを識別するために事前定義された2つの`Flow`を利用できます。このケースでは、特定の`ByteString`をストリームの区切り文字として検出する、`Framing.delimiter`フローを使用します。破損した入力が`OutOfMemoryError`を引き起こしてしまわないように、最大で`maxLine`に指定したバイト数までしかバッファリングしないようにして、区切り文字で終わるフレームを検出します。

リスト12.8は、任意のサイズの`ByteString`を改行で区切られた`ByteString`のフレームに変換する`frame`フローを示しています。今回のフォーマットでは、ログイベントの完全な1行を表しています。

リスト12.8 ByteStringのフレーム化

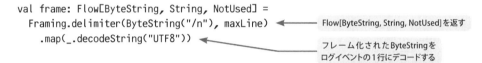

`Flow`には、ストリーム内の要素を変換するために、`map`や`filter`などのコレクションに似たオペレーターが多数用意されています。**リスト12.8**は、任意のサイズの`ByteString`を改行で区切って`String`のフレームに変換するフローを示したものです。

これで、ログの行を`Event`ケースクラスにパースする準備が整いました。ログの行を解析する実際のロジックは省略します（これまで同様GitHubリポジトリで確認できます）。**リスト12.9**に示すように、要素を再びマップして、`String`を`Event`に変換します。

> **memo ストリームはコレクションではない**
>
> ストリーミング操作の多くは、`map`、`filter`、`collect`などのコレクション操作のように聞こえるかもしれません。ストリームは単にもう1つの標準コレクションにすぎないと思う方もいるかもしれませんが、それは違います。大きな違いは、ストリームはサイズを知ることができないということです。`List`、`Set`、`Map`といったほぼすべての標準コレクションクラスはサイズを知ることができます。`Flow`のいくつかのメソッドは、コレクションAPIの使用感と同じように、ストリームのすべての要素をトラバースできないため単純には利用できません。

12.1 基本的なストリーム処理

> **リスト12.9** 行のパース

```
val parse: Flow[String, Event, NotUsed] =
  Flow[String].map(LogStreamProcessor.parseLineEx)
    .collect { case Some(e) => e }
```

空行は捨てて、Someの場合はイベントを取り出す

LogStreamProcessorオブジェクトのparseLineExメ
ソッドを使って文字列をパースする。このメソッドは
Option[Event]を返し、空行の場合にNoneを返す

Flow[String]は、Stringの要素を入力として受け取り、Stringの要素を出力として提供する
Flowを作成し、その後mapを使ってEventの要素を出力するFlowに変換しています。

このケースでは、マテリアライズされた値の型が何なのかは重要ではありません。Flow
[String]が作られるときに選択できる妥当な型はありません。NotUsed型は、マテリアライズさ
れた値が重要ではなく、使うべきでないことを示すのに使います。parseフローはStringを受
け取り、Eventを出力します。

フィルターの処理を次に示します（**リスト12.10**）。

> **リスト12.10** イベントのフィルタリング

```
val filter: Flow[Event, Event, NotUsed] =
  Flow[Event].filter(_.state == filterState)
```

特定の**filterState**を持ったイベントのみがこのフィルターフローを通過し、それ以外のイベ
ントは破棄されます。

リスト12.11に、シリアライズフローを示します。

> **リスト12.11** イベントのシリアライズ

```
val serialize: Flow[Event, ByteString, NotUsed] =
  Flow[Event].map(event => ByteString(event.toJson.compactPrint))
```

spray-jsonライブラリを使って
JSONにシリアライズする

フローは**via**を使って合成できます。**リスト12.12**は、イベントをフィルタリングするフローの
完全な定義と、それがどのようにマテリアライズされるかを示しています。

> **リスト12.12** イベントをフィルタリングする合成されたフロー

```
val composedFlow: Flow[ByteString, ByteString, NotUsed] =
  frame.via(parse)
    .via(filter)
    .via(serialize)

val runnableGraph: RunnableGraph[Future[IOResult]] =
  source.via(composedFlow).toMat(sink)(Keep.right)
```

第12章　ストリーミング

```
runnableGraph.run().foreach { result =>
  println(s"Wrote ${result.count} bytes to '$outputFile'.")
  system.terminate()
}
```

ここでは**toMat**を使って、**Sink**のマテリアライズされた値である右側のマテリアライズされた値を保持するので、出力ファイルに書き込まれたバイト数の合計を表示できます。もちろん**リスト12.13**のように、フローを一度にすべて定義することもできます。

リスト12.13　イベントをフィルタリングする単一のフロー

```
val flow: Flow[ByteString, ByteString, NotUsed] =
  Framing.delimiter(ByteString("\n"), maxLine)
    .map(_.decodeString("UTF8"))
    .map(LogStreamProcessor.parseLineEx)
    .collect { case Some(e) => e }
    .filter(_.state == filterState)
    .map(event => ByteString(event.toJson.compactPrint))
```

次項では、ログファイルに破損した行がある場合など、エラーが発生した場合に何が起きるのかを説明します。

12.1.4　ストリームのエラー処理

EventFilterアプリケーションは、エラーが発生したときの処理に少し問題がありました。**LogStreamProcessor.parseLineEx**メソッドは、行をパースできなければ例外をスローしますが、これは発生しうるエラーの1つにすぎません。存在しないファイルのパスを渡してしまう可能性もあります。

デフォルトでは、例外が発生するとストリーム処理が停止します。実行可能なグラフのマテリアライズされた値は例外を含む失敗した**Future**になります。これでは不便なので、パースできなかったログの行は無視するようにしたほうがいいでしょう。

まず、パースできなかったログの行を無視させてみましょう。ストリームにもアクターの場合と同じように、スーパーバイザー戦略を定義できます。**リスト12.14**は、**Resume**を使って例外の原因となった要素を破棄し、ストリームの処理を継続する例です。

リスト12.14　**LogParseException**でフローを再開する

```
import akka.stream.ActorAttributes
import akka.stream.Supervision

import LogStreamProcessor.LogParseException
```

318

12.1　基本的なストリーム処理

```
val decider : Supervision.Decider = {          ← アクターの監督と同様に、
  case _: LogParseException => Supervision.Resume  Deciderを定義する
  case _ => Supervision.Stop                   ← LogParseExceptionの場合は復帰する
}

val parse: Flow[String, Event, NotUsed] =
  Flow[String].map(LogStreamProcessor.parseLineEx)
    .collect { case Some(e) => e }             属性としてスーパーバイザーを渡す
    .withAttributes(ActorAttributes.supervisionStrategy(decider))  ←
```

スーパーバイザー戦略は、withAttributesを使って設定します。withAttributesは、すべてのグラフコンポーネントで使えます。リスト12.15のように、ActorMaterializerSettingsを使って、グラフ全体に対してスーパーバイザー戦略を設定することもできます。

リスト12.15 グラフの監督

```
val graphDecider : Supervision.Decider = {
  case _: LogParseException => Supervision.Resume
  case _                    => Supervision.Stop
}

import akka.stream.ActorMaterializerSettings
implicit val materializer = ActorMaterializer(
  ActorMaterializerSettings(system)
    .withSupervisionStrategy(graphDecider)   ← ActorMaterializerSettingsで
)                                              スーパーバイザー戦略を渡す
```

ストリームの監督は、Resume、Stop、またはRestartをサポートしています。ストリーム操作には状態を持つものもあり、Restartを行うと状態は破棄されてしまいます。Resumeでは状態は破棄されません。

---

memo

エラーをストリームの要素として扱う

エラー処理の方法として、例外をキャッチして他の要素と同じようにエラー型をストリームに渡すという方法もあります。たとえば、UnparsableEventケースクラスを導入し、EventとUnparsableEventの両方で共通のResultシールドトレイトを継承し、パターンマッチできるようにできます。この場合、フローの全体はFlow[ByteString, Result, NotUsed]になります。もう1つの方法として、Either型を使って、エラーをleft、イベントをrightとして表し、最終的にFlow[ByteString, Either[Error, Result], NotUsed]という形にする方法もあります。コミュニティにはEitherよりも良い代替手段として、ScalazのDisjunction、CatsのXor型、ScalacticのOr型などがあります。このようなエラー型への変換は、皆さんの練習問題にしておきましょう。

319

ストリームのエラー処理について簡単に見てきましたので、次にイベントをフィルタリングするロジックからシリアライズのプロトコルをどう分離できるかを見ていきます。EventFilterは非常に単純なアプリケーションです。メインのロジックは、特定の状態を持つイベントをフィルタリングすることです。パース、フィルタリング、シリアライズのロジックをうまく再利用するとよいでしょう。また、ここまでは独自のログフォーマットだけを入力としてサポートし、JSONを出力としてサポートしていましたが、たとえば、JSONの入力とテキストのログフォーマットの出力をサポートできればすばらしいことです。次節では、フィルタリングのフローの上流で再利用可能なシリアライズのプロトコルを定義する**双方向フロー**を見ていきます。

12.1.5　BidiFlowを用いたプロトコルの作成

BidiFlowは、2つの入力と2つの出力を持つグラフコンポーネントです。BidiFlowの使い方の1つは、フローの上流に配置して、アダプターとして利用することです。

BidiFlowを2本のフローを束ねたフローとして使っていきますが、BidiFlowは2本のフローから作成するだけでなく、他にも多くの方法で作成できます。これにより、高度で興味深いユースケースの実現を可能にしています。

それでは、EventFilterアプリケーションを書き直してみましょう。基本的にイベントからイベントへのFlow[Event, Event, NotUsed]であるfilterメソッドのみを書き直します。受信し

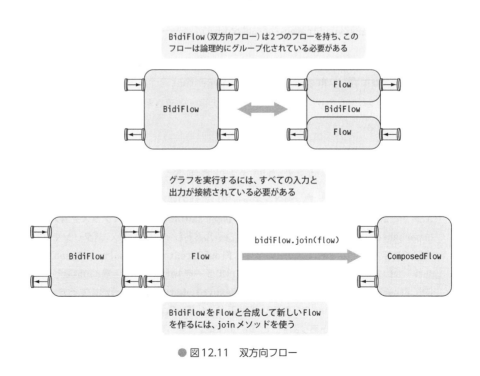

● 図12.11　双方向フロー

たバイト列からイベントを読み取る方法とイベントを再び書き出す方法は、プロトコルアダプターとして再利用可能であるべきです。図12.11にBidiFlowの構造を示します。

BidiEventFilterアプリケーションは、図12.12に示すように、イベントをフィルタリングするロジックからシリアライズのプロトコルを分離します。このケースでは、フレーム化された要素（新しい行の文字列）はシリアライザーによって自動的に追加されるため、「出力」フローにはシリアライズされたフローのみが含まれます。

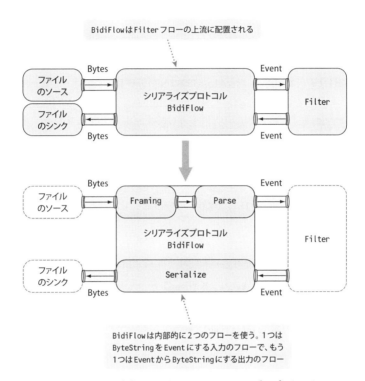

● 図12.12　双方向フローを用いたシリアライズのプロトコル

リスト12.16は、コマンドライン引数によってBidiFlowに接続するFlowを切り替える例です。コマンドライン引数に「json」以外を指定した場合は、ログファイルのフォーマットとして解釈されます。

リスト12.16　コマンドライン引数からBidiFlowを作成する

```
val inFlow: Flow[ByteString, Event, NotUsed] =
  if(args(0).toLowerCase == "json") {
    JsonFraming.objectScanner(maxJsonObject)
      .map(_.decodeString("UTF8").parseJson.convertTo[Event])
  } else {
```

JSONのストリームをフレーム化する。maxJsonObjectはJsonObjectの最大バイト数

第12章　ストリーミング

```scala
      Framing.delimiter(ByteString("\n"), maxLine)
        .map(_.decodeString("UTF8"))
        .map(LogStreamProcessor.parseLineEx)
        .collect { case Some(event) => event }
    }

  val outFlow: Flow[Event, ByteString, NotUsed] =
    if(args(1).toLowerCase == "json") {
      Flow[Event].map(event => ByteString(event.toJson.compactPrint))
    } else {
      Flow[Event].map{ event =>
        ByteString(LogStreamProcessor.logLine(event))
      }
    }
  val bidiFlow = BidiFlow.fromFlows(inFlow, outFlow)
```

> LogStreamProcessor.logLine
> メソッドはイベントをログの1行
> にシリアライズする

JsonFramingは、受信したバイト列をJSONオブジェクトにフレーム化します。ここでは、JSONオブジェクトを含んだバイト列をパースしてEventに変換するのに、spray-jsonを使います。

fromFlowsはデシリアライズとシリアライズのために、2つのフローからBidiFlowを作成します。**リスト12.17**に示すように、joinを用いることでBidiFlowをfilterフローの上部に結合できます。

> **リスト12.17** BidiFlowとフィルターフローの結合

```scala
val filter: Flow[Event, Event, NotUsed] =
  Flow[Event].filter(_.state == filterState)

val flow = bidiFlow.join(filter)
```

> BidiFlowの入力はFilterフローの左側
> に接続され、出力は右側に接続される

このように、BidiFlowを既存のフローの前後に接続することで、入力のフローと出力のフローをそれぞれ任意のフローと接続できるようにすることができます。このケースでは、filterの入出力は両方ともEventですが、BidiFlowを用いて、Sourceからの入力やSinkへの出力と同じByteStringを読み書きできるFlowを作成しています。

次節では、ストリーミングHTTPサービスを構築し、より多くの機能をログのストリームプロセッサーに追加することで、より現実的なアプリケーションに近づけます。これまでは、ストリーミングの操作を直線的なパイプラインでしか定義してきませんでしたが、ストリームのブロードキャストやマージについても見ていきます。

12.2 ストリーミングHTTP

　ログストリームプロセッサーはHTTPサービスとして実行するために何が必要なのか考えてみましょう。akka-httpはakka-streamを使っていることから、ファイルベースのアプリケーションからHTTPサービスに移行するために大量のグルーコードを追加する必要はありません。akka-streamを使ったライブラリの例として、akka-httpは最適です。読み進めていけば、このことをきっと理解できると思います。

　まず、プロジェクトに依存関係をいくつか追加します（**リスト12.18**）。

リスト12.18 akka-httpの依存関係

```
"com.typesafe.akka" %% "akka-http-core"        % version,
"com.typesafe.akka" %% "akka-http"             % version,    ←  akka-httpの依存
"com.typesafe.akka" %% "akka-http-spray-json"  % version,    ←
                                                                akka-httpとspray-jsonのインテグレーション
```

　今回はストレージ間のログストリーミングを可能にする**LogsApp**を構築します。ここでは、シンプルにするためにストリームを直接ファイルに書き込みます。

　Reactive Streamsベースのクライアントライブラリは少なくありません。他の種類（データベースなど）のストレージに今回のサンプルを接続することは、皆さんの練習問題に残しておきます。

12.2.1 HTTPでストリームを受信する

　サービスのクライアントがHTTPの**POST**メソッドを使ってログイベントのデータをストリームの入力データとして送れるようにします。データはサーバー上のファイルに保存します。**/logs/[log_id]**というURLへの**POST**リクエストによって、ログディレクトリに**[log_id]**という名前のファイルが作成されます。たとえば、**/logs/1**は、設定ファイルで指定したログディレクトリに**1**というファイルを作成します。**/logs/[log-id]**への**GET**リクエストに対するサービスを実装して、このファイルからデータをストリーミングします。HTTPサーバーを構成する**LogsApp**の実装の詳細はここでは省略します。

　HTTPのルート定義は**リスト12.19**に示す**LogsApi**クラスに定義します。**LogsApi**には、ログを保存するディレクトリを指す**logsDir**というフィールドがあります。**logFile**メソッドは引数で指定したIDの**File**を返します。**EventMarshalling**トレイトをミックスインしているのはJSONをマーシャリング（オブジェクトをJSONに変換）するためです。**ExecutionContext**と**ActorMaterializer**がありますが、これらは**Flow**を実行するときに必要です。

第12章　ストリーミング

> **リスト12.19**　LogsApi

```
class LogsApi(
  val logsDir: Path,
  val maxLine: Int
)(
  implicit val executionContext: ExecutionContext,
  val materializer: ActorMaterializer
) extends EventMarshalling {
  def logFile(id: String) = logsDir.resolve(id)
// 以降、ルート定義
```

すでにログファイルからJSONイベントに変換するプロトコルを定義しているため、前節で紹介したBidiFlowを使用します。**リスト12.20**はFlowとSinkおよびSourceの宣言です。Sourceは HTTPの GET リクエストに対するサービスを実装するときに後ほど使用します。

> **リスト12.20**　POSTで使われるFlowとSink

```
import java.nio.file.StandardOpenOption
import java.nio.file.StandardOpenOption._

val logToJsonFlow = bidiFlow.join(Flow[Event])    ◀──  このBidiFlowはFlowと接続さ
                                                        れる。このFlowはイベントを変
                                                        更せず、渡すだけ
def logFileSink(logId: String) =
  FileIO.toPath(logFile(logId), Set(CREATE, WRITE, APPEND))
def logFileSource(logId: String) = FileIO.fromPath(logFile(logId))
```

この例では、イベントは変更されません。ログのすべての行がJSONのイベントに変換されます。クエリーパラメータに基づいてイベントをフィルタリングできるように、BidiFlowに結合されたフローを適応させるのは、皆さんへの練習問題です。本節のあとのほうでわかりますが、logFileSink と logFileSource は便利なメソッドです。

HTTPの POST リクエストは**リスト12.21**で示す postRoute メソッドで処理されます。akka-http は akka-stream 上に構築されているので、HTTPのストリームを簡単に受信できます。HTTPリクエストのエンティティ（HttpEntity）にはデータを読み取るためのソースを返す dataBytes プロパティがあります。

Check

レスポンスを返す前にエンティティのソースを完全に読み取る

dataBytes プロパティのソースからすべてのデータを完全に読み取ることは重要です。たとえば、ソースからすべてのデータが読み取られる前にレスポンスを返すと、HTTPの「持続的接続（HTTP Persistent Connections）」を使っているクライアントは、TCPソケットが次のリクエストに使用可能であると判断し、Sourceが再び読み取られることなく終了してしまう可能

性があります。

　HTTPクライアントは、リクエストが完全に処理されることを想定しているため、これが起こったことを示す前にレスポンスを読み取ろうとはしません。持続的接続を使っていない場合でも、リクエストを完全に処理するのが最善です。

　これは、ブロッキングするHTTPクライアントを使っている場合に問題となります。クライアントはリクエスト全体を書き込み終わるまでレスポンスの読み込みを開始しません。

　これは、リクエスト・レスポンスの一連の処理が同期的に処理されるということではありません。この章の例では、リクエストを処理した後、レスポンスを非同期に返します。

リスト12.21 POSTの処理

```
def postRoute =
  pathPrefix("logs" / Segment) { logId =>
    pathEndOrSingleSlash {
      post {
        entity(as[HttpEntity]) { entity =>          ◄───  HttpRequestを展開
          onComplete(
            entity                                  このエンティティのSource[ByteString,
              .dataBytes           ◄───            Any]型のデータストリーム
              .via(logToJsonFlow)
              .toMat(logFileSink(logId))(Keep.right)  ◄───  ファイルにJSONで書き込む
              .run()                              logIdと、書き込んだバイト数
          ) {                                     を含んだLogReceiptで応答
            case Success(IOResult(count, Success(Done))) =>  ◄───
              complete((StatusCodes.OK, LogReceipt(logId, count)))
            case Success(IOResult(count, Failure(e))) =>  ◄───
              complete((
                StatusCodes.BadRequest,
                ParseError(logId, e.getMessage)      エラーが発生したときは
              ))                                     BadRequestで応答
            case Failure(e) =>
              complete((
                StatusCodes.BadRequest,
                ParseError(logId, e.getMessage)
              ))
          }
        }
      }
    }
  }
```

ログ形式の入力を
受け、JSONで出力す
るプロトコルフロー

12

runメソッドはFuture[IOResult]を返します。最終的にFutureの結果を内部に渡すonCompleteディレクティブで、SuccessとFailureの両方の場合の処理を行います。レスポンスは

325

completeディレクティブを使って返されます。

次項では、HTTPのGETリクエストに応答し、JSONフォーマットのログファイルをクライアントにストリーミングする方法を見ていきます。

> **memo ディレクティブ**
>
> akka-httpにおけるディレクティブは、ルートを定義するための構成要素で、ディレクティブの組み合わせによってHTTPリクエストを受け取った際のアプリケーションの振る舞いを定義します。リスト12.21で出てきたpost { }、entity(…)、complete(…)などはすべてディレクティブです。それぞれのディレクティブのより詳しい使い方は第13章で解説します。

12.2.2　HTTPのストリームでレスポンスを返す

クライアントは、HTTPのGETを使ってログイベントのストリームを取得します。ルートを実装しましょう。**リスト12.22**は、getRouteメソッドの処理を示しています。

リスト12.22　GETを処理する

```
def getRoute =
  pathPrefix("logs" / Segment) { logId =>
    pathEndOrSingleSlash {
      get {
        if(Files.exists(logFile(logId))) {
          val src = logFileSource(logId)    ← ファイルが存在する場合はSource
          complete(                            [ByteString, Future[IOResult]]を作成
            HttpEntity(ContentTypes.application/json, src)   ←
          )                                    JSONのコンテンツタイプを持つ
        } else {                               HttpEntityで完了
          complete(StatusCodes.NotFound)
        }
      }
    }
  }
```

> **memo 識別子のバッククォート**
>
> akka-httpは可能な限りHTTPの仕様に準拠しています。このルールはHTTPヘッダーやコンテンツタイプ、そしてHTTPの仕様にある他の要素の識別子の命名にも反映されています。Scalaでは、バッククォートを使ってHTTP仕様でよく見られるダッシュやスラッシュなど、通常は許可されていない文字を含む識別子を作成できます。

HttpEntityにはContentTypeとSourceを引数に取るapplyメソッドがあります。このメソッドにSourceを渡して、completeディレクティブを使うことで、簡単にファイルからのストリーミングレスポンスを返せるようになります。POSTリクエストの例では、データが想定するログ形式のテキストで送信されると仮定します。GETリクエストの例では、データをJSON形式で返します。

ここでは、GETリクエストとPOSTリクエストでストリーミングする非常に簡単な例を取り上げましたが、目標とするところまでにはまだ長い道のりがあります。次は、**コンテンツネゴシエーション**にakka-httpを使う方法を見てみましょう。これにより、クライアントがJSON形式とログ形式のどちらでもデータをGETしたりPOSTしたりできるようになります。

12.2.3 コンテンツタイプとネゴシエーションのための 独自のマーシャラーとアンマーシャラー

複数のMediaTypeが利用可能な場合、HTTPクライアントはAcceptヘッダーを使ってどのフォーマットでGETリクエストの応答を得るかを指定できます。またPOSTリクエストの場合も、HTTPクライアントはContent-Typeヘッダーを設定することでエンティティのフォーマットを指定できます。本項では両方のケースでこれらを処理する方法を見ていきます。それにより、BidiEventFilterの例でお見せしたのと同様に、JSONと通常ログの形式に互換性を持たせたうえでPOSTしたりGETしたりできるようになります。

幸いなことに、akka-httpにはマーシャリングやアンマーシャリングをカスタマイズする機能があります。これによって我々はコンテンツネゴシエーションのことを深く意識しなくても済みます。まず、POSTリクエストでContent-Typeヘッダーを処理するところから始めましょう。

---

memo マーシャリングとアンマーシャリング

異なる2つのシステム間でデータをやり取りするために、両方が解釈できるデータ形式に変換する操作のことを一般的にマーシャリングと呼びます。akka-httpでは、HTTPレスポンスを返す際、アプリケーション内部で扱われるオブジェクトからJSONやXMLなどのデータフォーマットに変換することを**マーシャリング**と呼びます。逆に、HTTPリクエストで受け取ったJSONやXMLをアプリケーション内部で扱うためのオブジェクトに変換する操作を**アンマーシャリング**と呼びます。この変換を行うマーシャラー（Marshaller）とアンマーシャラー（Unmarshaller）は暗黙的なスコープに配置し、ルート定義のentityディレクティブやcompleteディレクティブなどから参照できるようにする必要があります。第13章でより具体的に解説します。

第12章　ストリーミング

独自のアンマーシャラーで Content-Type を処理する

akka-httpにはエンティティやバイト列、文字列などからデータをアンマーシャルするための多くの型があらかじめ用意されています。それに加えて独自のUnmarshallerを作成することもできますが、これから取り上げる例では、ログ形式を表すtext/plainと、JSON形式でログイベントを表すapplication/jsonのみをサポートします。Content-Typeに基づき、entity.dataBytesのソースは行区切りかJSONでフレーム化し、それから通常どおりの処理を行います。

Unmarshallerトレイトで実装する必要があるメソッドは1つだけです（**リスト12.23**）。

リスト12.23 EventUnmarshaller で Content-Type を処理

```scala
import akka.http.scaladsl.unmarshalling.Unmarshaller
import akka.http.scaladsl.unmarshalling.Unmarshaller._

object EventUnmarshaller extends EventMarshalling {
  val supported = Set[ContentTypeRange](                    ← サポートするコンテンツタイプの集合
    ContentTypes.text/plain(UTF-8),
    ContentTypes.application/json
  )

  def create(maxLine: Int, maxJsonObject: Int) = {
    new Unmarshaller[HttpEntity, Source[Event, _]] {          ← 独自のUnmarshaller
      def apply(entity: HttpEntity)(implicit ec: ExecutionContext,
        materializer: Materializer): Future[Source[Event, _]] = {
        val future = entity.contentType match {               ← コンテンツタイプによるパターン
          case ContentTypes.text/plain(UTF-8) =>                  マッチでFlowをFutureでラップする
            Future.successful(LogJson.textInFlow(maxLine))
          case ContentTypes.application/json =>
            Future.successful(LogJson.jsonInFlow(maxJsonObject))
          case other =>                                       ← フォーマットごとのフローをLogJsonオブジェクトに移す
            Future.failed(
              new UnsupportedContentTypeException(supported)
            )                                                 ← パターンマッチを網羅して警告を防ぐ
        }
        future.map(flow => entity.dataBytes.via(flow))(ec)    ← dataBytesのソースから新しいソースを作る
      }
    }.forContentTypes(supported.toList:_*)                    ← akka-httpのデフォルトで許可さ
  }                                                              れたコンテンツタイプを制限する
}
```

applyによってエンティティがFuture[Source[Event, _]]に変換される

createメソッドは、匿名のUnmarshallerインスタンスを作成します。Unmarshallerのapplyメソッドはまず、入力データを処理するFlowを作成します。これをviaを使ってdataBytesプロパティのソースと合成することで新しいSourceになります。

328

entityディレクティブがSource[Event, _]を抽出できるように、Unmarshallerを暗黙的な
スコープに配置します。(**リスト12.24**)。詳細はサンプルプロジェクトのContentNegLogsApiク
ラスを参照してください。

リスト12.24 POSTでEventUnmarshallerを使用

```
implicit val unmarshaller = EventUnmarshaller.create(maxLine, maxJsObject)  ←─── Unmarshallerを作成して暗
                                                                                黙的なスコープに配置する
def postRoute =
  pathPrefix("logs" / Segment) { logId =>
    pathEndOrSingleSlash {
      post {                                              entity(as[T])を利用するには暗黙的
        entity(as[Source[Event, _]]) { src =>  ←───     なスコープにUnmarshallerが必要
          onComplete(
            src.via(outFlow)
              .toMat(logFileSink(logId))(Keep.right)
              .run()
          ) {
            // Future の結果の制御は、これまでと同様のため省略
```

aia.stream.ContentNegLogsAppを自身で試してみてください。httpieなどを使ってCon-
tent-Typeを指定してください。例を**リスト12.25**に示します。

リスト12.25 httpieを使ってContent-Typeヘッダーを指定したPOSTの例

```
http -v POST localhost:5000/logs/1 Content-Type:text/plain < test.log
http -v POST localhost:5000/logs/2 Content-Type:application/json < test.json
```

続いて、独自のマーシャラーを用いてコンテンツネゴシエーションを行うためにAcceptヘッ
ダーを処理する方法を見ていきます。

独自のマーシャラーとのコンテンツネゴシエーション

レスポンスのコンテンツタイプとしてtext/plainとapplication/jsonをサポートするため、
独自のMarshallerを作ります。レスポンスとして受け入れ可能なメディアタイプを指定するに
は、リクエスト時にAcceptヘッダーを指定します。httpieを使った例を**リスト12.26**に示します。

リスト12.26 httpieを使ってContent-Typeヘッダーを指定したGETの例

```
http -v GET localhost:5000/logs/1 'Accept:application/json'  ←───  JSONのみ許可
http -v GET localhost:5000/logs/1 'Accept:text/plain'  ←───  (ログ形式の) テキストのみ許可
http -v GET localhost:5000/logs/1 \
'Accept: text/html, text/plain;q=0.8, application/json;q=0.5'
```

text/htmlが好ましいが、
text/plainやJSONも許可

第12章　ストリーミング

クライアントは受け入れ可能な**Content-Type**や、その優先基準を表現できます。どの**Content-Type**で応答すべきかを決定するロジックは、Akkaライブラリが実装しています。必要なのは、一連のコンテンツタイプをサポートする**Marshaller**を作成することだけです。

LogEntityMarshallerオブジェクトは、**ToEntityMarshaller**を作成します。

リスト12.27　コンテンツネゴシエーションのためのマーシャラーを提供

```scala
import akka.http.scaladsl.marshalling.Marshaller
import akka.http.scaladsl.marshalling.ToEntityMarshaller

object LogEntityMarshaller extends EventMarshalling {

  type LEM = ToEntityMarshaller[Source[ByteString, _]]
  def create(maxJsonObject: Int): LEM = {
    val js = ContentTypes.application/json
    val txt = ContentTypes.text/plain(UTF-8)

    val jsMarshaller = Marshaller.withFixedContentType(js) {
      src:Source[ByteString, _] =>
      HttpEntity(js, src)
    }

    val txtMarshaller = Marshaller.withFixedContentType(txt) {
      src:Source[ByteString, _] =>
      HttpEntity(txt, toText(src, maxJsonObject))
    }

    Marshaller.oneOf(jsMarshaller, txtMarshaller)
  }
  def toText(src: Source[ByteString, _],
             maxJsonObject: Int): Source[ByteString, _] = {
  src.via(LogJson.jsonToLogFlow(maxJsonObject))
  }
}
```

ログファイルはJSONで保存される。そのため、ストリームを直接渡す

ログファイルはログ形式に変換される必要がある

oneOfは2つのマーシャラーをまとめた「スーパーマーシャラー」を作成する

フォーマットごとのフローをLogJsonオブジェクトに移す

Marshaller.withFixedContentTypeは、特定の**Content-Type**向けに**Marshaller**を作成するための便利なメソッドです。これは**A => B**となる関数を引数に取ります。ここでは、**Source[ByteString, Any] => HttpEntity**を引数に取ります。関数のパラメータとなる**src**はJSON形式のログファイルのバイト列を受け取り、それを**HttpEntity**に変換します。

LogJson.jsonToLogFlowメソッドは**BidiFlow**と**Flow[Event]**を接続した先述の方法と同様のことを行います。今回はJSONからログ形式への変換を行っています。

この**Marshaller**はHTTPの**GET**ルートで使うために暗黙的なスコープに存在する必要があります。

330

12.2 ストリーミングHTTP

リスト12.28 GETで`LogEntityMarshaller`を使用

```
implicit val marshaller = LogEntityMarshaller.create(maxJsObject)  ◄

def getRoute =
  pathPrefix("logs" / Segment) { logId =>
    pathEndOrSingleSlash {
      get {
        extractRequest { req =>  ◄
          if(Files.exists(logFile(logId))) {
            val src = logFileSource(logId)
            complete(Marshal(src).toResponseFor(req))  ◄
          } else {
            complete(StatusCodes.NotFound)
          }
        }
      }
    }
  }
```

マーシャラーを作成して
暗黙的なスコープに配置

`extractRequest`ディレクティブ
でリクエストが展開される

`toResponseFor`が暗黙的なスコー
プにあるマーシャラーを利用する

`Marshal(src).toResponseFor(req)`はログファイルの`Source`を引数に取り、（`Accept`ヘッダーを含む）リクエストに基づいてレスポンスを作成します。ここでは`LogEntityMarshaller`を使ってコンテンツネゴシエーションが行われています。

これで、`Content-Type`ヘッダーと`Accept`ヘッダーによるコンテンツネゴシエーションを使って、両方のフォーマットをサポートできました。

`LogsApi`と`ContentNegLogsApp`は両方とも、イベントを変更せずに読み書きします。リクエストを受け取るたびにその状態に基づいてイベントをフィルタリングすることはできますが、イベントを状態ごと（`OK`、`warning`、`error`、`critical`）に分割してそれらを別々のファイルに保存するほうがより実用的です。そうすれば、たとえばすべてのエラーをその都度フィルタリングすることなく取得できます。次節では、akka-streamでファンインとファンアウトを行う方法を見ていきます。イベントをその状態に応じてサーバー上の異なるファイルに分割して保存しますが、状態を複数選択して取得できるようにもしていきます。たとえば、`OK`ではない状態のものをすべて取得する、といった具合です。

memo
JSONストリーミングのサポート

ここで挙げた例では、ログイベントのテキストログ形式とJSON形式の両方をサポートしています。JSONのみをサポートしたいのであれば、より簡単な方法があります。`akka.http.scaladsl.common`パッケージにある`EntityStreamingSupport`オブジェクトは、`EntityStreamingSupport.json`を通じて`JsonEntityStreamingSupport`を提供します。暗黙的なスコープにこれを配置すると、`complete(events)`でイベントのリストを持つHTTPリクエストを直接処理できるようになります。また、`entity(asSourceOf[Event])`で`Source[Event, NotUsed]`を直接

331

第12章　ストリーミング

取得することもできるようになります。

12.3　グラフDSLを用いたファンインとファンアウト

これまでは、入力と出力を1つずつ持つ線形処理だけを見てきました。akka-streamは入力と出力を任意の数だけ持たせられるファンインとファンアウトのシナリオを記述するためのグラフDSLを提供しています。グラフDSLはASCIIアートで書いた略図のようなコードになります。ほとんどの場合、ホワイトボードに書いたグラフをDSLに書き写せるでしょう。

Source、Flow、Sinkと同じように、さまざまな種類のグラフを作成するのに役立つファンインとファンアウトのGraphStageが多数あります。独自のGraphStageを作成することもできます。

グラフDSLを使ってさまざまなShape（シェイプ）のグラフを作成できます。akka-streamにおいては、Shapeによってグラフの入力と出力の数が決まります（この入力と出力はInlet、Outletと呼ばれます）。次に示す例では、Flowのシェイプからグラフを作成して、前回と同様に、POSTリクエストを受信するルートで使えるようにします。内部的にはファンアウトのシェイプを使います。

12.3.1　フローへのブロードキャスト

グラフDSLの利用例として、状態ごとにログイベントを分割します（エラーや警告など、状態ごとにSinkを作る）。そのため、1つ以上の状態に対するGETリクエストごとにフィルタリングし直す必要はありません。**図12.13**は、Broadcast GraphStageを使ってイベントを別々のFlowに送信する方法を示しています。

グラフDSLはグラフのノードを作成するために、GraphDSL.Builderを提供します。~>メソッドはviaメソッドとほぼ同じように、ノード同士を結合するために使えます。グラフのノードはGraph型です。グラフの一部を指すときに混乱してしまう可能性があるため、場合によってはグラフの代わりに「ノード」という用語を使います。

図12.13のグラフがどのように作られているかを**リスト12.29**に示します。また、フローがどのようにグラフの入口と出口から定義されるのかも示しています。

12.3 グラフDSLを用いたファンインとファンアウト

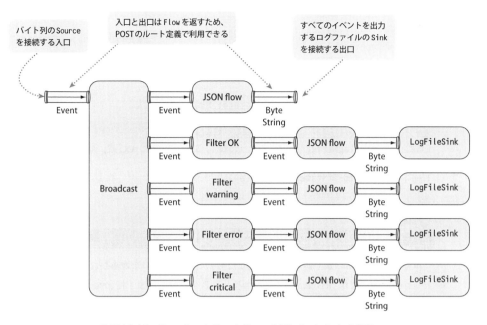

● 図12.13 Broadcast GraphStageを用いたイベントの分割

リスト12.29 ログのシンクを分離するためのブロードキャスト

```
import akka.stream.{ FlowShape, Graph }
import akka.stream.scaladsl.{ Broadcast, GraphDSL, RunnableGraph }

type FlowLike = Graph[FlowShape[Event, ByteString], NotUsed]

def processStates(logId: String): FlowLike = {
  val jsFlow = LogJson.jsonOutFlow
  Flow.fromGraph(         ← FlowはGraphから作成され、POSTのルート定義で利用される
    GraphDSL.create() { implicit builder =>   ← builderはGraphDSL.Builder

      import GraphDSL.Implicits._      ← このスコープにDSL用のメソッドをインポートする
      // すべてのログ・ok・warning・error・criticalの5つを出力
      val bcast = builder.add(Broadcast[Event](5))   ← このGraphにBroadcastノードを追加
      val js = builder.add(jsFlow)     ← このGraphに全イベントをJSON形式のまま渡すFlowを追加

      val ok = Flow[Event].filter(_.state == Ok)
      val warning = Flow[Event].filter(_.state == Warning)
      val error = Flow[Event].filter(_.state == Error)
      val critical = Flow[Event].filter(_.state == Critical)

      bcast ~> js.in     ← Broadcastの出力のうち1つは、すべてのイベントをjsノードの入口へ直接書き込む
      bcast ~> ok        ~> jsFlow ~> logFileSink(logId, Ok)
      bcast ~> warning   ~> jsFlow ~> logFileSink(logId, Warning)   ← その他の出力はjsFlowの前にフィルターが追加されている
      bcast ~> error     ~> jsFlow ~> logFileSink(logId, Error)
```

```
        bcast ~> critical ~> jsFlow ~> logFileSink(logId, Critical)

        FlowShape(bcast.in, js.out)  ←────  Broadcastの入口とjsFlowの出口か
    })                                        らFlowShapeのグラフを作成する
}

def logFileSource(logId: String, state: State) =
FileIO.fromPath(logStateFile(logId, state))
def logFileSink(logId: String, state: State) =
FileIO.toPath(logStateFile(logId, state), Set(CREATE, WRITE, APPEND))
def logStateFile(logId: String, state: State) =
logFile(s"$logId-${State.norm(state)}")
```

Check グラフとシェイプですべてが成り立つ

　processStatesの戻り値の型が予測したものとは違っていたかもしれません（コードフォーマットの都合により、FlowLikeというエイリアスを設けています）。processStateはFlow[Event, ByteString, NotUsed]ではなくGraph[FlowShape[Event, ByteString], NotUsed]を返します。

　実は、Flow[-In, +Out, +Mat]はGraph[FlowShape[In, Out], Mat]を継承しています。つまり、Flowはあらかじめ定義されたShapeを持つ、単なるGraphであるということです。akka-streamのソースコードを少し詳しく見れば、FlowShapeは入力と出力をちょうど1つずつ持つShapeであることがわかります。

　あらかじめ定義されているコンポーネントはすべて、あるShapeを持つGraphとして定義されています。たとえばSourceとSinkは、それぞれがGraph[SourceShape[Out], Mat]とGraph[SinkShape[In], Mat]を継承しています。

---

　builder引数はGraphDSL.Builder型であり、ミュータブルです。これは、無名関数の中でグラフを準備するためだけに使われます。GraphDSL.Builderのaddメソッドは、Graphの入口と出口が定義されたShapeを返します。

　DSLコードと**図12.13**が似ていることがわかるはずです。logFileSink(logId, state)メソッドの呼び出しを見てわかるとおり、フィルタリングされたフローは別々のファイルに書き出されます。たとえば、logId1のエラーは、1-errorsというファイルに追加されます。

　他のフローと同様に、processStatesは**リスト12.30**のように使われます。

リスト12.30 POSTのルートでprocessStatesを使う

```
src.via(processStates(logId))
  .toMat(logFileSink(logId))(Keep.right)
```

```
.run()
```

ログファイルのエラーを返すGETのルートは、[log-id]-errorという形式の名前のファイルから読み込むという点を除いて、通常のGETのルートとよく似ています。

次項では、ソースのマージについて見ていきます。ログファイルのすべてのログか、OK以外のログイベントだけを1つにマージして返すことができます。

12.3.2 マージのフロー

ソースをマージするグラフを見てみましょう。最初の例では、状態がOK以外のログをすべて1つのログIDにマージします。/logs/[log-id]/not-okをGETすると、状態がOKではないイベントがすべて返されます。**図12.14**では、Merge GraphStageが3つのSourceを1つに結合する方法を示しています。

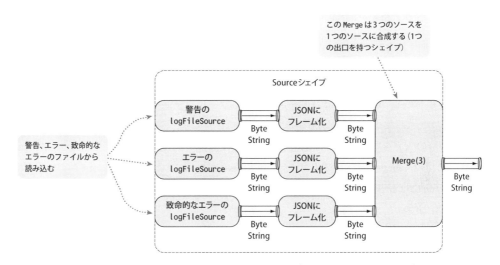

● 図12.14　Merge GraphStageを用いて状態がOKではないものをマージ

リスト12.31は、グラフDSLでの Merge GraphStage の使い方を示しています。これにより、mergeNotOk メソッドが定義されます。このメソッドは、特定の logId を持つOK以外のすべてのログの Source を1つの Source にマージします。

リスト12.31　OK以外のすべての状態のものをマージ

```
import akka.stream.SourceShape
import akka.stream.scaladsl.{ GraphDSL, Merge }

def mergeNotOk(logId: String): Source[ByteString, NotUsed] = {
  val warning = logFileSource(logId, Warning)
```

第12章　ストリーミング

```
    .via(LogJson.jsonFramed(maxJsObject))
  val error = logFileSource(logId, Error)
    .via(LogJson.jsonFramed(maxJsObject))
  val critical = logFileSource(logId, Critical)
    .via(LogJson.jsonFramed(maxJsObject))

  Source.fromGraph(                          ← このグラフから1つのソースが作成さ
    GraphDSL.create() { implicit builder =>      れ、GETのルート定義で利用される
    import GraphDSL.Implicits._

    val warningShape = builder.add(warning)
    val errorShape = builder.add(error)
    val criticalShape = builder.add(critical)
    val merge = builder.add(Merge[ByteString](3))

    warningShape  ~> merge
    errorShape    ~> merge
    criticalShape ~> merge
    SourceShape(merge.out)  ←               このグラフから1つのソースが作成さ
  })                                          れ、GETのルート定義で利用される
}
```

　warning、error、criticalのソースは、まずJSONにフレーム化するフローを通過します。
そうしないと、ByteStringのデータ読み込んでそれらをマージしたときに、JSONの出力が文
字化けしてしまう可能性があるからです。

　3つの入力を取るMerge GraphStageを用いて3つのソースがマージされます。Mergeには1
つの出口（merge.out）があります。SourceShapeは、出口であるmerge.outから作成されます。
SourceにはfromGraphという便利なメソッドがあり、SourceShapeを使ってGraphをSourceに
変換します。

　リスト12.32で示しますが、mergeNotOkメソッドはgetLogNotOkRouteで読み込むSourceを
作るために使われます。

> **memo**
> ## MergePreferredなGraphStage
>
> 　Merge GraphStageは入力のいずれかから要素をランダムに取得します。akka-streamには
> MergePreferredもあり、これは1つのoutポートと、1つのpreferred入力ポート、0個以上の
> セカンダリinポートを持っています。MergePreferredは1つの入力だけが有効な要素を持って
> いるときはそれを出力し、複数の入力が有効な要素を持っているときはpreferred入力を優先し
> て出力します。

12.3 グラフDSLを用いたファンインとファンアウト

リスト12.32 GET /logs/[log-id]/not-okにレスポンス

```
def getLogNotOkRoute =
  pathPrefix("logs" / Segment /"not-ok") { logId =>
    pathEndOrSingleSlash {
      get {
        extractRequest { req =>
          complete(Marshal(mergeNotOk(logId)).toResponseFor(req))
        }
      }
    }
  }
```

ソースをマージするためのシンプルなAPIもあります。これはすべてのログをマージするために使います。GET /logsをリクエストすると、すべてのログが1つにマージされたものが返されます。**リスト12.33**は、このシンプルなAPIの使い方を示しています。

リスト12.33 mergeSourcesメソッド

```
import akka.stream.scaladsl.Merge

def mergeSources[E](
  sources: Vector[Source[E, _]]        ← このVectorにあるすべてのソースをマージする
): Option[Source[E, _]] = {            ← 引数のSourceが空の場合はNoneが返される
  if(sources.size == 0) None
  else if(sources.size == 1) Some(sources(0))
  else {
    Some(Source.combine(              ← 複数のソースを合成する。最初の2つの
      sources(0),                        引数はSource型で、3番目は可変長引数
      sources(1),
      sources.drop(2) : _*
    )(Merge(_)))                      ← Mergeはファンイン戦略として渡される
  }
}
```

Source.combineメソッドは、グラフDSLで行ったものと同じように、複数のソースから1つのSourceを作成します。mergeSourcesメソッドは同じ型の任意の数のソースをマージするために使えます。たとえば、**リスト12.34**が示すように、/logsのルートではmergeSourcesメソッドが使われています。

リスト12.34 GET /logにレスポンス

```
def getLogsRoute =
  pathPrefix("logs") {
    pathEndOrSingleSlash {
      get {
        extractRequest { req =>
```

337

第12章 ストリーミング

```scala
val sources = getFileSources(logsDir).map { src =>
  src.via(LogJson.jsonFramed(maxJsObject))
}
mergeSources(sources) match {
  case Some(src) =>
    complete(Marshal(src).toResponseFor(req))
  case None =>
    complete(StatusCodes.NotFound)
  }
 }
 }
}
```

> それぞれのファイルのSourceにはJSONのフレーム化フローを渡す必要がある

> logsDirのディレクトリで見つかったファイルのSourceをすべてマージする

> ここでは示されていないgetFileSourcesは、logsDirにあるファイルをFileIO.fromPathでSourceに変換する

---

memo 定義済みGraphStageと独自のGraphStage

akka-streamには、あらかじめ定義された多数のGraphStageがあります。これまで示されていないものをいくつか挙げると、負荷分散を行うBalance、要素をzipするZipとZipWith、ストリームを連結するConcatがあります。これらのグラフDSLはすでに見てきたものとよく似ています。いずれ、ノードをビルダに追加し、(addメソッドによって返された)シェイプの入口と出口を接続する必要があります。そして、Graph.createの引数となる(無名)関数がシェイプを返し、そのシェイプがGraph.createに渡されます。また、独自のGraphStageを作ることもできますが、これはakka-streamを紹介するこの章の範囲外です。

この章で紹介したBroadcast GraphStageは、出力のいずれかがバックプレッシャーをかけると自身にもバックプレッシャーをかけます。つまり、ブロードキャストする速度は最も読み込むのが遅いコンシューマーに合わせた速度になります。次節ではバッファリングを用いてプロデューサーとコンシューマーが異なる速度で動作できるようにする方法と、異なる速度で動作するプロデューサーとコンシューマーを仲介する方法について説明します。

12.4 コンシューマーとプロデューサーの仲介

次に見ていく例では、イベントを消費するサービスに対してイベントをブロードキャストします。これまで、ログイベントはディスクに記録していました。1つはすべてのイベントを含むログファイルで、他には警告、エラー、致命的なエラーを含むそれぞれのファイルです。ディスクの代わりとして、外部のサービスにすべてのログイベントを書き込むようにSinkを切り替えるのは、皆さんの練習問題です。

ログストリームプロセッサーの最終バージョンでは、アーカイブサービスと通知サービス、監

視サービスに対してイベントを送信します。

ログストリームプロセッサーは、サービスの1つがバックプレッシャーをかけたとしても、ログイベントのプロデューサーを遅らせることがないように、需要と供給のバランスを取る必要があります。次項では、バッファーを使ってこれを実現する方法について説明します。

サービスとの統合

本節の例では、すべてのサービスがSinkを提供することを想定しています。akka-streamには、SourceやSinkを提供しない外部サービスと統合するための方法がいくつか用意されています。たとえば、mapAsyncメソッドはFutureを取り、さらにFutureの結果を下流に出力します。このメソッドは、Futureを返すサービスのクライアントコードがすでにあるとき便利です。

Source.fromPublisherとSink.fromSubscriberを使って、Reactive StreamsのPublisherをSourceに、SubscriberをSinkに変換することで、他のReactive Streamsの実装と統合できます。

ActorPublisherとActorSubscriberトレイトを使ってActorと統合することもできます。これは特定のケースで有用です。

最も簡単で最良な方法は、SourceやSink、またはその両方を提供するakka-streamベースのライブラリを使うことです。

12.4.1　バッファーを使う

3つのサービスのシンクにイベントを送信するよう接続されたグラフを見てみましょう。本項では、グラフのコンポーネントをより詳しく見ていきます。**図12.15**と**図12.16**にグラフを示します。

フィルタリングされたすべてのフローにBroadcastを追加しています。1つの出力は通常通りログのSinkに書き込まれ、もう1つの出力は下流のサービスにデータを送信するために使います（ここでは、ログファイルのSinkが非常に速いため、バッファーは必要ないという前提です）。MergePreferredステージは、すべての通知サマリーを通知サービス用のSinkにマージし、致命的なイベントのサマリーをエラーや警告のサマリーよりも優先して出力します。致命的なイベントのサマリーには、致命的なイベントが常に1つだけ含まれます。つまり、致命的なイベントはまとめられずにすぐ送信されます。

OKのイベントもBroadcastで分割され、監視サービスに送信されます。

この図は、バッファーを挿入する箇所も示しています。バッファーにより、下流のコンシューマーが異なる速度でデータを消費できるようになります。しかしバッファーがいっぱいになった

ときには、なんらかの対処が必要です。

　Flowのbufferメソッドの引数には、バッファーのサイズとOverflowStrategyを指定します。これにより、バッファーがオーバーフローしそうなときにどうするかを決められます。OverflowStrategyには、バッファーがあふれたときの戦略として、バッファー内の最初の要素を削除するdropHead、バッファー内の最後の要素を削除するdropTail、バッファー全体を削除するdropBuffer、バッファー内の新しい要素を削除するdropNew、バックプレッシャーをかけるbackpressure、フロー全体を失敗させるfailのいずれかを指定できます。どの方法を選択するかは、アプリケーションの要件と、そのユースケースで何が最も重要なのかによって異なります。

　この例では、高負荷であってもすべてのイベントをアーカイブする必要があるため、アーカイブサービスのシンクにイベントを書き込めないときはログストリームプロセッサーのフローを失敗させることにしました。プロデューサーはあとでやり直すことができます。バッファーサイズには大きな値を指定していますが、アーカイブのシンクの応答が遅い状態がしばらく続くと上限に達してしまいます。

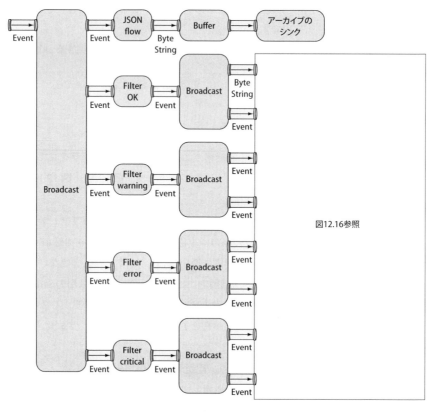

● 図12.15　ログイベントの処理グラフ

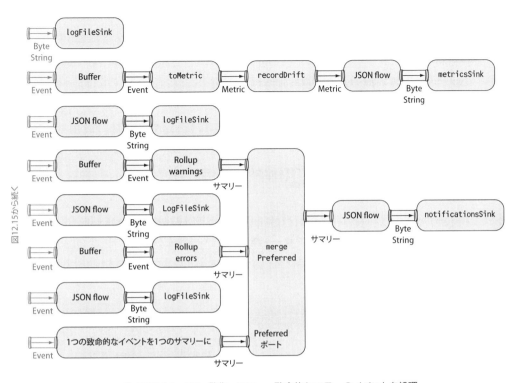

● 図12.16　OK、警告、エラー、致命的なエラーのイベントを処理

リスト12.35は、グラフにバッファーを設定する方法を示しています。

リスト12.35　グラフへのバッファー設定

```
val archBuf = Flow[Event]
  .buffer(archBufSize, OverflowStrategy.fail)     ← アーカイブのバッファーがあふ
                                                     れると、このフローは失敗する

val warnBuf = Flow[Event]
  .buffer(warnBufSize, OverflowStrategy.dropHead)  ← このバッファーがあふれそうにな
                                                     ると古い警告から捨てられていく

val errBuf = Flow[Event]
  .buffer(errBufSize, OverflowStrategy.backpressure)  ← エラーのバッファーがいっぱいに
                                                         なるとバックプレッシャーがかかる

val metricBuf = Flow[Event]
  .buffer(errBufSize, OverflowStrategy.dropHead)   ← このバッファーがいっぱいになる
                                                      と最も古いメトリクスが破棄される
```

通知サービスのシンクが高負荷で遅いと、最も古い警告が破棄される可能性があります。エラーのサマリーを削除してはいけません。致命的なエラーはバッファーされないので、デフォルトの設定によってフローにはバックプレッシャーがかかります。

第12章　ストリーミング

グラフDSLを用いてグラフが**リスト12.36**のように再構築されます。

リスト12.36 グラフのノード構築

```
val bcast = builder.add(Broadcast[Event](5))
val wbcast = builder.add(Broadcast[Event](2))
val ebcast = builder.add(Broadcast[Event](2))
val cbcast = builder.add(Broadcast[Event](2))
val okcast = builder.add(Broadcast[Event](2))

val mergeNotify = builder.add(MergePreferred[Summary](2))
val archive = builder.add(jsFlow)
```

MergePreferredには常に1つのpreferredポートと複数のsecondaryポート（この場合は2つ）があります。後ほどそれぞれのフローを詳しく見ていきます。

まず、**リスト12.37**はすべてのグラフノードがそれぞれどのように接続されているのかを示しています。

リスト12.37 グラフノードの接続

```
bcast ~> archBuf  ~> archive.in  ◄──    フィルタリングされていないイベント
bcast ~> ok       ~> okcast             はバッファリングされ、外部のアーカ
bcast ~> warning  ~> wbcast             イブサービスのフローに接続される
bcast ~> error    ~> ebcast
bcast ~> critical ~> cbcast

okcast ~> jsFlow ~> logFileSink(logId, Ok)
okcast ~> metricBuf ~>
  toMetric ~> recordDrift ~> metricOutFlow ~> metricsSink  ◄──  メトリクスのフロー

cbcast ~> jsFlow ~> logFileSink(logId, Critical)
cbcast ~> toNot ~> mergeNotify.preferred  ◄──   複数の入力がある場合は、致命的
                                                なエラーが優先的にマージされる

ebcast ~> jsFlow ~> logFileSink(logId, Error)
ebcast ~> errBuf ~> rollupErr ~> mergeNotify.in(0)  ◄──  エラーのフロー

wbcast ~> jsFlow ~> logFileSink(logId, Warning)
wbcast ~> warnBuf ~> rollupWarn ~> mergeNotify.in(1)  ◄──  警告のフロー

mergeNotify ~> notifyOutFlow ~> notificationSink

FlowShape(bcast.in, archive.out)
```

次節では、フローにおいて要素を異なる速度で処理する方法を見ていきます。特殊なストリーム操作を使って、片方のフローの速度がもう片方から影響を受けないように分離します。

12.5　グラフの速度の分離

すべてのakka-streamのコンポーネントで自動的にかかるバックプレッシャーを、時にはグラフの一部分から**分離**する必要があることもあります。グラフ内でバックプレッシャーをかけているたった1つのノードによって、他のすべてのノードを減速させたくないときです。あるいは、他のノードよりも速く動作できるコンシューマーにはデータを供給し続けたいときもあります。バックプレッシャーをかけているノードはこれも妨げてしまう可能性があります。

速度を分離する一般的な手法は、ノードの間にバッファーを置くことです。バッファーは、余裕がある限りバックプレッシャーを遅延させます。

速度を分離する仕組みを説明するため、通知サービスは低速なコンシューマーであると仮定します。それぞれの通知が届くごとに送信するのではなく、通知をまとめて送信します。基本的に、ある時間枠の間に届いた通知をバッファーに溜めます。

監視サービスは高速なコンシューマーだと仮定しているので、まだもう少し処理をさせることができます。この場合、監視サービスが潜在的に消費できる量に対してログストリームプロセッサーがどれくらい遅れているのか記録します。

通常の監視イベントや補完された監視イベントの間で計算されたサマリーを送信するなど、他の拡張方法でも可能です。ぜひ、これも練習問題としてやってみてください。

12.5.1　イベントをまとめる遅いコンシューマー

ログストリームプロセッサーは、重要なイベントを運用者に通知するための通知サービスにSummaryを書き込む必要があります。通知のサマリーは優先順位付けられます。致命的なイベントは1つずつすぐに送信されますが、エラーと警告はある時間枠内か、イベントの最大数に基づいてまとめられます。

インターフェイスをシンプルに保つために、すべての通知メッセージをSummaryとして送信するため、致命的なイベントはEventを1つだけ含んだSummaryとして送信します。

> **リスト12.38**　致命的なイベントのサマリー

```
val toNot = Flow[Event].map(e=> Summary(Vector(e)))
```

警告とエラーは、**リスト12.39**に示すようにgroupedWithinを使ってまとめます。**リスト12.37**で示したrollupErrとrollupWarnは、ここで定義したrollupメソッドを使ってEventをSummaryに変換します。

> **リスト12.39**　groupedWithinを使ってEventをまとめる

```
def rollup(nr: Int, duration: FiniteDuration) =    ◀──── groupedWithinはList[Event]を返す
```

343

第12章　ストリーミング

```
Flow[Event].groupedWithin(nr, duration)
  .map(events => Summary(events.toVector))

val rollupErr = rollup(nrErrors, errDuration)
val rollupWarn = rollup(nrWarnings, warnDuration)
```

リスト12.37で示したように、rollupErrとrollupWarnはMergePreferredでマージされ、致命的なエラーが優先されます。

> **memo　ストリーム完了時のgroupedWithin**
>
> ストリームが完了すると、groupedWithinはバッファーに残った要素をSummaryとして出力することに注意してください。この例にある、ログイベントのプロデューサーは継続的にデータを送信すると予想されます。aia.stream.LogStreamProcessorAppを使ってログファイルをサービスに送信してみると、発生するイベントの数が少なかったり、時間が十分経過していない場合でも、通知用のファイルには残りが書き込まれていることがわかります。

12.5.2　高速なコンシューマーとメトリクスの拡張

このシナリオの監視サービスは高速なコンシューマーです。コンシューマーが遅くなった場合はバッファーを使いますが、ログストリームプロセッサーよりもコンシューマーが高速になる可能性もあるため、監視サービスが潜在的に消費できる速度よりもログストリームプロセッサーが遅くなったときに目を向けます。**リスト12.40**は、EventをMetricに変換する方法を示しています。

> **リスト12.40** EventをMetricに変換

```
val toMetric = Flow[Event].collect {
  case Event(_, service, _, time, _, Some(tag), Some(metric)) =>
    Metric(service, time, metric, tag)
}
```

expandメソッドを使うと、利用できるようになっている要素よりも多くの要素をコンシューマーが要求したときに、出力に情報を追加できます。バックプレッシャーをかける代わりに、コンシューマーに送り返す要素を生成できます。

このケースでは、ログストリームプロセッサーが十分に速い場合、メトリクスは同じものを返しますが、そこには監視サービスが消費できる要素数を示すdriftフィールドを追加します（**リスト12.41**）。

344

リスト12.41 Metricにdriftの情報を追加

```
val recordDrift = Flow[Metric]
  .expand { metric =>
    Iterator.from(0).map(d => metric.copy(drift = d))
  }
```

expandメソッドは、`Out => Iterator[U]`型の関数を引数に取ります。このケースでは、Metricの関数の戻り値の型からUの型が推論されます。フローに利用できる要素がない場合、要素はこのイテレータから引き出されます。ログストリームプロセッサーの速度が追いついているときは、driftフィールドは0になり、監視サービスが速いときはMetricデータを監視サービスに繰り返し送信します。

ここで用いたバッファーではストリームが失敗するすべてのシナリオを防ぐことはできないということに十分注意してください。たとえば、この章の例では、ストリーミングのHTTPリクエストは失敗することがあるということです。しかし、失敗したリクエストの次のリクエストはおそらく成功するでしょう。

12.6 まとめ

Akkaを使ってストリーミングアプリケーションを構築することは非常に大きなトピックであり、ここで扱ったのはそのほんの一握りだけです。それでも、akka-streamがストリーミングアプリケーションを作成するための一般化された柔軟なAPIを提供していることが明らかになったでしょう。グラフの処理フローを定義して後で実行するという機能は、再利用のためには重要です。

単純な直線的なケースでは、Source、Flow、Sinkのコンビネーターを使うのが簡単です。BidiFlowは、再利用可能なプロトコルを構築することに関して優れたコンポーネントです。かつてストリーミングのHTTPアプリケーションを作成したことがある人には、12.2節で扱った、ファイルからakka-httpへの切り替えが非常に簡単であるということに共感していただけると思います。

コンテンツのネゴシエーションを統合し、独自のマーシャラーやアンマーシャラーを使ってコンテンツタイプを処理したときに見たように、akka-stream上にakka-httpが実装されているということがうまく生きています。

デフォルトで有効になっているバックプレッシャーによって、制限されたメモリー内でストリームを処理でき、bufferやexpandのようなあらかじめ定義されたメソッドを使って変更を加えることができます。

akka-streamには、定義済みの便利なグラフステージが数多く用意されています。ここで紹

介したものの他にも、**akka-stream-contrib** ライブラリに多くのものが追加される予定なので、独自の `GraphStage`（この章では触れませんでした）を開発する必要性は次第になくなっていくことでしょう。

第13章
システム統合

この章で学ぶこと

☐ エンドポイントの探究と使い方
☐ Alpakkaプロジェクトの概要と利用方法
☐ Akkaを用いたHTTPインターフェイスの実装
☐ コンシューマーとプロデューサーの管理

今日、アプリケーションはますます複雑化しており、他の情報サービスやアプリケーションへの接続が必要になる場面がよくあります。他のシステムから情報を受け取ったり、提供したりせずにシステムを構築することはほとんどなくなっています。他のシステムと通信できるようにするには、双方が合意したインターフェイスを用意する必要があります。このようなシステム間連携に役立つ、Alpakkaというプロジェクトがあります。**Alpakka**は、システム間連携に役立つakka-streamのコンポーネント群を提供するプロジェクトです。この章では、Alpakkaを活用して外部システムと連携する方法と、**akka-http**を使ってHTTPプロトコルをサポートする方法について、詳しく説明します。

13.1 メッセージエンドポイント

ここまでの章で、さまざまなエンタープライズパターンを用いてシステムを構築する方法を示しました。本節では、別々のシステムが情報を連携する必要があるケースで適用可能なパターンを説明します。顧客関係管理（CRM）システムの顧客データを必要とするシステムを例に取りましょう。この顧客データは複数のシステムで管理したくありません。システム間のインターフェイスの実装には、トランスポートレイヤとこのトランスポートレイヤを通じてやり取りされるデータの2つの領域が含まれています。このため、必ずしも容易ではありません。複数のシステムの統合には両方の領域の考慮が必要です。EIPにはこのような場面で役立つパターンが存在します。

たとえば、在庫管理で利用する注文システムを構築しているとします。このシステムはあらゆ

る顧客からの注文を処理します。顧客は書店を訪れることで書籍を注文できます。書店ではすでに書籍を販売・注文するためのアプリケーションを利用しているため、新しいシステムはこの既存のアプリケーションとデータをやり取りする必要があります。このため、両方のシステムでやり取りされるメッセージの種類とメッセージの送信方法について合意している必要があります。おそらく外部アプリケーションの変更はできないため、既存のアプリケーションとメッセージをやり取りできるコンポーネントを作成しなければなりません。このようなコンポーネントは**エンドポイント**と呼ばれます。エンドポイントはこれから構築するシステムの一部であり、外部システムと構築するシステムの残りの部分とをつなぐ接着剤です（図13.1）。

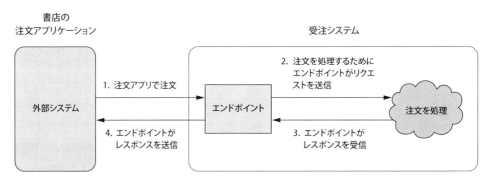

● 図13.1　受注システムと書店の注文アプリケーションをつなぐエンドポイント

　エンドポイントには、リクエストを受信する方法をアプリケーション自体が知らなくてもよいように、2つのシステム間のインターフェイスをカプセル化する役割があります。このカプセル化は、トランスポートプロトコルを付け替え可能にするとともに、標準化されたデータ形式を利用し、リクエスト・レスポンススタイルで標準化することによって実現します。HTTP、TCP、メッセージキュー、ファイルなど、サポートできるトランスポートプロトコルはたくさんあります。エンドポイントはメッセージを受信後、そのメッセージを受注システムがサポートしているメッセージ形式に変換する必要があります。このようにメッセージが変換されると、システムの残りの部分は、その注文が外部システムから受信したかどうかを知らずに済みます。この例で取り上げるエンドポイントは外部システムからリクエストを受け取り、レスポンスを返します。こうしたエンドポイントは、リクエストを消費しているため、**コンシューマーエンドポイント**と呼ばれます。また、この受注システムではCRMシステムに保管されている顧客の詳細情報など、外部システムのデータが必要になる場合もあります。

　図13.2を見てください。受注システムがシステム間の通信を開始しています。エンドポイントは外部システムに送信するメッセージを生成するため、**プロデューサーエンドポイント**と呼ばれます。エンドポイントを利用する両方向で、システムの残りの部分との通信の詳細が隠蔽されます。2つのシステム間のインターフェイスが変更された場合、変更する必要があるのはエンド

ポイントだけです。EIPには、このようなエンドポイントに適用できるパターンがいくつかあります。最初に説明するパターンは**正規化パターン**です。

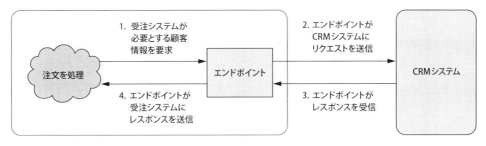

● 図13.2　受注システムとCRMシステムをつなぐエンドポイント

13.1.1　正規化パターン

これまでは書店の注文アプリケーションから注文を受けることだけを見てきましたが、この受注システムはWebシステムや、顧客が送る電子メールから注文を受け取る可能性もあります。**正規化（Normalizer）パターン**を用いると、このようなさまざまなソースからのメッセージを、システムが持つただ1つのインターフェイスに送信できるようになります。このパターンは、さまざまな種類のメッセージを共通の標準化されたメッセージに変換します。このようにすることで、システムは、メッセージがさまざまな外部システムから送られてくることを気にせずメッセージを処理できます。

異なる種類のメッセージを処理するために、3種類のエンドポイントを作成します（**図13.3**）。それぞれのエンドポイントは受信したメッセージを同じ形式のメッセージに変換し、エンドポイ

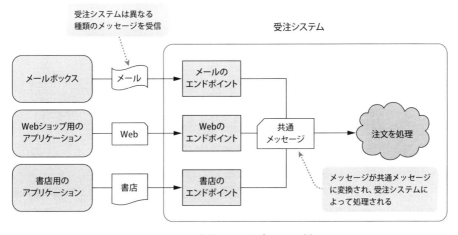

● 図13.3　複数のエンドポイントの例

ントの背後にある残りの部分に送信します。**図13.3**には、3つのエンドポイントがあります。それぞれのエンドポイントは、受信したメッセージから必要な情報を取り出し、受注システムが期待する共通のメッセージ形式に変換します。

このように、異なる種類のメッセージを共通メッセージに変換することを**正規化パターン**といいます。このパターンはルーター（Message Router）パターンとトランスレーター（Message Translator）パターンの組み合わせです。この正規化パターンの実装は最も一般的なものです。しかし、さまざまな種類のトランスポートプロトコルと、さまざまな種類のメッセージを使って複数のシステムに接続するケースでは、メッセージのトランスレーターを再利用することが望ましいのですが、実装が少し複雑になります。同じメッセージ形式を用いて受注システムにメッセージを送信する一方、メッセージの送信にはメッセージキューを用いる書店が他にあるとしましょう。このような複雑な実装の場合、正規化パターンは3つのパーツからなります。**図13.4**にその3つのパーツを示します。最初の部分はプロトコルの実装で、次がどのトランスレーターを用いるかを決定するルーター、最後が実際にメッセージを変換するトランスレーターです。

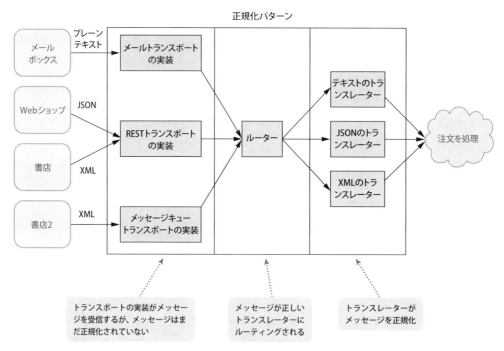

● 図13.4　正規化パターンの3つのパーツ

メッセージを正しいトランスレーターに送るには、受け取るメッセージの種類を識別する機能が必要です。これをどうするかは、接続する外部システムと、メッセージの種類に大きく依存

します。この例では、プレーンテキスト、JSON、XMLの3種類のメッセージをサポートしています。これらのメッセージは、電子メール、HTTP、メッセージキューの3種類のトランスポートレイヤーのいずれかから受信します。多くの場合、エンドポイントとトランスレーター(ルーターは実装しない)を単一のコンポーネントとして実装するという最もシンプルな実装が理にかなっています。この例では、1種類のメッセージ形式しか受信しないため、電子メールとメッセージキュープロトコルのルーターをスキップして、直接適切なトランスレーターに送信できます。これは柔軟性と複雑さのトレードオフです。ルーターを利用する場合は、余計な労力をかけずにすべてのプロトコルからすべての形式のメッセージを受信できますが、より多くのコンポーネントが必要になります。ルーターの責務はすべてのメッセージ形式を識別することです。メッセージ形式の識別は難しい問題で、実装を複雑にしてしまいます。ほとんどのケースでは、統合されるシステムは1種類(1種類のメッセージ形式だけをサポートすればよい)のため、柔軟性は必要ないでしょう。

13.1.2　標準データモデルパターン

　正規化パターンは、あるシステムを他の外部システムに接続する際にうまく機能します。しかし、システム間の接続要件が増加するにつれて、ますます多くのエンドポイントが必要になります。例に戻って考えてみましょう。受注システムとCRMシステムの2つの基幹システムがあります。以前の例では、書店は受注システムだけに接続していましたが、CRMシステムと通信する必要がある場合は、**図13.5**に示すように、実装はより複雑なものになります。

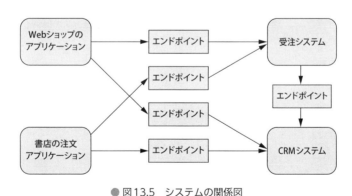

● 図13.5　システムの関係図

　この時点で、どのシステムにエンドポイントが実装されているかは重要ではありません。問題は、新たに統合する必要があるシステムが存在する場合、書店の注文アプリケーション用に1つ、既存の基幹システム用に1つ、合計2つのエンドポイントを追加しなければならないということです。これは、時間の経過に伴いシステムの数が増えるとエンドポイントの数も爆発的に

第13章　システム統合

増え、制御しきれなくなることを意味します。

　この問題を解決するために、標準データモデル（Canonical data model）パターンが利用できます。このパターンは、特定のシステムに依存しない共通のインターフェイスを使って複数のシステムを接続します。新たに統合するシステムは、入力メッセージと出力メッセージを、用意されたエンドポイントで標準化された形式に変換する必要があります。

　このパターンでは、すべてのシステムで共通のインターフェイスを実装し、共通メッセージを利用するエンドポイントを持たせます。**図13.6**は、書店の注文アプリケーションが受注システムにメッセージを送信する際、最初にメッセージを標準形式へ変換してから、共通のトランスポートレイヤーを用いて送信する様子を示しています。受注システムのエンドポイントは共通形式のメッセージを受信し、受注システムのメッセージに変換します。これは一見不要な変換のようにも見えますが、これを複数のシステムに適用すると利点が明確になります。**図13.7**を見てください。

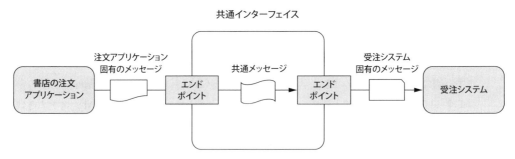

●図13.6　システム間で共通のインターフェイスを用いる

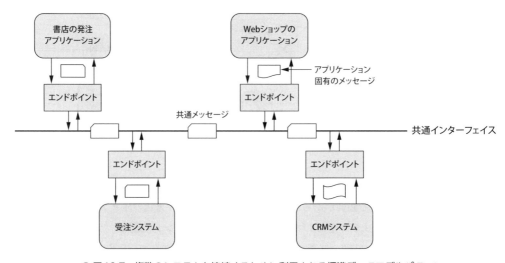

●図13.7　複数のシステムを接続するために利用される標準データモデルパターン

見てわかるとおり、すべてのシステムとアプリケーションにはそれぞれ1つのエンドポイントがあります。また、Webショップが受注システムにメッセージを送信する必要がある場合は、CRMシステムに送信する際に用いるのと同じエンドポイントを利用します。新たにシステムを統合する際に必要なのは、**図13.5**に示した4つのエンドポイントではなく、1つのエンドポイントだけです。これで、統合するシステムが多数存在する場合でもエンドポイントの数を大幅に削減できます。

正規化パターンと標準データモデルパターンは、システムを他の外部システムやアプリケーションと統合するときに非常に役立ちます。正規化パターンは、同じような複数のクライアントを他のシステムに接続する際に用いられます。しかし統合するシステムの数が増えてくると、標準データモデルパターンが必要です。このパターンは正規化パターンと似ていますが、これは標準データモデルパターンが正規化パターンも利用してるからです。異なるのは、標準データモデルパターンが、アプリケーションの個々のデータ形式と外部システムで利用されるデータ形式に間接参照を提供する一方で、正規化パターンは1つのアプリケーションに閉じているという点です。この間接参照がもたらす利点は、新しいアプリケーションをシステムに追加するときに共通メッセージを処理するトランスレーターだけ用意すればよいということです。既存システムの変更は必要ありません。

エンドポイントの利用方法がわかったところで、次はエンドポイントを実装します。エンドポイントを実装するときは、トランスポートレイヤーとメッセージ形式について考慮する必要があります。トランスポートレイヤーの実装は難しいかもしれませんが、実装のほとんどはアプリケーションに依存しません。だとすれば、誰かがすでにトランスポートレイヤーを実装してくれていたとしたらすばらしいと思いませんか？ 実は、いくつかのトランスポートレイヤーの実装はすでにAlpakkaで提供されています。Alpakkaがエンドポイントの実装でどのように役立つか見てみましょう。

13.2 Alpakkaを用いたエンドポイントの実装

Alpakkaはさまざまなデータ変換や統合を補助するakka-streamのコネクタを提供するプロジェクトです。システムの統合をより簡単に、素早くできるようにすることを目的としています。Alpakkaで提供されているコンポーネントを使うと、数行のコードで簡単に外部システムと接続できます。同様のプロジェクトにApache Camel (http://camel.apache.org/) があります。AlpakkaはApache Camelをよりモダンな方法で代替することを目標としています。Alpakkaはすでに多くのトランスポートレイヤーをサポートしています。これにより、さまざまなトランスポートレイヤーを簡単に実装できるようになっています。たとえば、TCPやFTP、JMS、AMQPなどです。執筆時点では、約31のプロトコルとAPIをサポートしています。詳細はAlpakkaの

公式ページ[※1]を確認してください。

本節では、Alpakkaで提供されているいくつかのコンポーネントを取り上げ、外部システムとメッセージをやり取りする方法について説明します。

Alpakkaのコンポーネントは、各コンポーネントをプロジェクトの依存関係に追加し、akka-streamのグラフの一部にそれを組み込むだけで簡単に使い始められます。

次項では、いくつかの例を説明します。まず、ファイルからメッセージを読み取るところから始め、AMQPなどの他のプロトコルを使ってメッセージを受け取るコンシューマーを実装します。これらのコンシューマーにメッセージを送信できるプロデューサーを実装して、この章を締めくくります。これから紹介するコードは、リポジトリの chapter-stream-integration ディレクトリにあります。それでは、Alpakkaのコンポーネントを使ってコンシューマーを実装していきましょう。

13.2.1 外部システムからメッセージを受信するコンシューマーの実装

これから実装する例は、書店からメッセージを受け取る受注システムです。この受注システムは、さまざまな書店からメッセージを受信できるようにする必要があります。受信するメッセージはあるディレクトリ内に置かれたXMLファイルであるとしましょう。このケースにおけるトランスポートレイヤーはファイルシステムです。受注システムのエンドポイントは新しいファイルを監視する必要があります。新しいファイルを検知した場合は、XMLコンテンツを解析し、受注システムが処理できるメッセージに変換する必要があります。コンシューマーエンドポイントの実装を始める前に、**図13.8**に示したメッセージを作成する必要があります。

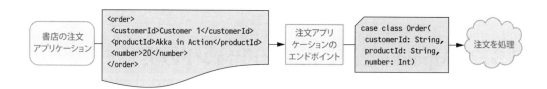

● 図13.8 エンドポイントからメッセージを受信

1つ目のメッセージは、書店の注文アプリケーションからエンドポイントへ送られたXMLです。顧客1は『Akka in Action』を20部買いたがっていることを表しています。2つ目のメッセージは、受注システムが処理できるメッセージのクラス定義です。

※1 http://developer.lightbend.com/docs/alpakka/current/

13.2　Alpakkaを用いたエンドポイントの実装

コンシューマーの実装

　メッセージが定義できたので、コンシューマーエンドポイントの実装を始めましょう。まずは、プロジェクトにAlpakkaで提供されているFile Connector[2]の依存を追加しましょう（**リスト13.1**）。

リスト13.1　File Connectorの依存を追加

```
libraryDependencies +=
  "com.lightbend.akka" %% "akka-stream-alpakka-file" % alpakkaVersion
```

　これで、コンシューマーを実装する準備が整いました。次は、トランスポートプロトコルを設定しましょう。File Connectorには特定のディレクトリ内で起きたファイル作成や更新といったイベントを提供するDirectoryChangesSourceがあります（**リスト13.2**）。

リスト13.2　ディレクトリのイベントを提供するDirectoryChangeSource

```
DirectoryChangesSource(dir.toPath, pollInterval = 500.millis, maxBufferSize = 1000)
```

　第1引数には、監視するディレクトリのパス、pollIntervalには監視の間隔、maxBufferSizeには各種イベントをバッファーする最大数を指定します。このSourceは要素として（Path, DirectoryChange）型のタプルを提供します。タプル内の要素はそれぞれ、イベントが発生したパスと、起きたイベントの種類を表します。たとえば、監視している/tmp/aia/というパスのディレクトリにorder.xmlというファイルが作成されると、**リスト13.3**のような要素がSourceから提供されます。

リスト13.3　ファイル作成時に提供される要素

```
(/tmp/aia/order.xml, DirectoryChange.Creation)
```

　DirectoryChangeはイベントの種類を区別するための列挙型で、Modification、Creation、Deletionの3種類のイベントを表します。新規作成されたファイルの内容をOrderとして提供するSourceを作成しましょう（**リスト13.4**）。

リスト13.4　新規作成されたファイルからOrderを提供するSource

```
object FileXmlOrderSource {
  def watch(dirPath: Path): Source[Order, NotUsed] =
    DirectoryChangesSource(dirPath, pollInterval = 500.millis,
                           maxBufferSize = 1000)
      .collect {
```

※2　http://developer.lightbend.com/docs/alpakka/current/file.html

第13章　システム統合

```scala
        case (path, DirectoryChange.Creation) => path          ← 新規作成されたファイ
      }                                                           ルのパスを取得する
      .map(_.toFile)                    ← java.io.Fileに変換
      .filter(file => file.isFile && file.canRead)
      .map(scala.io.Source.fromFile(_).mkString)    ← ファイルの内容を読み取り
      .via(parseOrderXmlFlow)    ← XMLをパースしてOrderに変換
}
```

parseOrderXmlFlowはStringをXMLとしてパースし、Orderへ変換するFlowです。この
Flowは他の例でも再利用します（**リスト13.5**）。

リスト13.5　XMLを変換しOrderを作成するFlow

```scala
val parseOrderXmlFlow = Flow[String].map { xmlString =>
  val xml = XML.loadString(xmlString)
  val order = xml \\ "order"
  val customer = (order \\ "customerId").text
  val productId = (order \\ "productId").text
  val number = (order \\ "number").text.toInt
  new Order(customer, productId, number)
}
```

作成したSourceからコンシューマーを作成し、どのように機能するか見てみましょう（**リスト
13.6**）。

リスト13.6　ファイルからOrderを作成するコンシューマー

```scala
val consumer: RunnableGraph[Future[Order]] =
  FileXmlOrderSource.watch(dir.toPath)
    .toMat(Sink.head[Order])(Keep.right)
```

動作の検証を行うため、一番はじめに発行されたOrderをMatとして取得できるRunnable
Graphを構築します（**リスト13.7**）。

リスト13.7　最初のOrderを取得するRunnableGraph

```scala
val consumedOrder: Future[Order] = consumer.run()
val msg = new Order("me", "Akka in Action", 10)
val xml = <order>                                ← ファイルに書き込む
            <customerId>{ msg.customerId }</customerId>    XMLコンテンツ
            <productId>{ msg.productId }</productId>
            <number>{ msg.number }</number>
          </order>
val msgFile = new File(dir, "msg1.xml")
FileUtils.write(msgFile, xml.toString())    ← ディレクトリにXMLファイルを書き出す
```

356

13.2 Alpakkaを用いたエンドポイントの実装

```
Await.result(consumedOrder, 10.seconds) must be(msg)
```
コンシューマーからOrderが提供されるか検証

　コンシューマーの起動はファイルを書き出す前に済ませておく必要があります。ファイルを書き出した時点でコンシューマーが起動していない場合、ファイルが作成されたイベントを取得できないためです。テストを実行すると、ディレクトリにXMLファイルが書き出され、そのファイルがコンシューマーによって処理され、Orderメッセージが提供されます。

　このように、ディレクトリを監視し、新規ファイルを検知する機能を我々が実装する必要はありません。その機能はAlpakkaのコンポーネントによって提供されます。

コンシューマーのトランスポートレイヤーを変更する

　Alpakkaのコンポーネントを使うと簡単にコンシューマーが実装できることがわかったと思います。しかし、Alpakkaとakka-streamの本当の価値が発揮されるのはここからです。AMQPでXMLメッセージを取得できるようにしたいとします。どう実装すればよいでしょうか？AMQPをサポートするには、Alpakkaで提供されているAMQP用のSourceを使い、前節で作成したSourceを少し作り変えるだけです。

　まずは、AMQP Connector[3]の依存をプロジェクトに追加します（**リスト13.8**）。

リスト13.8 AMQP Connectorの依存を追加

```
"com.lightbend.akka" %% "akka-stream-alpakka-amqp" % alpakkaVersion
```

　先ほどの**リスト13.4**と同様に、Orderを要素として提供するSourceを作成します（**リスト13.9**）。AMQPのメッセージはAmqpSourceを使用することで受け取れます。

リスト13.9 AMQPのメッセージからOrderを提供するSource

```
object AmqpXmlOrderSource {
  def apply(amqpSourceSettings: AmqpSourceSettings): Source[Order, NotUsed] =
    AmqpSource.atMostOnceSource(amqpSourceSettings, bufferSize = 10)
      .map(_.bytes.utf8String)          ← AMQPのメッセージをStringにデコード
      .via(parseOrderXmlFlow)           ← XMLをパースしてOrderに変換
}
```

　AmqpSourceはatMostOnceSourceとcommittableSourceの2つのファクトリメソッドを持ちます。atMostOnceSourceを使うとあるメッセージを最大で一度受け取れることが保証されますが、メッセージを受け取れないこともあります。committableSourceを使うとあるメッセージを少なくとも一度受け取れることが保証されますが、メッセージが重複して届くこともあります。こ

※3　http://developer.lightbend.com/docs/alpakka/latest/amqp.html

第13章　システム統合

の例ではatMostOnceSourceを使います。

AmqpSourceのatMostOnceSourceは、akka.stream.alpakka.amqp.IncomingMessageを要素として提供します。IncomingMessageのbytesプロパティからキューイングされたメッセージの本文が取得できます。bytesはByteStringなので、UTF-8でデコードしてStringに変換します。

ここまで実装すると、コンシューマーを実装できます。先ほどの**リスト13.6**のSource部分を差し替えて実装するだけです（**リスト13.10**）。

リスト13.10 AMQPのメッセージからOrderを作成するコンシューマー

```
val amqpSettings = NamedQueueSourceSettings(
    AmqpConnectionUri("amqp://localhost:8899"),
    queueName
)
val consumer: RunnableGraph[Future[Order]] =
    AmqpOrderSource(amqpSourceSettings)      ← FileOrderSourceの代わりに
    .toMat(Sink.head[Order])(Keep.right)        AmqpOrderSourceを使う
```

テストを書いて、動作を検証してみましょう（**リスト13.11**）。

リスト13.11 AMQPのコンシューマーをテスト

```
val msg = new Order("me", "Akka in Action", 10)
val xml = <order>
            <customerId>{ msg.customerId }</customerId>
            <productId>{ msg.productId }</productId>
            <number>{ msg.number }</number>
          </order>
sendMQMessage(queueName, xml.toString)    ← メッセージを送信する際にキューも作成される
val consumedOrder: Future[Order] = consumer.run()  ←
Await.result(consumedOrder, 10 seconds) must be(msg)
                                          キューが作成されたあとにコンシューマーを起動
```

コンシューマーを起動する前に、メッセージを流すキューを作成する必要があります。ここでは、sendMQMessageメソッドの中でキューを作成しているため、このメソッドを呼び出した後にコンシューマーを起動します。メッセージは消費されるまでキューに残り続けるため、メッセージ送信時にコンシューマーが起動している必要はありません。

テストを実行すると、XMLがメッセージキューに送信され、コンシューマーによってそのメッセージが消費されます。消費されたメッセージはOrderに変換されます。

下流の処理をまったく変更せず、AMQPを使ってメッセージを受信するコンシューマーエンドポイントを実装できました。

358

13.2.2　外部システムにメッセージを送信するプロデューサーエンドポイントの実装

前項では、メッセージを外部から受け取るエンドポイントを作成しました。この項では、Alpakkaのコンポーネントを利用してメッセージを外部システムに送信する機能を実装します。プロデューサーの実装例を示すために、**図13.9**で示す書店の注文アプリケーションのエンドポイントを実装します。

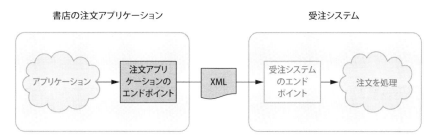

● 図13.9　メッセージを送信するプロデューサー

前項で実装した、AMQPのコンシューマーエンドポイントにメッセージを送信するようにしてみましょう（**リスト13.12**）。コンシューマーの実装では`AmqpSource`を使ってメッセージキューに接続しましたが、プロデューサーの実装では`AmqpSink`を使います。

リスト13.12　AmqpSinkを使ったAMQPのプロデューサー

```
object AmqpXmlOrderSink {
  def apply(amqpSinkSettings: AmqpSinkSettings): Sink[Order, NotUsed] =
    Flow[Order]
      .map { order =>                          ← OrderをXMLに変換
        <order>
          <customerId>{ order.customerId }</customerId>
          <productId>{ order.productId }</productId>
          <number>{ order.number }</number>
        </order>
      }
      .map(xml => ByteString(xml.toString))    ← XMLをByteStringに変換
      .to(AmqpSink.simple(amqpSinkSettings))
}
```

`AmqpSink.simple`で作成した`Sink`は`ByteString`の要素を上流から受け取れます。この`Sink`を用いて、`Order`を1件だけ送信するプロデューサーを実装します（**リスト13.13**）。

第13章　システム統合

> **リスト13.13** Orderを1件送信するプロデューサー

```
val amqpSinkSettings =
  AmqpSinkSettings(
    AmqpConnectionUri("amqp://localhost:8899"),
    routingKey = Some(queueName)
  )
val msg = new Order("me", "Akka in Action", 10)
val producer: RunnableGraph[NotUsed] =
  Source.single(msg)  ◀────────────── Orderを1件だけ発行する
    .to(AmqpXmlOrderSink(amqpSinkSettings))
```

このプロデューサーをテストするために、メッセージを受け取るコンシューマーを実装します
（**リスト13.14**）。

> **リスト13.14** メッセージを受信するコンシューマー

```
val amqpSourceSettings =
  NamedQueueSourceSettings(
    AmqpConnectionUri("amqp://localhost:8899"),
    queueName
  )
val consumer: RunnableGraph[Future[Order]] =
  AmqpXmlOrderSource(amqpSourceSettings)
    .toMat(Sink.head)(Keep.right)
```

コンシューマーとプロデューサーの実装が完了したので、両方を実行してコンシューマーが
正しくメッセージを受け取れるかテストします（**リスト13.15**）。

> **リスト13.15** AMQPのプロデューサーをテスト

```
producer.run()
val consumedOrder: Future[Order] = consumer.run()
Await.result(consumedOrder, 10 seconds) must be(msg)
```

このように、プロデューサーはコンシューマーと同じくらい簡単に実装できます。つまり、
Alpakkaを利用することでさまざまな種類のトランスポートプロトコルをサポートしたエンドポ
イントを簡単に実装できるのです。

次節では、受注システムへ実際に接続し、応答を返す例を見ていきます。

13.3 HTTPインターフェイスの実装

前節では、Alpakkaのコンポーネントを使って、さまざまな種類のトランスポートプロトコル
を処理できるエンドポイントの実装方法を説明しました。

360

akka-httpモジュールは、HTTPクライアントとサーバーを構築するためのAPIを提供します。ここで示す例は単純なものですが、システム統合で汎用的に利用できる技術を扱っています。サンプルの説明から始めて、akka-httpを使った実装方法を説明します。

13.3.1 HTTPの例

受注システムの例を再び実装していきます。しかし、今回はエンドポイントだけでなく受注処理システムのモックアップも実装します。エンドポイントがシステムにリクエストを転送する方法と、受注システムのレスポンスをエンドポイントに待たせる方法を確認します。これを達成するために、HTTPトランスポートプロトコルを利用するエンドポイントを1つ実装します。APIの定義にはHTTPサービスのRESTアーキテクチャスタイルを利用します。この例の概要を**図13.10**に示します。

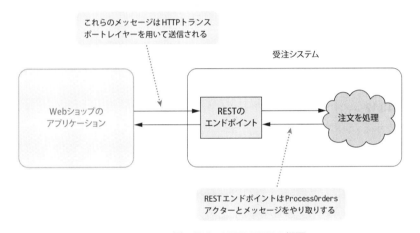

● 図13.10　例におけるHTTP RESTの概要

この例には、2つのインターフェイスがあります。Webショップとエンドポイントの間にあるインターフェイス、エンドポイントと`ProcessOrders`アクターの間にあるインターフェイスです。受注システムは2つの機能をサポートします。1つ目は新しい注文を追加する機能で、2つ目は注文のステータスを取得する機能です。これから実装していくHTTPのRESTインターフェイスは`POST`と`GET`メソッドをサポートします。`POST`メソッドでは受注システムに新しい注文を追加します。`GET`メソッドでは注文のステータスを取得します。注文を追加できるようにすることから始めましょう。**図13.11**で、受注時のメッセージフローを示します。

Webショップは`POST`リクエストをエンドポイントに送信します。リクエストに含まれているXMLは13.2.1項のAlpakkaの例で扱ったものです。エンドポイントはこのリクエストを注文メッセージに変換して、エンドポイントの背後にある残りの部分（`ProcessOrders`アクター）に

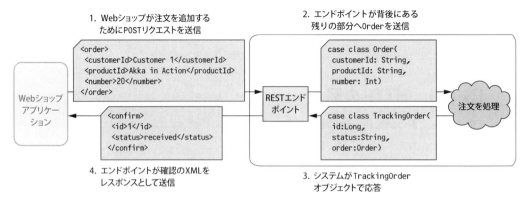

● 図13.11　受注時のメッセージフロー

送信します。送信が完了すると、`TrackingOrder`オブジェクトがレスポンスとして返されます。このオブジェクトには`Order`（注文リクエストの情報）と、ユニークID、そして現在のステータスが含まれています。エンドポイントはこのレスポンスをWebショップが確認するためのXMLメッセージに変換します。このXMLにはIDと現在のステータスが含まれています。この例の新しい注文は、ID1で、`received`というステータスになっています。

図13.12は、すでに受注システムに存在する注文のステータスを取得する際のメッセージフローを示しています。

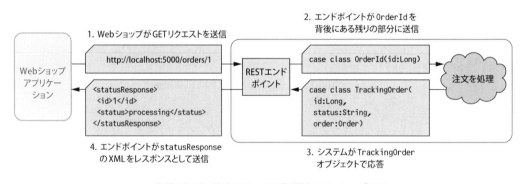

● 図13.12　注文ステータス取得時のメッセージフロー

ID1を持つ注文のステータスを取得する際は、Webショップが`/orders/1`に`GET`リクエストを送信します。このRESTエンドポイントは`GET`リクエストを`OrderId`に変換します。リクエストされた注文が見つかった場合、受注システムは再び`TrackingOrder`をレスポンスとして返します。エンドポイントはこのレスポンスを`statusResponse` XMLに変換します。注文が見つからなかった場合、受注システムは**図13.13**に示した`NoSuchOrder`オブジェクトを返します。

13.3 HTTPインターフェイスの実装

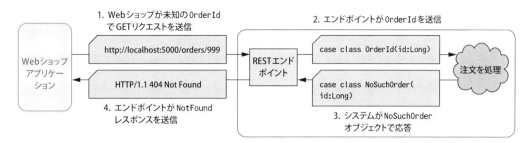

● 図13.13　存在しない注文を取得しようとした場合のメッセージフロー

RESTエンドポイントはNoSuchOrderオブジェクトをHTTP 404 NotFoundのレスポンスに変換します。これで受注システムへのメッセージ転送の定義が完了し、受注処理を実装する準備が整いました。

図13.14は、受信する可能性のある2種類のリクエストを完全に処理するシステムを、シンプルに表現したものです。このシステムをテストするときに使うリセット機能も追加しました。これで、akka-httpを使ってRESTエンドポイントを実装する準備が整いました。

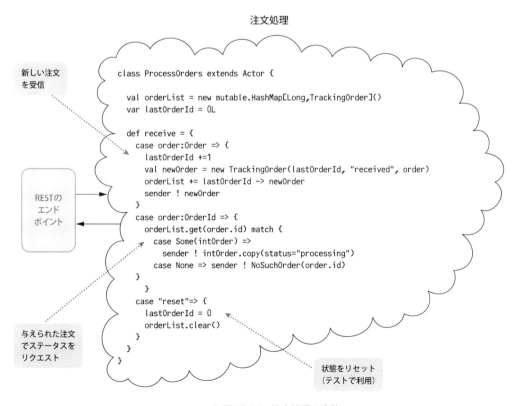

● 図13.14　注文処理の実装

13.3.2 akka-httpでRESTエンドポイントを実装

前章で紹介したakka-httpを再び取り上げます。akka-httpはエンドポイントのRESTインターフェイスを実装する際にも役立ちます。この項では、akka-httpを使って前項で説明したエンドポイントを実装します。

まず、`OrderService`トレイトでRESTエンドポイントのHTTPルートを定義します。`OrderService`トレイトには、`ProcessOrders`の`ActorRef`を返す抽象メソッドが定義されています。アクターを扱う部分とルート定義を分離することはベストプラクティスです。なぜなら、ルート定義をテストする際、アクターを起動する必要がなくなり、`TestProbe`などが注入できるようになります。**図13.15**には、`ProcessOrders`アクターに`ask`でリクエストを送信する際に必要な`ExecutionContext`と`Timeout`の両方を提供する`OrderServiceApi`が示されています。そして`OrderService`トレイトにはルートが定義されています。akka-httpにはルート定義をテストするための独自のテストキットがあります。次の**リスト13.16**は`OrderService`をテストする方法を示しています。

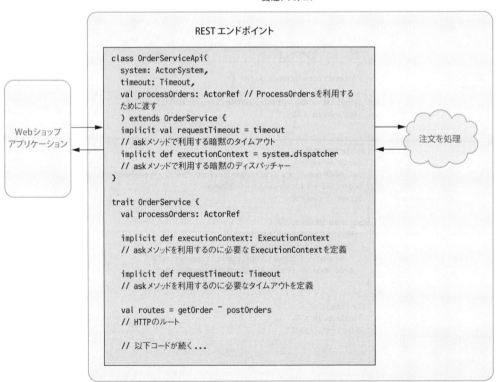

● 図13.15　akka-httpを使用したエンドポイントの実装

リスト13.16 OrderServiceのテスト

```scala
package aia.integration

import scala.concurrent.duration._
import scala.xml.NodeSeq
import akka.actor.Props

import akka.http.scaladsl.marshallers.xml.ScalaXmlSupport._
import akka.http.scaladsl.model.StatusCodes
import akka.http.scaladsl.server._
import akka.http.scaladsl.testkit.ScalatestRouteTest

import org.scalatest.{ Matchers, WordSpec }

class OrderServiceTest extends WordSpec
    with Matchers
    with OrderService
    with ScalatestRouteTest {

  implicit val executionContext = system.dispatcher
  implicit val requestTimeout = akka.util.Timeout(1 second)
  val processOrders =
    system.actorOf(Props(new ProcessOrders), "orders")

  // OrderService
  "The order service" should {
    // 注文が存在しない場合 NotFound を返す
    "return NotFound if the order cannot be found" in {
      Get("/orders/1") ~> routes ~> check {
        status shouldEqual StatusCodes.NotFound
      }
    }

    // POST された注文を追跡して返す
    "return the tracking order for an order that was posted" in {
      val xmlOrder =
      <order><customerId>customer1</customerId>
        <productId>Akka in action</productId>
        <number>10</number>
      </order>

      Post("/orders", xmlOrder) ~> routes ~> check {
        status shouldEqual StatusCodes.OK
        val xml = responseAs[NodeSeq]
        val id = (xml \ "id").text.toInt
        val orderStatus = (xml \ "status").text
        id shouldEqual 1
        orderStatus shouldEqual "received"
      }
```

responseAs[NodeSeq]を動作させるためにXMLをサポートする暗黙的なモジュールをインポート

テストするためにOrderServiceをミックスイン

ルートをテストするためにDSLを提供

存在しない注文にGETリクエストを送った際に404 NotFoundレスポンスが返るかをチェック

GETリクエスト以降の注文のPOSTリクエストが注文のステータスを返すかチェック

第13章　システム統合

```
Get("/orders/1") ~> routes ~> check {          ← GETリクエストの後の注文のPOSTリクエ
  status shouldEqual StatusCodes.OK               ストが注文のステータスを返すかチェック
  val xml = responseAs[NodeSeq]
  val id = (xml \ "id").text.toInt
  val orderStatus = (xml \ "status").text
  id shouldEqual 1
    orderStatus shouldEqual "processing"
  }
    }
  }
}
```

　ルートを定義するには**ディレクティブ**を使います。ディレクティブは受信したHTTPリクエストをマッチさせるルールです。ディレクティブは次に示す機能を1つ以上備えています。

- リクエストの変換
- リクエストのフィルタリング
- リクエストの完了

　それぞれのディレクティブは小さな構成要素で、そこから任意の複雑なルート定義と制御構造を構築できます。一般的な形式は次のとおりです。

```
name(arguments) { extractions => ... // 内部ルート定義 }
```

　akka-httpには多くの定義済みディレクティブがあり、独自のディレクティブを作成することもできます。例として、最も基本的で一般的なディレクティブをいくつか利用します。ルート定義はHTTPリクエストをマッチさせたり、そこからデータを取り出すためにディレクティブを使います。ルート定義ではマッチしたパターンそれぞれで、HTTPリクエストとHTTPレスポンスを定義する必要があります。2つのルート定義を組み合わせて、**OrderService**のルートを定義するところから始めましょう。1つは注文を取得するルート定義で、もう1つは注文を作成するルート定義です（**リスト13.17**）。

リスト13.17 OrderServiceのルートの定義

```
val routes = getOrder ~ postOrders
```

　~でルート定義やディレクティブを組み合わせることができます。この定義は、**getOrder**か**postOrders**のいずれかとマッチすると読み替えられます。**postOrders**または**getOrder**のルート定義にマッチしないリクエストにはすべて**HTTP 404 Not Found**のレスポンスが返されます。たとえば、**order**というパスでリクエストされたり、**DELETE**メソッドでリクエストされた場合など

366

です。getOrderメソッドを詳しく見てみましょう（**リスト13.18**）。getOrderメソッドではGETの
リクエストにマッチするgetディレクティブが使われています。pathPrefixディレクティブで定
義された"/orders/[id]"というパスにマッチすると、IntNumberPathMatcherが注文IDを取り
出します。

リスト13.18 OrderServiceのGET orders/idの処理

```
def getOrder = get {                          ← GETリクエストにマッチ
  pathPrefix("orders" / IntNumber) { id =>    ← 注文IDを取り出す
    onSuccess(processOrders.ask(OrderId(id))) {    ← OrderIdをProcessOrdersアクターに渡す。
      case result: TrackingOrder =>                    onSuccessは（askメソッドが返す）Future
        complete(                                       の結果をルートの内部に渡す
          <statusResponse>                      ← XMLのレスポンスでリクエストが完了する。レス
            <id>{ result.id }</id>                 ポンスのTrackingOrderがXMLに変換される
            <status>{ result.status }</status>
          </statusResponse>)
      case result: NoSuchOrder =>
        complete(StatusCodes.NotFound)          ← HTTP 404 NotFoundレスポンスで
    }                                              リクエストが完了する
  }
}
```

IntNumberディレクティブはURLからidを取り出し、その値をIntに変換します。GETリクエ
ストがidを含んでいない場合、ルート定義の選択に失敗し、HTTP 404 Not Foundのレスポン
スを返します。IDが取得できた場合はOrderIdというビジネスオブジェクトを作成し、受注シス
テムに送信します。

OrderIdを取得できたため、受注システムへメッセージを送信し、受注システムの返信から
レスポンスを発行できます。レスポンスの発行は、completeディレクティブを使うことで実現
できます。

completeディレクティブはリクエストに対してレスポンスを返します。最もシンプルな実装で
は、結果を直接返します。しかし、本書の例ではレスポンスを返す前にProcessOrdersアクター
からの返信を非同期に処理する必要があります。したがって、ここではonSuccessを使います。
これにより、Futureの処理が完了すると、ルート定義の内部にFutureの結果が送られます。
Futureの処理が完了したときにonSuccessメソッドのコードブロックが実行されますが、現在
のスレッドで実行されるとは限りません。そのため、何かを参照する場合は注意してください。
scala.xml.NodeSeqをcompleteディレクティブに渡すことで、akka-httpはNodeSeqをテキスト
にマーシャリングし、レスポンスのコンテンツタイプを自動でtext/xmlに設定します。これが
GETメソッドに対して実装される機能のすべてです。

第13章　システム統合

> **memo** レスポンスのマーシャリング
>
> scala.xml.NodeSeqからレスポンスを完成させる方法をakka-httpがどうやって知るか疑問に感じたことがあるかもしれません。この方法をakka-httpへ知らせるには暗黙的なスコープでToEntityMarshallerを提供する必要があります。このマーシャラーはscala.xml.NodeSeqをtext/htmlエンティティにまとめます。akka.http.scaladsl.marshallers.xml.ScalaXmlSupport._をインポートすることで、必要なマーシャラーが提供されます。インポートしたコンポーネントにはXMLのためのToEntityMarshallerとFromEntityUnmarshallerの両方が含まれています。

次に、POSTリクエストの実装を始めます。これはGETの実装とほぼ同じです。唯一違うところは、URLに注文IDを含める必要はありませんが、POSTのリクエストボディーが必要だということです。これを実装するには、entityディレクティブを使います。

```scala
post {
  path("orders") {
    entity(as[NodeSeq]) { xml =>
      val order = toOrder(xml)
// 以下コードが続く…
```

entity(as[NodeSeq])ディレクティブは、暗黙的なスコープにFromEntityUnmarshallerが存在する場合にのみ機能します。暗黙のToEntityMarshaller[NodeSeq]を含む、ScalaXmlSupport._をインポートすることで暗黙的なスコープにアンマーシャラーを配置できます。

メソッドの内容は示されていませんが、toOrderメソッドはscala.xml.NodeSeqをOrderに変換します。Orderが得られたため、POSTリクエストのレスポンスを実装できます。完全なpostOrdersメソッドを**リスト13.19**に示します。

リスト13.19 POSTされた注文をOrderServiceで処理

```scala
def postOrders = post {            ← POSTリクエストにマッチ
  path("orders") {                 ← /ordersパスにマッチ
    entity(as[NodeSeq]) { xml =>   ← scala.xml.NodeSeqとしてエンティティ
                                      ボディーをアンマーシャリング
      val order = toOrder(xml)     ← Orderに変換
      onSuccess(processOrders.ask(order)) {
        case result: TrackingOrder =>
          complete(                ← XMLのレスポンスでリクエストを完了させる
            <confirm>
              <id>{ result.id }</id>
              <status>{ result.status }</status>
            </confirm>
          )
        }
```

13.3 HTTPインターフェイスの実装

```
      case result =>                        ProcessOrdersアクターが他のメッセージを返した
        complete(StatusCodes.BadRequest)    場合は、BadRequestのステータスコードを返す
    }
  }
}
}
```

これで完全なルートが実装できました。この先はどう進めていけばよいでしょうか？ 本当の
サーバーを作成するためには、HTTPサーバーにルートをバインドする必要があります。ここで
示すように、Httpオブジェクトを用いることでアプリケーションの開始時にサーバーを作成でき
ます。

リスト13.20 HTTPサーバーを開始

```
object OrderServiceApp extends App
    with RequestTimeout {              RequestTimeoutトレイトはakka.http.server.
  val config = ConfigFactory.load()    request-timeoutを設定から読み込む
  val host = config.getString("http.host")
  val port = config.getInt("http.port")      設定からhostとportを取得

  implicit val system = ActorSystem()
  implicit val ec = system.dispatcher

  val processOrders = system.actorOf(
    Props(new ProcessOrders), "process-orders"
  )                          ProcessOrdersアクターを生成

  val api = new OrderServiceApi(system,
    requestTimeout(config),
    processOrders).routes       OrderServiceApiはルートを返す

  implicit val materializer = ActorMaterializer()
  val bindingFuture: Future[ServerBinding] =
    Http().bindAndHandle(api, host, port)      HTTPサーバーにルートをバインド

  val log = Logging(system.eventStream, "order-service")
  bindingFuture.map { serverBinding =>
    log.info(s"Bound to ${serverBinding.localAddress} ")      サービスの起動が成功
  }.onComplete {                                              したことをログに記録
    case Failure(ex) =>
      log.error(ex, "Failed to bind to {}:{}", host, port)
      system.terminate()           サービスがホスト名とポート番号の
  }                                 バインドに失敗したことをログに記録
}
```

369

第13章　システム統合

sbtでアプリケーションを実行すると、`OrderServiceApp`をお好みのHTTPクライアントでテストできます。

13.4 まとめ

システム統合の実現には、多くのものが必要になる傾向がありますが、Akkaを使うとそれらがすぐに利用できます。

- 非同期・メッセージベースのタスク
- データ変換を提供する簡単な機能
- サービスの提供（production）と利用（consumption）

統合を容易にするため、Alpakkaとakka-httpを利用しました。これらを使うことにより、標準的な統合パターンの多くの部分を実装することに集中できました。また、選択したトランスポートやコンポーネントのレイヤーに縛られたコードをたくさん書く必要性もありませんでした。

Akkaはシステム統合の場面で非常に役立ちます。インターフェイス部分の統合はたいていの場合とても面倒ですが、パフォーマンスの制約と信頼性の要件に応じて、Akkaは実際のフローの入出力を適切に制御します。サービスの消費、データの取得、変換、他のコンシューマーへの提供など、ここで取り上げたトピックに加えて、アクターモデル、並行性、耐障害性などのAkkaの主要な側面は、システム統合を信頼性とスケーラビリティのあるものにするための重要な貢献者です。この章で紹介したパターンを拡張することで、第4章で見た交換性（リプレーサビリティ）や、第6章と第9章で扱ったスケーラビリティが得られるようになることは容易に想像できるでしょう。

370

第 14 章
クラスタリング

この章で学ぶこと
□ クラスター内のアクターの動的なスケーリング
□ クラスターに対応したルーターによるクラスターへのメッセージ送信
□ クラスタリングされたAkkaのアプリケーションの構築

　第6章では、決まった数のノードを利用して分散アプリケーションを構築する方法を学びました。そこで行った静的なメンバーシップを使ったアプローチは単純ですが、負荷分散やフェイルオーバーをすぐに利用できるような機能はありません。クラスターを使うと、分散アプリケーションで使用するノード数を動的に増減させることができ、単一障害点をなくすことができます。

　多くの分散アプリケーションは、世界各地にあるクラウドコンピューティングプラットフォームやデータセンターのように、自分自身では完全に制御できない環境で動作します。クラスターが大きいほど、障害の起きる可能性が高まります。そのような状況にありながらも、クラスターのライフサイクルを監視したり制御したりできる完全な手段があります。14.1節では、ノードがクラスターのメンバーになる仕組み、メンバーシップのイベントをハンドリングする方法、クラスター内のノードが障害により停止したことを検知する方法について説明します。

　最初に、テキスト内の各単語の出現回数を数えるというクラスタリングされたアプリケーションを構築します。この例では、クラスター内のアクターとのやり取りにルーターを使う方法、たくさんのアクターからなるクラスターの中でプロセスが協調し回復力を持つようにする方法、クラスタリングされたアクターシステムをテストする方法について学んでいきます。

14.1　なぜクラスタリングを用いるか？

　クラスターは動的なノードのグループです。各ノードには、（第6章で見たように）ネットワーク上でポートを開いたアクターシステムがあります。クラスターは**akka-remote**モジュールを利

用して構築します。クラスタリングは位置透過性のレベルを引き上げます。アクターは、ローカルやリモートに存在し、クラスター内のどこにでも存在する可能性がありますが、アクターの位置を気にせずコードが書けます。**図14.1**には4つのノードのクラスターを示します。

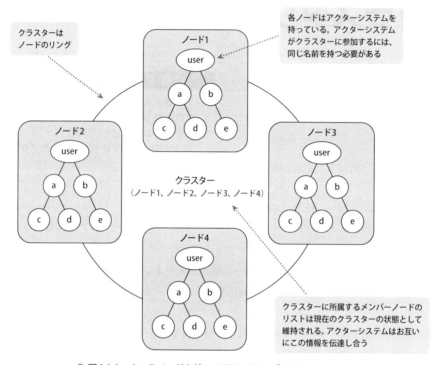

● 図14.1　4つのノードを持つクラスタリングアクターシステム

クラスターモジュールの最終的な目標は、アクターの分散、負荷分散、フェイルオーバーを完全に自動化して提供することです。現在のクラスターモジュールは次の機能をサポートしています。

- **クラスターメンバーシップ** —— 耐障害性を持ったアクターシステムのメンバーシップ
- **負荷分散** —— ルーティングアルゴリズムに基づいたクラスター内のアクターへのメッセージルーティング
- **ノードパーティショニング** —— クラスター内のノードに特定のロール（役割）を与え、特定のロールを持つノードにのみメッセージを送信するようにルーターを設定可能
- **パーティションポイント** —— アクターシステムのアクターをサブツリーに分割（パーティション）し、他のノードに配置可能

この章ではこれらの機能について詳しく見ていきますが、その中でも主にクラスターメンバーシップとルーティングに焦点を当てます。第15章では、状態のレプリケーションと自動フェイルオーバーの仕組みについて詳しく説明します。

画像認識やソーシャルメディアのリアルタイム分析など、単一目的のデータ処理アプリケーションはクラスタリングを用いるアプリケーションの候補として良い例です。処理能力が足りなかったり、余っていたりする場合にノードを追加したり取り除いたりできます。ジョブは監視され、アクターに障害が発生すると、ジョブが成功するまでクラスター上で再試行されます。この章では、このようなアプリケーションのシンプルな例を見ていきます。**図14.2**に、アプリケーションの概要を示します。見慣れない用語については本章の後半で紹介するため、ここでは細かい部分がわからなくても心配しないでください。

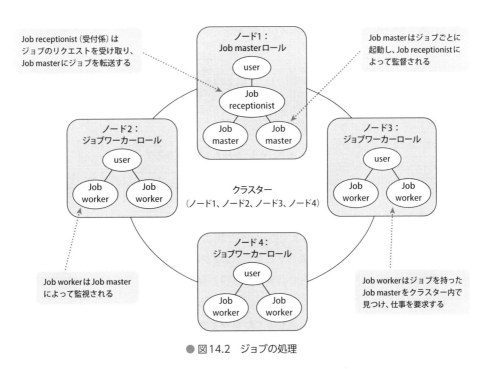

● 図14.2　ジョブの処理

クラスタリングされた単語カウントアプリケーションをコンパイルするためのコードを書いていきましょう。次節では、クラスターメンバーシップについて掘り下げ、ジョブのマスターとワーカーがお互いに協調して動くようにします。

14.2 クラスターメンバーシップ

クラスターの作成から始めます。今回処理をするクラスターは、マスターノードとワーカーノードで構成します。**図14.3**に、構築していくクラスターを示します。

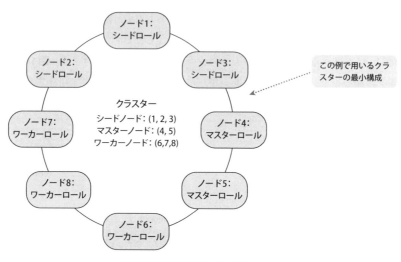

● 図14.3　単語カウントクラスター

マスターノードは、単語をカウントするジョブの制御と監督を行います。ワーカーはマスターに仕事を要求し、テキストの一部を処理し、処理した結果をマスターに返します。マスターは、すべての単語のカウントが完了すると結果を報告します。処理中にマスターノードかワーカーノードで障害が発生すると、成功するまでジョブが繰り返し行われます。

図14.3には、クラスター内で必要となる別の種類のノードである**シードノード**も示しています。シードノードはクラスターを起動するために必要不可欠なノードです。次項では、ノードをシードノードにする方法、そしてそれらのノードをクラスターに参加させたりクラスターから離脱させる方法を見ていきます。クラスターの作成方法の詳細を確認し、REPLコンソールを使って、シンプルなクラスターに参加させたりクラスターから離脱させる実験を行います。メンバーノードが取りうるさまざまな状態と、その状態変更の通知を受け取る方法について学びます。

14.2.1　クラスターへの参加

あらゆるグループと同じように、処理を開始するには何人かの「創設者」が必要です。Akkaはクラスターの創設を目的としたシードノード機能を提供します。シードノードはクラスターの起点であり、他のノードとの最初の接点として機能します。クラスターに参加しようとしている

ノードは、そのノードの一意なアドレスを含んだJoin（参加）メッセージを送信することでクラスターに参加できます。`akka-cluster`モジュールは登録されたシードノードのうちの1つにこのメッセージを送信します。ノードにアクターが含まれている必要はなく、純粋なシードノードとして使うこともできます。**図14.4**は、1番目のシードノードがクラスターを初期化する様子と、他のノードがクラスターに参加する様子を示しています。

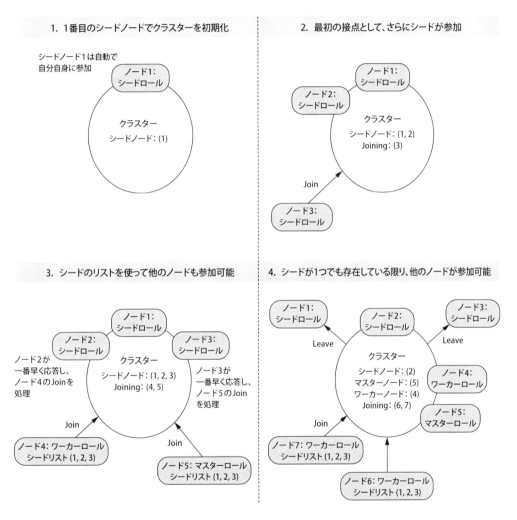

● 図14.4　シードノードでクラスターを初期化

`akka-cluster`モジュールはTCPマルチキャストやDNSサービスディスカバリのような、設定を必要としないディスカバリプロトコルを（まだ）サポートしていません。シードノードのリストを指定するか、参加するために必要なクラスターノードのホスト名とポート番号をなんらかの方

第14章　クラスタリング

法で知る必要があります。リストの1番目にあるシードノードは、最初にクラスターを形成する際に特別な役割を担います。2番目のシードノードはリストの1番目のシードノードに依存しています。シードリストの1番目のノードが起動し、自動で自分自身に参加することでクラスターを形成します。2番目以降のシードノードがクラスターへ参加するには、1番目のシードノードが起動している必要があります。この制約はシードノードが起動している最中に別々のクラスターが形成されてしまうのを防ぐためにあります。

手動でクラスターノードに参加する

　シードノード機能は必須ではありません。自分自身に参加するノードを起動することにより手動でクラスターを形成できます。それ以降のノードがクラスターへ参加するには、そのノードにJoinメッセージを送信する必要があります。

　つまり、結局は1番目のノードのアドレスを知る必要があるため、シード機能を使うほうが理にかなっています。ネットワーク上のサーバーのIPアドレスやDNS名をあらかじめ知っておくことができない場合もあります。そのような場合は、以下の3つの選択肢が考えられます。

- 既知のIPアドレスやDNS名を持った純粋な（何も機能を持たない）シードノードのリストを使う。ネットワーク外では、ホスト名やアドレスを事前に決めることはできない。これらのシードノードはアプリケーション固有のコードを実行せず、純粋にクラスターに参加する他のノードの最初の接点として機能する
- 自身のネットワーク環境に合った、設定を必要としないクラスターディスカバリプロトコルを構築する。これは簡単な作業ではない
- Apache ZooKeeper、HashCorp Consul、CoreOS/etcd のような既存のサービスディスカバリレジストリの技術を利用し、グルーコードを追加する。クラスターに参加できるようにするために、起動時に自身をディスカバリサービスに登録するためのコードを実装し、現在利用できるクラスターノードをそのサービスから取得するアダプターを実装する

　ZooKeeperを利用したとしても、依然としてホスト名とポート番号の完全な組み合わせが必要になることに注意してください。そのため、既知のZooKeeperのアドレスセットから、クラスターノードのアドレスセットを取得する必要があります。これはそれほど簡単な方法ではありません。すべてのクラスターノードを利用できるようにするためにはディスカバリサービスの状態を常に最新に保つ必要があります。また、ディスカバリサービスにはAkkaクラスターとは異なるトレードオフが存在する可能性があり、どのようなトレードオフがあるか自明ではないため注意が必要です（おそらく一貫性モデルの違いがその1つになりますが、トレードオフの洗い出しにかかる時間はあなたの経験によって変わってくるでしょう）。

シードノードは1番目のシードノードが起動済みであれば、すべて独立して（他のノードの起動を待たずに）起動できます。後続のシードノードは1番目のシードノードが起動するのを待ちます。その他のノードは1番目のノードが起動し、少なくとも1つのノードがクラスターに参加した後、いずれかのシードノードを介してクラスターに参加します。すべてのシードノードにメッセージが送信され、最初に応答したシードノードがjoinコマンドを処理します。クラスターに2つ以上のメンバーがいる場合は、1番目のシードノードはクラスターから安全に離脱（leave）できます。**図14.5**は少なくとも1番目のシードノードが起動した後、マスターとワーカーがクラスターを形成する様子を示しています。

1. 1番目のシードノードでクラスターを初期化

2. さらにシードとマスターがクラスターに参加

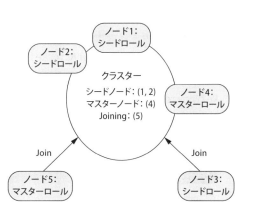

3. ワーカーがクラスターに参加

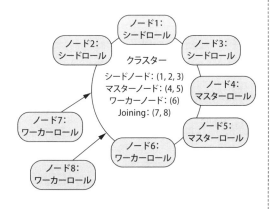

4. クラスターの準備が完了

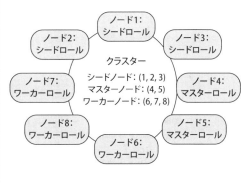

● 図14.5　ジョブを処理するクラスター

第14章　クラスタリング

REPLコンソールを使ってシードノードを作るところから始めましょう。どのようにクラスター
が形成されるのか、より詳しく知ることができます。

ここで明確にしておきますが、クラスタリングされたアプリケーションを実際にデプロイす
る際に、この作業を手動で行わないでください。使用している環境によりますが、クラスターの
シードノードにアドレスを割り当てて起動するのは、プロビジョニングスクリプトとデプロイス
クリプトの一部であることがほとんどです。

このサンプルプロジェクトはchapter-clusterディレクトリにあります。

最初に、ノードがClusterモジュールを使うように設定する必要があります。次のように、ビ
ルドファイルにakka-clusterへの依存関係を追加します。

```
"com.typesafe.akka" %% "akka-cluster" % akkaVersion  ←———— ビルドファイルにはAkkaの
                                                            バージョンがvalで定義され
                                                            ている
```

akka-remoteモジュールでakka.remote.RemoteActorRefProviderを設定したときと同じ方
法でakka.cluster.ClusterActorRefProviderを設定する必要があります。Cluster APIは、
Akkaの拡張機能として提供されています。アクターシステムが作成されると、ClusterActor
RefProviderはクラスター拡張を初期化します。

リスト14.1は、シードノードを作るための最小限の設定です（詳細はサンプルプロジェクトの
src/main/resources/seed.confを参照してください）。

リスト14.1　シードノードの設定

```
akka {
  loglevel = INFO
  stdout-loglevel = INFO
  event-handlers = ["akka.event.Logging$DefaultLogger"]

  log-dead-letters = 0
  log-dead-letters-during-shutdown = off

  actor {
    provider = "akka.cluster.ClusterActorRefProvider"  ←———— クラスターモジュールの初期化
  }
                          ←———— このシードノードで利用するリモート設定
  remote {
    enabled-transports = ["akka.remote.netty.tcp"]
    log-remote-lifecycle-events = off
    netty.tcp {
      hostname = "127.0.0.1"
      hostname = ${?HOST}
      port = ${PORT}
    }
  }
```

14.2 クラスターメンバーシップ

```
cluster {                    ←──────── クラスター設定のセクション
  seed-nodes = [
  "akka.tcp://words@127.0.0.1:2551",
  "akka.tcp://words@127.0.0.1:2552",
  "akka.tcp://words@127.0.0.1:2553"
  ]                          ←──────── クラスターのシードノード

  roles = ["seed"]           ←──────── シードノードにはシードロールが与えら
                                       れ、ワーカーやマスターとは区別される
  role {
    seed.min-nr-of-members = 1  ←──┐
  }                               │
}                                 このクラスターにおいて、「Up」状態になったと
}                                 みなせるロールごとの最小メンバー数。シード
                                  ノードのクラスターを起動するには、Upになっ
                                  たシードノードが少なくとも1つ必要
```

Check! アドレスは「正確に」同じものにする!

　これからの作業では、アドレスに必ず127.0.0.1を使うようにしてください。localhostは設定に応じて異なるIPアドレスに解決される可能性があり、Akkaはアドレスを文字どおりに解釈します。DNSの名前解決には依存できません。akka.remote.netty.tcp.hostの値はシステムのアドレスとして「正確に」使われます。この値に対してDNSの名前解決は行われません。Akkaのリモートノード間でアクターの参照がシリアライズされた場合は、アドレスの正確な値が使用されます。アクター参照が指しているリモートアクターにメッセージを送信しようとすると、その正確なアドレスを使ってリモートサーバーに接続されます。DNSの名前解決を使わない主な理由はパフォーマンスによるものです。DNSの名前解決を正しく設定していない場合、数秒かかってしまうことがあります。最悪の場合、数分かかってしまいます。DNSの間違った設定による遅延の原因を突き止めるのは容易ではなく、普通はすぐには発見できません。DNSの名前解決を使わないことによってこの問題を簡単に回避できますが、アドレスの設定には注意する必要があります。

　これから見ていく例では、すべてのノードをローカルで起動します。ネットワーク上でテストしたい場合は、-DHOSTと-DPORTを適切なホスト名とポートにそれぞれ置き換え、環境変数のHOSTとPORTを設定します。seed.confファイルはこれらの環境変数が利用できる場合はそれで上書きするように設定されています。chapter-clusterディレクトリ上で、3つのターミナルから異なるポートを使ってsbtを起動します。次のようにして、1番目のシードノードに対してsbtを起動します。

```
sbt -DPORT=2551 -DHOST=127.0.0.1
```

第14章 クラスタリング

　他の2つのターミナルでも、-DPORTを2552と2553にそれぞれ変更して同じ操作を行います。同じクラスター内に存在するすべてのノードは、同じアクターシステム名（前述の例ではwords）を持つ必要があります。1番目のシードノードを起動した最初のターミナルに切り替えてください。

　1番目のシードノードは自動的にクラスターを開始して形成するはずです。REPLセッションでそれを検証してみましょう。ポートを2551で開始した最初のターミナルでsbtのコンソールを起動（sbtのプロンプトで「console」と入力）し、**リスト14.2**に従って操作してください。結果を**図14.6**に示します。

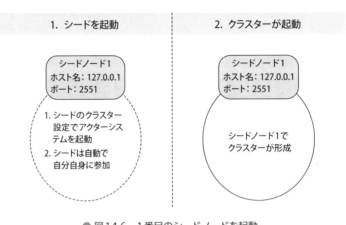

● 図14.6　1番目のシードノードを起動

リスト14.2 シードノードの起動

```
...
scala> :paste
// Entering paste mode (ctrl-D to finish)

import akka.actor._

import akka.cluster._

import com.typesafe.config._

val seedConfig = ConfigFactory.load("seed")
val seedSystem = ActorSystem("words", seedConfig)

// Exiting paste mode, now interpreting.

[Remoting] Starting remoting
[Remoting] listening on addresses :
[akka.tcp://words@127.0.0.1:2551]
```

- シードノードの設定を読み込む。このファイルはsrc/main/resources/seed.confにある
- シードノードとして「words」アクターシステムを起動
- リモートモジュールとクラスターモジュールは自動的に起動

```
...
[Cluster(akka://words)]          ← クラスター名はアクターシステムの名前と同じ
Cluster Node [akka.tcp://words@127.0.0.1:2551]
- Started up successfully        ← wordsクラスターのシードノードが起動
Node [akka.tcp://words@127.0.0.1:2551] is JOINING, roles [seed]
[Cluster(akka://words)] Cluster Node [akka.tcp://words@127.0.0.1:2551]
- Leader is moving node [akka.tcp://words@127.0.0.1:2551] to [Up] ←
                    wordsクラスターのシードノードは自動的にこのクラスターへ参加
```

他の2つのターミナルからもコンソールを起動し、**リスト14.2**と同じコードを貼り付けて、2番目と3番目のシードノードを起動します。sbtを起動すると-DPORTに指定したポートで立ち上がります。**図14.7**は2番目と3番目のシードノードに対して行ったREPLコマンドの結果を示しています。

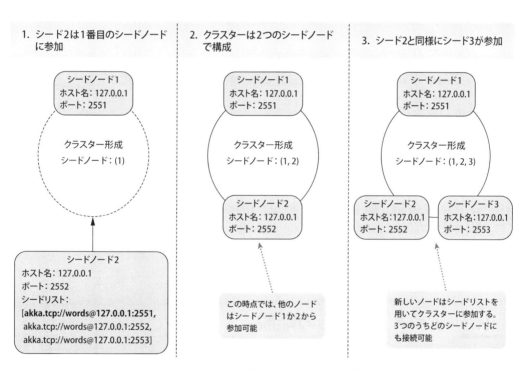

● 図14.7　2番目のシードノードを起動

他の2つのターミナルに**リスト14.3**と同じような結果が表示され、ノードがクラスターに参加したことが確認できるはずです。

第14章　クラスタリング

> **リスト14.3**　クラスターへの参加を確認するシードノード

```
[Cluster(akka://words)] Cluster Node [akka.tcp://words@127.0.0.1:2553]
 - Welcome from [akka.tcp://words@127.0.0.1:2551]
```

読みやすくするためにフォーマットされた出力。ターミナルに1行で表示される

リスト14.4は1番目のシードノードの出力を示しています。この出力から見て取れるのは、1番目のシードノードが他の2つのノードのクラスターへの参加を決定しているということです。

> **リスト14.4**　1番目のシードノードのターミナル出力

読みやすくするために省略・フォーマットされた出力

1番目のシードノードは自分自身に参加し、リーダーになる

```
[Cluster(akka://words)] Cluster Node [akka.tcp://words@127.0.0.1:2551]
         - Node [akka.tcp://words@127.0.0.1:2551] is JOINING, roles [seed])
  - Leader is moving node [akka.tcp://words@127.0.0.1:2551] to [Up]
  - Node [akka.tcp://words@127.0.0.1:2552] is JOINING, roles [seed]
  - Leader is moving node [akka.tcp://words@127.0.0.1:2552] to [Up]
  - Node [akka.tcp://words@127.0.0.1:2553] is JOINING, roles [seed]
  - Leader is moving node [akka.tcp://words@127.0.0.1:2553] to [Up]
```

シードノード2が参加

シードノード3が参加

クラスターに存在するノードのうち1つは、クラスターの**リーダー**という特別な責務を担います。リーダーノードは、メンバーノードの状態が**Up**と**Down**のどちらなのかを判断します。この例では、1番目のシードノードがリーダーになります。

いかなるときもリーダーになれるノードは1つだけです。クラスターに存在するどのノードもリーダーになる可能性があります。2番目と3番目のシードノードはどちらもクラスターへの参加を要求し、**Joining**状態になります。リーダーはそれらのノードを**Up**状態に遷移させ、ノードをクラスターの一部にします。これで、3つのシードノードがすべて正常にクラスターに参加できました。

14.3　クラスターからの離脱

1番目のシードノードがクラスターから離脱するとどうなるか見てみましょう。**リスト14.5**は1番目のシードノードがクラスターから離脱する様子を示しています。

> **リスト14.5**　クラスターから離脱する1番目のシードノード

```scala
scala> val address = Cluster(seedSystem).selfAddress
```
このノードのアドレスを取得

```
address: akka.actor.Address = akka.tcp://words@127.0.0.1:2551
```

```scala
scala> Cluster(seedSystem).leave(address)
```
シードノード1をクラスターから離脱させる

```
[Cluster(akka://words)] Cluster Node [akka.tcp://words@127.0.0.1:2551]
- Marked address [akka.tcp://words@127.0.0.1:2551] as [Leaving]
[Cluster(akka://words)] Cluster Node [akka.tcp://words@127.0.0.1:2551]
- Leader is moving node [akka.tcp://words@127.0.0.1:2551] to [Exiting]
[Cluster(akka://words)] Cluster Node [akka.tcp://words@127.0.0.1:2551]
- Shutting down...
[Cluster(akka://words)] Cluster Node [akka.tcp://words@127.0.0.1:2551]
- Successfully shut down
```

「Leaving」としてマーク　　　　　　　　　　　　　　「Exiting」としてマーク

　リスト14.5は1番目のシードノードが、自分自身をLeavingとしてマークし、自身がリーダーであるうちにExitingとしてマークすることを示しています。これらの状態変化は、クラスター内のすべてのノードに伝達されます。その後、離脱したクラスターノードはシャットダウンします。ノードのアクターシステム自体（seedSystem）は、自動的にシャットダウンしません。クラスターでは何が起きるでしょうか？ この場合、リーダーノードがシャットダウンするだけです。**図14.8**は、1番目のシードノードがクラスターから離脱する様子と、リーダーシップが引き継がれる様子を示しています。

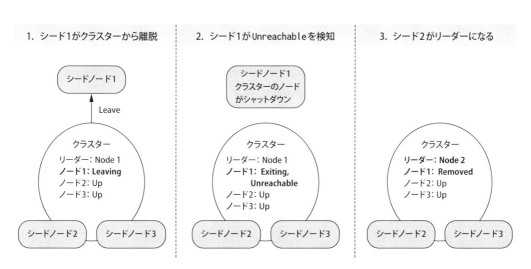

● 図14.8　1番目のシードノードがクラスターから離脱

　他のターミナルを見てみましょう。残った2つのターミナルのうちの1つに、**リスト14.6**と同じような出力が表示されているはずです。

第14章　クラスタリング

リスト14.6　2番目のシードノードがリーダーになり、1番目のシードノードをクラスターから削除

```
[Cluster(akka://words)] Cluster Node [akka.tcp://words@127.0.0.1:2552]
- Marking exiting node(s) as UNREACHABLE
[Member(address = akka.tcp://words@127.0.0.1:2551, status = Exiting)].
This is expected and they will be removed.        ← リーダーがExitingのノードを削除

[Cluster(akka://words)] Cluster Node [akka.tcp://words@127.0.0.1:2552]
- Leader is removing exiting node [akka.tcp://words@127.0.0.1:2551]  ←
```

終了中のノードはExiting状態になっている

Check！ ゴシッププロトコル

　この例で、1番目のシードノードがLeavingになり、Exitingを経て最終的にRemovedに
なったことを他のシードノードがどのような方法で知ったのか気になったのではないでしょ
うか。Akkaは「ゴシッププロトコル」を使って、クラスターの状態をクラスターに存在するす
べてのメンバーノードに通知します。

　それぞれのノードは、自分の状態と、見た状態を他のノードに知らせます（ゴシップ）。この
プロトコルは、クラスター内のすべてのノードがそれぞれのノードの状態について最終的に合
意できるようにします。この合意を「コンバージェンス（収束）」と呼びます。これはノードが
互いにゴシップ（会話）し合うことで起きます。

　クラスターのリーダーは、コンバージェンスした後に決定されます。Up状態かLeaving状
態で並び順が1番目のノードが自動的にリーダーになります（ノードのソートはakka.tcp://
words@127.0.0.1:2551のような完全なリモートアドレスを使って行われます）。

　残った両方のシードノードは、1番目のシードノードがUnreachableとしてフラグが立てられ
たことを検知します。また、1番目のシードノードがクラスターからの離脱を要求したことも認
識しています。2番目のシードノードは、1番目のシードノードがExiting状態になると自動的
にリーダーになります。離脱するノードはExiting状態からRemoved状態に移行します。そのと
き、クラスターは2つのシードノードで構成されていることになります。

　1番目のシードノードのアクターシステムは、Cluster(seedSystem).join(selfAddress)を
実行するだけでは、再びクラスターに参加することはできません。アクターシステムが削除さ
れ、再起動した場合にだけ再び参加できるようになります。**リスト14.7**は1番目のシードノード
が「再参加」する方法を示しています。

384

> **リスト14.7** 2番目のシードノードがリーダーとなり、1番目のシードノードがクラスターから削除

```
scala> seedSystem.terminate()        ← アクターシステムを終了させる
scala> val seedSystem = ActorSystem("words", seedConfig)
```
新しいアクターシステムを同じ設定で起動。
アクターシステムは自動的にクラスターへ参加

アクターシステムがクラスターに参加できるのは一度だけです。しかし、**リスト14.7**のように同じ設定で同じホスト名とポートを使って新しいアクターシステムを起動できます。

これでノードがグレースフルにクラスターへ参加したり離脱できることがわかりました。**図14.9**は、これまでに見てきたメンバーの状態の変化を表した状態遷移図です。リーダーは特定の状態になったメンバーに対してリーダーアクションを行い、メンバーの状態をJoiningからUpへ、ExitingからRemovedへ変化させます。

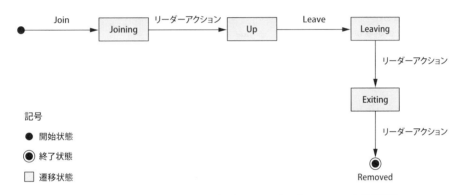

● 図14.9　クラスターに参加し、離脱するノードのグレースフルな状態遷移

これはまだ完璧な遷移図ではありません。シードノードの1つが障害で停止するとどうなるかを見てみましょう。1番目のシードノードを実行しているターミナルを突然終了させた際の、他のターミナルの出力を見てみます。**リスト14.8**は、1番目のシードノードが突然終了したときに、2番目のシードノードを実行しているターミナルが出力した内容を示しています。

> **リスト14.8** 1番目のシードが障害により停止

```
Cluster Node [akka.tcp://words@127.0.0.1:2552]
- Marking node(s) as UNREACHABLE
  [Member(address = akka.tcp://words@127.0.0.1:2551, status = Up)]
```
シードノード1がUnreachableになる

1番目のシードノードはUnreachableとしてフラグが立てられています。クラスターは故障検出器（failure detector）を使って到達不能（unreachable）なノードを検出します。シードノードが障害で停止したときの状態はUpでした。これまで見てきたあらゆる状態でノードが故障に

より停止する可能性があります。リーダーは到達不能なノードがある限り、リーダーアクションを実行できません。つまり、新たなノードを参加させたり、既存のノードを離脱させたりできません。到達不能ノードは、まず Down の状態にする必要があります。down メソッドを使うと、クラスター内の任意のノードから対象のノードを削除できます。**リスト14.9** は、REPL から 1 番目のシードノードを Down 状態にする方法を示しています。

リスト14.9 1番目のシードノードを手動で停止

```
scala> val address = Address("akka.tcp", "words", "127.0.0.1",2551)
scala> Cluster(seedSystem).down(address)     ← シードノード1をDown状態にする

[Cluster(akka://words)] Cluster Node [akka.tcp://words@127.0.0.1:2552]
- Marking unreachable node [akka.tcp://words@127.0.0.1:2551] as [Down]
- Leader is removing unreachable node [akka.tcp://words@127.0.0.1:2551]
[Remoting] Association to [akka.tcp://words@127.0.0.1:2551]    ← シードノード1は隔離、削除される
having UID [1735879100]
is irrecoverably failed. UID is now quarantined and
all messages to this UID
will be delivered to dead letters.
Remote actorsystem must be restarted to recover from this situation.
```

この出力は、1 番目のシードノードのアクターシステムを再び参加させるときにアクターシステムを再起動する必要があるということも示しています。到達不能なノードを自動的に Down の状態にすることもできます。これは `akka.cluster.auto-down-unreachable-after` を指定することで設定できます。リーダーは、この設定で指定した時間が経過すると、到達不能なノードを自動的に Down の状態にします。**図14.10** に、クラスター内のノードが取りうるすべての状態遷移を示します。

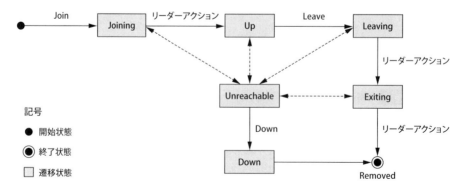

● 図14.10　ノードが取りうるすべての状態遷移

故障検出器（failure detector）

クラスターモジュールは、到達不能なノードを検出するために「ϕ漸増型故障検出器」の実装を使います。この成果は、林原直宏、Xavier Défago、Rami Yared、片山卓也の論文[※1]をもとにしています。故障の検出は分散システムの耐障害性における基本的な問題です。

ϕ漸増型故障検出器は故障を示すブール値（ノードが到達可能か否か）を決定する代わりに、連続スケール値（ϕ値と呼ばれる）を計算します。論文から引用すると「大まかにいえば、この値は、監視対象のプロセスが障害により停止したことに対する信頼度を表します。プロセスが実際に障害で停止すると、その値は名前のとおり時間とともに増加することが保証されており、無限に向かって増加していきます」。この値は絶対的なYes/Noを決めるのではなく、何かがおかしい疑いがある指標（疑わしさの程度）として使われます。

「疑わしさの程度」という考え方によって故障検出器を調整可能にし、アプリケーションの要件と環境の監視を分けて考えられるようになります。クラスターモジュールには故障検出器の設定項目があります。akka.cluster.failure-detectorにある設定項目を設定することによって自身のネットワーク環境に合わせて故障検出器を調整できます。その設定項目の中にはノードが到達不能であるとみなされるϕ値のしきい値があります。

ノードが「GC pause」（GCによって一時停止する）状態になるとかなり頻繁に到達不能とみなされてしまいます。この状態になったということはガベージコレクションが完了するまでJVMは何もできず、ガベージコレクションが完了するのにとても長い時間がかかってしまうことを意味します。

クラスター内のノードのいずれかに障害が起きた場合は、必ず通知を受けたいと考えるはずです。クラスター拡張のsubscribeメソッドを使うことで、クラスターで起きたイベントの通知をアクターで受けることができます。**リスト14.10**は、クラスタードメインイベントの通知を受けるアクターを示しています（このアクターの詳細はサンプルプロジェクトのsrc/main/scala/aia/cluster/words/ClusterDomainEventListener.scalaを参照してください）。

リスト14.10　Clusterドメインイベントのサブスクライブ

```
...
import akka.cluster.{MemberStatus, Cluster}
import akka.cluster.ClusterEvent._

class ClusterDomainEventListener extends Actor with ActorLogging {
  Cluster(context.system).subscribe(self, classOf[ClusterDomainEvent])  ← アクターを作成したときにクラスタードメインイベントをサブスクライブ

  def receive ={  ← クラスタードメインイベントを受け取る
```

[※1] 2004年5月10日　ϕ漸増型故障検出器　https://dspace.jaist.ac.jp/dspace/bitstream/10119/4784/1/IS-RR-2004-010.pdf

第14章　クラスタリング

```scala
    case MemberUp(member) => log.info(s"$member UP.")
    case MemberExited(member)=> log.info(s"$member EXITED.")
    case MemberRemoved(m, previousState) =>
      if(previousState == MemberStatus.Exiting) {
        log.info(s"Member $m gracefully exited, REMOVED.")
      } else {
        log.info(s"$m downed after unreachable, REMOVED.")
      }
    case UnreachableMember(m) => log.info(s"$m UNREACHABLE")
    case ReachableMember(m) => log.info(s"$m REACHABLE")
    case s: CurrentClusterState => log.info(s"cluster state: $s")
  }

  override def postStop(): Unit = {
    Cluster(context.system).unsubscribe(self)   ←──── アクターが停止したあとに
    super.postStop()                                   サブスクライブを停止
  }
}
```

ClusterDomainEventListener の例では、クラスター内で起きたことを単純にログへ出力します。

Cluster ドメインのイベントはクラスターメンバーに関する情報を教えてくれますが、たいていの場合はクラスター内の特定のアクターがまだ存在するかどうかを知るだけで十分です。次節で説明するように、watch メソッドで DeathWatch を使うだけでクラスター内のアクターを監視できます。

14.4　クラスタリングされたジョブの処理

では、クラスターでジョブを処理してみましょう。まずはアクター同士がクラスター内でどのように協調し、タスクを完了させるのかということに着目します。クラスターがテキストを受け取り、そのテキスト内の単語数をカウントする例を考えてみます。テキストはいくつかに分割し、複数のワーカーノードに送信します。それぞれのワーカーノードは、テキストに含まれる単語の出現回数をカウントします。それぞれのワーカーノードが並行してテキストを処理するため処理が高速になります。カウントした結果は最終的にクラスターのユーザーへ返されます。単語の出現回数を数えること自体は重要ではありません。本節で紹介する方法を用いることによって、たくさんのジョブを処理できるようになるということが重要です。

このサンプルは前節でクラスターへの参加と離脱を解説した際と同じ chapter-cluster ディレクトリにあります。図14.11 にアプリケーションの構造を示します。

388

14.4 クラスタリングされたジョブの処理

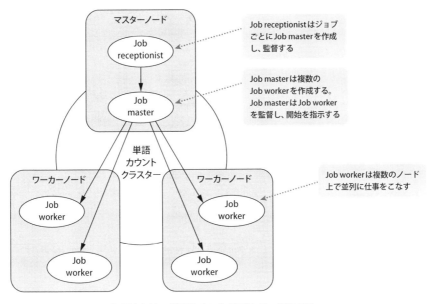

● 図14.11　単語カウントクラスターのアクター

　JobReceptionistアクターとJobMasterアクターはマスターロールのノードで実行されます。JobWorkerアクターはワーカーロールのノードで実行されます（以降、これらの「アクター」は省略し、単にJobReceptionistのように表記します）。JobMasterとJobWorkerは必要に応じて動的に作成されます。JobReceptionistがJobRequestを受け取るたびにジョブのためのJobMasterを生成し、ジョブを処理するよう起動を指示します。JobMasterはワーカーロールのノード上にリモートでJobWorkerを作成します。図14.12にこのプロセスの概要を示します。本章の残りで各ステップの詳細を詳しく解説していきます。

　それぞれのJobWorkerは、テキストの一部分を持つTaskメッセージを受け取ります。JobWorkerはテキストを単語に分割し、各単語の出現回数をカウントした後、単語と出現回数のMapを持ったTaskResultを返します。JobMasterはTaskResultを受け取った後、すべてのマップをマージし、いわゆるreduceステップですべての単語の出現回数を足し合わせます。WordCountの結果は最終的にJobReceptionistへ返されます。

　次項ではここで概要を示した各手順について説明します。まずクラスターを開始します。そして、マスターとワーカー間で必要な作業を分散させます。それから、ノードが障害により停止したときにジョブを再開する方法を含め、どうすればジョブの処理に回復力を持たせられるのかを見ていきます。最後に、クラスターのテスト方法について説明します。

第14章 クラスタリング

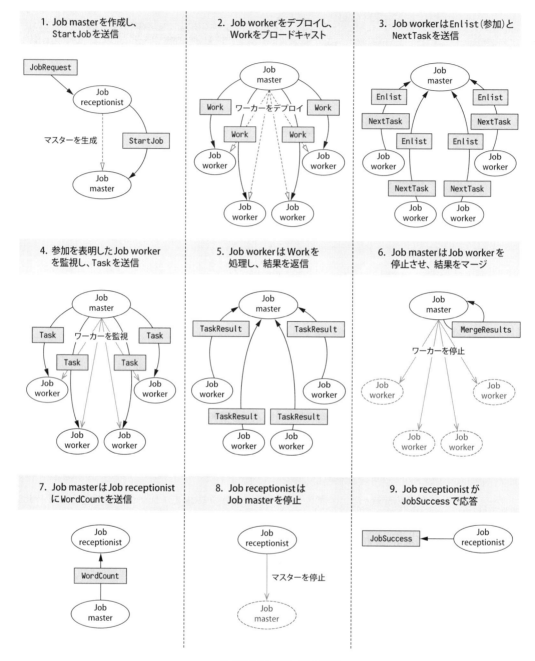

● 図14.12　ジョブの処理

14.4 クラスタリングされたジョブの処理

Check! サンプルに対する注意点

　本章のサンプルは意図的にシンプルな作りにしています。JobMasterは中間データをメモリー上に保持し、すべての処理データはアクター間で送受信されます。

　もし極めて大量のデータをバッチ処理する必要があるなら、データをただ単にメモリー上に蓄積するだけではいけません。データを処理するときには近い場所からデータを取得できるようにし、処理を実行中のサーバーにデータを保存するようにしてください。たとえば、Hadoopベースのシステムでは、処理を実行する前にすべてのデータをHDFS (Hadoop Distributed File System) に送り、すべての処理結果についてもHDFSに書き込むようにすることでこれを実現しています。今回のサンプルではシンプルに、作業をクラスターへ送信しています。それぞれのワーカーの結果を集計するreduceステップは、最初のタスクが完了するとすぐに処理を始める並列リデューサーのような仕組みは使わず、シンプルにマスター上で行います。

　これらをすべて実現することもできますが、それは本章の範囲を超えています。今回の例ではどうすればジョブの処理に回復力を持たせられるかを示すことで、より現実的なケースに対処する際の足がかりになることを目指します。

14.4.1　クラスターの起動

　sbt assemblyを使ってchapter-clusterディレクトリのサンプルをビルドします。ビルドが完了するとtargetディレクトリにwords-node.jarファイルが作成されます。このJARファイルにはマスター用、ワーカー用、シード用の3つの設定ファイルが含まれています。**リスト14.11**は、1つのシードノード、1つのマスター、2つのワーカーを別々のポートでローカル環境に起動する方法を示しています。

リスト14.11　ノードの起動

```
java -DPORT=2551 \
    -Dconfig.resource=/seed.conf \
    -jar target/words-node.jar
java -DPORT=2554 \
    -Dconfig.resource=/master.conf \
    -jar target/words-node.jar
java -DPORT=2555 \
    -Dconfig.resource=/worker.conf \
    -jar target/words-node.jar
java -DPORT=2556 \
    -Dconfig.resource=/worker.conf \
    -jar target/words-node.jar
```

このコードで起動するシードノードは1つだけですが、今のところ問題ありません。(master.

391

第14章　クラスタリング

confファイルとworker.confファイルには、ローカルの各シードノードが127.0.0.1:2551、127.0.0.1:2552、127.0.0.1:2553で起動するように定義されています。1番目のシードノードのポートが2551になっているため問題なく動作します）。他のホストやポートを使ってシードノードを起動したい場合は、システムプロパティを使ってシードノードのリストを設定することもできます。

> **memo** コマンドラインからシードノードリストを上書きする
>
> シードノードリストを-Dakka.cluster.seed-nodes.[n] = [seednode]で上書きできます。ここで、[n]の部分にはシードリストの位置を表すゼロ始まりの添え字を指定します。[seednode]にはシードノードのアドレスを指定します。

マスターはワーカーがなければ何もできません。したがって、最低限必要な数のワーカーノードがクラスターに存在しているときだけJobReceptionistが起動するようにするのが理にかなっています。クラスターの設定では、特定のロールを持つメンバーの最小数を指定できます。**リスト14.12**で、これを実現するmaster.confファイルの設定を示します。

リスト14.12 MemberUpイベントを発生させるために必要なワーカーノードの最小数を設定

```
role {
  worker.min-nr-of-members = 2
}
```

このマスターノードの設定は、ワーカーノードがクラスターに最低2つは存在している必要があることを示しています。akka-clusterモジュールのregisterOnMemberUpメソッドは、そのメンバーノードがUpの状態になったときに実行される関数を登録します。つまり、この例ではマスターノードがワーカーノードの最小数を考慮して関数を実行します。この関数はクラスター内で2つ以上のワーカーノードが起動し、マスターノードの参加が成功している場合に呼び出されます。**リスト14.13**はこのサンプルのクラスターで全種類のノードを起動するためのMainクラスを示しています。

リスト14.13 クラスターで全種類のノードを起動

```scala
object Main extends App {
  val config = ConfigFactory.load()
  val system = ActorSystem("words", config)

  println(s"Starting node with roles: ${Cluster(system).selfRoles}")

  val roles = system.settings
```

14.4　クラスタリングされたジョブの処理

```
                .config
                .getStringList("akka.cluster.roles")
      if(roles.contains("master")) {  ◄
        Cluster(system).registerOnMemberUp {  ◄
          val receptionist = system.actorOf(Props[JobReceptionist],
                                             "receptionist")  ◄
          println("Master node is ready.")
        }
      }
    }
```

JobReceptionistはマスター
ロールのノードでのみ起動する

registerOnMemberUpコー
ドブロックはメンバーがUp
になった際に実行される

JobReceptionistはワーカーロールのノー
ドが少なくとも2つ以上追加され、クラス
ターがUp状態になった際に生成される

　ワーカーノードがアクターを起動する必要はありません。次項で説明するように JobWorker は
必要に応じて起動します。ルーターを使って JobWorker をデプロイし、情報をやり取りするよう
にします。

14.4.2　ルーターを用いた作業分散

　JobMaster は最初に JobWorker を作成してから、Work メッセージをそれらにブロードキャス
トする必要があります。クラスターのルーターを使う方法はローカルでルーターを使うのとまっ
たく同じです。変更する必要があるのはルーターの作り方だけです。JobWorker とやり取りする
ために、BroadcastPoolRouterConfig で設定されたルーターを使います。Pool はアクターを生
成する RouterConfig ですが、Group はすでに存在しているアクターへルーティングするための
RouterConfig です。これは第9章で説明しました。このサンプルでは JobWorker を動的に生成
し、ジョブが完了した後にそれらを終了させたいため Pool が最適な選択です。JobMaster は別
のトレイトを使ってルーターを生成します。後ほど見ていきますが、このトレイトはテストの実
装に便利です。リスト14.14 で示されているとおり、ワーカールーターを生成します。詳細はサ
ンプルプロジェクトの src/main/scala/aia/cluster/words/JobMaster.scala を参照してくだ
さい。

リスト14.14 クラスタリングされた BroadcastPool ルーターの生成

```
trait CreateWorkerRouter { this: Actor =>  ◄         Actorをミックスインする必要がある
  def createWorkerRouter: ActorRef = {
    context.actorOf(
      ClusterRouterPool(BroadcastPool(10),  ◄         ClusterRouterPoolにはPoolを指定
        ClusterRouterPoolSettings(
          totalInstances = 1000,  ◄                   クラスターにおけるワーカーの最大数
          maxInstancesPerNode = 20,  ◄               1ノードあたりのワーカーの最大数
          allowLocalRoutees = false,  ◄             ローカルのルーティーは作成しない。この
          useRole = None  ◄                          例ではワーカーを他のノード上に作成したい
        )
      ).props(Props[JobWorker]),  ◄                   ここで指定したロールのノードにだけルーティングされる
      name = "worker-router")
                                                      標準のPropsでJobWorkerを作成
```

393

```
        }
}
```

> **memo ルーターの設定**
>
> このサンプルのJobMasterはそれぞれのジョブに対して動的に作られるため、毎回新しいルーターを作成する必要があります。そのため、コード上でルーターを作っています。第9章で説明したように、設定ファイルを使ってルーターをデプロイすることもできます。設定ファイルのdeploymentにclusterセクションを追加することでクラスタリングを有効にし、ClusterRouterPoolルーターやClusterRouterGroupルーターに対してuse-roleやallow-local-routeなどの設定をします。

CreateWorkerRouterトレイトは、ルーターをワーカーに生成することだけを行います。クラスタリングされたルーターの作り方は、通常のルーターの作り方と非常によく似ています。やらなければならないのは、すでに存在する有効なプールをClusterRouterPoolへ渡すことだけです。つまり、BroadcastPoolやRoundRobinPool、ConsistentHashingPoolなどのプールが使えます。ClusterRouterPoolSettingsクラスはJobWorkerのインスタンスの生成方法を制御します。ノードの数がtotalInstancesに到達していない限り、JobWorkerは参加してきたワーカーノードに追加されます。**リスト14.14**の設定では、ルーターが新しいJobWorkerのデプロイをしなくなるまでに、50のノードをクラスターに参加させることができます。JobMasterが生成されると、**リスト14.15**が示すようにルーターを生成し、それを使ってワーカーにメッセージを送信します。**図14.13**を参照してください。

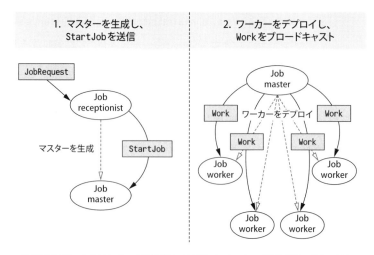

● 図14.13　JobWorkerのデプロイとWorkメッセージのブロードキャスト

14.4　クラスタリングされたジョブの処理

> **リスト14.15**　ルーターを使ったWorkメッセージのブロードキャスト

```scala
class JobMaster extends Actor
                with ActorLogging
                with CreateWorkerRouter {    ← CreateWorkerRouterトレイトをミックスイン
  // JobMaster アクターの内部
  val router = createWorkerRouter    ← ルーターを生成

  def receive = idle

  def idle: Receive = {
    case StartJob(jobName, text) =>
      textParts = text.grouped(10).toVector
      val cancel = system.scheduler.schedule(0 millis,    ルーターへのメッセージ
                                                          送信をスケジュール
                                             1000 millis,
                                             router,    ←
                                             Work(jobName, self))
      become(working(jobName, sender(), cancel))
  }
  // 以降省略
```

　リスト14.15のコードには、他にも行っていることがあります。**JobMaster**は状態マシンであり、**become**メソッドを使ってある状態から次の状態に遷移します。**JobReceptionist**が**Start Job**メッセージを送信するまでは、アイドル状態のままです。**JobMaster**はこのメッセージを受信するとテキストを10行ずつ分割し、**Work**メッセージを即座にワーカーへスケジューリングします。その後、**Working**状態に遷移し、ワーカーからの応答を処理し始めます。**Work**メッセージは、ジョブの開始後に他のワーカーノードがクラスターへ参加するような場合にスケジューリングされます。状態マシンにすることによって、分散し調整されるようなタスクがよりわかりやすくなります。実際に、**JobMaster**と**JobWorker**は両方とも状態マシンのアクターです。

　ClusterRouterGroupルーターには**ClusterRouterPool**ルーターの設定方法と同じように**ClusterRouterGroupSettings**クラスが用意されています。ルーティングされるアクターはグループルーターがメッセージを送信する前に起動している必要があります。単語カウントクラスターには、複数のマスターロールノードを参加させることができます。すべてのマスターロールノードで**JobReceptionist**が起動します。すべての**JobReceptionist**にメッセージを送信したい場合は、**ClusterRouterGroup**ルーターが使えます。たとえば、このルーターを用いて**JobReceptionist**にメッセージを送信することで、クラスターで実行されているすべてのジョブをキャンセルできます。**リスト14.16**はルーターを生成する方法を示しています。このルーターはクラスターのマスターロールノードにある**JobReceptionist**を見つけ出します（詳細はサンプルプロジェクトの**src/main/scala/aia/cluster/words/ReceptionistRouterLookup.scala**を参照してください）。

395

リスト14.16 クラスター内のすべてのJobReceptionistにメッセージを送信

```
val receptionistRouter = context.actorOf(
  ClusterRouterGroup(          ← ClusterRouterGroupルーター
    BroadcastGroup(Nil),       ← インスタンス数はクラスターグループの設定で上書きされる
    ClusterRouterGroupSettings(
      totalInstances = 100,
      routeesPaths = List("/user/receptionist"),  ← JobReceptionist（トップレベル）
      allowLocalRoutees = true,                      を見つけるためのパス
      useRole = Some("master")  ← マスターノードにだけルーティング
    )
  ).props(),
  name = "receptionist-router")
```

JobMasterがJobWorkerへWorkメッセージを分散する方法を見てきました。次項では、作業（Work）がすべて完了するまでの間にJobWorkerがJobMasterに追加の作業を要求する方法を見ていきます。そして、ジョブの処理中に障害が起きてしまったら、どのようにしてクラスターを回復させるのかということについても見ていきます。

14.4.3 回復力のあるジョブ

JobWorkerはWorkメッセージを受信すると、作業への参加表明としてJobMasterにメッセージを送り返します。その後、すぐにNextTaskメッセージを送信し、処理する最初のタスクを要求します。図14.14にメッセージフローを示します。リスト14.17は、JobWorkerがアイドル状態から参加状態に遷移する様子を示しています。

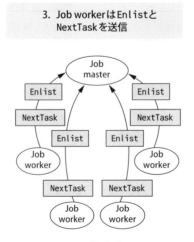

● 図14.14　JobWorkerが参加表明しNextTaskを要求

JobWorkerはJobMasterに対してEnlist（参加）メッセージを送信することでジョブへの参加を表明します。JobMasterはEnlistメッセージに含まれているJobWorkerのActorRefを後で使うことができます。JobMasterは参加を表明したJobWorkerをすべて監視し、どこかで障害が起きていないかチェックしたり、ジョブが終了したあとですべてのJobWorkerを停止させたりします。

リスト14.17 JobWorkerがアイドル状態から参加状態に遷移

```
def receive = idle          ◄──────────── idle状態で起動

def idle: Receive = {
  case Work(jobName, master) =>   ◄──────────── Workメッセージを受信
    become(enlisted(jobName, master))  ◄────
                                      ◄──── enlisted状態に遷移

    log.info(s"Enlisted, will start working for job '${jobName}'.")

    master ! Enlist(self)   ◄──────────── Job masterにEnlistを送信
    master ! NextTask       ◄────
                              ◄──── Job masterにNextTaskを送信

    watch(master)
    setReceiveTimeout(30 seconds)

  def enlisted(jobName:String, master:ActorRef): Receive = {
    case ReceiveTimeout =>
      master ! NextTask
    case Terminated(master) =>
      setReceiveTimeout(Duration.Undefined)
      log.error(s"Master terminated for ${jobName}, stopping self.")
      stop(self)
  ...
}
```

JobWorkerはenlisted（参加）状態に切り替わり、処理を行うためにマスターからTaskメッセージが送られてくるのを待ちかまえます。JobWorkerはJobMasterを監視し、ReceiveTimeoutを設定します。JobWorkerがReceiveTimeoutまでの間にメッセージを1つも受信しなかった場合はenlisted関数で示されているように、NextTaskを再びJobMasterへ要求します。JobMasterが終了すると、JobWorkerも自動的に終了します。見てのとおり、watchメソッドとTerminatedメッセージには何も特別なことはありません。DeathWatchはクラスタリングされていないアクターシステムと同じように動作します。**図14.15**と**リスト14.18**が示すように、JobMasterはworking（作業中）状態です。

第14章 クラスタリング

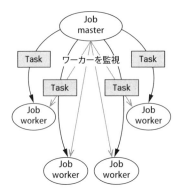

● 図14.15　JobMasterはJobWorkerにタスクを送信し監視

リスト14.18　JobMasterはJobWorkerを参加させ、Tasksメッセージを送信

```
// JobMaster のソースコード

import SupervisorStrategy._
override def supervisorStrategy: SupervisorStrategy = stoppingStrategy   ← StoppingStrategyを使用

def working(jobName:String,
            receptionist:ActorRef,
            cancellable:Cancellable): Receive = {
  case Enlist(worker) =>   ← enlisted状態のJob workerをリストに保持し、監視
    watch(worker)
    workers = workers + worker

  case NextTask =>   ← Job workerからNextTaskの要求を受信し、Taskメッセージを送り返す
    if(textParts.isEmpty) {
      sender() ! WorkLoadDepleted
    } else {
      sender() ! Task(textParts.head, self)
      workGiven = workGiven + 1
      textParts = textParts.tail
    }
  case ReceiveTimeout =>   ← ReceiveTimeoutになった際にenlisted状態の
    if(workers.isEmpty) {       Job workerがいない場合、JobMasterは停止
      log.info(s"No workers responded in time. Cancelling $jobName.")
      stop(self)
    } else setReceiveTimeout(Duration.Undefined)

  case Terminated(worker) =>   ← JobWorkerのいずれかに障害が
    log.info(s"Worker $worker got terminated. Cancelling $jobName.")   起きた場合、JobMasterは停止
    stop(self)
// 以降省略
```

このリストはJobMasterが作業への参加を表明したワーカーを登録し、監視することを示しています。JobMasterは作業がそれ以上なければ、JobWorkerにWorkLoadDepletedを返します。

JobMasterはJobWorkerが誰ひとりとして参加を表明してこない場合に備えて、（ジョブが開始されたときに設定される）ReceiveTimeoutを使います。ReceiveTimeoutが発生すると、JobMasterは自ら停止します。あるいは、いずれかのjobWorkerが停止した場合も、自ら停止します。JobMasterはデプロイしたJobWorkerのスーパーバイザーになります（ルーターは自動的に障害をエスカレーションします）。StoppingStrategyを使うと、障害が起きたJobWorkerは自動的に停止します。JobMasterはワーカーを監視しているため、停止をきっかけにTerminatedメッセージを受信します。

JobWorkerはTaskを受け取るとTaskを処理しTaskResultを送り返した後、さらにNextTaskを要求します。**図14.16**と**リスト14.19**はJobWorkerがenlisted状態になっている場合の振る舞いを示しています。

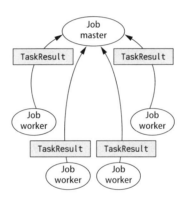

● 図14.16　JobWorkerはTaskを処理し、TaskResultを返信

リスト14.19　JobWorkerはTaskを処理し、TaskResultを返信

```
def enlisted(jobName:String, master:ActorRef): Receive = {
  case ReceiveTimeout =>
    master ! NextTask

  case Task(textPart, master) =>
    val countMap = processTask(textPart)        ← Taskを処理
    processed = processed + 1
    master ! TaskResult(countMap)               ← JobMasterに結果を送信
    master ! NextTask                           ← NextTaskをリクエスト
```

第14章　クラスタリング

```
  case WorkLoadDepleted =>
    log.info(s"Work load ${jobName} is depleted, retiring...")
    setReceiveTimeout(Duration.Undefined)
    become(retired(jobName))

  case Terminated(master) =>
    setReceiveTimeout(Duration.Undefined)
    log.error(s"Master terminated for ${jobName}, stopping self.")
    stop(self)
}

def retired(jobName: String): Receive = {          retired（撤退）状態
  case Terminated(master) =>
    log.error(s"Master terminated for ${jobName}, stopping self.")
    stop(self)
  case _ => log.error("I'm retired.")
} // processTask の定義が続く
```

ジョブが完了した場合は
ReceiveTimeoutを無効に
し、撤退する

この例のように JobWorker から作業を要求することには、いくつかの利点があります。主な利点は、JobWorker が作業を要求するため、複数ある JobWorker の作業負荷が自然と均一になるという点です。多くのリソースが利用できる JobWorker は、作業負荷が高くなっている JobWorker よりも頻繁にタスクを要求します。JobMaster がラウンドロビン方式で JobWorker に強制的に送信した場合、JobWorker の一部が高負荷で、その他のワーカーがアイドル状態になるという状況に陥る恐れがあります。

> **memo**
> ## AdaptiveLoadBalancingPoolとAdaptiveLoadBalancingGroup
>
> ワーカーノードから作業を要求する以外の手段もあります。AdaptiveLoadBalancingPool ルーターと AdaptiveLoadBalancingGroup ルーターはクラスターのメトリクスを利用し、どのノードにメッセージを送信するのが最適かを判断します。メトリクスを計測する手段は **JMX** か **Hyperic Sigar** のどちらかを設定できます[2]。

JobMaster は working（作業中）状態で TaskResult メッセージを受信し、送信したすべてのタスクの結果がそろったときに結果をマージします。**図14.17**と**リスト14.20**はすべての作業が完了すると、JobMaster が中間結果をマージするために finishing（終了中）状態に遷移し、WordCount を送り返す様子を示しています。

※2　Hyperic Sigar の詳細は https://github.com/hyperic/sigar/issues/108 を参照。

14.4 クラスタリングされたジョブの処理

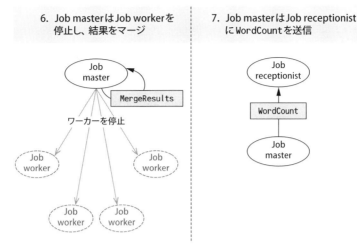

● 図14.17　JobWorkerはタスクを処理し、TaskResultを返信

リスト14.20　JobMasterは中間結果を保存、マージしJobを完了

```
def working(jobName:String,
            receptionist:ActorRef,
            cancellable:Cancellable): Receive = {

  ...

  case TaskResult(countMap) =>
    intermediateResult = intermediateResult :+ countMap    ← JobWorkerから送られ
    workReceived = workReceived + 1                           てくる中間結果を保存

    if(textParts.isEmpty && workGiven == workReceived) {
      cancellable.cancel()    ← Workメッセージを送信する
                                 スケジュールをキャンセル
      become(finishing(jobName, receptionist, workers))    ← finishing状態に遷移
      setReceiveTimeout(Duration.Undefined)
      self ! MergeResults    ← finishing状態でマージするため、
                                自分自身にMergeResultsを送信
    }
}
...
def finishing(jobName: String,
              receptionist: ActorRef,
              workers: Set[ActorRef]): Receive = {
                                          ← JobMasterが自分自身に送信した
  case MergeResults =>                       MergeResultsメッセージを受信
    val mergedMap = merge()    ← すべての結果をマージ
    workers.foreach(stop(_))    ← ジョブは完了したのですべてのワーカーを停止
    receptionist ! WordCount(jobName, mergedMap)
                                          ← JobReceptionistに最終結果を送信

  case Terminated(worker) =>
    log.info(s"Job $jobName is finishing, stopping.")
```

```
        }
        ...
```

　JobReceptionistはWordCountメッセージを受け取り、最終的にJobMasterを終了することで処理を完了します。JobWorkerは「FAIL」という単語を含むテキストを検出した際に例外を発生させることで障害をシミュレートします。JobReceptionistは生成したJobMasterを監視します。また、JobMasterの障害に備えてStoppingStrategyを使います。このアクターシステムのスーパーバイザーの階層構造と、**図14.18**のDeathWatchが障害検知のためにどのように使われるのかを見ていきましょう。

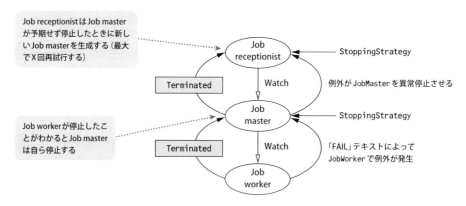

● 図14.18　単語カウントアクターシステムのスーパーバイザーの階層構造

　ReceiveTimeoutを使って時間内にアクターがメッセージを受信しなかったことを検知し、なんらかのアクションを取れるようにします。JobReceptionistは送信したジョブを追跡します。Terminatedメッセージを受信すると、ジョブが完了しているかどうかを確認します。完了していなければ、元のJobRequestを送信し直します。その結果、処理が再開します。**リスト14.21**に示すようにJobReceptionistは「FAIL」テキストで擬似的に起きた障害を所定の回数リトライしたあとに、問題のあるテキストを削除することで障害の解決をシミュレートします。

リスト14.21　JobReceptionistはJobMasterで障害が起きるとJobRequestを再試行

```
case Terminated(jobMaster) =>
  jobs.find(_.jobMaster == jobMaster).foreach { failedJob =>
    log.error(s"$jobMaster terminated before finishing job.")

    val name = failedJob.name
    log.error(s"Job ${name} failed.")
    val nrOfRetries = retries.getOrElse(name, 0)

    if(maxRetries > nrOfRetries) {
```

```scala
      if(nrOfRetries == maxRetries -1) {
        // maxRetries まで Job worker が
        // 動くことのシミュレート

        val text = failedJob.text.filterNot(_.contains("FAIL"))
        self.tell(JobRequest(name, text), failedJob.respondTo)
      } else self.tell(JobRequest(name, failedJob.text),
                    failedJob.respondTo)

      updateRetries
    }
  }
}
```

障害がシミュレートされないJobRequestを送信

再度JobRequestを送信

次項ではこの障害のシミュレーションを利用し、単語カウントクラスターをテストします。

14.4.4 クラスターのテスト

akka-remoteモジュールと同様に、sbt-multi-jvmプラグインとmulti-node-testkitモジュールが利用できます。これらのモジュールはアクターをローカルでテストする場合にも便利です。アクターとルーターの生成をトレイトに分離しておくと、簡単にローカルのテストが実現できます。リスト14.22はテスト用のReceptionistとJobMasterの作り方を示しています（詳細はサンプルプロジェクトのsrc/test/scala/aia/cluster/words/LocalWordsSpec.scalaを参照してください）。WorkerRouterとJobMasterの生成をオーバーライドするためにトレイトを使います。

リスト14.22 JobReceptionistはJobMasterに障害が起きるとJobRequestを再試行

```scala
trait CreateLocalWorkerRouter extends CreateWorkerRouter {
  def context: ActorContext

  override def createWorkerRouter: ActorRef = {
    context.actorOf(BroadcastPool(5).props(Props[JobWorker]),
                  "worker-router")
  }
}


class TestJobMaster extends JobMaster
                    with CreateLocalWorkerRouter


class TestReceptionist extends JobReceptionist
                       with CreateMaster {
  override def createMaster(name: String): ActorRef = {
    context.actorOf(Props[TestJobMaster], name)
  }
}
```

このトレイトが「ミックスインされる対象」にはcontextが定義されている必要がある。この例ではJobMasterがミックスインされる対象

クラスタリングされないルーターを生成

ルーターの生成処理をオーバーライドしたテスト用のJobMasterを作成

テスト用のJobMasterを作成

JobMasterの生成処理をオーバーライドした、テスト用のJobReceptionistを作成

403

第14章　クラスタリング

リスト14.23はローカルのテストです。見てのとおり、このテストは問題なく行われ、JobReq uestがJobReceptionistに送られます。応答はexpectMsgを使って検証します（第3章で説明したように、ImplicitSenderはtestActorを自動的にすべてのメッセージのsenderにします）。

リスト14.23 ローカルで単語カウントクラスターをテスト

```scala
class LocalWordsSpec extends TestKit(ActorSystem("test"))
                     with WordSpec
                     with MustMatchers
                     with StopSystemAfterAll
                     with ImplicitSender {
```

> テスト用のJobReceptionistを生成

```scala
  val receptionist = system.actorOf(Props[TestReceptionist],
                                    JobReceptionist.name)
  val words = List("this is a test ",
                   "this is a test",
                   "this is",
                   "this")


  // 単語カウントシステム
  "The words system" must {
    // 与えられたテキスト中の単語の出現回数を計算する
    "count the occurrence of words in a text" in {
      receptionist ! JobRequest("test2", words)
      expectMsg(JobSuccess("test2", Map("this" -> 4,
                                        "is" -> 3,
                                        "a" -> 2,
                                        "test" -> 2)))

      expectNoMsg
    }
    ...
    // 失敗があったとしても、ジョブを継続する
    "continue to process a job with intermittent failures" in {
      val wordsWithFail = List("this", "is", "a", "test", "FAIL!")
      receptionist ! JobRequest("test4", wordsWithFail)
      expectMsg(JobSuccess("test4", Map("this" -> 1,
                                        "is" -> 1,
                                        "a" -> 1,
                                        "test" -> 1)))
      expectNoMsg
    }
  }
}
```

> Job workerで障害をシミュレートする。Job workerはテキストの中に「FAIL」を見つけると例外を投げる

マルチノードのテストでも、アクターとルーターの生成方法は変わりません。クラスターをテストするには**リスト14.24**が示すように、まず**MultiNodeConfig**を作成する必要があります。この詳細はサンプルプロジェクトの**src/multi-jvm/scala/aia/cluster/words/WordsCluster**

404

SpecConfig.scalaで確認できます。

リスト14.24 MultiNodeの設定

```scala
import akka.remote.testkit.MultiNodeConfig
import com.typesafe.config.ConfigFactory

object WordsClusterSpecConfig extends MultiNodeConfig {
  val seed = role("seed")          ◀────────────────  テストコードにロールを定義
  val master = role("master")
  val worker1 = role("worker-1")
  val worker2 = role("worker-2")

  commonConfig(ConfigFactory.parseString("""
    akka.actor.provider="akka.cluster.ClusterActorRefProvider"
                                        """))
}
```

テストの設定を作成。ClusterActorRefProviderは
クラスターを初期化する。ここでさらにテストで利用
する全ノード共通の設定を追加できる

第6章で紹介したように、`MultiNodeConfig`は`MultiNodeSpec`で使われます（**リスト14.25**）。
`WordsClusterSpecConfig`は`WordsClusterSpec`で使われます（詳細はサンプルプロジェクトの
`src/multi-jvm/scala/aia/cluster/words/WordsClusterSpec.scala`で確認できます）。

リスト14.25 単語カウントクラスターのテスト

WordsClusterSpecを継承したクラスをテストで使うノードの数だけ定義

```scala
class WordsClusterSpecMultiJvmNode1 extends WordsClusterSpec  ◀──
class WordsClusterSpecMultiJvmNode2 extends WordsClusterSpec
class WordsClusterSpecMultiJvmNode3 extends WordsClusterSpec
class WordsClusterSpecMultiJvmNode4 extends WordsClusterSpec

class WordsClusterSpec extends MultiNodeSpec(WordsClusterSpecConfig)
with STMultiNodeSpec with ImplicitSender {

  import WordsClusterSpecConfig._

  def initialParticipants = roles.size

  val seedAddress = node(seed).address        ◀──────────  それぞれのノードのアドレスを取得
  val masterAddress = node(master).address
  val worker1Address = node(worker1).address
  val worker2Address = node(worker2).address

  muteDeadLetters(classOf[Any])(system)
  "A Words cluster" must {

    "form the cluster" in within(10 seconds) {

      Cluster(system).subscribe(testActor, classOf[MemberUp])
```

クラスターメンバーのイベントを検
証できるようにtestActorにサブスク
ライブさせる

405

第14章　クラスタリング

```scala
        expectMsgClass(classOf[CurrentClusterState])

        Cluster(system).join(seedAddress)

        receiveN(4).map { case MemberUp(m) => m.address }.toSet must be(
          Set(seedAddress, masterAddress, worker1Address, worker2Address))

        Cluster(system).unsubscribe(testActor)

        enterBarrier("cluster-up")
      }

      "execute a words job" in within(10 seconds) {
        runOn(master) {
          val receptionist = system.actorOf(Props[JobReceptionist],
                                            "receptionist")
          val text = List("some", "some very long text", "some long text")
          receptionist ! JobRequest("job-1", text)
          expectMsg(JobSuccess("job-1", Map("some" -> 3,
                                            "very" -> 1,
                                            "long" -> 2,
                                            "text" -> 2)))
        }
        enterBarrier("job-done")
      }
      ...
    }
  }
```

シードノードに参加。シードロールのノードを手動で起動できるように、シードリストは使わない

すべてのノードが参加したことを確認

Job masterを起動し、結果を検証。他のノードはenterBarrierを呼ぶだけ

　見てのとおり、実際のテストはローカル版のテストとほとんど同じです。クラスタリング版のテストが異なるのは、テストがマスターで実行される前に、クラスターが起動しているという点だけです。障害から回復するテストはここには示しませんが、**リスト14.25**のテストとほとんど同じで、ローカル版のテストと同じく障害を発生させるために「FAIL」のテキストを追加するだけです。

　以上が、クラスターでアクターをテストする方法です。本節では、テストケースをいくつか示しました。実際にはこれよりもはるかに多くのシナリオをテストすることになるでしょう。ローカルで行うテストはアクター同士のコミュニケーションロジックをテストするのに便利で、**multi-node-testkit**は、クラスターの起動時やその他のクラスター固有の不具合を見つけるのに便利です。クラスタリングされたアクターシステムのテストはローカルのアクターのテストと大きな違いはなく、それほど多くの労力を必要としないことがわかってもらえていれば幸いです。マルチノードのテストはクラスターの初期化方法や、ノードに障害が発生した際の処理を順番に検証するような、高いレベルのインテグレーションテストを行う場合に最適です。

> #### クラスタークライアント
>
> 　テストはマスターノードからJobRequestを送信します。クラスターの外部からクラスターと情報をやり取りするにはどうすればよいでしょうか？　たとえば今回の例で、外部からクラスター内のノードにJobRequestを送信するにはどうすればよいでしょうか？
>
> 　いくつかのクラスターの実装パターンがakka-cluster-toolsモジュールで提供されています。そのうちの1つがClusterClientです。ClusterClientはアクターであり、最初の接点（たとえば、シードノード）を指定して初期化します。そして、それぞれのノードに配置されたClusterRecipientアクターを使ってクラスター内に存在するアクターへメッセージを転送します。

14.5　まとめ

　クラスター拡張によって単純なアプリケーションの処理能力を動的に拡張したり縮退させることがシンプルに実現できました。クラスターへの参加とクラスターからの離脱は容易にできます。REPLコンソールを使って機能を検証できました。REPLコンソールはプログラムの動作を実験したり、検証するのに便利なツールです。REPLで操作しながらここまで読み進めてこられたなら、この拡張がどれほど強固なのかはすぐに理解してもらえたと思います。クラスター内で発生した障害が適切に検出され、障害監視が期待どおりに機能したはずです。

　たいていの場合、クラスタリングは管理が面倒でプログラムの変更を必要とし、痛みを伴うことで有名な手法です。この章ではコードを書き換えることなくAkkaがクラスタリングを容易に実現することが確認できたことでしょう。本章では、以下の事柄についても学びました。

* クラスターを形成するのがいかに簡単か
* ノードのライフサイクルを表す状態マシン
* あらゆるものが共同で作業するアプリケーションを構築する方法
* クラスターのロジックをテストする方法

　このサンプルでは単語カウントを題材にして、クラスター内で並列にジョブを処理するAkkaでの一般的な方法に着目しました。クラスタリングされたルーターとシンプルなメッセージを使って、アクターが連携して障害に対処するようにしました。

　最後に、すべての機能をテストできました。すぐに慣れることができるのもAkkaの大きな利点です。クラスターの単体テストができるのもユニークな機能であり、大規模な本番環境にデプロイする前にアプリケーションの問題を検出できます。単語カウントクラスターのさまざ

な種類のアクターが一時的な状態を使ってジョブの状態を表現しました。マスターとワーカーのいずれかで障害が発生すると、JobReceptionistに格納されたJobRequestからジョブを再送信できます。この解決策では回復できない障害もあります。JobReceptionに障害が起き、JobReceptionのデータが失われ、マスターに再送信できなくなるという障害はその1つです。次章ではakka-persistenceモジュールを使って永続ストアからアクターの状態を復元する方法について見ていきます。

第15章

アクターの永続化

この章で学ぶこと

☐ 永続性のためのイベントソーシング
☐ 永続アクターによる永続性のある状態の記録と復元の方法
☐ 永続アクターのクラスタリング

メモリー上のアクターの状態は、アクターが停止したり再起動したりすると失われます。また、アクターシステムが故障により停止したりシャットダウンしたときも同様です。この章では、akka-persistenceモジュールを使ってこの状態を**永続化**する方法を説明します。

レコードの作成や取得、更新、削除（**CRUD**操作とも呼ばれます）を行う際は、データベースのAPIを利用するのが最も一般的です。データベースのレコードは、多くの場合においてシステムの**現在の状態**を表すために使われます。この場合、データベースはミュータブルな状態を共有するための入れ物として機能します。

Akka persistenceがよりイミュータブルなアプローチを好むのは驚くべきことではありません。Akka persistenceの基礎となる設計手法を**イベントソーシング**と呼びます。この手法については、15.1節で説明します。簡単にいうと、状態の変化を**イミュータブルなイベントの列**としてデータベースの**ジャーナル**に記録する方法を学びます。

次の15.2節では永続アクター（**PersistentActor**）について学びます。永続アクターを使うとアクターの状態をイベントとして記録したり、障害による停止や再起動のあとにイベントから状態を回復するといったことが容易に実現できます。

Akkaクラスターと**akka-persistence**モジュールを一緒に使うと、クラスターのノードに障害が起きたり置き換えられたとしても継続して動作するような、クラスタリングされたアプリケーションを構築できます。Akkaクラスターで永続アクターを実行するために利用できる**クラスターシングルトン**と**クラスターシャーディング**という2つのクラスター拡張を見ていきます。この2つの拡張はそれぞれ異なる目的で利用されます。

まずはイベントソーシング、つまりAkkaの永続化を支える設計手法から始めていきましょう。すでにイベントソーシングについてよくご存知の方は、冒頭の2つの項を飛ばして15.1.3項の

第15章　アクターの永続化

「アクターのイベントソーシング」に進んでください。

なぜアクターの状態を回復させる必要があるのか？

　話は少し戻りますが、アクターを永続化できるからといってすべてのアクターを永続化することは理にかなっていません。では、アクターの状態を本当に永続化する必要があるのはどのようなときでしょうか？

　この問いはシステムの設計方法や、アクターでモデリングする対象、そして他のシステムとアクターが情報をやり取りする方法に大きく関係してきます。

　1つのメッセージ（あるいはリクエスト・レスポンス）よりも長い間、大切な情報を蓄積していくようなアクターは永続化された状態を必要とすることが多いです。この種のアクターはIDを持っており、IDは状態を復元するために使われます。たとえば、買い物かごのアクターです。ユーザーは商品の検索と買い物かごを行き来して商品を追加したり、取り除いたりします。アクターに障害が起きて再起動したあとに買い物かごが空になっているのは望ましいことではないでしょう。

　もう1つのケースは、たくさんのシステム間のメッセージのやり取りを調整するために、それぞれのシステムが状態マシンとしてモデル化されているアクターにメッセージを送るような場合です。そのようなアクターは受信したメッセージを追跡し、システム間の通信時に前後関係を構築していきます。例としてはWebサイトで注文を受け付け、既存のいくつかのサービスを統合し、在庫の請求や商品の配送、会計処理などを調整するようなシステムです。アクターが再起動した場合は問題となっている注文を、接続しているシステムが中断したところから受け取れるように、正しい状態で再開する必要があります。

　これらは、アクターの状態を永続化する必要があるほんの一例です。

　アクターが1つのメッセージを受信するだけですべての処理を行えるのであれば、状態を永続化する必要はありません。たとえば、ステートレスなHTTPリクエストによって作成されるアクターがあり、そのアクターが必要とする情報はすべてリクエストに含まれているような場合です。この場合はアクターに障害が起きるとクライアントがHTTPリクエストを再送する必要があるでしょう。

15.1　イベントソーシングによる状態の回復

　イベントソーシングは、長い間使われている技術です。シンプルな例を使って、イベントソーシングと皆さんが慣れ親しんでいるであろうレコードのCRUDを実行するスタイルとの違いを見てみましょう。ここでは電卓の例を取り上げます。この電卓は最後の計算結果だけを記録します。

15.1.1　レコードをそのまま更新

OLTP（オンライントランザクション処理）にSQLデータベースを使う場合、レコードをそのまま更新していくのが一般的です。**図15.1**はSQLのINSERT文とUPDATE文を使って、電卓に表示する計算結果を記録していく方法を示しています。

SQL文 / 結果テーブル

1. 1レコード作成して開始

```
insert into results
values (1, 0)
```

ID	結果
1	0

2. 1を足す

```
update results
set result = result + 1
where id = 1
```

ID	結果
1	1

3. 3を掛ける

```
update results
set result = result * 3
where id = 1
```

ID	結果
1	3

4. 4で割る

```
update results
set result = result / 4
where id = 1
```

ID	結果
1	0.75

● 図15.1　UPDATE文で状態を保存

電卓は起動時にレコードを1行挿入します。ここでは、レコードがすでに存在するかどうかのチェックは省略しています。計算はすべてデータベース上で実行され、UPDATE文を使ってテーブルの1行を随時更新していきます（更新はそれぞれ別のトランザクションで実行されます）。

図15.1は、電卓が0.75を計算結果として表示していることを示しています。**図15.2**で示されているように、アプリケーションは再起動したあとに計算結果を照会します。

SQL文 / 検索結果

```
select result from results where id = 1
```

結果
0.75

● 図15.2　電卓はデータベースに保存された最後の状態を照会

この方法は非常にシンプルで、レコードには最新の計算結果だけが格納されます。どのような計算で「0.75」になったのか、中間結果がどのような値であったかについてユーザーが知る術はありません（分離レベルが低い状態で更新のSQLクエリーを同時に実行すると、中間結果を観察することが論理的に可能であるということは無視します）。

ユーザーが実行した計算をすべて知りたい場合は、別のテーブルに計算内容を保管しておく必要があります。

計算はすべてSQL文の中で実行されます。すべての計算はテーブルのレコードに保存されている1つ前の計算結果に依存します。

15.1.2　更新せずに状態を永続化

次はイベントソーシングによるアプローチです。最後の結果だけを1つのレコードに保存するのではなく、成功したすべての操作を**イベント**として**ジャーナル**に保存します。イベントは何が起きたのかを正確に捉える必要があります。このサンプルでは計算操作の名称と引数を保存します。ここでも、簡単なSQL文を例として用います。ジャーナルはシンプルなデータベースのテーブルとして表現されます。**図15.3**はすべての計算を追跡するためのSQL文を示しています。

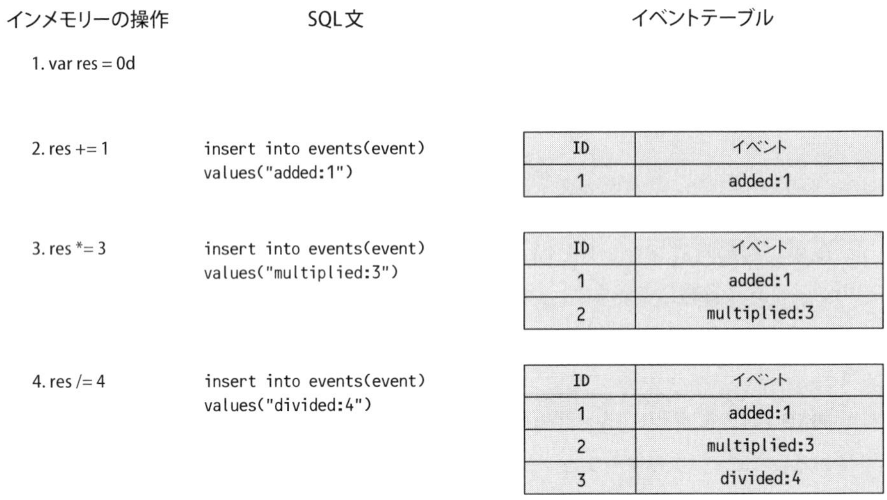

インメモリーの操作　　　　　　　SQL文　　　　　　　　　　　イベントテーブル

1. var res = 0d

2. res += 1　　　　　insert into events(event)
　　　　　　　　　　values("added:1")

ID	イベント
1	added:1

3. res *= 3　　　　　insert into events(event)
　　　　　　　　　　values("multiplied:3")

ID	イベント
1	added:1
2	multiplied:3

4. res /= 4　　　　　insert into events(event)
　　　　　　　　　　values("divided:4")

ID	イベント
1	added:1
2	multiplied:3
3	divided:4

● 図15.3　成功した操作をすべてイベントとして保存

計算はメモリー内で行い、操作が成功したあとでイベントを永続化します。ID列はデータベースのシーケンス番号を利用して挿入するたびに自動的でインクリメントされるようにします（イベントの保存は、それぞれ別のトランザクションでINSERTを実行するか、もしくは自動コミットされると想定します）。

成功した操作はイベントとして表現され、初期状態はゼロから始まります。変数は単純に最後の結果を保持するために使われます。イベントはイベント名と引数をコロンで区切った文字列として愚直にすべてシリアライズされます。

次に、電卓がイベントから最後の状態を復元する方法を見てみましょう。電卓は初期値0で始

まり、計算操作をまったく同じ順で適用します。**図15.4**で示すように、電卓アプリケーションはイベントを読み取り、それぞれのイベントをデシリアライズして解釈した後、指示された操作を実行することで結果として0.75を得ます。

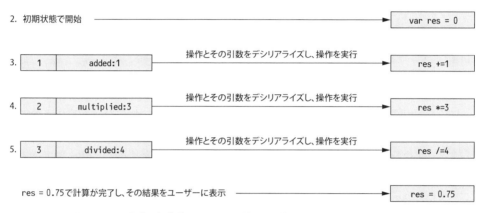

● 図15.4　電卓は初期値とイベントを使って最後に持っていた状態を再計算

これまで見てきたように、イベントソーシングのコンセプトはシンプルです。次項では、イベントソーシングでアクターに永続性を持たせる方法について、もう少し詳しく見ていきます。

> **どちらが「よりシンプル」か？**
>
> このシンプルな電卓のアプリケーションではCRUDスタイルが最適です。必要な記憶領域が少なく、最終結果を簡単に回復できます。電卓アプリケーションのサンプルの目的は、2つのアプローチの違いを強調することです。
>
> 共有された状態は依然として我々の敵です。その問題をデータベースに押しつけても解決しません。CRUD操作をみさかいなく行うと、データベースとのやり取りがますます複雑になってしまいます。この章で説明していくように、アクターと永続化モジュールを組み合わせると少しの作業で簡単にイベントソーシングを実装できます。

第15章　アクターの永続化

15.1.3　アクターのイベントソーシング

　イベントソーシングを用いることによる大きなメリットの1つは、データベースへの書き込みとデータベースからの読み込みを明確に分離できることです。永続アクターを回復する際にのみ、ジャーナルからの読み取りが発生します。状態が回復するとアクターは問題なく稼働します。イベントを永続化できてさえいれば、アクターは状態をメモリー上に保持しながら単純にメッセージを処理できます。

　ジャーナルのインターフェイスはシンプルです。簡単にいうと、シリアライズされたイベントをジャーナルに追加し、ジャーナルのある位置からデシリアライズされたイベントを読み込むだけです。ジャーナルに存在するイベントは事実上イミュータブルです。書き込まれたイベントをあとから変更することはできません。ミュータブルな場合に比べ、イミュータブルな場合のほうが並行アクセスが容易です。

　Akka persistenceは誰でもジャーナルプラグインを作れるように、ジャーナルのインターフェイスを提供します。Akka persistenceとの互換性をテストするためのTCK（Technology Compatibility Kit：技術互換性キット）も提供しています。イベントを順番に永続化し、それと同じ順番で再び読み込むことができさえすれば、ジャーナルプラグインによってSQLデータベースやNoSQLデータベース、組み込みデータベース、ファイルベースのシステムにイベントを永続化できます。Akkaのコミュニティページ（http://akka.io/community/）では、すでにたくさんのジャーナルプラグインが公開されています。

　イベントソーシングにも欠点がいくつかあります。明らかに欠点なのは、必要な記憶領域が増えるということです。障害により停止したあとから最終的に元の状態へ戻すには初日からのすべてのイベントを再生し、すべての状態変更を再現する必要があり、アプリケーションの起動時間が長引く可能性があります。

　15.2.3項で紹介するようにアクターの状態からスナップショットを作成すると、必要な記憶領域を削減し、素早く現在の状態まで回復できるようになります。つまり、スナップショットによって多くのイベントの処理を省略できるのです。また、スナップショットは最新のものだけあればよく、そのあとはイベントを用いて回復できます。

　アクターの状態がメモリーに収まりきらない場合は別の問題を抱えているといえます。シャーディングは状態を複数のサーバーに分散します。それにより、状態をメモリー上で保持するために必要な領域をスケールアウトできます。15.3.2項で扱うクラスターシャーディングモジュールは、アクターにシャーディング戦略を提供します。

　イベントソーシングを実現するには、イベントをシリアライズする必要があります。自動的にシリアライズさせることもできますが、自動的にシリアライズできない場合は、特別なコードを書く必要があります。アプリケーションのイベントを変更したとします（たとえば、フィールドの名前変更や必要なフィールドの追加）。古いバージョンのイベントと新しいバージョンのイベン

トの両方をジャーナルからデシリアライズできるでしょうか？ シリアライズされたデータの管理は難しい問題です。15.2.4節でいくつかの解決策を紹介します。

イベントソーシングはイベントから状態を回復する方法しか提供しないためアドホックなクエリーを実現できません。分析に最適化されたシステムにイベントを複製することがアドホックなクエリーを実現するアプローチとしてよく知られています。

次節では、このアプローチの基本を理解するために電卓作りを始めます。その後、より複雑なオンラインショッピングサービスの例を見ていきます。

15.2 永続アクター

まず、ビルドファイルに依存関係を追加する必要があります（**リスト15.1**）。

リスト15.1 akka-persistenceの依存関係を追加

```
parallelExecution in Test := false  ←   テストでファイルベースの共有ジャーナル
                                        を用いるため、テストの並列実行を無効化

fork := true  ←   ネイティブのLevelDBを用いる
                  場合はテストをフォークして実行

libraryDependencies ++= {
  val akkaVersion = "2.5.4"

  Seq(
    "com.typesafe.akka" %%  "akka-actor"        % akkaVersion,
    "com.typesafe.akka" %%  "akka-persistence"  % akkaVersion,  ←
        // 本章で使用する残りの依存関係が続く
  )                                                    akka-persistenceの依存関係
}
```

Akka persistenceにはLevelDB（https://github.com/google/leveldb）の（テスト目的でのみ利用できる）ローカルプラグインと共有プラグインの2種類のジャーナルプラグインがバンドルされています。ローカルプラグインは単体のアクターシステムからのみ使え、共有プラグインは複数のアクターシステムから共有して使えます。クラスターの永続性をテストする際は共有プラグインが便利です。

プラグインは、ネイティブ版のLevelDBライブラリ（https://github.com/fusesource/leveldbjni）か、LevelDBプロジェクトのJava移植版（https://github.com/dain/leveldb）が使えます。**リスト15.2**と**リスト15.3**はネイティブ版のライブラリの代わりに、Java移植版を使うように設定する方法です。

リスト15.2 ローカルLevelDBジャーナルプラグインのJavaライブラリを設定

```
akka.persistence.journal.leveldb.native = off
```

15

第15章　アクターの永続化

リスト15.3　共有LevelDBジャーナルプラグインのJavaライブラリの設定

```
akka.persistence.journal.leveldb-shared.store.native = off
```

ネイティブ版のライブラリをテストで使う場合、リンクエラーが発生するためテストをフォークして実行する必要があります。

必要最小限のビルドファイルが作成できたので、次項では電卓の実装を始めます。

15.2.1　永続アクター

　永続アクターはイベントから状態を回復するか、コマンドを処理するか、2つのモードのうちどちらかで動作します。**コマンド**とは、アクターに処理を実行させるために送信するメッセージのことです。**イベント**は、アクターが処理を正しく実行したという証跡を残すためのものです。最初にすべきことは、電卓アクターのコマンドとイベントを定義することです。**リスト15.4**は電卓が処理できるコマンドと、電卓がコマンドを検証し終えたときに起きるイベントを示しています。

リスト15.4　電卓のコマンドとイベント

```
sealed trait Command ◄─────────────   すべてのコマンドはCommandトレイトを継承。最も関係性が強い
case object Clear extends Command       メッセージのみを見せるため、コンソールでは簡略化して表示される
case class Add(value: Double) extends Command
case class Subtract(value: Double) extends Command
case class Divide(value: Double) extends Command
case class Multiply(value: Double) extends Command
case object PrintResult extends Command
case object GetResult extends Command


sealed trait Event ◄─────────────   すべてのイベントはEventトレイトを継承
case object Reset extends Event
case class Added(value: Double) extends Event
case class Subtracted(value: Double) extends Event
case class Divided(value: Double) extends Event
case class Multiplied(value: Double) extends Event
```

　コマンドとイベントは**Command**と**Event**というまったく別のシールドトレイトをそれぞれが継承することで分離します（**シールドトレイト**にしておくことよって、このトレイトを継承したケースクラスがすべてパターンマッチで網羅されているか、Scalaコンパイがチェックできるようになります）。Akka persistenceは**Actor**を継承した**PersistentActor**トレイトを提供します。永続アクターには**persistentId**が必要です。これは、ジャーナルに存在するこのアクターのイベントを一意に識別するために必要なIDです（これがないと、アクター同士のイベントを区別できません）。このIDは永続アクターがイベントを永続化する際にジャーナルへ自動的に送られます。

416

15.2　永続アクター

このサンプルでは電卓が1つだけ存在します。**リスト15.5**は電卓が（Calculator.nameで定義された）「my-calculator」という名前を固定のpersistenceIdとして使うことを示しています。電卓の状態は**リスト15.8**で示すようにCalculationResultケースクラスとして保持します。

> **リスト15.5** PersistentActorを継承し、persistenceIdを定義する

```
class Calculator extends PersistentActor with ActorLogging {
  import Calculator._

  def persistenceId = Calculator.name

  var state = CalculationResult()
  // 以降省略
```

永続アクターでは見慣れたreceiveメソッドを定義する代わりにreceiveCommandとreceiveRecoverの2つのメソッドを定義する必要があります。receiveCommandは、アクターが回復したあとでメッセージを受け取るために使います。receiveRecoverはアクターの回復中に過去のイベントとスナップショットを受け取るために使います。

リスト15.6のrecieveCommandの定義は、persistメソッドを使って、コマンドをすぐにイベントとして永続化する方法を示しています。除算の場合はゼロ除算のエラーを防ぐため、はじめに引数を検証しています。

> **リスト15.6** 回復後にメッセージを処理するreceiveCommandメソッド

```
val receiveCommand: Receive = {
  case Add(value)      => persist(Added(value))(updateState)
  case Subtract(value) => persist(Subtracted(value))(updateState)
  case Divide(value)   => if(value != 0) persist(Divided(value))(updateState)
  case Multiply(value) => persist(Multiplied(value))(updateState)
  case PrintResult     => println(s"the result is: ${state.result}")
  case GetResult       => sender() ! state.result
  case Clear           => persist(Reset)(updateState)
}
```

updateState関数は必要な計算を行い計算結果を更新します（コード中のstateはCalculationResult型の変数です）。この実装を**リスト15.7**に示しますが、これをpersistメソッドの引数に渡します。persistメソッドは2つの引数を取り、1番目の引数には永続化するイベントを渡し、2番目の引数には永続化されたイベントを処理する関数を渡します。この関数はイベントのジャーナルへの永続化が成功したあとに呼び出されます。

永続化されたイベントを処理する関数は非同期に呼び出されますが、akka-persistenceはこの関数の処理が完了する前に次のコマンドが処理されないようにします。そのため、アクターで普通の非同期呼び出しをする場合とは大きく異なり、この関数からはsender()を安全に参照

417

第15章　アクターの永続化

できます。これを実現するためにメッセージを蓄えておく必要があるため、パフォーマンス上の
オーバーヘッドがいくらか発生します。適用するアプリケーションにこの保証が必要ない場合は
受信したコマンドを蓄えないpersistAsyncメソッドが使えます。

リスト15.7　内部状態の更新

```scala
val updateState: Event => Unit = {
  case Reset             => state = state.reset
  case Added(value)      => state = state.add(value)
  case Subtracted(value) => state = state.subtract(value)
  case Divided(value)    => state = state.divide(value)
  case Multiplied(value) => state = state.multiply(value)
}
```

CalculationResultクラスは電卓に必要な操作をサポートしており、**リスト15.8**が示すよう
に、それぞれの操作で新しいイミュータブルなオブジェクトを返します。updateState関数は
CalculationResultクラスが持つメソッドのうち1つを呼び出し、結果をstate変数に割り当て
ます。

リスト15.8　計算を実行し、次の状態を返す

```scala
case class CalculationResult(result: Double = 0) {
  def reset = copy(result = 0)
  def add(value: Double) = copy(result = this.result + value)
  def subtract(value: Double) = copy(result = this.result - value)
  def divide(value: Double) = copy(result = this.result / value)
  def multiply(value: Double) = copy(result = this.result * value)
}
```

　電卓アクターの書き込み側は、簡単に言ってしまうと、すべての正しい計算コマンドがジャー
ナルに保存されるイベントになります。関連するイベントが保存された後、新しい計算結果が状
態として設定されます。

　リスト15.9にある電卓のreceiveRecoverメソッドを見てみましょう。このメソッドはアクター
が起動または再起動した際にすべてのイベントに対して呼び出されます。コマンドが正しく処
理されたときとまったく同じ処理を実行する必要があるため、ここではそのときと同じupdate
State関数が使われています。

リスト15.9　回復のためのreceiveRecoverメソッド

```scala
val receiveRecover: Receive = {
  case event: Event     => updateState(event)
  case RecoveryCompleted => log.info("Calculator recovery completed")  ←
}
```
このメッセージは回復処理が完了したあとに送られる

418

回復しようとしているアクターと同じ`persistenceId`でジャーナルに保存された電卓のイベントは以前と同じ結果を得るために、同じ`updateState`関数へと渡されて計算結果が更新されます。

アクターが起動したり、再起動した際に`receiveRecover`メソッドが使われます。アクターが回復している間に受信した新たなコマンドはアクターの回復が完了したあとで順番に処理されます。

ここで、次の例でも使われるこのサンプルコードのおさらいをしておきます。

- コマンドはすぐにイベントに変換されるか、除算の例のように最初に検証される
- コマンドが正しいもので、アクターの状態に影響を与える場合はコマンドがイベントに変換される。イベントはアクターの回復後と回復中にまったく同じロジックでアクターの状態を更新する
- `receiveCommand`メソッドと`receiveRecover`メソッドの定義でコードの重複が起きないように`updateState`関数を作っておくとよい
- `CalculationResult`クラスにはイミュータブルな（あらゆる操作で結果をコピーして提供する）方法で実装された計算ロジックが含まれている。これで`updateState`関数は簡単に実装できるようになり、読みやすくなる

次項では、このサンプルのテストを実装します。

15.2.2 テスト

次は電卓をテストする方法を見ていきましょう。**リスト15.10**の単体テストはこのアクターを問題なくテストできることを示しています。ここでは、Akka persistenceを使ったアプリケーションのテストをするためのベースクラスを利用しています。このベースクラスにはジャーナルを初期化するトレイトが含まれています。LevelDBのジャーナルはすべてのテストで同じディレクトリに書き込みを行うため、必ず初期化する必要があります。ジャーナルのディレクトリはデフォルトで作業中のカレントディレクトリに作成されます。残念ながらAkka persistenceには初期化を自動的に行うといった、永続化に関連するテストに必要な機能を提供するテストキットがありません。今回はシンプルなヘルパーでこの機能を実現します。すでにテストの並列実行を無効化したため、それぞれのテストがジャーナルを独占して利用できます。

リスト15.10 電卓の単体テスト

```
package aia.persistence.calculator

import akka.actor._
import akka.testkit._
```

第15章　アクターの永続化

```scala
import org.scalatest._

class CalculatorSpec extends PersistenceSpec(ActorSystem("test"))
    with PersistenceCleanup {

  // 電卓
  "The Calculator" should {
    // クラッシュ後、最後の正常状態に戻る
    "recover last known result after crash" in {
      val calc = system.actorOf(Calculator.props, Calculator.name)
      calc ! Calculator.Add(1d)
      calc ! Calculator.GetResult
      expectMsg(1d)

      calc ! Calculator.Subtract(0.5d)
      calc ! Calculator.GetResult
      expectMsg(0.5d)

      killActors(calc)

      val calcResurrected = system.actorOf(Calculator.props, Calculator.name)
      calcResurrected ! Calculator.GetResult
      expectMsg(0.5d)

      calcResurrected ! Calculator.Add(1d)
      calcResurrected ! Calculator.GetResult
      expectMsg(1.5d)
    }
  }
}
```

この単体テストは電卓が障害から正しく復旧することを確認するシンプルなサンプルです。電卓はGetResultメッセージを受け取ると計算結果を返します。PersistenceSpecにはkillActorsが定義されています。このメソッドはすべてのアクターを監視し、停止を指示した後、停止が完了するまで待ちます。電卓が停止すると新しい電卓が作成され、中断したところから処理を継続します。

リスト15.11はPersistenceSpecクラスとPersistenceCleanupトレイトを示しています。

リスト15.11 PersistenceSpec基底クラス

```scala
import java.io.File
import com.typesafe.config._

import scala.util._

import akka.actor._
import akka.persistence._
```

420

15.2 永続アクター

```scala
import org.scalatest._

import org.apache.commons.io.FileUtils

abstract class PersistenceSpec(system: ActorSystem) extends TestKit(system)
  with ImplicitSender
  with WordSpecLike
  with Matchers
  with BeforeAndAfterAll
  with PersistenceCleanup {

  def this(name: String, config: Config) = this(ActorSystem(name, config))
  override protected def beforeAll() = deleteStorageLocations()

  override protected def afterAll() = {
    deleteStorageLocations()
    TestKit.shutdownActorSystem(system)
  }

  def killActors(actors: ActorRef*) = {
    actors.foreach { actor =>
      watch(actor)
      system.stop(actor)

      expectTerminated(actor)
    }
  }
}

trait PersistenceCleanup {
  def system: ActorSystem

  val storageLocations = List(
    "akka.persistence.journal.leveldb.dir",
    "akka.persistence.journal.leveldb-shared.store.dir",
    "akka.persistence.snapshot-store.local.dir").map { s =>
    new File(system.settings.config.getString(s))
  }

  def deleteStorageLocations(): Unit = {
    storageLocations.foreach(dir => Try(FileUtils.deleteDirectory(dir)))
  }
}
```

PersistenceCleanupトレイトにはLevelDBのジャーナルによって作成されたディレクトリを
削除するdeleteStorageLocationsメソッドが定義されています。このメソッドはデフォルトの
スナップショットジャーナルによって作成されるディレクトリも同様に削除します。このジャーナ
ルについては15.2.3項でもう少し詳しく解説します。このメソッドはAkkaの設定からディレク

421

第15章　アクターの永続化

トリを特定します。PersistenceSpecクラスは単体テストの開始前に残っているディレクトリがあればすべて削除し、すべてのテストが完了するとディレクトリを削除した後、テストで使われていたアクターシステムをシャットダウンします。

CalculatorSpecクラスはデフォルト設定でアクターシステムを生成していますが、PersistenceSpecクラスのシステム名と設定オブジェクトを受け取る補助コンストラクターを使って独自の設定を渡すこともできます。PersistenceCleanupトレイトではディレクトリを削除するためにorg.apache.commons.io.Filesクラスが使われています。commons-ioの詳細な依存関係はサンプルプロジェクトのsbtビルドファイルを参照してください。

PersistenceSpecクラスは、以降の項で単体テストのために使用します。次項ではスナップショットを使って回復を高速化する方法について説明します。

15.2.3　スナップショット

前に述べたようにアクターが回復するまでの時間を短くするにはスナップショットが利用できます。スナップショットはイベントとは別のSnapshotStoreに格納されます。スナップショットはデフォルトでakka.persistence.snapshot-store.local.dirに設定されたディレクトリへ保存されます。

スナップショットがどのように動作するのか、買い物かごのアクターを例にとって見てみましょう。以降では、買い物かごの処理に焦点を当てたオンラインショッピングサービスの永続化について説明していきます。**リスト15.12**はBasketアクターのコマンドとイベントを示しています。

リスト15.12　Basketアクターのコマンドとイベント

```scala
sealed trait Command extends Shopper.Command
case class Add(item: Item, shopperId: Long) extends Command
case class RemoveItem(productId: String, shopperId: Long) extends Command
case class UpdateItem(productId: String,
                      number: Int,
                      shopperId: Long) extends Command
case class Clear(shopperId: Long) extends Command
case class Replace(items: Items, shopperId: Long) extends Command
case class GetItems(shopperId: Long) extends Command

case class CountRecoveredEvents(shopperId: Long) extends Command
case class RecoveredEventsCount(count: Long)

sealed trait Event extends Serializable
case class Added(item: Item) extends Event
case class ItemRemoved(productId: String) extends Event
case class ItemUpdated(productId: String, number: Int) extends Event
```

BasketアクターのコマンドはShopperアクターのコマンド。Shopperアクターは後ほど紹介する

Basketは支払いしたあとにクリアされる

422

15.2　永続アクター

```
case class Replaced(items: Items) extends Event
case class Cleared(clearedItems: Items) extends Event   ← Basketがクリアされた
                                                            ことを示すイベント

case class Snapshot(items: Items)
```

　買い物かごには商品が入っています。ご想像のとおり、買い物かご内の商品は追加や削除、更新ができ、支払いが済むと買い物かごの商品はクリアされます。オンラインサービスのすべての利用者は買い物かごを持ち、商品を追加し、最終的には買い物かごにある商品の料金を支払います。Basketアクターは、その状態を表すためのItemsケースクラスを持っています（**リスト15.13・リスト15.14**）。

リスト15.13　Items

```
case class Items(list: List[Item]) {
  // 以降省略
```

リスト15.14　Item

```
case class Item(productId: String, number: Int, unitPrice: BigDecimal) {
  // 以降省略
```

　商品（Items）の詳細は省略しています。商品の追加や削除をしたり、クリアするためのメソッドはCalculationResultクラスと似たアプローチで、イミュータブルなオブジェクトのコピーを新たに返します。買い物客が支払いを終えると、買い物かごはクリアされます。買い物かごがクリアされたときにスナップショットを作っておくのがよいでしょう。再起動後にできるだけ早く現在の買い物かごを表示したいだけなら、買い物かごが以前持っていた商品について知る必要はありません。

　ここでは、スナップショットに関連するコードのみを見ていきます。以下では、完全なサービスの一部として、どのようにBasketアクターが作られるのかも見ていきます。まずは、updateStateメソッド（**リスト15.15**）とreceiveCommandメソッド（**リスト15.16**）から始めましょう。

リスト15.15　BasketアクターのupdateStateメソッド

```
private val updateState: (Event => Unit) = {
  case Added(item)            => items = items.add(item)
  case ItemRemoved(id)        => items = items.removeItem(id)
  case ItemUpdated(id, number) => items = items.updateItem(id, number)
  case Replaced(newItems)     => items = newItems
  case Cleared(clearedItems)  => items = items.clear
}
```

423

第15章　アクターの永続化

リスト15.16 Basket アクターの receiveCommand メソッド

```
def receiveCommand = {
  case Add(item, _) =>
    persist(Added(item))(updateState)

  case RemoveItem(id, _) =>
    if(items.containsProduct(id)) {
      persist(ItemRemoved(id)){ removed =>
        updateState(removed)
        sender() ! Some(removed)
      }
    } else {
      sender() ! None
    }

  case UpdateItem(id, number, _) =>
    if(items.containsProduct(id)) {
      persist(ItemUpdated(id, number)){ updated =>
        updateState(updated)
        sender() ! Some(updated)
      }
    } else {
      sender() ! None
    }

  case Replace(items, _) =>
    persist(Replaced(items))(updateState)

  case Clear(_) =>
    persist(Cleared(items)){ e =>
      updateState(e)
      // 支払後に買い物かごをクリア
      saveSnapshot(Basket.Snapshot(items))    ◄──── Basketアクターがクリアされた
    }                                                ときにスナップショットを保存

  case GetItems(_) =>
    sender() ! items

  case CountRecoveredEvents(_) =>
    sender() ! RecoveredEventsCount(nrEventsRecovered)
  case SaveSnapshotSuccess(metadata) =>    ◄──────── スナップショットの保存が成功
    log.info(s"Snapshot saved with metadata $metadata")
  case SaveSnapshotFailure(metadata, reason) =>    ◄──── スナップショットの保存が失敗
    log.error(s"Failed to save snapshot: $metadata, $reason.")
}
```

Basket アクターが持つ Items は saveSnapshot メソッドを使ってスナップショットとして保存されます。SaveSnapshotSuccess メッセージや SaveSnapshotFailure メッセージはスナップ

ショットを保存できたかどうかを示すために非同期で返されます。この例では、スナップショットを保存することだけに集中するため、スナップショットが保存できなかったときは何もしません。**リスト15.17**はBasketアクターの`receiveRecover`メソッドを示しています。

> **リスト15.17** Basketアクターの`receiveRecover`メソッド

```
def receiveRecover = {
  case event: Event =>
    nrEventsRecovered = nrEventsRecovered + 1
    updateState(event)                          回復中にスナップショットが提供される
  case SnapshotOffer(_, snapshot: Basket.Snapshot) => ◀─┘
    log.info(s"Recovering baskets from snapshot: $snapshot for $persistenceId
      ")
    items = snapshot.items
}
```

これまでと同様に`receiveRecover`メソッドでは`updateState`メソッドが使われていますが、`SnapshotOffer`メッセージも処理します。デフォルトではスナップショットのあとに発生したイベントが渡される前に、アクターに最新のスナップショットが渡されます。スナップショットの前に発生したイベントが`receiveRecover`メソッドに渡されることはありません。このサンプルを用いて説明すると、支払いを済ませた買い物かごで起きた過去のイベントを、回復中に処理する必要はないということです。

> **memo 回復のカスタマイズ**
>
> デフォルトでは回復中に提供されるスナップショットは最新のものだけです。これが最も一般的なケースです。recoverメソッドをオーバーライドすることで、永続アクターが回復するために使うスナップショットをカスタマイズできます。このメソッドから返すRecoveryクラスのコンストラクタでsequenceNrやtimestampを設定することで回復を開始するスナップショットを選択できます。必要に応じて、どの時点まで回復するかを指定するためにsequenceNrの最大値を設定したり、回復するまでに受け取るメッセージの最大数を設定できます。

回復している間、本当にイベントがスキップされているかどうかをテストするために、CountRecoveredEventsコマンドを追加しました。**リスト15.17**では`nrEventsRecovered`変数がイベントごとにインクリメントされることを示しています。Basketアクターは`CountRecoveredEvents`コマンドを受け取ると、**リスト15.16**が示すように再生されたイベントの数を返します。**リスト15.18**のBasketSnapshotSpecは、スナップショットの取得後(買い物かごがクリアされたあと)はイベントがスキップされることを検証するための単体テストを示しています。

第15章　アクターの永続化

> **リスト15.18** BasketSnapshotSpec

```scala
package aia.persistence

import scala.concurrent.duration._

import akka.actor._
import akka.testkit._
import org.scalatest._

class BasketSpec extends PersistenceSpec(ActorSystem("test"))
    with PersistenceCleanup {
  val shopperId = 2L
  val macbookPro = Item("Apple Macbook Pro", 1, BigDecimal(2499.99))
  val macPro = Item("Apple Mac Pro", 1, BigDecimal(10499.99))
  val displays = Item("4K Display", 3, BigDecimal(2499.99))
  val appleMouse = Item("Apple Mouse", 1, BigDecimal(99.99))
  val appleKeyboard = Item("Apple Keyboard", 1, BigDecimal(79.99))
  val dWave = Item("D-Wave One", 1, BigDecimal(14999999.99))

  // 買い物かご
  "The basket" should {
    // 回復処理では Clear イベントより前のイベントはスキップされる
    "skip basket events that occurred before Cleared during recovery" in {
      val basket = system.actorOf(Basket.props, Basket.name(shopperId))
      basket ! Basket.Add(macbookPro, shopperId)
      basket ! Basket.Add(displays, shopperId)
      basket ! Basket.GetItems(shopperId)
      expectMsg(Items(macbookPro, displays))

      basket ! Basket.Clear(shopperId)          // Basketアクターをクリアすると
                                                //  スナップショットが保存される

      basket ! Basket.Add(macPro, shopperId)
      basket ! Basket.RemoveItem(macPro.productId, shopperId)
      expectMsg(Some(Basket.ItemRemoved(macPro.productId)))

      basket ! Basket.Clear(shopperId)          // Basketアクターをクリアすると
      basket ! Basket.Add(dWave, shopperId)     //  スナップショットが保存される
      basket ! Basket.Add(displays, shopperId)

      basket ! Basket.GetItems(shopperId)
      expectMsg(Items(dWave, displays))

      killActors(basket)

      val basketResurrected = system.actorOf(Basket.props,
        Basket.name(shopperId))
      basketResurrected ! Basket.GetItems(shopperId)
      expectMsg(Items(dWave, displays))
```

426

```
        basketResurrected ! Basket.CountRecoveredEvents(shopperId)
        expectMsg(Basket.RecoveredEventsCount(2))

        killActors(basketResurrected)
      }
    }
  }
```

> 回復中、最新のスナップショットが処理されたあとでイベントが処理されることを検証

　提供されるスナップショットを数えるのは、皆さんの練習問題です。ここで紹介したのは、スナップショットの簡単な例です。このサンプルで保存したスナップショットは常に空です。過去に発生した買い物かごのやり取りをすべて処理する必要がないように、ジャーナルのマーカーとして利用しています。

　これまで見てきたように、ジャーナルに保存されたスナップショットやイベントによって永続アクターは回復できます。永続アクターの回復処理以外でも、ジャーナルからイベントを読み取りたいことがあるかもしれません。次項では、ジャーナルからイベントを直接読み取る方法を見ていきます。

15.2.4　永続クエリー

　永続クエリーは永続アクターの回復処理以外でジャーナルを検索するためのモジュールです。本章で焦点を当てているアクターの状態の回復にとって本質的に必要となる機能ではないため、本項ではこのモジュールを簡単に紹介します。このモジュールはSQLのようなアドホックなクエリーのためのツールではないという点に注意が必要です。永続クエリーに最適なユースケースは永続アクターから連続的にイベントを読み取り、クエリーに適した形で別のデータベースに保存することです。

　もしクエリーの要件が非常に限られているのならば、永続クエリーを直接使うだけで十分かもしれません。永続クエリーはすべてのイベントの取得や特定の**persistenceId**のイベントの取得、特定のタグを持つイベントの取得をサポートしています（ここでは説明しませんが、イベントアダプターを用いて明示的にイベントへタグ付けする必要があります）。

　できることが限られているように聞こえるかもしれませんが、すべてのイベントやイベントの一部を読み込み、クエリーのために用意されたデータベースに書き込むという用途では十分な機能です。永続クエリーはakka-streamの**Source**を用いてイベントを読み取るAPIを提供しています。

　本項では、イベントの**Source**にアクセスする方法に焦点を当てます。クエリーのためのデータベースを更新することは皆さんの練習問題です。最初に、依存関係を追加しましょう（**リスト15.19**）。

第15章　アクターの永続化

> リスト15.19　persistence-queryの依存関係を追加

```
libraryDependencies ++= {
Seq(
  // その他の依存関係は省略
  "com.typesafe.akka" %% "akka-persistence-query" % akkaVersion,
  // その他の依存関係は省略
  )
}
```

　この依存関係の定義には本節で使われるLevelDBの読み込みジャーナルがバンドルされています。コミュニティのほとんどのジャーナルプラグインはジャーナルの読み込みをサポートしています。**リスト15.20**はLevelDBの**ReadJournal**へアクセスする方法を示しています。

> リスト15.20　ReadJournalを取得

```
implicit val mat = ActorMaterializer()(system)
val queries =
  PersistenceQuery(system).readJournalFor[LeveldbReadJournal](
    LeveldbReadJournal.Identifier
  )
```

　暗黙のスコープで**ActorMaterializer**を提供する必要があります。これはakka-streamを使う際の共通ルールです。**PersistenceQuery**拡張の**readJournalFor**メソッドは特定の読み込みジャーナル（ここでは**LeveldbReadJournal**）を返します。

　LeveldbReadJournalは**AllPersistenceIdsQuery**、**CurrentPersistenceIdsQuery**、**EventsByPersistenceIdQuery**、**CurrentEventsByPersistenceIdQuery**、**EventsByTagQuery**そして、**CurrentEventsByTagQuery**といったトレイトで定義される、すべてのクエリー形式をサポートしています。他のジャーナルプラグインはこれらのトレイトのすべてまたは一部を実装していたり、もしくはまったく実装していない可能性もあります。

　基本的には2種類のクエリーがあります。**current**で始まるメソッドは現在保存されているすべてのイベントを提供したときに終了する**Source**を返し、**current**で始まっていないメソッドは終わりがないストリームとしてイベントが来るたびに「ライブ」でイベントを提供する**Source**を返します（もちろん、ジャーナルを読み取れない際にストリームが失敗する可能性はあるため、その場合に備えて自分自身でストリームの障害をハンドリングする必要があります）。

　リスト15.21はLevelDBジャーナルに保存された特定の買い物かごのイベントを読み込む方法を示しています。

428

> **リスト15.21** 現在の買い物かごのイベントを取得

```
val src: Source[EventEnvelope, NotUsed] =
    queries.currentEventsByPersistenceId(
        Basket.name(shopperId), 0L, Long.MaxValue)

val events: Source[Basket.Event, NotUsed] =
    src.map(_.event.asInstanceOf[Basket.Event])

val res: Future[Seq[Basket.Event]] = events.runWith(Sink.seq)
```

特定のBasketで発生した現在までのイベントを取得する。最初から現在までの永続化されたイベントが対象となる

Basket.Event型のイベントのみをジャーナルに書き込むため、このイベントのキャストは安全

テスト目的ですべてのイベントを取得する場合は、Sink.seqでSourceを実行する。このFutureの結果をAwait.resultなどで取得すれば、想定されるイベントのリストと比較できる

BasketアクターのpersistenceIdをBasket.nameが返す値と同じ値に設定しているため、このサンプルは正しく動作します。currentEventsByPersistenceIdメソッドはfromSequenceNrとtoSequenceNrの2つの引数を取り、ここでは0とLong.MaxValueを使います。これにより、ジャーナル内にあるpersistenceIdが一致するすべてのイベントが返されます。**リスト15.22**はLevelDBジャーナルに保存されている特定の買い物かごのイベントをライブストリームで読み取る方法を示しています。

> **リスト15.22** 買い物かごのライブストリームを取得

```
val src: Source[EventEnvelope, NotUsed] =
    queries.eventsByPersistenceId(
        Basket.name(shopperId), 0L, Long.MaxValue)

val dbRows: Source[DbRow, NotUsed] =
    src.map(eventEnvelope => toDbRow(eventEnvelope))
  events.runWith(reactiveDatabaseSink)
```

特定のBasketで起きた全イベントのSourceを取得。このSourceは終了しない

イベントは「データベースのレコード」に変換できる。このレコードはデータベースのSinkに書き込むことができる。詳細は省略

eventsByPersistenceIdメソッドが返すSourceは決して終了しません。イベントが発生するたびにイベントを提供し続けます。前のリストで示した、イベントをある種のデータベースの表現に変換してデータベースのシンクに書き込む方法は、実際のコードではなく「不完全な疑似コード」として読んでください（完成版は、皆さんの練習問題として残しておきます）。エラーが発生したり、なんらかの理由でこのロジックが再起動してしまった場合に備えて、過去に保存したイベントのシーケンス番号を追跡しておく必要があります。シーケンス番号を追跡するために、ターゲットのデータベースにシーケンス番号を書き込んでおくのが最良の方法です（EventEnvelopeはsequenceNrを持っています）。この方法を用いると、再起動時にターゲット

第15章　アクターの永続化

のデータベースからシーケンス番号の最大値を取得し、そこから処理を継続できます。

次項では、イベントやスナップショットをシリアライズする方法を見ていきます。

15.2.5　シリアライズ

シリアライズはAkkaのシリアライゼーション機構によって設定されます。デフォルトではJavaのシリアライザーが使われます。テスト用としては問題ありませんが、本番環境では使わないでください。ほとんどの場合、もっと効率の良いシリアライザーが必要です。

デフォルト以外のシリアライザーを使うにはいくつかの変更が必要になりますので、その内容を本項で説明します。

イベントやスナップショットをシリアライズする方法を完全にコントロールしたい場合は独自のシリアライザーを実装するのが最良の選択です。本項では独自のシリアライザーについても学んでいきます。

Check　本当に独自のシリアライザーを実装するのか？

独自のシリアライザーを実装するには少し手間がかかります。しかし、求めるユースケースに対してデフォルトのシリアライザーが十分に高速でない場合、あるいは過去にシリアライズしたデータに対して自動的にマイグレーションを行う独自のロジックを実行したい場合は独自のシリアライザーを使うとよいでしょう。

他に何か選択肢はないのでしょうか？　akka-remoteモジュールには、Google Protocol Buffer（https://github.com/google/protobuf）フォーマットのシリアライザーが用意されています。しかし、このシリアライザーはprotobuf定義から生成されたクラスにしか使えません。もしprotobuf定義から始めたのであれば最適解となるでしょう。protobuf定義からクラスが生成され、イベントとして直接使われることになります。

もう1つの選択肢はサードパーティ製のakka-serializationライブラリを使うことです。akka-kryo-serialization（https://github.com/romix/akka-kryo-serialization）と呼ばれるライブラリは「kryo」フォーマットを用いて、ほとんどのScalaクラスを自動的にシリアライズできる機能をサポートしています。このライブラリを使うには多少の設定が必要で、バージョン間のマイグレーションには対応していません。

「Stamina」（https://github.com/scalapenos/stamina）はakka-persistence専用に作られたakka-serializationツールキットです。spray-jsonを用いたJSONシリアライゼーションのためのモジュールをオプションとして備えています。Staminaは、シリアライズされたデータのバージョン管理と自動マイグレーション（「upcasting」とも呼ばれる）を行うDSLを提供しています。サービスを停止することなくバージョンアップできるため、ジャーナル全体を変換してからサービスを再起動するといった作業は不要です。

独自シリアライザーの実際のコードを調べる前に、シリアライザーを設定する方法を見ておきましょう。**リスト15.23**では、Basket.EventのすべてのクラスとBasketのスナップショットであるBasket.Snapshotクラスに独自のシリアライザーを設定する方法を示しています。

リスト15.23 シリアライズの設定

```
akka {
  actor {
    serializers {
      basket = "aia.persistence.BasketEventSerializer"
      basketSnapshot = "aia.persistence.BasketSnapshotSerializer"
    }
    serialization-bindings {
      "aia.persistence.Basket$Event" = basket
      "aia.persistence.Basket$Snapshot" = basketSnapshot
    }
  }
}
```

独自のシリアライザーを登録

独自のシリアライズが必要なクラスにシリアライザーをバインド

独自のシリアライザーと紐付けられていないクラスには、自動的にデフォルトのシリアライザーが使われます。クラスは完全修飾名で指定する必要があります。このサンプルの**Event**と**Snapshot**は**Basket**のコンパニオンオブジェクトの一部です。Scalaのコンパイラはオブジェクト名の最後にドル記号（$）を付けたJavaクラスを生成します。これが**Basket.Event**や**Basket.Snapshot**の完全修飾クラス名（Fully Qualified Class Name：FQCN）になります。

どのシリアライザーも対象のイベントやスナップショットをバイト列として表現できるようにする必要があります。シリアライザーは同じバイト列からイベントやスナップショットをあとで正しく再構築できなければなりません。**リスト15.24**は独自のシリアライザーで実装が必要なトレイトを示しています。

リスト15.24 AkkaのSerializerトレイト

```
trait Serializer {
  /**
   * Completely unique value to identify this
   * implementation of Serializer,
   * used to optimize network traffic
   * Values from 0 to 16 is reserved for Akka internal usage
   */
  def identifier: Int

  /**
   * Serializes the given object into an Array of Byte
   */
  def toBinary(o: AnyRef): Array[Byte]
```

第15章　アクターの永続化

```
/**
 * Returns whether this serializer needs a manifest
 * in the fromBinary method
 */
def includeManifest: Boolean

/**
 * Produces an object from an array of bytes,
 * with an optional type-hint;
 * the class should be loaded using ActorSystem.dynamicAccess.
 */
def fromBinary(bytes: Array[Byte], manifest: Option[Class[_]]): AnyRef
}
```

　一般的にはいかなるシリアライザーも、あとからバイト列を識別できるようにシリアライズしたバイト列に対して識別子を記述しておく必要があります。シリアライズしたクラス名か、あるいは単純に型を識別するための数値IDであってもかまいません。独自のシリアライザーの場合、includeManifestをtrueに設定すると、AkkaはJavaのシリアライザーを使ってクラスマニフェストをシリアライズされたバイト列に自動的に書き込みます。

　買い物かごのイベントとスナップショットをシリアライズするための独自シリアライザーはJSONフォーマットで読み書きするためにspray-jsonライブラリを使います（結局は何かを選択することになります）。JSONフォーマットはJsonFormatsオブジェクトに定義していますが、このリストでは省略しています。では、Basket.EventをシリアライズするためのBasketEventSerializerを見ていきましょう（**リスト15.25**）。

リスト15.25 Basketイベントの独自のシリアライザー

```
import scala.util.Try
import akka.serialization._
import spray.json._

class BasketEventSerializer extends Serializer {      ◄── JsonFormatsにはBasketのイベントとス
  import JsonFormats._                                    ナップショットに用いるspray-jsonフォー
                                                          マットが含まれています（ここでは省略）

  val includeManifest: Boolean = false      ◄── fromBinaryメソッドでマニフェストを必要としない
  val identifier = 123678213      ◄── シリアライザーごとにユニークなIDが必要

  def toBinary(obj: AnyRef): Array[Byte] = {
    obj match {                               ◄── Basketのイベントのみをシリアライズ
      case e: Basket.Event =>
        BasketEventFormat.write(e).compactPrint.getBytes
      case msg =>
        throw new Exception(s"Cannot serialize $msg with ${this.getClass}")
    }
```

432

```
  }

  def fromBinary(bytes: Array[Byte],
                 clazz: Option[Class[_]]): AnyRef = {
    val jsonAst = new String(bytes).parseJson
    BasketEventFormat.read(jsonAst)
  }
}
```

バイト列をspray-jsonのAST（Abstract Syntax Tree：抽象構文木）に変換

BasketEventFormatを使ってjsonをBasket.Eventに変換

JsonFormatsのBasketEventFormatはイベントごとにJSONの配列を書き込みます。配列の1番目の要素は、2番目の要素にどのイベントが格納されているかを示す識別子です。この識別子はイベントをデシリアライズする際に、どのイベントフォーマットを使うかを識別する用途にも利用されます。**リスト15.26**にBasketEventFormatを示します。

リスト15.26 BasketEventFormat

```
implicit object BasketEventFormat
    extends RootJsonFormat[Basket.Event] {
  import Basket._
  val addedId   =  JsNumber(1)
  val removedId =  JsNumber(2)
  val updatedId =  JsNumber(3)

  val replacedId =  JsNumber(4)
  val clearedId =  JsNumber(5)

  def write(event: Event) = {
    event match {
      case e: Added =>
        JsArray(addedId, addedEventFormat.write(e))
      case e: ItemRemoved =>
        JsArray(removedId, removedEventFormat.write(e))
        case e: ItemUpdated =>
        JsArray(updatedId, updatedEventFormat.write(e))
      case e: Replaced =>
        JsArray(replacedId, replacedEventFormat.write(e))
      case e: Cleared =>
        JsArray(clearedId, clearedEventFormat.write(e))
    }
  }
  def read(json: JsValue): Basket.Event = {
    json match {
      case JsArray(Vector(addedId,jsEvent)) =>
        addedEventFormat.read(jsEvent)
      case JsArray(Vector(removedId,jsEvent)) =>
        removedEventFormat.read(jsEvent)
      case JsArray(Vector(updatedId,jsEvent)) =>
```

第15章　アクターの永続化

```
                updatedEventFormat.read(jsEvent)
        case JsArray(Vector(replacedId,jsEvent)) =>
          replacedEventFormat.read(jsEvent)
        case JsArray(Vector(clearedId,jsEvent)) =>
          clearedEventFormat.read(jsEvent)
        case j =>
          deserializationError("Expected basket event, but got " + j)
      }
    }
  }
```

BasketSnapshotSerializer は**リスト15.27**に示されています。ここでは JsonFormats に定義されたフォーマットを暗黙的に用いて、JSON と BasketSnapshot 間の変換を行っています。

　このような独自のシリアライザーはシリアライズされた古いバージョンのマイグレーションを自動で行う場合にも使えます。解決策の1つとしては、イベントの種類を識別したときと同じようにバージョンの識別子をバイト列に書き込む方法があります。この識別子はシリアライズされた古いバージョンのデータを読み込み、最新のバージョンへと変換するロジックを決めるのに使います（Stamina ライブラリはこのようなバージョンのマイグレーションを行うのに便利な DSL を提供しています）。

> **リスト15.27**　Basket スナップショットの独自シリアライザー

```
class BasketSnapshotSerializer extends Serializer {
  import JsonFormats._

  val includeManifest: Boolean = false
  val identifier = 1242134234

  def toBinary(obj: AnyRef): Array[Byte] = {
    obj match {
      case snap: Basket.Snapshot => snap.toJson.compactPrint.getBytes
      case msg => throw new Exception(s"Cannot serialize $msg")
    }
  }

  def fromBinary(bytes: Array[Byte],
                 clazz: Option[Class[_]]): AnyRef = {
    val jsonStr = new String(bytes)
    jsonStr.parseJson.convertTo[Basket.Snapshot]
  }
}
```

> ## イベントアダプター
>
> akka-persistenceは、イベントとスナップショットを直接バイト列にシリアライズしてJournalやSnapshotStoreに保存しているわけではありません。シリアライズされたオブジェクトは内部で管理するためにprotobufフォーマットにラップされています。したがって、今回の例で見たように独自のシリアライザーを用いてイベントをJSONにシリアライズしたからといって、ジャーナルプラグインのバックエンドデータベースに対してJSON構造のクエリーが行えるわけではありません。
>
> EventAdapterはこれを簡単にします。ジャーナルと読み書きされるイベントを仲介し、両者の間で任意の変換が行えます。これによって、永続化されたデータモデルからイベントを切り離すことができるのです。
>
> EventAdapterは、Journalプラグインに「合わせる」必要があります。EventAdapterでイベントをJSONオブジェクトに変換できますが、そのためにはJournal側も独自の方法でJSONオブジェクトを処理する必要があります。これはバイト列にシリアライズされたあとで内部構造にラップされるような、通常のイベントオブジェクトへの変換方式とは異なります。

ここで紹介した独自シリアライザーは単なる一例にすぎません。シリアライズはすべてのケースを包括的に解決するのが難しい問題です。ここで説明した独自の解決策は理想的ではありませんが、少なくとも実際に直面するかもしれない問題に対してなんらかのアイデアをもたらすことでしょう。コミュニティが提供するシリアライザープラグインを使う方法は、皆さんの練習問題として残しておきましょう。次節ではクラスター内のアクターの永続化について見ていきます。

15.3 クラスタリングされた永続化

これまでは、ローカルのアクターシステムでアクターの状態を回復する方法を見てきました。本節ではオンラインショッピングサービスの構築をさらに進めていきます。まずは、ローカルアクターシステムの解決策をもう少し詳しく見ていきます。

では、アプリケーションを変更して**クラスターシングルトン**として実行できるようにしましょう。クラスターシングルトンを使うと、アクター（およびその子アクター）のインスタンスがAkkaクラスター内の（同じロールを持つ）ノード上でただ1つだけ存在することを保証したうえで、そのアクターを実行できます。

クラスターシングルトンは現在のシングルトンノードが障害により停止してしまったときに、別のノード上ですべての買い物かごを自動的に開始します。そのため、買い物かごは他の場所に永続化されていなければなりません。この永続化はApache Cassandraのような分散デー

ベースで行うようにしてください。そうすることで、ショッピングサービスの耐障害性が向上します。しかし、クラスター内の1つのノードに収まりきらないくらい大きな買い物かごをメモリーに保持するような場合の解決策にはなりません。

この問題を解決するために**クラスターシャーディング**を見てみましょう。クラスターシャーディングを用いることで、シャーディング戦略に従ってクラスター全体で買い物かごを分散させることができます。

その詳細を見ていく前に、オンラインショッピングサービスの全体構造を見ておきましょう。**図15.5**はショッピングサービスの概要を示しています。

● 図15.5　ショッピングサービスの概要

GitHubのサンプルプロジェクトには買い物かご（ShopperService）のためのHTTPサービスが含まれています。ShopperServiceはShoppersアクターのActorRefを持っています。Shoppersはユニークなすべてのshopperldに対して、Shopperアクターを生成したり検索したりします。ユニークなIDに対してShopperがまだ存在していない場合は作成されます。Shopperがすでに存在している場合は、そのShopperが返されます。Shoppersはコマンドに基づいて、特定のShopperにリクエストを転送します。Shopperのコマンドは常にshopperIdを含んでいます。BasketアクターやWalletアクターのコマンドはいずれもShopperのコマンドです。

ユーザーがオンラインストアにはじめてアクセスしたときにクッキーが自動で生成されることは容易に想像できるはずです。ユーザーがオンラインストアに戻ると、同じクッキーが使われます。クッキーにはShopperを特定するためのユニークなIDが含まれています（クッキーはサンプルのHTTPサービスでは省略されています）。このIDはサンプルの中でshopperIdと呼ばれているものです。このサンプルのshopperIdは単なるLong値です。実際のアプリケーション

ではおそらくランダムなUUID (Universally Unique Identifier) を使うでしょう。**リスト15.28**
はこのサービスのHTTPのルーティングを定義する**ShoppersRoutes**トレイトの一部を示してい
ます。

リスト15.28 ShoppersRoutes

```
trait ShoppersRoutes extends
    ShopperMarshalling {
  def routes =

  deleteItem ~
  updateItem ~
  getBasket ~
  updateBasket ~
  deleteBasket ~
  pay

  def shoppers: ActorRef

  implicit def timeout: Timeout
  implicit def executionContext: ExecutionContext

  def pay = {
    post {
      pathPrefix("shopper" / ShopperIdSegment / "pay") { shopperId =>
        shoppers ! Shopper.PayBasket(shopperId)
        complete(OK)
      }
    }
  }
}
```

リスト15.29は、LocalShoppersアクターを示します。

リスト15.29 LocalShoppersアクター

```
package aia.persistence

import akka.actor._

object LocalShoppers {
  def props = Props(new LocalShoppers)
  def name = "local-shoppers"
}

class LocalShoppers extends Actor
    with ShopperLookup {
  def receive = forwardToShopper
}
```

第15章　アクターの永続化

```scala
trait ShopperLookup {
  implicit def context: ActorContext

  def forwardToShopper: Actor.Receive = {
    case cmd: Shopper.Command =>
      context.child(Shopper.name(cmd.shopperId))
        .fold(createAndForward(cmd, cmd.shopperId))(forwardCommand(cmd))
  }

  def forwardCommand(cmd: Shopper.Command)(shopper: ActorRef) =
    shopper forward cmd

  def createAndForward(cmd: Shopper.Command, shopperId: Long) = {
    createShopper(shopperId) forward cmd
  }

  def createShopper(shopperId: Long) =
    context.actorOf(Shopper.props(shopperId),
      Shopper.name(shopperId))
}
```

Shopperアクターの参照ロジックをShopperLookupトレイトに分離しました。これは、少しの変更でクラスターシングルトン拡張とクラスターシャーディング拡張の両方で再利用できるようにするためです。

リスト15.30にShopperアクターを示します。

> **リスト15.30**　Shopperアクター

```scala
import akka.actor._

object Shopper {
  def props(shopperId: Long) = Props(new Shopper)
  def name(shopperId: Long) = shopperId.toString

  trait Command {
    def shopperId: Long          ←──────── ShopperのコマンドはそれぞれがshopperIdを持つ
  }

  case class PayBasket(shopperId: Long) extends Command
  // 単純化のためいずれの買い物客も40,000使用する
  val cash = 40000
}

class Shopper extends Actor {
  import Shopper._

  def shopperId = self.path.name.toLong
```

438

```
  val basket = context.actorOf(Basket.props,
    Basket.name(shopperId))

  val wallet = context.actorOf(Wallet.props(shopperId, cash),
    Wallet.name(shopperId))

  def receive = {
    case cmd: Basket.Command => basket forward cmd
    case cmd: Wallet.Command => wallet forward cmd

    case PayBasket(shopperId) => basket ! Basket.GetItems(shopperId)
    case Items(list) => wallet ! Wallet.Pay(list, shopperId)
    case Wallet.Paid(_, shopperId) => basket ! Basket.Clear(shopperId)
  }
}
```

Shopper は Basket アクターと Wallet アクターを作成し、これらのアクターにコマンドを転送します。買い物かごに対する支払いは Shopper によって調整されます。まず、GetItems メッセージを Basket に送信します。そして、Items メッセージを受け取ると、Wallet に Pay メッセージを送信します。そのメッセージを受け取ると Wallet は Paid メッセージを返します。Shopper はフローを完了させるため、Basket に Clear メッセージを送信します。次項では Shoppers アクターをクラスターシングルトンとして実行するために必要な変更を見ていきましょう。

15.3.1 クラスターシングルトン

次のトピックは、クラスターシングルトン拡張です。Shoppers アクターをクラスターシングルトンとして実行します。つまり、Shoppers アクターはクラスターで常に1つだけ存在します。

クラスターシングルトン拡張は cluster-tools モジュールの一部で、クラスターシャーディング拡張は cluster-sharding モジュールの一部です。依存関係をプロジェクトに追加する必要があります（**リスト15.31**）。

リスト15.31 クラスターシングルトンとシャーディングの依存関係

```
libraryDependencies ++= {
  Seq(
    // その他の依存関係は省略
    "com.typesafe.akka" %% "akka-cluster-tools"    % akkaVersion,
    "com.typesafe.akka" %% "akka-cluster-sharding" % akkaVersion,
    // その他の依存関係は省略
  )
```

クラスターシングルトン拡張には正しいクラスターの設定が必要です。この設定については、第14章で説明した src/main/resources の application.conf ファイルを参照してください。**図15.6**はこれから行っていく変更内容を示しています。

第15章 アクターの永続化

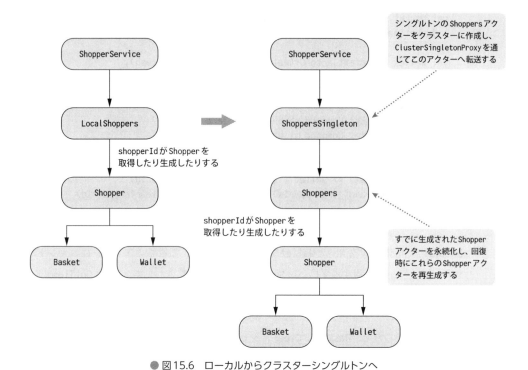

● 図15.6　ローカルからクラスターシングルトンへ

LocalShoppersアクターの参照の代わりに、ShoppersSingletonアクターの参照がShoppers Serviceに渡されます。**リスト15.32**は、ShoppersSingletonアクターを示します。

リスト15.32　ShoppersSingleton

```
import akka.actor._
import akka.cluster.singleton.ClusterSingletonManager
import akka.cluster.singleton.ClusterSingletonManagerSettings
import akka.cluster.singleton.ClusterSingletonProxy
import akka.cluster.singleton.ClusterSingletonProxySettings
import akka.persistence._

object ShoppersSingleton {
  def props = Props(new ShoppersSingleton)
  def name = "shoppers-singleton"
}

class ShoppersSingleton extends Actor {

  val singletonManager = context.system.actorOf(
    ClusterSingletonManager.props(
      Shoppers.props,
      PoisonPill,
```

```
            ClusterSingletonManagerSettings(context.system)
              .withRole(None)
              .withSingletonName(Shoppers.name)
          )
        )

        val shoppers = context.system.actorOf(
          ClusterSingletonProxy.props(
            singletonManager.path.child(Shoppers.name)
              .toStringWithoutAddress,
            ClusterSingletonProxySettings(context.system)
              .withRole(None)
              .withSingletonName("shoppers-proxy")
          )

        )

        def receive = {
          case command: Shopper.Command => shoppers forward command
        }
      }
```

　ShoppersSingletonアクターはクラスターに存在する実際のシングルトンへの参照として機能します。クラスターのすべてのノードでShoppersSingletonアクターが起動します。全ノードのうち1つだけがシングルトンとしてShoppersアクターを実際に起動します。

　ShoppersSingletonはClusterSingletonManagerへの参照を生成します。シングルトンマネージャは、どの時点においてもShoppersアクターがクラスターでただ1つだけしかないことを保証します。ClusterSingletonManagerの生成時にすべきことは、使いたいシングルトンアクターのPropsと名前を（singletonPropsとsingletonNameという引数を通して）渡すことだけです。ShoppersSingletonはShoppersのシングルトンアクターへのプロキシも生成します。このプロキシがメッセージをShoppersアクターへ転送します。このプロキシは常にクラスター内のその時点のシングルトンを指し示します。

　Shoppersアクターが実際のシングルトンです。これはPersistentActorであり、どのShopperアクターが正常に生成されたのかということをイベントとして保存します。Shoppersアクターは障害で停止したあとにこれらのイベントを再生し、Shopperアクターを再生成できます。このことを利用して、クラスターシングルトンを他のノードに移動させることができます。

　クラスターシングルトンは常に、クラスター内にアクティブなシングルトンが複数存在しないようにすることに重点を置いているということに注意してください。クラスターシングルトンが障害により停止すると、次のクラスターシングルトンがまだ起動していない期間があります。つまり、その間はメッセージが失われてしまう可能性があります。

　BasketとWalletはどちらも永続アクターなので、Shopperによって再生成される際は、それ

第15章　アクターの永続化

それがイベントから自動的に再生成されます。

リスト15.33に、Shoppersアクターを示します。

> **リスト15.33** Shoppersアクター

```
object Shoppers {
  def props = Props(new Shoppers)
  def name = "shoppers"

  sealed trait Event
  case class ShopperCreated(shopperId: Long)
}

class Shoppers extends PersistentActor
    with ShopperLookup {
  import Shoppers._

  def persistenceId = "shoppers"

  def receiveCommand = forwardToShopper

  override def createAndForward(cmd: Shopper.Command, shopperId: Long) = {
    val shopper = createShopper(shopperId)
    persistAsync(ShopperCreated(shopperId)) { _ =>
      forwardCommand(cmd)(shopper)
    }
  }

  def receiveRecover = {
    case ShopperCreated(shopperId) =>
      context.child(Shopper.name(shopperId))
        .getOrElse(createShopper(shopperId))
  }
}
```

createAndForwardメソッドはShopperCreatedイベントを永続化するためにオーバーライドされています。ここではpersistAsyncメソッドが安全に使えます。なぜなら、Shopperの生成を同じ順序で行う必要はないからです。sbt runを実行し、開始するメインクラスとしてaia. persistence.SingletonMainを選択することで、このクラスターシングルトンを動かすことができます。実際のシナリオではすべてのノードの前にロードバランサーを置くことになるでしょう。それぞれのノードにあるRESTサービスはShoppersSingletonアクターのクラスタープロキシを介してクラスターシングルトンと通信できます。これをテストするには別のジャーナル実装を用いる必要があります。

テストをローカルだけで実行する場合は共有LevelDBジャーナルを使用できます。共有LevelDBジャーナルはデータをローカルにだけ保存するため、テスト目的でしか使えません。

442

本番環境で使える選択肢の1つは、Apache Cassandraを用いるakka-persistence-cassandraジャーナルプラグイン（https://github.com/krasserm/akka-persistence-cassandra/）です。

Apache Cassandraはクラスターノード間でデータをレプリケーションし、高いスケーラビリティと可用性を実現するデータベースです。アクターの状態をApache Cassandraに保存するということは、データベースのクラスターとAkkaのクラスターの両方で障害が起きてもアプリケーションが生き残るということを意味します。

これまで見てきたように、ローカルのショッピングサービスをクラスターのノード障害に対する耐性を持つサービスへとわずかな作業で置き換えることができました。次項ではクラスター全体にシャードアクターを作るために必要な変更を見ていきましょう。

15.3.2　クラスターシャーディング

次はクラスターシャーディングです。shopperIdに基づいてShopperを分散します。クラスターシャーディングは複数のアクターをシャード（Shard）に分け、ノードに分散配置します。それぞれのshopperIdは必ず特定のシャードにしか配置されません。ClusterShardingモジュールは、クラスターに分配置されたシャードへ個々のアクターを割り当て、リバランスする役割を担います。図15.7はこれから行う変更を示しています。

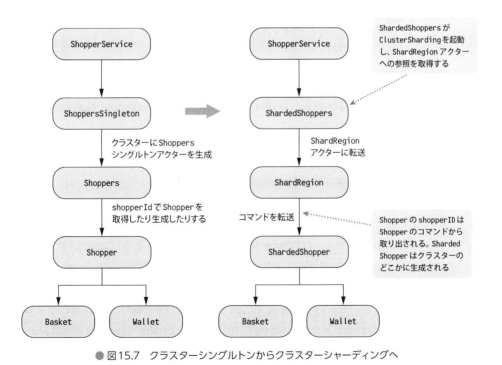

● 図15.7　クラスターシングルトンからクラスターシャーディングへ

第15章　アクターの永続化

ClusterSharding拡張にはShardRegionアクターのActorRefを返すshardRegionメソッドが
あります。ShardRegionアクターはシャードに分けられたアクターへコマンドを転送するのに使
われます。このサンプルでシャードに分けられているアクターは、Shopperアクターを少し変更
したShardedShopperです。**リスト15.34**はそのShardedShoppersを示しています。

リスト15.34 ShardedShoppers

```
package aia.persistence.sharded

import aia.persistence._
import akka.actor._
import akka.cluster.sharding.{ClusterSharding, ClusterShardingSettings}

object ShardedShoppers {
  def props= Props(new ShardedShoppers)
  def name = "sharded-shoppers"
}

class ShardedShoppers extends Actor {

  ClusterSharding(context.system).start(
    ShardedShopper.shardName,
    ShardedShopper.props,
    ClusterShardingSettings(context.system),
    ShardedShopper.extractEntityId,
    ShardedShopper.extractShardId
  )

  def shardedShopper = {
    ClusterSharding(context.system).shardRegion(ShardedShopper.shardName)
  }

  def receive = {
    case cmd: Shopper.Command =>
      shardedShopper forward cmd
  }
}
```

ShardedShoppersアクターはClusterSharding拡張を起動します。これだけで、クラスターの
どこかにShardedShopperを開始するために必要な準備がすべて整いました。ClusterSharding
のstartメソッドの第1引数はtypeNameで、第2引数はentityPropsです。typeNameはシャー
ドに分けられるアクターの種類を表す名前です。entityPropsという名前にもあるように、
シャードに分けられるアクターはentityとも呼びます。ClusterSharding拡張はShardRegion
アクターのActorRefを提供します。ShardRegionアクターはシャードに分けられたアクターへ
メッセージを転送します。この例ではShardedShopperアクターにメッセージを転送します。

444

15.3 クラスタリングされた永続化

クラスター内のそれぞれのノードでShardRegionアクターが起動します。(クラスターシングルトンとして実行される) ShardingCoordinatorアクターは図15.8が示すように、それぞれのシャード (Shard) をどのShardRegionに持たせるかを決める役割を担います。

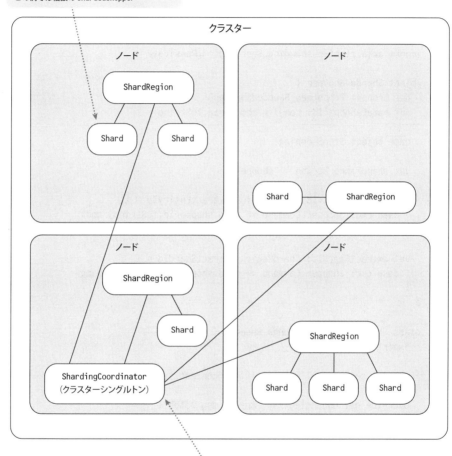

● 図15.8　クラスター内のシャード

ShardRegionアクターは複数のShardアクターを管理します。シャードは基本的にアクターのグループになります。ShardアクターはClusterSharding.startメソッドに渡されたPropsから、最終的にシャードに分けられるアクターを生成します。シャードに分けられたアクターとShardRegionアクターの間にShardアクターが存在することを意識する必要はありません。

第15章　アクターの永続化

リスト15.35はShopperアクターがシャードに分けられたバージョンである、Sharded
Shopperを示しています。

```
リスト15.35  ShardedShopper

package aia.persistence.sharded

import aia.persistence._
import akka.actor._
import akka.cluster.sharding.ShardRegion
import akka.cluster.sharding.ShardRegion.Passivate

object ShardedShopper {
  def props = Props(new ShardedShopper)
  def name(shopperId: Long) = shopperId.toString

  case object StopShopping

  val shardName: String = "shoppers"

  val extractEntityId: ShardRegion.ExtractEntityId = {
    case cmd: Shopper.Command => (cmd.shopperId.toString, cmd)
  }

  val extractShardId: ShardRegion.ExtractShardId = {
    case cmd: Shopper.Command => (cmd.shopperId % 12).toString
  }
}

class ShardedShopper extends Shopper {
  import ShardedShopper._

  context.setReceiveTimeout(Settings(context.system).passivateTimeout)

  override def unhandled(msg: Any) = msg match {
    case ReceiveTimeout =>
      context.parent ! Passivate(stopMessage = ShardedShopper.StopShopping)
    case StopShopping => context.stop(self)
  }
}
```

ShardedShopperのコンパニオンオブジェクトには2つの重要な関数が定義されています。
コマンドから識別子を取り出すextractShardId関数と、Shopperのコマンドからユニークな
シャードIDを作るextractShardId関数です。このサンプルではシンプルに、shopperIdを識
別子として使います。この識別子によって、クラスター内ではShardedShopperアクターが重複
して起動することはないとみなせます。

446

リスト15.34のShardedShoppersアクターはクラスターシングルトンのShoppersアクターとは異なり、ShardedShopperアクターを起動しない点に注意してください。ClusterShardingモジュールが、コマンドを転送しようとするときにShardedShopperを自動的に起動するからです。このとき、コマンドからIDとshardIdが取り出され、事前に設定されたentityPropsを使って適切にShardedShopperが生成されます。同じShardedShopperが後続のコマンドを処理するために使われます。

ShardedShopperアクターは単純にShopperアクターを継承しています。長い間コマンドを受信しなかったときの振る舞いだけが定義されています。しばらくの間使われていないSharded Shopperがある際は、このアクターを非活性化してメモリ使用量を節約できます。

受け取るコマンドがない場合は、ShardedShopperはShardアクターへ非活性化を要求します。ShardはPassivateメッセージで指定されたstopMessageをShardedShopperへ送信し、ShardedShopperが自ら停止できるようにします。この仕組みはPoisonPillと同じ働きをします。つまり、ShardRegionにエンキューされたメッセージはShardedShopperが停止する前にすべて処理されます。

sbt runを実行してaia.persistence.sharded.ShardedMainを起動するメインクラスとして選択すると、クラスターシャーディングを動かしてみることができます。ちょうど第14章と同じように、アプリケーションを実行するポートを変更する必要があります。Apache Cassandra（もしくはそれに類似したもの）のジャーナルを設定する作業は皆さんの練習問題として残しておきます。おさらいすると、最初は1ノードでしか動かせないショッピングアプリケーションから始めました。コードを少しだけ変更して、クラスターシングルトンとしてショッピングアプリケーションを動かしました。次のステップとして、クラスター全体にShopperをシャーディングしました。このときもコードの変更はほとんど必要ありませんでした。これらのことからAkkaのメッセージ駆動がもたらすメリットを再認識できたことでしょう。

ローカルからシングルトンやシャーディングに変更する際、必要な変更が少なかった理由の1つは、Shopperのコマンドが最初からシャーディングに必要なshopperIdを含んでいたからです。

15.4 まとめ

イベントソーシングはアクターの状態を永続化するためのシンプルかつ適切な戦略であることがわかりました。永続アクターは有効なコマンドをイベントに変換し、イベントをジャーナルに永続化します。アクターが障害により停止した場合は永続化されたイベントを用いてアクターを回復させます。（ジャーナルを削除する機能を少しだけ実装する必要がありますが）永続アクターは比較的簡単にテストできます。

第15章　アクターの永続化

　サーバーが障害で停止した際にデータを失う可能性が高いため、アクターが稼働しているのと同じノードのジャーナルだけにイベントを永続化してもあまり意味がありません。データがレプリケーションされるデータベースをバックエンドに持つジャーナルプラグインを用いることによって、データが維持される可能性を高めることができます。

　すべてのアクターを1つのノードに抱えてしまうのは、ノードが障害により停止した際にアプリケーションが即座に利用できなくなってしまうため、あまり良いアイデアとはいえません。

　クラスターシングルトンを使うと、障害で停止したノードから生き残ったノードへアクターを移動させられるようになります。ローカルのShoppersアクターをいかに少ない作業でシングルトンに作り変えられるのかを確認しました。

　クラスターシャーディングを用いることにより、メモリー空間を単体のノード以上に広げ、可用性のレベルをさらに1つ引き上げることができます。シャーディングされるアクターは必要に応じて生成され、アイドル時には非活性化させることができます。これにより、クラスターで利用しているノードを効率よく使えるようになります。そして、クラスターシャーディングを有効にしたショッピングサービスへもわずかな作業で作り変えることができました。

448

第16章

パフォーマンスTips

この章で学ぶこと

- □ アクターシステムのパフォーマンスに関する主要パラメータ
- □ パフォーマンスを向上させるためのボトルネック解消法
- □ ディスパッチャーのチューニングによるCPU利用の最適化
- □ 使用するスレッドプールの変更
- □ スレッド解放によるパフォーマンスの向上

　これまでの章でAkkaのアクターについてはほとんどのことについて述べました。アクターを使ってアプリケーションを構築することから始め、状態の扱い方、エラー処理の方法、外部システムとの接続方法、永続化の方法といったことを学んできました。クラスターを使ってスケールアウトする方法についても学びました。これまでは、メッセージを`ActorRef`に送信すればそのメッセージに対応した実装が呼び出される、といった形でアクターそのものについてはブラックボックスとして扱ってきました。Akkaの実装の詳細を知る必要がないという事実は、Akkaの最大の強みの1つです。しかし、アクターシステムのパフォーマンスメトリクスをより詳細に制御しなければならないこともあります。この章では、全体のパフォーマンスを向上させるためにAkkaをカスタマイズしたり、設定する方法を学びます。

　パフォーマンスに関する要件はアプリケーションによって異なり、システム内のすべてのコンポーネントがさまざまな相互作用を持っているため、パフォーマンスチューニングは難しくアプリケーションごとに異なる手段を用いる必要があります。一般的なアプローチでは、遅い箇所を特定し、その理由を探ります。この章では、アクターが動作するディスパッチャーの設定を行うことでパフォーマンスを向上させることに焦点を当てます。

　この章は次のように進めます。

1. パフォーマンスチューニングと重要なパフォーマンスメトリクスについて簡単に紹介する
2. 独自のメールボックスとアクターのトレイトを作成し、システム内のアクターを計測する。どちらの方法も問題箇所を見つけるための統計的なメッセージを作成する

449

第16章 パフォーマンスTips

3. 問題の解決を行う。あるアクターを改善するために使えるさまざまな手段を説明する

4. 時にはリソースをより効率的に使うだけでよい場合もある。最終節では、スレッドの利用に焦点を当てる。まず、スレッドの使い方で問題があるところを検出する方法について説明し、その後、アクターが使用するディスパッチャーの設定を変更して、さまざまな解決法を検討する。次に、同じスレッド上で複数のメッセージを一度に処理するようにアクターを設定する方法について説明する。この構成の変更は公平性とパフォーマンス向上のトレードオフになることがあることについて述べる

5. 最後に、スレッドプールを複数に分割したり、動的なスレッドプールを利用するために、独自のディスパッチャーを作成する方法を紹介する

16.1 パフォーマンス解析

パフォーマンスの問題に対処するには、問題がどのように発生し、各パーツがどのように相互作用するかを理解する必要があります。このメカニズムが理解できると、どのようにシステムの分析を行えば良いかがわかるため、パフォーマンスの問題を特定して解決できるようになります。本節では、どのメトリクスがシステム全体のパフォーマンスで重要な役割を果たしているかを判断します。これにより、パフォーマンスの問題を解決するヒントが得られるでしょう。

まず、システムのどの部分がパフォーマンスの問題を抱えているかを特定し、次に最も重要なパフォーマンスのメトリクスや用語を説明します。

16.1.1 システムのパフォーマンス

システム内にある非常にたくさんの相互作用の中からどの部分がパフォーマンスを制限しているのかを特定することは困難ですが、多くの場合、システム全体のパフォーマンスに影響するのはたいていごく一部です。ここでも「パレートの法則」（「80：20法則」としてよく知られています）が成り立っています。この法則によれば、全体の80パーセントのパフォーマンスはシステム内のたった20パーセントの部分から制限を受けているのです。この事実には良い点と悪い点があります。良い点は、少しシステムを修正すればパフォーマンスを改善できるかもしれないということです。悪い点はたったの20パーセントに過ぎない部分の変更がパフォーマンスに影響を及ぼすかもしれないということです。システム全体のパフォーマンスを制限しているこのような部分は**ボトルネック**と呼ばれます。

第8章で用いたパイプ＆フィルターパターンの簡単な例を見てみましょう。スピード違反を監視するカメラの例で、**図16.1**のように2つのフィルターを使ってパイプラインを作りました。

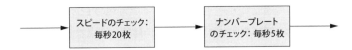

● 図16.1　ボトルネックを抱えたパイプライン

　このシステムでボトルネックを特定するのは簡単です。「ナンバープレートのチェック」ステップでは1秒間に5枚の画像しか処理できませんが、最初のステップでは1秒間に20枚処理できます。パイプライン全体のパフォーマンスが1つのステップで決まることがわかります。つまり、このシステムのボトルネックは「ナンバープレートのチェック」ステップです。

　システムが単純に毎秒2枚の画像を処理すればよいのであれば、計算量もデータの容量ともに余裕があるため、パフォーマンス上の問題は起きません。システムでパフォーマンスを制約する部分は常に存在しますが、ビジネスの要件をシステムの制約によって満たせなくなった場合のみボトルネックが発生したと言えます。

　したがって、基本的にはパフォーマンス要件が満たされるまでボトルネックの解消を続けることになりますが、考慮しなければならないことがあります。最初にボトルネックを解消した際は大幅な改善がもたらされますが、それ以降は改善できる度合いが少なくなります（収穫逓減の法則）。

　これは、システムに変更を加えるたびにリソース消費のバランス調整が行われることで、すべてのリソース使用率が限界に達するためです。**図16.2**を見ると、ボトルネックが解消されたときにパフォーマンスが限界に達することがわかります。この制限を超えるパフォーマンスが必要な場合は、スケーリングなどでリソースを増やす必要があります。

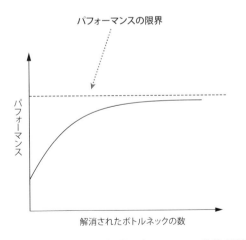

● 図16.2　ボトルネックの解消とパフォーマンス改善の関係

第16章 パフォーマンス Tips

これもまた、要件の達成に労力を集中させるべき理由の1つです。メトリクスに関する研究の最も一般的な結論は、プログラマーは (ユーザー体験の観点から見て) システム全体のパフォーマンスにほとんど影響を与えないものを最適化する傾向があることです。Akkaでは (プログラムされる) モデルを要件に近づけることによってこの問題に対処します。

実際に、ナンバープレートのチェックやスピード違反のチェックといった話に直接あてはめて話をしてきました。

ここまでは一般的なパフォーマンスについて話してきましたが、パフォーマンス上の問題には2種類あります。

- **スループットが低すぎる** —— ナンバープレートのチェックを行うステップの許容量が少なかったように、リクエストをさばける量が少なすぎる場合
- **レイテンシーが大きすぎる** —— 各リクエストの処理に時間がかかりすぎる場合。たとえば、リクエストされた Web ページのレンダリングに時間がかかりすぎる、など

このような問題を抱えている場合、ほとんどの人がいずれもパフォーマンス上の問題と呼びますが、それぞれの問題を解決するためにかかる時間には大きな差があります。スループットの問題は通常スケーリングによって解決できますが、レイテンシーの問題は一般的にアプリケーションの設計変更が必要です。16.3節では、アクターで起きたパフォーマンス上の問題を解決することに焦点を当てます。この節では、ボトルネックに対処することでパフォーマンスを向上させる方法を紹介します。しかしまず、パフォーマンス上の問題の要因とパラメータについてもう少し詳しく知る必要があります。ここまではスループットとレイテンシーについて見てきましたが、さらに詳しい説明の後、他のパラメータについても見ていきます。16.3節で改善に取り組む頃には、何がパフォーマンスに影響するのかよく理解できていることでしょう。

我々のシステムはクラスと関数の組み合わせではなく、アクターとメッセージの組み合わせで作られています。そのため、パフォーマンスについてすでにわかっていることをAkkaにも適用してみましょう。

16.1.2　性能パラメータ

コンピューターシステムの性能特性を調査するという問題には、たくさんの用語が出てきます。まず、**図16.3**に示すようなメールボックスを1つ持つアクターの例を使って、特に重要な用語について簡単に説明します。この図は、到着率、スループット、サービス時間という3つパフォーマンスメトリクスを示しています。

到着率 (arrival rate) とは、期間中に到着するジョブまたはメッセージの数です。たとえば、2秒間の観測期間中に8つのメッセージが到着した場合、到着率は4メッセージ／秒になります。

スループット (throughput) は一定期間内に完了したメッセージの数で、前節にも出てきた

16.1 パフォーマンス解析

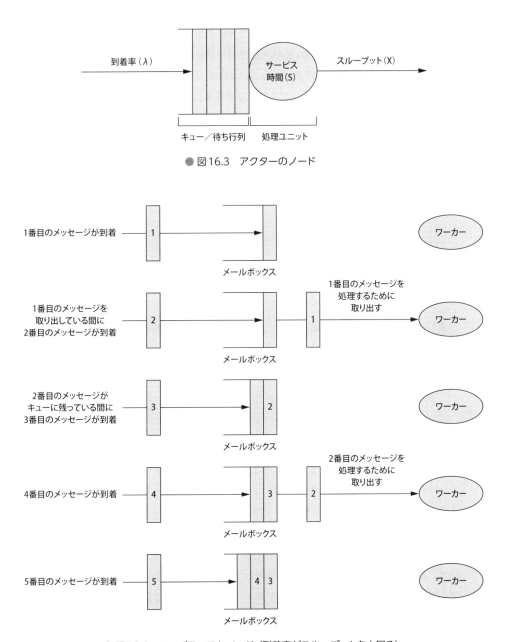

● 図16.3　アクターのノード

● 図16.4　アンバランスなノード（到着率がスループットを上回る）

メッセージの処理速度です。これまでのパフォーマンスチューニングの話を知らなくても、ネットワークパフォーマンスは正常に処理されたパケット数で計測するので、ほとんどの人はこの用語を理解できるでしょう。**図16.4**の一番上のように、システムのバランスがとれている場合は何も待たずに到着したすべてのジョブを処理できます。これは、到着率がスループットと同じ（または少なくともそれを超えていない）ということです。システムのバランスが取れていないときは、**図16.4**の下のように、すべてのワーカーが忙しいため待たされることになります。このように考えれば、実際にはメッセージ指向システムもスレッドプールとなんら変わりありません（後ほど説明します）。

　ワーカーに空きがない場合、ノードはメッセージが到着する速度に追いつくことができず、メッセージはメールボックスに蓄積されます。古典的なパフォーマンスの問題ですが、待ちがなくなることを目指したいわけではないと認識することが重要です。システムに待ちがまったくないということは、結局何もしていないワーカーがいるということです。少し待ちのある状態が最適なパフォーマンスです。つまり、タスクが完了したときに、ほんの少しだけ待ったタスクをすぐに取ってこれる状態です。

　図16.3の最後のパラメータは**サービス時間** (service time) です。サービス時間は単一のジョブを処理するのに必要な時間です。**サービス率** (service rate) はあるサービス時間 (S) 中に処理されたジョブの平均数 μ で、以下のように表現できます。

$$\mu = 1 / S$$

　レイテンシー（latency）はサービスの開始から終了までの時間なので、サービス時間はレイテンシーと密接な関連があります。サービス時間とレイテンシーの違いは、メールボックス内でメッセージが待機する時間の有無です。メッセージが他のメッセージが完了するまでメールボックスで待機する必要がない場合、サービス時間はレイテンシーと同じです。

　パフォーマンス分析でよく使用する最後の用語は、**使用率** (utilization) です。これは、ノードがメッセージを処理している時間の割合です。プロセスの使用率が50パーセントの場合、プロセスはその時間の50パーセントは処理しており、その時間の50パーセントはアイドル状態になっています。使用率を見ることで、システムが限界に達するまでの余裕がどれだけあるかがわかります。使用率が100パーセントに達すると、システムは非平衡または飽和状態になります。これは、需要が少しでも増えると待ち時間が即座に発生してしまうからです。

　ここで紹介したのは、パフォーマンスに関係する最も重要な用語です。注意深い方であれば、キューのサイズがパフォーマンスに問題があることを示す重要な指標であるということに気づいたかもしれません。キューサイズが大きくなったということは、アクターが飽和してシステム全体が停滞していることを意味します。

　さまざまなパフォーマンスメトリクスの意味と、それらの関係がわかったため、これからパ

フォーマンスの問題に取り組んでいくことができます。最初のステップでは、どのアクターにパフォーマンスの問題があるのか調査します。次節では、アクターシステムのボトルネックを見つけるための計測にどのような方法があるのかを紹介します。

16.2　アクターのパフォーマンス計測

　システムのパフォーマンスを向上させる前に、システムの振る舞いを知る必要があります。16.1.1項で見たように、問題の箇所を修正するには、どの部分に問題があるのかを知る必要があります。このためにまず、システムの計測を行う必要があります。増加するキューのサイズと使用率は、パフォーマンス上の問題を抱えているアクターの重要な指標であることがわかっています。アプリケーションからその情報をどうやって取得すればよいでしょうか？　本節では、独自にパフォーマンスを計測する方法を例示します。

　メトリクスにはキューサイズと使用率があるので、データを2つのコンポーネントに分けることができます。キューサイズはメールボックスから取得し、使用率は処理ユニットの統計から取得します。**図16.5**は、メッセージがアクターに送られて処理される際に重要な時間に関するものです。

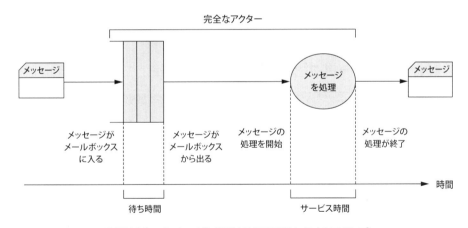

● 図16.5　メッセージを処理する際の重要なタイムスタンプ

　これをAkkaのアクターに適用するには、Akkaのメールボックスから次のデータを取得する必要があります。

- メッセージを受信し、メールボックスに追加されたのはいつか
- メールボックスから取り出され、処理ユニットに渡されたのはいつか
- メッセージが処理され、処理ユニットを出たのはいつか

第16章　パフォーマンスTips

　各メッセージに対してこれらの時間を計測できれば、システムを分析するために必要なすべてのパフォーマンスメトリクスを取得できます。たとえば、レイテンシーは、到着時間と退出時間との差です。本節では、この情報を取得する例を作成します。まず、メールボックス内のメッセージをトレースするのに必要なデータを取得する独自のメールボックスを作成します。次に、receiveメソッドの統計をとるためのトレイトを作成します。どちらの例も、Akkaの EventStreamに統計情報を送信します。必要に応じて、これらのメッセージをログに記録したり、なんらかの処理を最初に行ったりできます。この統計メッセージをどのように収集するかは本書では説明していませんが、皆さんが現在持っている知識を使って自分で実装することは難しくないでしょう。

---

memo　マイクロベンチマーキング

　パフォーマンス上の問題を発見する際の一般的な問題は、パフォーマンスに影響を与えずに計測するコードを追加するにはどうすれば良いかということです。

　デバッグのためにprintln文をコードに加えるのと同じように、System.currentTimeMillis を使ってタイムスタンプを計測することは、多くの場合に問題の概略を調べるのに簡単な方法です。しかし、それは単にそこまでの話です。

　よりきめ細かいマイクロパフォーマンステストが必要な場合は、JMH（http://openjdk.java. net/projects/code-tools/jmh/）のようなマイクロベンチマークツールを使用してください。

16.2.1　メールボックスのデータ収集

　ここでは、メールボックスの最大キューサイズと平均待ち時間を計測します。これを行うには、メッセージがいつキューに到達し、いつキューから出ていくかを知る必要があります。まず、独自のメールボックスを作成しましょう。このメールボックスでは、EventStreamを通じて収集したデータのボトルネックを検出するために必要なパフォーマンスの統計データに変換するアクターに送信します。

　独自のキューを作成して使用するには、メールボックスとして使用するメッセージキューと必要に応じてメールボックスを作成するファクトリークラスが必要です。**図16.6**はこのメールボックスのクラス図です。

　Akkaのディスパッチャーは、ファクトリークラス（MailboxType）を使って新しいメールボックスを作成します。MailboxTypeを切り替えることで、別のメールボックスを作成できます。独自のメールボックスを作成する場合は、MessageQueueとMailboxTypeを実装する必要があります。では、メールボックスの作成を行ってみましょう。

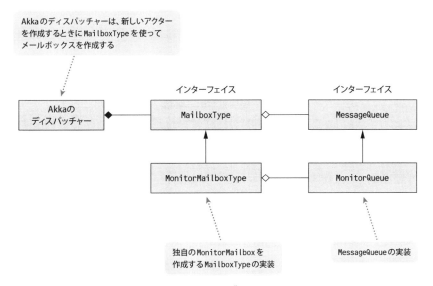

● 図16.6 独自のメールボックスのクラス図

独自のメールボックスの作成

独自のメールボックスを作成するには、`MessageQueue`トレイトを実装します。

- `def enqueue(receiver: ActorRef, handle: Envelope)` ── このメソッドは、Envelopeを追加するときに呼び出される。Envelopeには、送信者と実際のメッセージが含まれる
- `def dequeue(): Envelope` ── キューから次のメッセージを取り出すのに使用する
- `def numberOfMessages: Int` ── このキューが現在保持しているメッセージの数を返す
- `def hasMessages: Boolean` ── キューにメッセージがあるかどうかを返す
- `def cleanUp(owner: ActorRef, deadLetters: MessageQueue)` ── メールボックスが破棄されたときに呼び出される。通常、残りのすべてのメッセージをデッドレターキューに転送することが期待される

ここでは、`MonitorMailboxType`が作成する独自の`MonitorQueue`を実装します。しかしまず、`MailboxStatistics`という統計を計算するのに必要なトレースデータを含むケースクラスを定義します。それから、**リスト16.1**に示すように、メールがメールボックスで待機している間にトレースデータを格納するために使用する`MonitorEnvelope`を定義します。

リスト16.1 メールボックスの統計情報の格納に使用するデータコンテナ

```
case class MonitorEnvelope(queueSize: Int,
                           receiver: String,
```

```
                    entryTime: Long,
                    handle: Envelope)     ← ── トレースデータを送信するためのメッセージ

case class MailboxStatistics(queueSize: Int,
                             receiver: String,
                             sender: String,
                             entryTime: Long,
                             exitTime: Long)  ← ── トレースデータを収集するためのEnvelope
```

`MailboxStatistics`クラスの`receiver`は監視対象のアクターです。`entryTime`はメッセージの到着時刻、`exitTime`はメールボックスから出ていった時刻です。統計的に計算できるので`queueSize`は必要ありませんが、このほうが簡単なので現在のスタックサイズを入れることにします。

`MonitorEnvelope`にある`handle`プロパティはAkkaフレームワークから受け取ったオリジナルの`Envelope`です。

`MonitorQueue`のコンストラクターは`system`パラメータを取得するため、`EventStream`に到達できます（**リスト16.2**を参照してください）。また、このキューがサポートするセマンティクスも定義する必要があります。システム内のすべてのアクターにこのメールボックスを使用したいので、`UnboundedMessageQueueSemantics`と`LoggerMessageQueueSemantics`を追加します。後者は、Akkaの内部でロギングに使用されるアクターがこれらのセマンティクスを必要とするため、必要です。

リスト16.2 MessageQueueトレイトの継承とセマンティクスのミックスイン

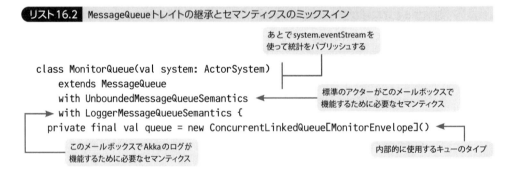

> **memo** 特定のMessage Queueセマンティクスを持つメールボックスの選択
>
> セマンティックトレイトは単なるマーカートレイトです（メソッドがありません）。この使用例では独自のセマンティクスを定義する必要はありませんが、アクターが`RequiresMessageQueue`を使って特定のセマンティクスを要求することがあるため、場合によっては便利なこともあります。たとえば、`DefaultLogger`は`RequiresMessageQueue[LoggerMessageQueueSemantics]`トレイトをミックスインしていて`LoggerMessageQueueSemantics`を必要とします。`akka.actor.`

16.2　アクターのパフォーマンス計測

`mailbox.requirements`という設定を使って、メールボックスをセマンティクスに関連付けることもできます。

リスト16.3に、enqueueメソッドを実装します。このメソッドは、`MonitorEnvelope`を作成し、それをキューに追加します。

リスト16.3 MessageQueueトレイトのenqueueメソッドの実装

```scala
def enqueue(receiver: ActorRef, handle: Envelope): Unit = {

  val env = MonitorEnvelope(
    queueSize = queue.size() + 1,
    receiver = receiver.toString(),
    entryTime = System.currentTimeMillis(),
    handle = handle
  )

  queue add env
}
```

キューにはまだこの新しいメッセージを追加していないため、queueSizeは現在のサイズに1を加えたものです。続いてdequeueメソッドを実装します。dequeueはポーリングしたメッセージが`MailboxStatistics`インスタンスであるかどうかをチェックします。ここでは、すべてのメールボックスに対して`MonitorQueue`を使用するため、メッセージが`MailboxStatistics`だった場合はスキップします。そうしないと、統計を集めるときに`MailboxStatistics`メッセージが再帰的に作成されます。

リスト16.4は、dequeueメソッドの実装です。

リスト16.4 MessageQueueトレイトのdequeueメソッドの実装

```scala
def dequeue(): Envelope = {
  val monitor = queue.poll()
  if (monitor != null) {
    monitor.handle.message match {
      case stat: MailboxStatistics => // メッセージをスキップ
      case _ => {
        val stat = MailboxStatistics(
          queueSize = monitor.queueSize,
          receiver = monitor.receiver,
          sender = monitor.handle.sender.toString(),
          entryTime = monitor.entryTime,
          exitTime = System.currentTimeMillis())
        system.eventStream.publish(stat)
      }
```

メッセージの再帰的な送信を避けるためにMailboxStatisticsをスキップする

イベントストリームにMailboxStatisticsを送信

459

第16章　パフォーマンスTips

```
    }
    monitor.handle   ←────────── 元のエンベロープをAkkaシステムに返す
  } else {
    null   ←────────────────── 待機中のエンベロープがない場合はnullを返す
  }
}
```

　通常のメッセージを処理するときには、`MailboxStatistics`を`EventStream`にパブリッシュします。メッセージがないときは、メッセージがないことを示すために`null`を返す必要があります。たくさんの機能を実装しましたが、`MessageQueue`のトレイトで定義されている他のサポートメソッドも実装しておきましょう（**リスト16.5**）。

リスト16.5　MessageQueueトレイトの実装を完成させる

```
def numberOfMessages = queue.size   ←──── キュー内のエンベロープの数を返す
def hasMessages = !queue.isEmpty   ←───┐
                                        └─ hasMessagesの実装

def cleanUp(owner: ActorRef, deadLetters: MessageQueue): Unit = {   ←──┐
  if (hasMessages) {
    var envelope = dequeue               クリーンアップ時に、待機中の
    while (envelope ne null) {           すべてのメッセージをデッドレ
      deadLetters.enqueue(owner, envelope)   ターキューに送信する
      envelope = dequeue
    }
  }
}
```

`dequeue`を呼び出したときに統計が作成されます。

これで次に説明するファクトリークラスで使うメールボックスの準備ができました。

▌ MailboxType の実装

　実際のメールボックスを作成するファクトリークラスは、`MailboxType`トレイトを実装します。このトレイトには1つのメソッドしかありませんが、実装するときには`MailboxType`のインターフェイスの一部としてコンストラクターを設けておくことを考慮する必要があります。インターフェイスは次のようになります。

- `def this(settings：ActorSystem.Settings, config：Config)` —— `MailboxType`を作成するためのコンストラクター
- `def create(owner：Option[ActorRef], system： Option [ActorSystem]): MessageQueue` —— 新しいメールボックスを作成するために使用する

460

独自のメールボックスを使用する場合は、このインターフェイスを実装する必要があります。**リスト16.6**はこのメールボックスの実装です。

リスト16.6 独自のメールボックスを使用した`MailboxType`の実装

```
class MonitorMailboxType(settings: ActorSystem.Settings, config: Config)
    extends akka.dispatch.MailboxType
    with ProducesMessageQueue[MonitorQueue]{      ← Akkaが期待するコンストラクターを実装する

  final override def create(owner: Option[ActorRef],
                            system: Option[ActorSystem]): MessageQueue = {
    system match {
      case Some(sys) =>
        new MonitorQueue(sys)      ← MonitorQueueを作成し、アクターシステムを渡す
      case _ =>
        throw new IllegalArgumentException("requires a system")   ← ActorSystemがない場合、MessageQueue
      }                                                             を作成して使用することはできない
    }
  }
}
```

メールボックスを動作させるために`ActorSystem`が必要なので、`ActorSystem`を取得できないときは例外をスローします。独自のメールボックスの実装ができたので、次にAkkaフレームワークからこのメールボックスを利用できるように設定します。

メールボックスの設定

`application.conf`の設定を変更することで利用するメールボックスを変えることができます。メールボックスの指定方法は何通りかあります。メールボックスの型は使用するディスパッチャーの型によって決まるので、新たなディスパッチャーに独自のメールボックスの型を使用させるようにします。`application.conf`でメールボックスの型を指定し、アクターを生成するときにそのディスパッチャーを使用します。以下のコードを確認してください。

```
my-dispatcher {
  mailbox-type = aia.performance.monitor.MonitorMailboxType   ← ディスパッチャーのメールボック
}                                                                スの型をapplication.confで設定

val a = system.actorOf(
  Props[MyActor].withDispatcher("my-dispatcher")   ← 設定を行ったディスパッ
)                                                     チャーを使用するようにする
```

これ以外にも独自のメールボックスを使う方法があります。この方法を用いるとメールボックスは指定したディスパッチャーに紐付けられますが、アクターの生成を行うコードを変えずにデ

第16章　パフォーマンスTips

フォルトで使用するメールボックスを変更することもできます。デフォルトディスパッチャーが使用するメールボックスを変更するには、設定ファイルに次の行を追加します。

```
akka {
  actor {
    default-mailbox {
      mailbox-type = "aia.performance.monitor.MonitorMailboxType"
    }
  }
}
```

この方法では、すべてのアクターが独自のメールボックスを使用します。それでは、意図した設計どおりに動作するかどうかを確認してみましょう。

メールボックスをテストするにはアクターを監視できるようにしておく必要があります。メッセージの処理を簡単にシミュレートするために、一定の遅延が発生するアクターを作成します。この遅延はパフォーマンスメトリクスのサービス時間を表現しています。

```
class ProcessTestActor(serviceTime:Duration) extends Actor {
  def receive = {
    case _ => {
      Thread.sleep(serviceTime.toMillis)
    }
  }
}
```

アクターを監視できるようにしたので、このアクターにいくつかメッセージを送信してみましょう（**リスト16.7**）。

リスト16.7　独自のメールボックスのテスト

```
val statProbe = TestProbe()
system.eventStream.subscribe(
  statProbe.ref,
  classOf[MailboxStatistics])
val testActor = system.actorOf(Props(          ← アクターの生成
  new ProcessTestActor(1.second)), "monitorActor2")
statProbe.send(testActor, "message")           ← メッセージを3つ送信する
statProbe.send(testActor, "message2")

statProbe.send(testActor, "message3")
val stat = statProbe.expectMsgType[MailboxStatistics]

stat.queueSize must be(1)
val stat2 = statProbe.expectMsgType[MailboxStatistics]
```

```
stat2.queueSize must (be(2) or be(1))
val stat3 = statProbe.expectMsgType[MailboxStatistics]

stat3.queueSize must (be(3) or be(2))  ←── キューから最初のメッセージがすでに削除されてい
                                            ることもあるため、キューサイズは3または2になる
```

ご覧のとおり、EventStreamから各メッセージのMailboxStatisticsが得られます。これで、アクターのメールボックスをトレースできるようになりました。メールボックスのトレースデータをEventStreamに送信する独自のメールボックスを作成しました。このメールボックスを使用するにはファクトリークラスとMailboxTypeが必要です。そして、設定ファイルで新しいアクターがメールボックスを作成する際に使用するファクトリークラスを指定します。メールボックスをトレースできるようになったので、メッセージの処理について考えていきましょう。

16.2.2　処理データの収集

アクターのreceiveメソッドをオーバーライドすることでパフォーマンスをトレースするために必要なデータを取得できます。この例では、監視を行うために元のアクターのコードを変更する必要があり、変更することなく機能を追加できたメールボックスの例と比べて少し面倒です。次の例に進む前に、まずはトレースしたいすべてのアクターにトレイトを追加する必要があります。それでは、あらためて統計メッセージの定義を確認しておきましょう。

```
case class ActorStatistics(
  receiver: String,
  sender: String,
  entryTime: Long,
  exitTime: Long)
```

receiverは監視対象のアクターで、統計にはメッセージを受け取った時間と応答を返した時間が含まれます。また、処理したメッセージについてより多くの情報を提供するsenderを追加しますが、リスト16.8の例ではこれを使用しません。これでActorStatisticsの準備ができたので、receiveメソッドをオーバーライドするトレイトを作成して機能追加をしましょう。

リスト16.8 アクターのreceiveメソッドのトレース

```
trait MonitorActor extends Actor {

  abstract override def receive = {
    case m: Any => {
      val start = System.currentTimeMillis()
      super.receive(m)  ←──────────────── アクターのreceiveメソッドを呼び出す
      val end = System.currentTimeMillis()

      val stat = ActorStatistics(  ←──── 統計を作成し送信する
```

463

第16章　パフォーマンスTips

```
        self.toString(),
        sender.toString(),
        start,
        end)
      context.system.eventStream.publish(stat)
    }
  }
}
```

abstract overrideという宣言を使って、アクターとAkkaフレームワークの間に処理を挟みます。このようにすると、メッセージの処理の開始時刻と終了時刻を取得できます。処理が完了すると、ActorStatisticsというメッセージを作成し、イベントストリームにパブリッシュします。

ここで記述した処理を利用するには、アクターを生成するときにトレイトを単にミックスインするだけです。

```
val testActor = system.actorOf(Props(
  new ProcessTestActor(1.second) with MonitorActor)
  ,"monitorActor")
```

ProcessTestActorにメッセージを送信すると、EventStreamにActorStatisticsメッセージが送信されます（**リスト16.9**）。

リスト16.9 MonitorActorトレイトのテスト

```
val statProbe = TestProbe()
system.eventStream.subscribe(
  statProbe.ref,
  classOf[ActorStatistics])

val testActor = system.actorOf(Props(        ← MonitorActorトレイトをミック
  new ProcessTestActor(1.second) with MonitorActor)   スインしてアクターを生成する
  ,"monitorActor")

statProbe.send(testActor,"message")

val stat = statProbe.expectMsgType[ActorStatistics]
stat.exitTime -
  stat.entryTime must be (1000L plusOrMinus 10)   ← 指定されたサービス時間との
                                                      誤差が1秒以内であること
```

期待どおり、処理時間（終了時間から入力時間を差し引いた時間）は、テストアクターで設定したサービス時間に近くなります。

これでメッセージの処理をトレースできるようになりました。トレースデータを作成し、そのデータをEventStreamに送信するトレイトを使って、データを分析し、パフォーマンスに問題が

464

あるアクターを見つけることができます。ボトルネックが見つかれば問題を解決できます。次節ではボトルネックに対処するさまざまな方法を検討します。

16.3 ボトルネックへの対処によるパフォーマンス改善

システムのパフォーマンスを向上させるには、とにかくボトルネックのパフォーマンスを改善しなければなりません。解決策は複数ありますが、大きく分けてスループットを向上させるものと直接レイテンシーを改善させるものがあります。要件や現在の実装を考慮して最適なもの選択するようにします。アクター間で共有しているリソースがボトルネックの場合、システムにとって最も重要なタスクがリソースを利用できるようにして、それほど重要ではないタスクは待たせるようにします。このようなチューニングには常にトレードオフがありますが、リソースがボトルネックではない場合はシステムに手を加えることでパフォーマンスを向上させることができます。

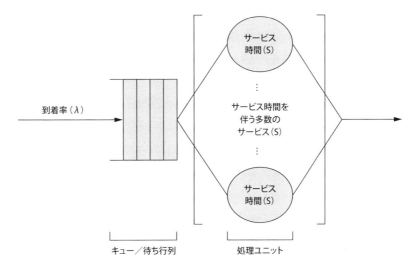

● 図16.7　ノードのパフォーマンスパラメータ

図16.7はあるノードのキューの処理を図示したものですが、ノードはキューと処理ユニットという2つの部分に分かれています。また、16.1.2項で到着率とサービス時間という2つのパフォーマンスパラメータを取り上げました。アクターのインスタンス数を増やすためにサービス数という3つ目のパラメータを追加します。実はこれがスケールアップです。アクターのパフォーマンスを改善するために、以下の3つのパラメータを変更できます。

- **サービス数** —— サービス数を増やすと、ノードのスループットが向上する

第16章 パフォーマンス Tips

- **到着率** —— 処理するメッセージの数を減らすことで、到着率を維持しやすくなる
- **サービス時間** —— 処理を高速化するとレイテンシーが改善し、より多くのメッセージを処理できるようになり、スループットも向上する

　パフォーマンスを向上させるにはこれらのパラメータのうち1つ以上を変更する必要があります。最も一般的なのはサービス数を増やすことです。スループットに問題があり、プロセスがCPUの制約を受けていない場合は機能します。タスクが大量のCPUを使用する場合はサービスを追加するとサービス時間が長くなる可能性があります。これらのサービス同士でCPUの競合が起きることによって全体のパフォーマンスが低下することがあります。

　処理する必要があるタスクの数を減らすことでパフォーマンスを向上させることもできます。このアプローチは見落としがちですが、到着率を下げることによって、簡単な修正で劇的な改善につながる可能性があります。ほとんどの場合、この修正はシステムの設計を変更する必要があります。しかし、これは必ずしも難しいことではありません。実際、8.1.2項ではパイプ＆フィルターパターンを用いて2つのステップの順序を変更するだけでパフォーマンスが大幅に向上しました。

　最後のアプローチはサービス時間の短縮です。このアプローチはスループットを向上させ、応答時間を短縮するので必ずパフォーマンスが向上します。機能を維持する必要があり、ステップを省略してサービス時間を短縮するのは難しいことが多いので、このアプローチは最も困難です。アクターがブロッキングコールを使用しているかどうかをチェックしてみる価値があるでしょう。ブロッキングコールはサービス時間を長くし、修正自体は容易なことが多いです。イベント駆動でノンブロッキングな呼び出しを行うようにアクターを修正します。サービス時間を短縮するもう1つの方法は、処理を並列化することです。タスクを分割して複数のアクターに分配し、第8章で紹介したスキャッタギャザーパターンなどを使ってタスクを並列処理するようにします。

　しかし、CPU、メモリー、ディスク使用量などのサーバーのリソースが問題の場合、他の変更によってパフォーマンスを向上できることもあります。これらのリソースの使用率が80パーセント以上であれば、システムの足を引っ張っている可能性があります。システムで利用可能なリソース以上のリソースを使用しようとしているかもしれないからです。この問題は、より大きくて高速なプラットフォームを購入したりスケールアウトすることで解決できます。このアプローチは設計変更が必要になることがありますが、Akkaの場合、第14章で示したようにクラスターを使うことができるので、スケールアウトは必ずしも大きな問題にはなりません。

　しかし、リソースの問題は必ずしもリソースを追加することで解決できるとは限りません。持っているリソースをより賢明に使うべきこともあります。たとえば、スレッド数が多すぎたり少なすぎたりすることによって問題が起こることもあります。この場合、Akkaフレームワークの設定を変更し、利用可能なスレッドをより効率的に使うことで解決できます。次節では、Akkaのスレッ

466

ドプールを調整し、各タスクに1つのスレッドを割り当てることでコンテキストスイッチを減らす方法を学習します

16.4 ディスパッチャーの設定

第1章で、メールボックス内の未処理のメッセージに対してディスパッチャーがアクターにスレッドを割り当てると述べました。これまでは、ディスパッチャーの詳細について述べてきませんでした（第9章でルーターの初期動作の変更に利用しましたが）。ほとんどの場合、ディスパッチャーのインスタンスは複数のアクターで共有されます。設定を変更することでデフォルトのディスパッチャーを使ったり、別の新しいディスパッチャーを使ったりできます。本節はスレッドプールの問題を理解することから始めます。次に複数のアクターが使用する新しいディスパッチャーを作成します。それから、スレッドプールの変更をしたり、他のエグゼキューターを用いて動的にスレッドプールのサイズを変更する方法を学びます。

16.4.1 スレッドプールの問題の識別

第9章では`Balancing-Dispatcher`を使用するようにアクターの動作を変更できることがわかりました。しかし、パフォーマンスを改善するためにデフォルトのディスパッチャーに対して設定できることはもっとたくさんあります。簡単な例を確認しておきましょう。**図16.8**はメッセージのレシーバーと100個のワーカーがいることを示しています。

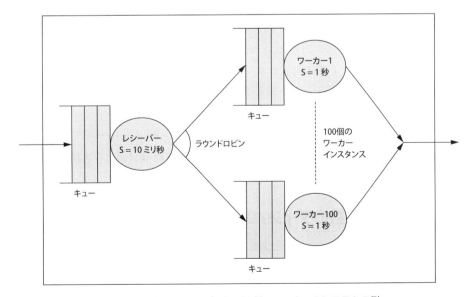

● 図16.8　1個のレシーバーと100個のワーカーのシステムの例

第16章　パフォーマンスTips

メッセージのレシーバーのサービス時間は10ミリ秒で、100個のワーカーのサービス時間は
それぞれ1秒です。つまり、システムの最大スループットは100件／秒になります。この例を
Akkaで実装すると、予想外の結果が得られます。到着率が66メッセージ／秒の場合を考えて
みましょう。前述したリソース使用率のしきい値である80％を下回り、システムが何か異常を抱
えているわけではありません。しかし、メトリクスをよく観察するとキューのサイズが時間ととも
に増加しています（**表16.1**の2列目を確認してください）。

● 表16.1　この例のメトリクス収集結果

期間番号	レシーバー：最大メールボックス数	レシーバー：使用率	ワーカー1：最大メールボックス数	ワーカー1：使用率
1	70	5パーセント	1	6パーセント
2	179	8パーセント	1	6パーセント
3	285	8パーセント	1	10パーセント
4	385	7パーセント	1	6パーセント

これらの数字によると、レシーバーは、次のメッセージが到着するまでの間にメッセージの処
理を完了していないことがわかります。サービス時間が10ミリ秒でメッセージの間隔が15ミリ
秒であるにもかかわらず、処理が完了していないのは奇妙です。何が起きているのでしょうか？
パフォーマンスのメトリクスの議論の中で、アクターがボトルネックになるとキューサイズが大
きくなり、使用率が100パーセントに近づくという話がありました。しかし、この例では、キュー
のサイズは増えているものの、使用率は6パーセント程度です。これはアクターが何かを待って
いるということなので、アクターを処理するスレッドの数が問題になります。デフォルトで使用
可能なスレッドの数は、サーバー内で使用可能なプロセッサーの数の3倍です（最小8個、最
大64個のスレッド）。この例では、2つのコアプロセッサーを使用しているため、最小のスレッ
ド数である8スレッドが使用可能です。8つのワーカーがメッセージ処理によりビジー状態の場
合、メッセージのレシーバーはどれか1つのワーカーが処理を終了するまで待ってから、待機
メッセージを処理できるようになります。

どうやってパフォーマンスを改善すればよいでしょうか？　アクターのディスパッチャーはメッ
セージがあるときにアクターへスレッドを与える責務を負います。この状況を改善するには、ア
クターが使用するディスパッチャーの設定を変更する必要があります。

16.4.2　複数のディスパッチャーインスタンスの使用

設定やディスパッチャーの型を変更することで、ディスパッチャーの振る舞いを変更でき
ます。Akkaのディスパッチャーには、**表16.2**に示すような4種類の組み込み型があります。

16.4 ディスパッチャーの設定

● 表16.2 使用可能な組み込みディスパッチャー

種類	説明	使用例
Dispatcher	デフォルトのディスパッチャーで、アクターをスレッドプールに割り当てる。エグゼキューターを変更できるが、デフォルトは fork-join-executor。このディスパッチャーのスレッドプールサイズは固定	ほとんどの場合、このディスパッチャーを使用する。これまでのほとんどの例もこのディスパッチャーを使用
PinnedDispatcher	このディスパッチャーは、アクターを単一のユニークなスレッドに割り当てる。このディスパッチャーを使用する場合、スレッドはアクター間で共有されない	使用率が高く、新たなスレッドを取得するのを待てないほど処理するメッセージの優先度が高い場合にこのディスパッチャーを使用する。しかし、通常はもっと良い解決策がありうる
BalancingDispatcher	このディスパッチャーは、ビジー状態のアクターからアイドル状態のアクターにメッセージを再分配する	9.1.1項のルーターによる負荷分散の例で、このディスパッチャーを使用
CallingThreadDispatcher	このディスパッチャーは、現在のスレッドを使用してアクターのメッセージを処理する。テストを行うときのみ使用する	TestActorRefを使って単体テストでアクターを作成するときはこのディスパッチャーが使用される

　1つのレシーバーに対して100個のワーカーがある場合、レシーバーのディスパッチャーとしてPinnedDispatcherを使うとよいかもしれません。この場合、レシーバーはスレッドをワーカーと共有しないので、レシーバーがボトルネックになるという問題を解決します。しかし、多くの場合PinnedDispatcherを使用するのは良い解決策ではありません。以前、スレッドプールのスレッドの数を減らすことでスレッドをより効率的に利用できるようになりましたが、この例ではPinnedDispatcherを使用すると、スレッドは33パーセントがアイドル状態になります。しかし、レシーバーとワーカーのスレッドを競争させないという考え方は有用です。同じことを実現するために、ワーカーに対してディスパッチャーの新しいインスタンスを用意して独自のスレッドプールを与えてみましょう。この場合、レシーバーとワーカーにそれぞれに独自のスレッドプールを持つ2つのディスパッチャーが必要です。

　まず、設定ファイルでディスパッチャーを定義し、このディスパッチャーをワーカーに割り当てます（**リスト16.10**）。

リスト16.10 新たなディスパッチャーを定義し使用

```
application.conf:
worker-dispatcher {}  ← application.confに新しいディスパッチャーを用意する

Code:
val end = TestProbe()
val workers = system.actorOf(
  Props(
    new ProcessRequest(1 second, end.ref) with MonitorActor
                                              ワーカーはworker-dispatcherを使用する
    .withDispatcher("worker-dispatcher")  ←
    .withRouter(RoundRobinRouter(nrOfInstances = nrWorkers)
```

469

第16章　パフォーマンスTips

```
  ),
  "Workers"
)
```

以前と同じテストを行うと、結果は**表16.3**のようになります。

● 表16.3　ワーカーとレシーバーのディスパッチャーを分けた場合のメトリクス

期間番号	レシーバー：最大メールボックス数	レシーバー：使用率	ワーカー1：最大メールボックス数	ワーカー1：使用率
1	2	15 パーセント	1	6 パーセント
2	1	66 パーセント	2	0 パーセント
3	1	66 パーセント	5	33 パーセント
4	1	66 パーセント	7	0 パーセント

キューの最大サイズが1で、次のメッセージが到着する前にメッセージが処理されているため、レシーバーは期待どおりに到着するメッセージを処理できています。使用率は66パーセントで、1秒間に各メッセージごとそれぞれ10ミリ秒かけて66個のメッセージを処理しており、まさに期待どおりです。

しかし、5列目の数字はワーカーの処理が追いついていないことを示しています。実際に、計測している間のメッセージを1つも処理できていないことが確認できます（使用率が0パーセント）。つまり、別のスレッドプールを使用することで、問題がレシーバーからワーカーに移っただけです。このような問題はシステムをチューニングするときによく起こります。チューニングはいつもトレードオフがあり、1つのタスクに多くのリソースを割り当てるということは、他のタスクが利用できるリソースが少なくなるということです。大事なことは、重要性が低く、待つことを許容できるタスクが浪費しているリソースを、システムにとってより重要なタスクが利用できるようにするということです。この状況を改善するためにできることはないでしょうか？ ここで得られた結果はどうしようもないものなのでしょうか？

16.4.3　静的なスレッドプールサイズの変更

これまでの例では、スレッドがあまりに少ないため、押し寄せるメッセージをワーカーが処理しきれていませんでした。スレッドの数を増やしてみたらどうなるでしょうか？ それをやってみることは可能ですが、結局はメッセージを処理するのにワーカーがどれだけのCPUを必要としているかに大きく依存してしまいます。

処理がCPUの処理能力に大きく依存している場合、スレッドの数を増やすと全体的なパフォーマンスに悪影響を与えてしまいます。1つのCPUコアが同時に処理できるのは1つのスレッドのみです。複数のスレッドを利用しなければいけない場合、複数スレッド間でコンテキス

470

トを切り替える必要があります。このコンテキストスイッチもまたCPU時間を消費し、スレッドを利用する時間そのものを減らしてしまいます。利用可能なCPUコアに対するスレッド数の割合を大きくしすぎても、パフォーマンス低下を招くだけです。**図16.9**は、指定したCPUコア数のもとでのパフォーマンスとスレッド数との関係を示しています。

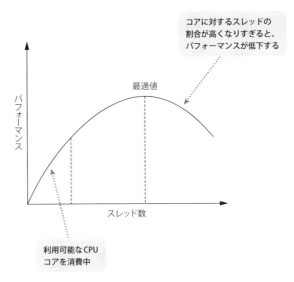

● 図16.9　パフォーマンスとスレッド数

　グラフの最初の部分（最初の縦の点線まで）は、スレッド数が利用可能なコア数に達するまでほぼ線形になっています。スレッド数がそれを超えてもパフォーマンスが上昇していますが、最適値に至るまでの勾配は緩やかになります。それ以降は、スレッド数が増えるにつれパフォーマンスが低下していきます。このグラフは、すべての利用可能なスレッドがCPUの処理能力を必要としていることを前提としています。したがって、スレッド数には常に最適値が存在するわけです。ではスレッド数を増やすべきかどうかはどのように判断したら良いでしょうか？　通常は、プロセッサーの利用状況が手掛かりとなります。使用率が80パーセント以上の場合、スレッド数を増やしてもパフォーマンスの向上にはつながりません。

　CPU使用率が低い場合は、スレッド数を増やすとよいかもしれません。今回の場合、メッセージの処理は主に待機時間です。まず最初にチェックすべきは、待機を避けることができるかどうかということです。この例では、アクターが動作せず、ノンブロッキングコールを使っていないと思われるため、たとえばaskパターンを使うことが手助けとなります。待機問題を解決できない場合、スレッド数を増やすと良いかもしれません。この例ではCPUの処理能力はまったく使っていないので、次の設定例を参考にスレッド数を増やしてみましょう。

　使用するスレッドの数は、ディスパッチャーの設定にあるパラメータを使って調整できます。

第16章　パフォーマンスTips

```
worker-dispatcher {
  fork-join-executor {
    parallelism-min = 8          ←──  最小スレッド数
    parallelism-factor = 3.0     ←──  利用可能なプロセッサーからスレッド数を計算するために必要な因数
    parallelism-max = 64         ←──  最大スレッド数
  }
}
```

　使用スレッド数は利用可能なプロセッサー数に**parallelism-factor**をかけたものになります。しかし、**parallelism-min**を最小値、**parallelism-max**を最大値とします。たとえば、8コアCPUの場合、24スレッド（8×3）が得られます。一方で2コアしか利用できない場合、8スレッドになります。計算した値は6（2×3）ですが、最小値は8だからです。

　ここでは利用可能なコア数に関係なく100スレッドを使いたいため、最小値も最大値もともに100を指定します。

```
worker-dispatcher {
  fork-join-executor {
    parallelism-min = 100
    parallelism-max = 100
  }
}
```

　最後に例を実行してみましょう。受信したメッセージをすべて所定時間内に処理し、ワーカーの使用率も66%なり、キューサイズも1となっていることが**表16.4**で確認できます。

● 表16.4　ワーカーに100スレッド割り当てて計測したメトリクス

期間番号	Receiver： 最大メールボックス数	Receiver： 使用率	Worker 1： 最大メールボックス数	Worker 1： 使用率
1	2	36 パーセント	2	34 パーセント
2	1	66 パーセント	1	66 パーセント
3	1	66 パーセント	1	66 パーセント
4	1	66 パーセント	1	66 パーセント
5	1	66 パーセント	1	66 パーセント

　今回のケースでは、スレッド数を増やすことによりシステムのパフォーマンスを向上させることができました。この例ではワーカーだけが新しいディスパッチャーを使用しています。ここで行う処理は全体に対してほんの一部なので、これはデフォルトディスパッチャーを変更してスレッド数を増やすよりも良いやり方です。デフォルトディスパッチャーのスレッドを増やした場合、他の100個のアクターが同時に動作してしまう可能性があります。アクターはCPUの処理能力に依存しているため、アクティブなスレッドとCPUコアのバランスが崩れることでパフォー

マンスが劇的に低下してしまうかもしれません。ディスパッチャーを分けると、ワーカーのみが多数同時に実行され、他のアクターはデフォルトで利用可能なスレッドのみを使用します。

本項ではスレッド数を増やす方法を確認しましたが、稼働中にワーカーの負荷が劇的に変化する場合などにスレッドサイズを動的に変更したいこともあります。Akkaではこれも実現可能ですが、ディスパッチャーが利用するエグゼキューターに手を加える必要があります。

16.4.4　動的スレッドプールサイズの使用

前項では、あらかじめワーカーの数が固定されていたので、それにあわせてスレッドの数を増やすことができました。しかし、ワーカーの数がシステム実行時の作業負荷に依存する場合、必要なスレッドの数を事前に知ることはできません。たとえば、Webサーバーでリクエストごとにワーカーとしてアクターを生成するような場合です。この場合、ワーカーの数はWebサーバー上の同時ユーザー数によって変わりますが、スレッド数が固定であってもほとんどの場合は問題ありません。

しかし、スレッドプールのサイズを考慮することは重要です。プールサイズが小さすぎると、前節の最初の例のようにリクエストがスレッドを待つことによってパフォーマンスが低下する恐れがあります（**表16.1**を参照）。逆にスレッドプールを大きくしすぎると、リソースを無駄にしてしまいます。ここでもやはりリソースとパフォーマンスの間にトレードオフがあります。しかし、平常時のワーカーの数が低水準で安定していて、大幅に増加することがまれなのら、動的スレッドプールを用いることでリソースを無駄にすることなくパフォーマンスを向上させられます。

動的スレッドプールは、ワーカーの数が増加するとサイズを増やし、スレッドが長時間待機しているときはサイズを減らします。リソースを浪費しないように、サイズを減らしたときには未使用のスレッドがクリーンアップされます。動的スレッドプールを使用するには、ディスパッチャーが使用するエグゼキューターを変更する必要があります。**表16.5**に示すように、エグゼキューターは3種類あります。

● 表16.5　エグゼキューターの設定

エグゼキューター	説明	使用例
fork-join-executor	デフォルトのエグゼキューター	高負荷の場合、thread-pool-executor よりも優れたパフォーマンスを発揮する
thread-pool-executor	標準でサポートされているもう1つのエグゼキューター	動的スレッドプールが必要なときに使用する。fork-join-executor は動的スレッドプールをサポートしていない
完全修飾クラス名（FQCN）	独自の ExecutorServiceConfigurator を作成できる。ExecutorServiceConfigurator は、Executor として使用される Java ExecutorService を作成するファクトリーを返す	組み込みのエグゼキューターで十分でない場合に独自のエグゼキューターを指定する

第16章　パフォーマンスTips

動的スレッドプールが必要な場合は、**thread-pool-executor**を指定します。このエグゼキューターにも設定項目があり、デフォルトの設定は**リスト16.11**のようになっています。

リスト16.11　thread-pool-executorを指定したディスパッチャーの設定

```
my-dispatcher {
  type = "Dispatcher"
  executor = "thread-pool-executor"        ←──── スレッドプールエグゼキューターを使用する

  thread-pool-executor {
    core-pool-size-min =
    core-pool-size-factor = 3.0             最小のスレッドプールサイズを指定。これは、
    core-pool-size-max = 64                 fork-joinの並列処理の設定と同じように機能する

    max-pool-size-min = 8
    max-pool-size-factor = 3.0              スレッドプールの最大サイズを指定
    max-pool-size-max = 64

    task-queue-size = -1     ←────          スレッドプールサイズを増加させる前の待機スレッド要求のサイズを
                                            設定する。-1は無制限でスレッドプールを増やさないことを意味する

    # 使用するタスクキューの種類を指定
    # 「array」または「linked」（デフォルト）を指定可能
    task-queue-type = "linked"

    # スレッドのキープアライブ時間
    keep-alive-time = 60s    ←────          クリーンアップ前のスレッドがアイドル状態になる時間

    # コアスレッドのタイムアウトを許可
    allow-core-timeout = on
  }
}
```

最小スレッドプールサイズと最大スレッドプールサイズは、16.4.1項の**fork-join-executor**で示したように計算されます。動的スレッドプールを使用する場合は、**task-queue-size**を設定する必要があります。これは、現在のスレッド数よりスレッド要求が多い場合に、プールのサイズをどれだけ早く増やすかを定義します。デフォルトの値は無制限を意味する「-1」で、プールサイズは増加しないように設定されています。**keep-alive-time**はスレッドがクリーンアップされるまでのアイドル時間で、プールのサイズをどれだけ早く小さくするかを定義します。

この例では、**core-pool-size**を通常の必要とされるスレッド数と同じか少し下の値に設定し、**max-pool-size**はシステムが処理可能なサイズか同時接続可能な最大同時ユーザーの数に設定しています。

本項では、スレッドをアクターに割り当てるディスパッチャーが使用するスレッドプールのサイズを調整する方法を学びました。しかし、スレッドを解放してスレッドプールに戻すための別のメカニズムがあります。アクターが処理するメッセージが増えたときにスレッドをプールに戻

さないことで、新しいスレッドの待機とスレッドの割り当てのオーバーヘッドを排除します。ビジー状態のアプリケーションでは、これによってシステム全体のパフォーマンスを向上させることができます。

16.5 スレッドの解放方法を変更

前節では、スレッドの数を増やす方法とCPUコアの数に応じた適切なスレッド数を設定する方法について学びました。スレッドの数が多すぎると、コンテキストスイッチによってパフォーマンスが低下します。異なるアクターがたくさんのメッセージを処理する場合も同様の問題が発生する可能性があります。アクターが処理するメッセージごとにスレッドが必要となるためです。多くの待機メッセージをそれぞれ異なるアクターに割り当てる場合、アクター間でスレッドを切り替える必要があります。この切り替えがパフォーマンスに悪影響を及ぼす可能性があります。

Akkaは、処理待ちのメールボックスにまだメッセージが残っている場合に、各メッセージの処理後にスレッドを切り替えずに次のメッセージの処理を行うことができるメカニズムを持っています。ディスパッチャーの設定のthroughputという項目でスレッドをプールに戻す前にアクターが処理するメッセージの最大数を設定できます。

```
my-dispatcher {
  fork-join-executor {
    parallelism-min = 4
    parallelism-max = 4
  }
  throughput = 5
}
```

デフォルトの値は5です。この項目を調整することでスレッドの切り替えを減らして全体的なパフォーマンスを向上させることができます。throughputの値を変更することで得られる効果を確認するため、4つのスレッドとサービス時間がゼロに近い40個のワーカーを持つディスパッチャーを用意します。まず、各ワーカーに40,000件のメッセージを送信し、すべてのメッセージを処理するのに必要な時間を測定します。**図16.10**は、スループットの値を何回か変えながらこれを繰り返した結果をまとめたものです。

throughputの値を増やすことで、メッセージがより速く処理され、パフォーマンスが向上することを確認できます[1]。

---

[1] Akkaの「Let it crash」ブログには、throughputの値を変更することで、毎秒500万件のメッセージを処理する方法に関する記事が掲載されています。
http://letitcrash.com/post/20397701710/50-million-messages-per-second-on-asingle-machine

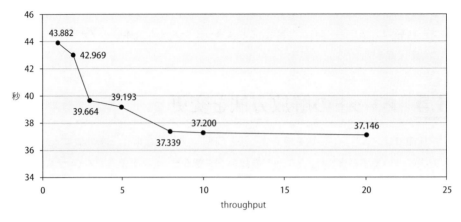

● 図16.10　パフォーマンス vs. throughputパラメータ

　パラメータの値を高く設定するとパフォーマンスが向上することがわかりましたが、デフォルトの値が20ではなく5であるのはなぜでしょうか？　これは、**throughput**の値を増やす場合も負の影響があるためです。メールボックスに20のメッセージがあり、サービス時間が長い（例として2秒）場合を考えてみましょう。**throughput**パラメータに20を指定すると、アクターはスレッドを解放するまで40秒間スレッドを必要とします。したがって、他のアクターはメッセージの処理が完了するまで長い時間待つことになります。つまり、サービスの処理時間と比べてスレッドを切り替える時間がはるかに短く、**throughput**の値を増やすと負の影響があるため、サービス時間が長い場合は**throughput**の値が小さいほうがよいということになります。

　throughputの値が大きいと、サービス時間の長いアクターが長時間スレッドを専有してしまう可能性があります。このため、**throughput-deadline-time**というパラメータを使用して、アクターがスレッドを保持できる期間を指定して、メッセージの処理数が**throughput**の値に達していなくてもスレッドを切り替えられるようになっています。

```
my-dispatcher {
  throughput = 20
  throughput-deadline-time = 200ms
}
```

　このパラメータのデフォルト値は0ミリ秒で、期限はついていません。このパラメータは、サービス時間が長いものと短いものが混在する場合に効果があります。上記の設定では、サービス時間の短いアクターは、スレッド取得後に最大で**throughput**に指定した数のメッセージを処理し、サービス時間の長いアクターはスレッド取得後に200ミリ秒経過するまで1つ以上のメッセージを処理します。

16.5.1　スレッドを解放する設定の制限事項

　デフォルトでthroughputに大きい値が設定されていたり、制限時間が設けられていないのはなぜでしょうか？　これには理由が2つあり、第一の理由は公平性です。最初のメッセージを処理したあとにスレッドを解放しないと他のアクターがメッセージを処理できるまでに時間がかかってしまいます。システム全体としてそれが有益だとしても、個々のメッセージの処理においてはそれが不利になる可能性があります。バッチのようなシステムでメッセージを処理するときには問題ないかもしれませんが、たとえばWebページを生成するためのメッセージのような場合、他のメッセージをあまりにも長く待たせることはできません。こうした状況下では、全体としてパフォーマンスが低下する恐れがあったとしてもthroughputの値を小さく設定する必要があります。

　さらに、throughputの値が大きいと、たくさんのスレッドを使って分業を行うプロセスのパフォーマンスに悪影響を与える可能性があります。図16.11に示す例では、3つのアクターと2つのスレッドしかありません。アクターのサービス時間は1秒で、99のメッセージを各アクターごとにそれぞれ33のメッセージに送っています。このシステムはすべてのメッセージを50秒（99×1秒／2スレッド）に近い時間で処理できるはずです。しかし、throughputの値を変更すると予期しない結果が生じます。図16.12を確認してください。

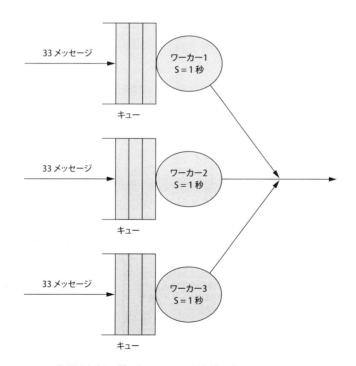

●図16.11　例：2つのスレッドを持つ3つのアクター

第16章　パフォーマンスTips

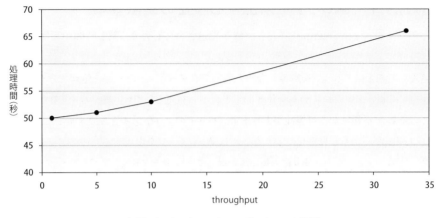

● 図16.12　throughputパラメータの影響

　これを理解するにはアクターが処理に費やす時間について考える必要があります。極端な値としてthroughputが33の場合について考えてみましょう。**図16.13**からわかることは、最初の2つのアクターがメールボックス内のすべてのメッセージを処理しているということです。throughputの値が33なので、2つのアクターは自分のメールボックスのメッセージをすべて処理できます。他のアクターの処理が完了したあとに3つ目のアクターだけがメッセージを処理することになります。つまり、2段階目の処理では1つのスレッドがアイドル状態で、結果として処理時間が理想的な時間の2倍になります。

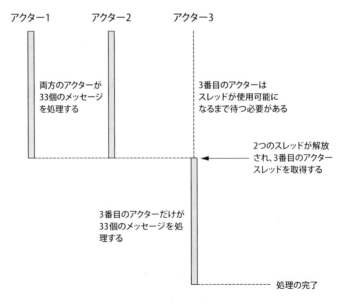

● 図16.13　2つのスレッドでメッセージを処理する3つのアクター

スレッドの解放に関する設定の変更はパフォーマンスを向上させる可能性がありますが、throughputの設定を変更する必要があるかどうかは、到着率とシステムの機能次第です。設定を誤るとパフォーマンスが劣化する可能性があります。前節ではスレッドを増やすことでパフォーマンスを向上させることができましたが、ディスパッチャーを増やさなければならないこともあります。

16.6 まとめ

この章では、スレッドのメカニズムがシステムパフォーマンスに大きな影響を及ぼすことを学びました。スレッドが少なすぎると、アクターはお互いの処理が終了するのを待ってしまいます。スレッドが多すぎるとCPUはほとんど何も行うことがないスレッドの切り替えのために貴重な時間を浪費してしまいます。この章では以下のことを学びました。

- スレッドが利用可能になるのを待っているアクターを検出する方法
- 複数のスレッドプールを作成する方法
- スレッドの数を（静的または動的に）変更する方法
- アクターのスレッド解放の設定

これまでの章で説明したように、分散システムではノード間の通信を最適化してシステム全体のパフォーマンスを向上させることができます。この章では、同じ目的を達成するために同じテクニックの多くをローカルアプリケーションに適用できることを示しました。

第17章

Akkaのこれから

この章で学ぶこと

- □ akka-typedモジュールによるメッセージの 静的型付け
- □ Akka Distributed Dataによるメモリーに 保持した状態の分散

これまでの章の中で将来的なAkkaの機能について少しだけ述べてきました。Akkaは活発な プロジェクトですが、執筆の時点で注目しておくべき重要な機能が2つ開発されています。

この章では現在開発中のこれらの機能を紹介します。各節では今後提供される予定のモ ジュールの簡単な紹介、いま使っているAkkaにどのような影響があるかについて説明します。

本書で説明しているアクターモデルでは、第1章で述べたように、型のないメッセージを使 用しています。Scalaにはリッチな型システムがあるので、多くの開発者は型の安全性を求め てScalaに引き寄せられています。そのため、とりわけアプリケーションを構築するためのコン ポーネントにAkkaを利用する場合、現状の型なしメッセージを利用するアクターを使うことに 反対する人もいます。ここで紹介するakka-typedはアクターを型安全にするためのモジュール です。

もう1つ注目すべきモジュールはAkka Distributed Data（Akka分散データ）です。このモ ジュールを使用すると、**衝突のない複製データ型**（Conflict-free Replicated Data Types： CRDT）を使用して、Akkaクラスター内のメモリーで保持する状態を分散できます。この章で はこのモジュールとその適用性について手短に説明します。

17.1 akka-typedモジュール

akka-typedは型のあるアクター APIを提供します。（型がない）アクターのコードには単純な 変更が実行時の振る舞いを壊してしまうことがあるという難しさがあります。**リスト17.1**は第15 章で登場した**Basket**アクターに買い物かごの中の商品を問い合わせるコードです。このコード

第17章　Akkaのこれから

はコンパイルできますが、うまく動作しません。

リスト17.1 Basketアクターの例

```
object Basket {
    // .. 他のメッセージの処理 ..
    case class GetItems(shopperId: Long)
    // .. 他のメッセージの処理 ..
}

class Basket extends PersistentActor {
  def receiveCommand = {
    // .. 他のコマンドの処理 ..
    case GetItems(shopperId) =>
    // .. 他のコマンドの処理 ..
  }
}

//.. Basket アクターへの問い合わせ ..
val futureResult = basketActor.ask(GetItems).mapTo(Items)  ←─────────┐
```

AskTimeoutExceptionによって失敗する

　説明を簡単にするため、Basketに商品を問い合わせるコードとBasket自体のコードを一緒にしています。このコードが動作しない理由は簡単にわかると思いますが、同じようなコードがたくさんのファイルに散らばっている場合は、問題の特定が困難です。理由がわからない人のために説明すると、このコードの問題はGetItems(shopperId)ではなくGetItemsをBasketに送信していることです。askはAnyを引数に取り、GetItemsはAnyを継承しているため、コードをコンパイルすることはできます。REPLを使って確認すると、問題がよくわかると思います（**リスト17.2**）。

リスト17.2 REPLで型の確認

```
chapter-looking-ahead > console
[info] Starting scala interpreter...
[info]
Welcome to Scala version 2.11.8 ... (output truncated)
Type in expressions to have them evaluated.
Type :help for more information.

scala> GetItems
res0: aia.next.Basket.GetItems.type = GetItems  ←───  GetItemsはGetItemsケースクラ
                                                       スのインスタンスになっていない

scala> GetItems(1L)
res1: aia.next.Basket.GetItems = GetItems(1)
```

　ご覧のように、GetItemsのケースクラスの**型**をBasketアクターに送信する間違いを犯してい

482

ます。犯しがちな小さな誤りですが、間違いを見つけるのに長い時間を費やしてしまうでしょう。誰かがメッセージのフィールドを追加・削除したり、アクターの受信メソッドの更新を忘れてしまったりといった問題は、既存のアプリケーションのメンテナンス中に頻繁に発生する可能性があります。他にも単純にタイプミスをしてしまうことがあります。コンパイラがもっと手助けをしてくれればよいのですが、現在の`ActorRef`の実装はどのようなメッセージでも送信できてしまいます。

　akka-typedはこれまで見てきたものとは大きく異なるDSLを使ってアクターを構築します。コンパイル時にメッセージをチェックし、先ほど述べたような問題が発生するのを防ぎます。**リスト17.3**は、TypedBasketアクターの商品取得に関する単体テストです。

リスト17.3 akka-typedによる商品取得

```scala
// 型安全な方法で商品を返す
"return the items in a typesafe way" in {
  import akka.typed._
  import akka.typed.scaladsl.Actor._
  import akka.typed.scaladsl.AskPattern._
  import scala.concurrent.Future
  import scala.concurrent.duration._
  import scala.concurrent.Await

  implicit val timeout = akka.util.Timeout(1 second)

  val macbookPro =
    TypedBasket.Item("Apple Macbook Pro", 1, BigDecimal(2499.99))
  val displays =
    TypedBasket.Item("4K Display", 3, BigDecimal(2499.99))

  val sys: ActorSystem[TypedBasket.Command] =
    ActorSystem("typed-basket", TypedBasket.basketBehavior())
  sys ! TypedBasket.Add(macbookPro, shopperId)
  sys ! TypedBasket.Add(displays, shopperId)

  implicit def scheduler = sys.scheduler
  val items: Future[TypedBasket.Items] =
    sys ? (TypedBasket.GetItems(shopperId, _))

  val res = Await.result(items, 10 seconds)
  res should equal(TypedBasket.Items(Vector(macbookPro, displays)))
  //sys ? Basket.GetItems    ← ─── これは現段階ではコンパイルされない
  sys.terminate()
}
```

　大きな変更は、`ActorSystem`と`ActorRef`が受信可能なメッセージについて型引数を取ることです。このため、コンパイラがメッセージの型をチェックできます。

第17章　Akkaのこれから

リスト17.4は、商品の取得を実装したTypedBasketアクターの実装の一部です（第15章の元の例ではBasketアクターはPersistentActorでしたが、そのことは無視しています。将来、akka-typedも永続アクターを構築できるようになることを期待しています）。

リスト17.4 TypedBascket

```scala
import akka.typed._
import akka.typed.scaladsl.Actor

object TypedBasket {
  sealed trait Command {
    def shopperId: Long
  }

  final case class GetItems(shopperId: Long,
                            replyTo: ActorRef[Items]) extends Command
  final case class Add(item: Item, shopperId: Long) extends Command

  // Items と Item のシンプルなバージョン
  case class Items(list: Vector[Item]= Vector.empty[Item])
  case class Item(productId: String, number: Int, unitPrice: BigDecimal)

  def basketBehavior(items: Items = Items()): Behavior[Command] =
    Actor.immutable[Command] { (ctx, msg) =>
      msg match {
        case GetItems(productId, replyTo) =>
          replyTo ! items
          basketBehavior(items)
        case Add(item, productId) =>
          basketBehavior(Items(items.list :+ item))
        // case GetItems =>          ← これは現段階ではコンパイルされない
      }
    }
}
```

　Akkaチームの調査の結果、sender()メソッドには大きな問題があることがわかりました。それは、すべてのメッセージがあらゆる送信者から送信される可能性があり、受信側で送信者を指定できないということです。これは現在のアクターAPIを型付きのAPIへと単純に変更できない理由の1つです。

　akka-typedにはsender()メソッドがありません。つまり、呼び出し元のアクターに返信する場合はメッセージの中に含まれるアクター参照を使う必要があります。メッセージに送信者の参照を入れることは、型のないアクターにも利点があります。メッセージを見れば誰が送信者であるかがわかるので、この状態をどこにも保持する必要はありません。

　akka-typedはこの状態を保持するためにsender()メソッドを定義する必要がなくなり、問題

484

をすべて回避しています。

アクターの定義の仕方が慣れ親しんだものとは大きく異なるように見えるかもしれません。アクターは型のある**振る舞い**として定義されます。すべてのメッセージは不変の振る舞いに渡されます。アクターの振る舞いを切り替えることにより、時間の経過とともに変化させたり同じままにしたりできます。

この例では振る舞いを`Actor.immutable[T]`という関数の戻り値で表現しています。`Typed Basket`アクターの振る舞いは変わりません。この関数は`(ActorContext[T], T) => Behavior [T]`というシグネチャを持つ関数を受け取ります。そして、この関数がコンテキストとアクターの状態を引数として受け取り、メッセージを処理した後の振る舞いを返します。

現在のアクターモジュールと比較して、`akka-typed`の変更点はかなり多いです。`preStart`、`preRestart`などのメソッドは、特別なシグナルメッセージに置き換えられます。

`akka-typed`のAPIは有望ですが、まだ十分に洗練されておらず、APIの変更を行う可能性が高いので、今は本番環境で使用しないでください。型には膨大な利点があるので、Akkaの次期バージョンではこのモジュールが非常に重要になることが期待されます。

17.2 Akka Distributed Data

注目すべきもう1つのモジュールはAkka Distributed Dataです。これはAkkaクラスター内で複製されたインメモリーデータ構造を提供します。このデータ構造は、いわゆる**衝突のない複製データ型**（Conflict-free Replicated Data Types：**CRDT**）で、結果整合性があります。つまり、CRDTに対してどのような順序で操作を行っても、どのような操作を繰り返しても結果は最終的に正しくなります。

CRDTには`merge`という関数があり、この関数はさまざまなノードにある多くのデータエントリを取得し、これらをノード間の調整なしに自動的にデータを1つの一貫したビューにマージする機能を持っています。ここで利用できるデータ構造の種類はCRDTのみに限定されています。Akka Distributed Dataはすぐに使えるデータ構造をいくつか用意していますが、CRDTの制約に従って`merge`関数を実装していれば、独自のデータ構造を構築することもできます（結合的、可換的、冪等的である必要があります）。

Akka Distributed Dataは、Akkaクラスター全体でデータ構造を複製する`Replicator`アクターを提供します。データ構造はユーザー定義のキーの下に格納され、データ構造の更新を受け取るためにキーをサブスクライブすることもできます。

本書の買い物かごの例は、Akka Distributed Dataの良い使用例です。これらの項目は、`ORset`と呼ばれるCRDTセットとしてモデル化できます。すべての買い物かごは、最終的にクラスター内のすべてのノードで正しい状態になります。また、ドキュメントの共同編集用のCRDT

第17章 Akkaのこれから

データ構造も、Akka Distributed Dataが良い解決策になりうるでしょう。Akka Distributed DataとAkka persistenceを組み合わせると、障害による停止後にジャーナルからメモリーに保持していた状態を回復できます。

17.3 まとめ

将来のAkkaのリリースにおいて特に影響の大きい2つの重要なアップデートを紹介しました。これらの機能は今のところ完全ではありませんが、成功を収めるのは時間の問題でしょう。

akka-typedは型の安全性を強固にします。コンパイル時に多くのエラーを発見し、アクターベースのアプリケーションの構築・保守（この点が重要です）が容易になるでしょう。

このモジュールは間違いなくすばらしい第一歩だといえますが、通信プロトコルを安全にチェックするためにモダンな型理論を適用する方法と、言うまでもなくこれをakka-typedにScalaで実装する方法についてはさらなる研究が必要です。

Akka Distributed Dataでは、問題領域をCRDTで表現できるかどうかを検討する必要があります。もしこのようなデータ型で問題を表現できるならば、そこから得られる潜在的な高い利益があります。

Akkaのアクターによるメッセージ駆動型アプローチからどれほどの問題を解決できるかは計りしれません。これより優れた手段が見つかるのには時間がかかることでしょう。

付録
Appendix

AkkaをJavaから使う

［執筆］前出祐吾、根来和輝、釘屋二郎

この章で学ぶこと

□ Javaでのアクターの基本操作

　本編のサンプルコードはScalaを使ってAkkaのアプリケーションを実装しました。本書を通じてAkkaのすばらしさを理解いただけたのではないでしょうか。しかし、「すぐにでも使いたいんだけど、Scalaはちょっと」という方、あるいは、大規模システムを構築するにあたり「大勢のScalaエンジニアを集めるのは難しい」という方、「Javaで実装できればいいのに」と思った方もいるかもしれません。本書で紹介したような大規模でスケーラブル、そして可用性の高いシステムをJavaで構築したいという方のために、付録として、**JavaからAkkaを使う**方法を説明します。

　AkkaではScalaだけでなくJavaからも利用できるAPIが提供されています。本編で紹介したアクターモデルやスーパーバイザーの考え方など基本的な概念や設計指針は同じなので、ここではJava APIを用いた実装方法にフォーカスして説明します。

　アクターにはコアとなる4つの操作があります。それは、生成（create）、送信（send）、状態変化（become）、監督（supervise）で、JavaからAkkaを利用する場合も同様です。Javaでアクターを生成してメッセージを送信することからはじめ、Scalaと同様なメッセージプロトコルの定義、スーパーバイザーやFSMによる状態遷移について順を追って説明していきます。

- **生成（create）**
    - アクターの生成
- **送信（send）**
    - メッセージの送信（fire and forget）
    - メッセージプロトコルの定義
    - メッセージの送信（ask パターン）

付録　AkkaをJavaから使う

- **監督（supervise）**
  - スーパーバイザーによる障害復帰
- **状態変化（become）**
  - become/unbecomeの利用
  - FSMの利用

A.1　アクターの生成（create）

アクターは**AbstractActor**クラスを継承して実装します。最初にアクターを生成するためのファクトリーメソッドの定義とアクター内でログを出力するための**LoggingAdapter**の宣言を行います。JavaにはScalaのコンパニオンオブジェクトは存在しないため、アクターの実装クラスに静的なファクトリーメソッドを定義しておきましょう。**LoggingAdapter**は、**Logging**クラスの**getLogger()**メソッドで取得します。コンストラクターと必要なインポート文を追加すると、ソースコードは**リストA.1**のようになります。本編でも登場したチケット販売アプリケーションの**BoxOffice**アクターです。

リストA.1　アクターの実装　Java

```java
import akka.actor.AbstractActor;
import akka.actor.Props;
import akka.event.Logging;
import akka.event.LoggingAdapter;

// AbstractActor を継承
public class BoxOffice extends AbstractActor {

  // アクターを生成するためにファクトリーメソッドを定義
  public static Props props() {
    return Props.create(BoxOffice.class, () -> new BoxOffice());
  }

  // ログ出力用に LoggingAdapter を宣言
  private LoggingAdapter log = Logging.getLogger(getContext().getSystem(), this);

  // 引数なしのコンストラクター
  public BoxOffice() {
  }

}
```

488

A.1 アクターの生成 (create)

　Akkaのアプリケーションを構築するには、まず「アクターシステム」を作成するための設定ファイルをロードし、アクターシステムを作成します。そして、actorOfメソッドを使って最初のアクターを生成します。アクターシステムが生成するアクターはすべてuserというガーディアンアクターの子アクターとなります。子アクターの生成は、アクタークラスに定義したファクトリーメソッドprops()を使用します（**リストA.2**）。アクターにはできるかぎり名前を付けるようにしましょう。ここでは「boxOffice」とします。

> **リストA.2**　アクターの生成 `Java`

```java
import akka.actor.ActorRef;
import akka.actor.ActorSystem;
import com.typesafe.config.ConfigFactory;

// 「goticks.conf」の設定を基にアクターシステムを作成
final ActorSystem system = ActorSystem.create("main",
        ConfigFactory.load("goticks"));
// アクターの生成
final ActorRef boxOffice = system.actorOf(BoxOffice.props(), "boxOffice");
```

　ActorSystemによりユーザーガーディアンの配下に「BoxOffice」を生成し、そのアクターはさらに子アクターを生成できます。BoxOfficeアクターでAbstractActorのgetContext()メソッドを呼び出してコンテキストを取得し、そのコンテキストを使って子アクターを生成します（**リストA.3**）。子アクターの名前は「ticketSeller」としましょう。

> **リストA.3**　子アクターの生成 `Java`

```java
import akka.actor.AbstractActor;
import akka.actor.ActorRef;

public class BoxOffice extends AbstractActor {

  private ActorRef createTicketSeller() {
    // アクターのコンテキストを使ってTicketSellerアクターを生成
    return getContext().actorOf(TicketSeller.props(), "ticketSeller");
  }

}
```

　BoxOfficeアクターとTicketSellerアクターの関係は**図A.1**のようになります。

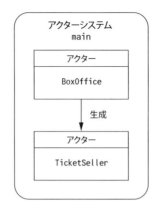

● 図A.1　アクターシステムとアクター

　アクターは受信したメッセージに反応するので、受信するメッセージとそれぞれの振る舞いを定義しておく必要があります。メッセージを受信した際の振る舞いの定義を行うには、`AbstractActor`の`Receive`型を返す`createReceive()`メソッドをオーバーライドします（**リストA.4**）。

リストA.4　メッセージを受信したときの振る舞いを定義　Java

```java
@Override
public Receive createReceive() {
  return receiveBuilder()
    // String型のメッセージを受信した場合
    .match(String.class, msg -> log.info("received String message: {}", msg))
    // Int型のメッセージを受信した場合
    .match(Integer.class, msg -> log.info("received Integer message: {}", msg))
    // String型、Integer型以外のメッセージを受信した場合
    .matchAny(msg -> log.info("received unknown message."))
    .build();
}
```

　以前のAkkaのバージョンでは`receive`メソッドに振る舞いを定義していました。バージョン2.5からは`createReceive()`メソッドをオーバーライドするようになり、メソッドの実装を忘れていたり、複数箇所に定義してしまった場合は、コンパイルエラーになります。以前のように`scala.PartialFunction`や`scala.runtime.BoxedUnit`をインポートする必要もなくなりました。Akkaをはじめて使うときでも、こういった概念の理解でつまずくこともないでしょう。`Receive`はScalaの`PartialFunction`を包むラッパークラスなので、`ReceiveBuilder`を使用しなくても実装できますが、ここでは触れません。Javaでは、`AbstractPartialFunction`クラスを継承して`PartialFunction`を実装できるので、興味のある方は試してみてください。

　`receiveBuilder()`メソッドは`ReceiveBuilder`型を返し、`match()`メソッドをチェーンする

ことで受信するメッセージの型に応じたアクターの振る舞いを定義できます。受信するすべてのメッセージに対する型を宣言します。宣言されていない型のメッセージを受信すると、akka.actor.UnhandledMessage(message, sender, recipient)がアクターシステムのEventStreamにパブリッシュされます。型が不明なメッセージも処理したい場合には、**リストA.4**のように、matchAny()メソッドを使用して振る舞いを定義しましょう。

Scalaのパターンマッチのように柔軟な定義はできませんが、受信したメッセージの型に応じて振る舞いを定義するということは変わりません。match()メソッドの第1引数には受け取ることができるメッセージの型を指定し、第2引数には型が一致した場合の振る舞いを指定します。matchAny()メソッドにはその振る舞いのみを定義します。**リストA.4**には、受信したメッセージがString型の場合、Integer型の場合、それ以外の場合の振る舞いを指定しました。

アクターの振る舞いは、createReceive()メソッドの中でReceiveBuilderによるメソッドチェーンを使わずに、match()メソッドを別々に呼び出して指定することもできます（**リストA.5**）。

リストA.5　ReceiveBuilderの分割 Java

```java
@Override
public Receive createReceive() {
  ReceiveBuilder builder = ReceiveBuilder.create();

  // String型の場合
  builder.match(String.class, msg -> {
    log.info("received String message: {}", msg);
  });

  // Integer型の場合
  builder.match(Integer.class, msg -> {
    log.info("received Integer message: {}", msg);
  });

  // String型、Integer型以外の場合
  builder.matchAny(msg -> log.info("received unknown message"));

  // build()メソッドによりReceive型を返す
  return builder.build();
}
```

メッセージを受信したときの振る舞いやreceiveBuilder()のチェーンが長くなったときは、このほうが見通しが良くなりそうです。あるいは、**リストA.6**のように振る舞いを別メソッドに定義し、ReceiveBuilderによるメソッドチェーンから呼び出すこともできます。アクターが受信したメッセージをどう処理するかは、こちらのほうがわかりやすいのではないでしょうか。例外が発生したときのスタックトレースも読みやすくなりそうです。

付録　AkkaをJavaから使う

リストA.6　振る舞いを別メソッドに定義　Java

```java
@Override
public Receive createReceive() {
  return receiveBuilder()
    .match(String.class, this::receiveString)
    .match(Integer.class, this::receiveInteger)
    .matchAny(this::receiveAny)
    .build();
}

/** String型の場合 */
private void receiveString(String msg) {
  log.info("received String message: {}", msg);
}

/** Integer型の場合 */
private void receiveInteger(Integer msg) {
  log.info("received Integer message: {}", msg);
}

/** String、Integer型以外の場合 */
private void receiveAny(Object msg) {
  log.info("received unknown message");
}
}
```

Scalaのパターンマッチのようにとまではいきませんが、ずいぶん読みやすくなったのではないでしょうか。

A.2　メッセージの送信（send）

これで、アクターを生成し、その振る舞いを定義できました。次は、そのアクターにメッセージを送ってみましょう（**リストA.7**）。メッセージを送るには**tell**メソッドを使用します（Javaでは「!」は使用できません）。第1引数にメッセージ、第2引数に送信者のアクター参照を渡す必要があります。アクターからメッセージを送信する場合、送信者は自身になりますので**getSelf()**の戻り値を使って自身のアクター参照を渡します。そうすることで、メッセージを受信したアクターが**getSender**メソッドで送信者を知り、メッセージを送り返すことができます（**リストA.8**）。アクター以外からメッセージを送信する場合など、応答の必要がないときは**noSender()**の戻り値を第2引数に指定してもかまいません。

Scalaでメッセージを送信するときは、「!」でメッセージのみを渡していましたが、受信したアクターは**sender**を使用して送信者に応答を返すことができました。なぜ、Javaの場合は、明示的に自身のアクター参照を指定する必要があるのでしょうか？　実はScalaでは暗黙の引数として

自身のアクター参照が送信先アクターに渡されているためです。Javaには言語仕様上そういった機能がないため、明示的に自身のアクター参照を渡す必要があることに注意してください。

リストA.7 tellメソッドでメッセージを送信する `Java`

```
final String message = "RHCP"
// 自身のアクター参照を送信者に設定
target.tell(message, getSelf());

// 応答が不要な場合はnoSender()を設定
target.tell(message, noSender());
```

リストA.8 送信者に返信する（メッセージを受信したアクター） `Java`

```
final String message = "OK";

return receiveBuilder()
  .match(String.class, order ->
    log.info("received your order: {}", order);
    // 送信者にメッセージを送信
    getSender().tell(message, getSelf()))
  .build();
}
```

A.2.1　メッセージプロトコルの定義

Scalaでメッセージの送受信を実装する場合、送受信するメッセージプロトコルとしてアクターのコンパニオンオブジェクトにケースクラスやケースオブジェクトを定義するというプラクティスを紹介しました。これにより、アクターが受信できるメッセージが明確になりますので、Javaでも同様に定義しておきましょう。しかし、Javaではケースクラスやコンパニオンオブジェクトという概念がありません。その代わりに、アクタークラス内にstaticクラスを定義します（**リストA.9**）。Scalaに比べてコード量は多くなってしまいがちですが、こうすることで、受信できるメッセージの型がわかりやすくなるでしょう。

リストA.9 メッセージプロトコルの定義 `Java`

```
public class BoxOffice extends AbstractActor {
  public static Props props() {
    return Props.create(BoxOffice.class, () -> new BoxOffice());
  }

  /** 初期化メッセージ */
  public static class Initialize {
    public Initialize() {
    }
```

付録　AkkaをJavaから使う

```java
  }

  /** シャットダウンメッセージ */
  public static class Shutdown {
    public Shutdown() {
    }
  }

  /** 注文メッセージ */
  public static class Order {
    public Order() {
    }
  }

  /** 注文完了メッセージ */
  public static class OrderCompleted {
    private final String message;

    public OrderCompleted(String message) {
      this.message = message;
    }

    public String getMessage() {
      return message;
    }
  }

  private LoggingAdapter log = Logging.getLogger(getContext().getSystem(), this);

  public BoxOffice() {
  }

  ActorRef ticketSeller = getContext().actorOf(TicketSeller.props(),
                                               "ticketSeller");

  @Override
  public Receive createReceive() {
    return receiveBuilder()
      // 初期化メッセージを受信
      .match(Initialize.class, initialize -> log.info("starting go ticks"))
      // 注文メッセージを受信
      .match(Order.class, order -> {
        // 「tell」でメッセージを送信
        ticketSeller.tell(new TicketSeller.Order("RHCP", 2), getSelf());
      })
      // シャットダウンメッセージを受信
      .match(Shutdown.class, shutdown -> {
        log.info("terminating go ticks");
        getContext().getSystem().terminate();
      })
```

```
      // 注文完了メッセージを受信
      .match(OrderCompleted.class, result -> log.info("result: {}",
                                                result.getMessage()))
      .build();
  }
}
```

　この例では、BoxOfficeアクターはInitialize、Order、Shutdown、OrderCompletedの4
つの型のメッセージを受信するので、BoxOfficeクラスの中に4つのstaticクラスを定義しま
した。そして、createReceive()メソッドの中でReceiveBuilderのmatch()メソッドをチェー
ンさせてアクターの振る舞いを定義しました。match()メソッドの第1引数にメッセージの型を
指定し、第2引数にアクターがその型のメッセージを受け取ったときの振る舞いを指定します。
BoxOfficeアクターは初期化（Initialize）、シャットダウン（Shutdown）、注文（Order）に加
えて、注文完了（OrderCompleted）を受信します。注文を受信するとTicketSellerアクターに
イベント名とチケットの枚数を持つ注文メッセージを送信し、その完了を示す注文完了（Order
Completed）メッセージを受信します。

A.2.2 ask パターン

　tellメソッドを使ったfire-and-forgetスタイルのメッセージ送信では、その場で応答を受け
取ることができません。メッセージの応答が必要な場合はaskメソッドを使用します（Javaでは
「?」は使用できません）。
　第1引数には送信先のアクター参照、第2引数にはメッセージ、第3引数にはメッセージの
タイムアウトまでの時間を渡します。タイムアウトまでの時間はmsまたはTimeout型で指定で
きます。Scalaでも暗黙の引数として渡すためタイムアウトの定義が必要だったことを思い出し
てください。askメソッドは即座にCompletionStageを返し、処理は非同期に行われます。こ
のaskメソッドはScalaのFutureではなくjava.util.concurrentのCompletionStageを返し
ます。TicketSellerに注文メッセージを送り、完了メッセージを受け取る部分をaskパターンで
実装してみましょう（**リストA.10**）。

リストA.10　askパターンで実装　Java

```
public class BoxOffice extends AbstractActor {
  private LoggingAdapter log = Logging.getLogger(getContext().getSystem(), this);

  public BoxOffice() {
  }

  ActorRef ticketSeller = getContext().actorOf(TicketSeller.props(), "ticketSeller");

  @Override
```

付録　AkkaをJavaから使う

```java
public Receive createReceive() {
  return receiveBuilder()
    .match(Initialize.class, initialize -> log.info("starting go ticks"))
    .match(Order.class, order -> {
      // タイムアウトの設定
      Timeout t = new Timeout(Duration.create(2, TimeUnit.SECONDS));
      // 「ask」でメッセージを送信
      CompletionStage<Object> orderCompleted =
        ask(ticketSeller, new TicketSeller.Order("RHCP", 2), t);
        orderCompleted
          .thenAccept(msg -> {
            OrderCompleted oc = (OrderCompleted)msg;
            log.info("result: {}", oc.getMessage());
          })
          .exceptionally(ex -> {
            UnitPFBuilder builder = UnitMatch
              .match(AskTimeoutException.class, e -> log.warning(e.getMessages()))
              .match(Throwable.class, t ->
                  log.error(t," 予期せぬ例外が発生しました :"));
            UnitMatch.create(builder).match(ex.getCause());
            return null;
          });
    })
    .match(Shutdown.class, shutdown -> {
      log.info("terminating go ticks");
      getContext().getSystem().terminate();
    })
    .build();
  }
}
```

　メッセージの送信先はTicketSellerアクターです。第1引数にgetContext().actorOf()で
生成したTicketSellerのアクター参照を渡します。第2引数には注文を示すメッセージ、第3
引数にはnew Timeout()で生成したTimeoutを渡しています。

　TicketSellerでの注文処理が完了したあとに、その結果を処理するコードをthenAcceptに
指定します。ここではメッセージがOrderCompletedで返ってくることがわかっているため、キャ
ストして注文結果を表すメッセージをログに出力しています。より安全に扱うには、キャストの
際に型チェックを行うべきです。そうしなければ、想定外の型を受信したときにClassCastExcep
tionが発生してしまいます。

　askで問い合わせた送信元アクターは、メッセージの返信を期待しているので、Timeoutで
設定した時間内に返信がない場合はタイムアウトになります。また、送信先アクターで障害が
発生した場合も、明示的に処理して応答を返さない限りタイムアウトとなるため注意してくだ
さい。タイムアウトになるとAskTimeoutExceptionが発生します。ask処理での例外の制御は
exceptionallyに記述します。ここではAskTimeoutExceptionが発生した場合に、例外の内容

をログに出力しています。先ほどの`ClassCastException`が発生した場合も制御が必要であれば`exceptionally`に記述しましょう。送信元アクターのスレッドとは別のスレッドで例外が発生しているためです。例外制御は後述するスーパーバイザーで行うべきですが、`CompletionStage`で発生した例外には注意が必要です。もちろん、送信先で発生した例外の制御は送信先アクターで行うべきで、そのスーパーバイザーの責務となるでしょう。

`allOf`メソッドを用いて、受信した複数の`CompletableFuture<Object>`を合成することもできます（**リストA.11**）。複数の問い合わせを行い、両者の結果を基に処理を進める場合に便利です。

リストA.11 複数の問い合わせ結果を合成 `Java`

```java
import static akka.pattern.PatternsCS.ask;
import static akka.pattern.PatternsCS.pipe;

import java.util.concurrent.CompletableFuture;

public class TicketSeller extends AbstractActor {

  /** スポーツイベントと音楽イベントのチケットを手配 */
  private void requestMultiTickets(RequestMultiTickets ticketRequests) {
    // タイムアウトの設定
    Timeout t = new Timeout(Duration.create(5, TimeUnit.SECONDS));

    // スポーツイベントのチケット手配
    CompletableFuture<Object> resultOfSports =
      ask(sportsSeller, new SportsSeller.RequestTicket(ticketRequests.getSports()),
          t).toCompletableFuture();

    // 音楽イベントのチケット手配
    CompletableFuture<Object> resultOfMusic =
      ask(musicSeller, new MusicSeller.RequestTicket(ticketRequests.getMusic()), t)
        .toCompletableFuture();

    // 両方のチケット手配結果を合成
    CompletableFuture<Result> results =
      CompletableFuture.allOf(resultOfSports, resultOfMusic)
        .thenApply(v -> {
        OrderCompleted sports = (OrderCompleted) resultOfSports.join();
        OrderCompleted music = (OrderCompleted) resultOfMusic.join();
        return new Result(sports, music);
      });

    // メッセージの送信元に手配結果を通知
    pipe(results, getContext().dispatcher()).to(getSender());
  }

}
```

スポーツイベント担当のSportsアクターと音楽イベント担当のMusicアクターから受信した結果を合成してpipeメソッドでメッセージの送信元（sender）へ送信しています（**図A.2**）。ここではBoxOfficeです。

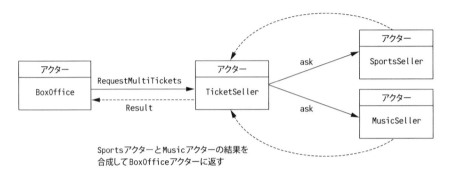

● 図A.2　複数の問い合わせ結果を合成

askメソッドは送信先アクターが応答を返すことを期待します。上記の例だとSportsSellerアクターとMusicSellerアクターは送信者にメッセージを返信しています。メッセージの返信はgetSender()で取得した送信者に対してtellメソッドでメッセージを送信します（**リストA.12**）。

リストA.12　senderへの応答　Java

```java
class SportsSeller extends AbstractActor {

  @Override
  public Receive createReceive() {
    return receiveBuilder()
      .match(RequestTicket.class, order -> {
        rest -= order.getNrTickets();   // 受信した注文数をマイナス
        log.info("order:{}, rest:{}", order.getNrTickets(), rest);
        getSender().tell(new TicketSeller.OrderCompleted(
            "I'm a charge of Sports events. received your order!"), getSelf());
      })
      .build();
  }

}
```

askで問い合わせた送信元アクターはメッセージの返信を期待しているので、送信先アクターはsenderにメッセージを送り返します。送信先アクターのいずれかから時間内に応答がない場合は、AskTimeoutExceptionが発生します。

ask の使いすぎに注意

　非同期で応答を必要とする場合、特にリモート処理など応答が不安定な場合はタイムアウトは必ず設定すべきです。ask メソッドでメッセージを送信するとタイムアウトの制御をしてくれるので非常に便利です。しかしその反面、タイムアウトの追跡のために PromiseActorRef というアクター参照を生成しているため、決して大きなオーバーヘッドではありませんが、その生成コストによるパフォーマンスへ影響も無視できません。

　このため ask メソッドを使用する際は一度立ち止まり、パフォーマンスやリソースを考慮して tell メソッドで実装することを検討した上で、本当に必要なときにのみ使用するようにしましょう。たとえば、メッセージを複数のアクターに送信しそれぞれからの応答を期待する場合は、fire and forget スタイルでメッセージを送信し、送信先からの結果を1つのアクターで非同期に収集するといった具合です。

A.3　スーパーバイザーによる障害復帰（supervise）

　スーパーバイザーの概念はアプリケーションをJavaで実装する場合も同じです。アクターは正常系のメッセージ処理だけを実装し、エラー制御や障害回復処理は行いません。エラー制御や障害回復処理はそのアクターを生成したスーパーバイザーの責務です。Scalaと同様に、スーパーバイザーは子アクターを監督し、スーパーバイザー戦略を定義することで障害に応じた子アクターの回復方法を決定します（**図A.3**）。Akkaは親が子を監督することを強制します。つまり、アクターを生成するとそのアクターは自動的にそのアクターのスーパーバイザーになります。

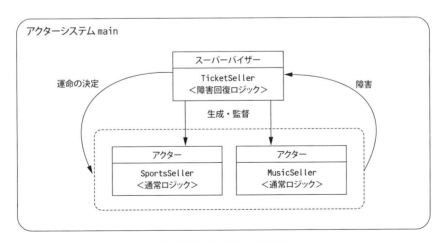

● 図A.3　子アクターの監督

付録 AkkaをJavaから使う

リストA.13 スーパーバイザー Java

```java
public class TicketSeller extends AbstractActor {
  public static Props props() {
    return Props.create(TicketSeller.class, () -> new TicketSeller());
  }

  private ActorRef sportsSeller =
      getContext().actorOf(SportsSeller.props(20), "sportsSeller");
  private ActorRef musicSeller =
      getContext().actorOf(MusicSeller.props(20), "musicSeller");

  private LoggingAdapter log = Logging.getLogger(getContext().getSystem(), this);

  /** 例外クラスの定義 */
  public static class ExceededLimitException extends RuntimeException {
    public ExceededLimitException(String message) {
      super(message);
    }
  }

  public TicketSeller() {
  }

  @Override
  public Receive createReceive() {
    return receiveBuilder()
      .match(RequestSportsTicket.class, requestSportsTicket ->
          sportsSeller.forward(new SportsSeller.RequestTicket(
                          requestSportsTicket.getNrTickets()), getContext()))
      .match(RequestMusicTicket.class, requestMusicTicket ->
          musicSeller.forward(new MusicSeller.RequestTicket(
                          requestMusicTicket.getNrTickets()), getContext()))
      .build();
  }

  // スーパーバイザー戦略の設定
  private static SupervisorStrategy strategy =
    new OneForOneStrategy(10, Duration.create("1 minute"), DeciderBuilder.
        match(ArithmeticException.class, e -> resume()).
        match(ExceededLimitException.class, e -> restart()).
        match(IllegalArgumentException.class, e -> stop()).
        matchAny(o -> escalate()).build());

  // スーパーバイザー戦略をオーバーライド
  @Override
  public SupervisorStrategy supervisorStrategy() {
    return strategy;
  }
}
```

500

AbstractActorクラスを継承したTicketSellerは、getContext().actorOf()でSports SellerアクターとMusicSellerアクターを作っているので、TicketSellerアクターはこれら2つのアクターのスーパーバイザーとなります（**リストA.13**）。つまり、SportsアクターとMusicアクターを監督する責務を持つことになります。スーパーバイザーは障害により停止した子アクターの処理を、その原因に基づいて決定します。supervisorStrategy()をオーバーライドすることで、発生した例外に応じた回復方法を独自に設定できます。回復方法の決定にはDeciderBuilder.matchを使用します。matchメソッドの第1引数が発生する例外クラス、第2引数が子アクターの回復方法です。どのように回復するかはScalaと同様、再起動（Restart）、再開（Resume）、停止（Stop）、エスカレート（Escalate）のいずれかから選択します。また、ここではスーパーバイザー戦略としてOneForOneStrategyを指定しているので、障害が発生した子アクターのみを再起動したり、停止したりすることになります。あるいは、もう1つのスーパーバイザー戦略であるAllForOneStrategyを指定することにより、その対象をすべての子アクターとすることもできます。

子アクターには障害回復のための実装は必要なく、通常のフローに専念できるためソースコードがクリアに保たれます。また、アクターのライフサイクルを監視するにはgetContext().watch()を使用します。監視対象のアクターが終了すると監視しているアクターはTerminatedメッセージを受信します（**リストA.14**）。

リストA.14 障害の監視 `Java`

```java
import akka.actor.Terminated;
public class TicketSeller extends AbstractActor {
  private ActorRef sportsSeller =
      getContext().actorOf(SportsSeller.props(20), "sportsSeller");

  public TicketSeller() {
    getContext().watch(sportsSeller);
  }

  @Override
  public Receive createReceive() {
    return receiveBuilder()
      .matchEquals("killSports", msg -> {
        getContext().stop(sportsSeller);
      })
      .match(Terminated.class, t -> t.actor().equals(sportsSeller), t -> {
        log.info("A charge of sports events has terminated.");
      })
      .build();
  }
}
```

A.4 状態の変化（become / unbecome）

状態に応じてシステムが特定の振る舞いを行いたいときに、状態マシンを利用できます。状態によって、アクターが自身の振る舞いを入れ替えることにより、受信するメッセージをどのように処理するかを変更できます。becomeメソッドを利用して、アクターの振る舞いを変更します。

A.4.1 become / unbecome の利用

たとえば、TicketSellerには、オープン（Open）とクローズ（Close）という2つの状態があるとします。TicketSellerアクターがオープンのときはメッセージに対して通常の処理を実行し、クローズのときは別の異なるフローを実行するということができます（図A.4）。

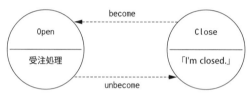

● 図A.4　2つの状態の変化

それぞれの状態に対して振る舞いを定義するために、メッセージを処理する2つのメソッドを作成します。TicketSellerアクターの初期状態はクローズとし、クローズ状態のときは注文を受け取ってもチケットショップが閉まっていることを知らせるログ「I'm closed.」を出力するだけとします（リストA.15）。

リストA.15　クローズ状態の振る舞い定義　Java

```java
class TicketSeller extends AbstractActor {

  final Receive close() {
    // クローズ状態の振る舞い
    return receiveBuilder()
      .match(Order.class, order -> {
        log.info("I'm closed.");
      })
      .match(Open.class, open -> {
        log.info("-> Open");
        getContext().become(open(open.eventType));
      })
      .build();
```

A.4 状態の変化（become/unbecome）

```
    }

    @Override
    public Receive createReceive() {
        return close();  // 初期状態はクローズ
    }
}
```

　Openメッセージを受けるとオープン状態に遷移します。状態を切り替えるには、アクターの
コンテキストのbecomeメソッドを使ってメッセージを処理するメソッドを置き換えます。その際
に、どういった種類のイベントを取り扱うかを示すeventTypeとともにオープンします。続いて、
オープン状態の振る舞いを定義します（**リストA.16**）。

リストA.16 オープン状態の振る舞い定義 Java

```java
/** チケット残数 */
private int rest = 10;

final Receive open(final EventType eventType) {
  // オープン状態の振る舞い
  return receiveBuilder()
    .match(Order.class, order -> {
      if(rest >= order.getNrTickets()) {
        rest -= order.getNrTickets();
        log.info("order: {}/{}, rest: {}",
          order.getEvent(), order.getNrTickets(), rest);
        getSender().tell(new BoxOffice.OrderCompleted("received your order:" +
                        eventType.name), getSelf());
      } else {
        log.info("order: {}/{}, no tickets",
          order.getEvent(), order.getNrTickets());
        getSender().tell(new BoxOffice.OrderCompleted("no tickets." +
                        eventType.name), getSelf());
      }
    })
    .match(Close.class, close-> {
      log.info("-> Close");
      getContext().unbecome();
    })
    .build();
}
```

　TicketSellerアクターがオープン状態のとき注文を受け取るとチケット残数をマイナスし、
注文処理が完了したことをメッセージ送信者に返信します。チケットの残数が足りなかった場合
は、同様にメッセージ送信者にそのことを返信します。**Close**メッセージを受け取ると状態をク
ローズに戻します。元の状態に戻すには、**unbecome**メソッドを使用します。このように、状態ご

付録

503

との振る舞いを定義し、become/unbecomeで状態を変化させることで、アクターは状態によって振る舞いを変更できます。

A.4.2 FSMの利用

単に振る舞いを状態にマッピングする小さくシンプルなFSMモデルに、become/unbecomeの仕組みは便利です。しかし、1つの状態への遷移が複数存在するような複雑なFSMを維持するのは困難です。そこで、JavaではAbstractFSMを実装することで、複雑なFSMを実現できます。図A.5のように状態によって振る舞いが変わるTicketSellerアクターを実装してみましょう。

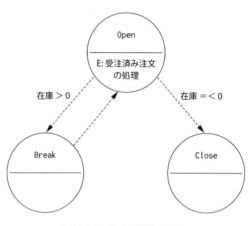

● 図A.5　3つの状態の変化

中断中（Break）という状態が増えました。チケットショップが閉まるとき、在庫がまだ残っていれば中断中、在庫がなくなっていた場合はクローズとします。中断中のときは、在庫が残っているので、注文を受け取ると受け付けのみが可能です。オープン状態に遷移したときの開始アクション（E）として、受注済みの注文を処理します。では、最初に3つの状態とデータを定義します（リストA.17）。

リストA.17　状態とデータの定義　Java

```java
/** 状態 */
enum State {
  Open, Break, Close
}

/** データ */
interface Data {
}
```

A.4 状態の変化（become/unbecome）

```java
final class StateData implements Data {
  /** チケット残数 */
  private final int rest;

  public StateData(int rest) {
    this.rest = rest;
  }

  public int getRest() {
    return rest;
  }
}
```

　オープン、中断中、クローズの3つの状態とチケット残数をカウントするデータ（rest）を定義しました。次にTicketSellerアクターを実装します。FSMを実装するため、AbstractFSMクラスを継承しましょう（**リストA.18**）。オープン状態でチケット残数は20からスタートします。オープン状態のときと、クローズ状態のときの振る舞いを定義します。オープン状態のときに注文メッセージを受信すると、注文内容をログに出力し、チケットが十分に残っている場合は、注文主（sender）に注文処理が完了したことを知らせるメッセージを返信し、状態はそのままでチケット残数をマイナスします。状態が変わらないことを示すstay()メソッドを呼び出し、新たなチケット残数をusing()メソッドで渡します。チケットが足りない場合は、その旨を注文主に返信し、状態・残数ともそのままとします。stay()メソッドを呼び出すのみです。クローズメッセージを受信するとチケット残数に応じて状態を遷移します。残数が0の場合はクローズ状態に、まだチケットが残っている場合は中断状態に遷移します。状態の遷移はgoTo(Close)のようにgoTo()メソッドに遷移する状態を渡します。クローズ状態のときは注文処理ができないため、「I'm closed.」というログを出力するようにしましょう。状態はそのままで、これ以上チケット残数をマイナスする必要はありません。

リストA.18 FSMの実装 Java

```java
public class TicketSeller extends AbstractFSM<State, Data> {
  private LoggingAdapter log = Logging.getLogger(getContext().getSystem(), this);
  {
    // オープン状態でスタート
    startWith(Open, new StateData(10));

    // オープン状態のときの振る舞い
    when(Open,
      matchEvent(Order.class, StateData.class,
        (order, state) -> {
          final int rest = state.getRest() - order.getNrTickets();
          log.info("order: {}/{}, rest: {}",
            order.getEvent(), order.getNrTickets(), rest);
          if (rest >= 0) {
```

505

付録　AkkaをJavaから使う

```
        getSender().tell(new BoxOffice.OrderCompleted("received your order."),
          getSelf());
        // 状態はそのまま、残数更新
        return stay().using(new StateData(rest));
      } else {
        getSender().tell(new BoxOffice.OrderCompleted("no tickets."),
          getSelf());
        // 状態はそのまま、残数そのまま
        return stay();
      }
    }
  ).event(Close.class, StateData.class, (breaking, state) -> {
      if (state.getRest() <= 0) return goTo(Close);
      else return goTo(Break);
    }
  )
);


// クローズ状態のときの振る舞い
when(Close,
  matchEvent(Order.class, StateData.class,
    (order, state) -> {
      log.info("I'm closed.");
      return stay();
    }));

initialize();
  }
}
```

　続いて、中断中の振る舞いを定義します（**リストA.19**）。中断状態のときはクローズ状態とは
違い注文を受け付けておき、再びオープン状態になったときにそれらの注文を処理したいとし
ます。そのために、受信したメッセージを処理せず、蓄えておく必要があります。Akkaではメッ
セージを蓄えておく、stashという機能があります。**AbstractFSMWithStash**クラスを継承するよ
うに変更し**stash()**メソッドを呼び出します。

リストA.19 メッセージをstash `Java`

```
public class TicketSeller extends AbstractFSMWithStash<State, Data> {
  private LoggingAdapter log = Logging.getLogger(getContext().getSystem(), this);
  {
    // 中断状態のときの振る舞い
    when(Break,
      matchEvent(Order.class, StateData.class,
        (order, state) -> {
          log.info("I'm breaking.");
```

```
        // 受信したメッセージを蓄えておく
        stash();
        return stay();
      }).event(Open.class, StateData.class, (order, state) -> goTo(Open)));
  }
}
```

そして、中断状態からオープン状態へ遷移する際に受け付けた注文を処理するようにしましょう。onTransitionメソッドを使用して、状態遷移に対して振る舞いを設定します（**リストA.20**）。中断状態からオープン状態へ遷移する際に蓄えたメッセージをすべて解放するために、unstashAllメソッドを呼び出します。そうすることで、オープン状態でそれらのメッセージを受信し、処理できます。

リストA.20 状態遷移に対する振る舞いの定義 `Java`

```
public class TicketSeller extends AbstractFSMWithStash<State, Data> {
  private LoggingAdapter log = Logging.getLogger(getContext().getSystem(), this);
  {

    // 状態を遷移するときの振る舞い
    onTransition(
      matchState(Open, Break, () ->
        log.info("status: Open -> Break")
      ).state(Break, Open, () -> {
        log.info("status: Open -> Break");
        // 蓄えたメッセージを解放
        unstashAll();
      }).state(Open, Close, () ->
        log.info("status: Open -> Close")
      ));

  }
}
```

最後に、想定外のメッセージが届いたときのためにwhenUnhandledメソッドで振る舞いを定義します（**リストA.21**）。注文を受信した場合はstash()メソッドを呼び出すことで注文を蓄え、それ以外は何もしません。いずれの場合も状態は変更しません。

リストA.21 想定外のメッセージが届いたときの振る舞い

```
public class TicketSeller extends AbstractFSMWithStash<State, Data> {
  private LoggingAdapter log = Logging.getLogger(getContext().getSystem(), this);
  {

    // 想定外のメッセージが届いたときの振る舞い
    whenUnhandled(
```

付録　AkkaをJavaから使う

```
    matchEvent(Order.class, StateData.class,
      (order, state) -> {
        // 受信したメッセージを蓄えておく
        stash();
        log.info("unhandled order: [{}, {}]", order, state);
        return stay();
      }).
    anyEvent((event, state) -> {
      log.info("receive unhandled message.");
      return stay();
    }));
  }
}
```

　これでTicketSellerアクターは3つの状態を持つようになりました。状態を変更することにより、そのアクターの振る舞いも変更できます。複雑な状態遷移でも、FSMを使用することで状態に応じた振る舞いの変更をシンプルに実現できることがおわかりいただけたでしょう。

A.5　まとめ

　本章では、アクターのコアとなる4つ操作をJavaで実装する方法を紹介しました。

- **生成 (create)** —— アクタークラスは AbstractActor クラスを継承して実装し、createReceive() メソッドをオーバーライドすることで、メッセージを受信した際のアクターの振る舞いを定義します。そして、ReceiveBuilder 型を返す receiveBuilder() メソッドを使用して、match() メソッドをチェーンすることで受信するメッセージの型に応じたアクターの振る舞いを定義できます。アクターは ActorSystem により生成します。
- **送信 (send)** —— メッセージの送信は tell メソッドを使用します。Scalaと違いJavaでは、getSelf を使って送信者を明示的に指定する必要があります。メッセージプロトコルはケースクラスやケースオブジェクトは使えないため、アクタークラス内に static クラスを定義するとよいでしょう。また、メッセージの応答を受信するためにask パターンを利用するときは、tell メソッドで実装できないか、検討しましょう。
- **監督 (supervise)** —— アクターシステムはアクターが子アクターを生成でき、生成したアクターが子アクターを監督するというスーパーバイザーのヒエラルキーを構成します。子アクターには正常系のメッセージ処理のみを実装し、障害に応じた子アクターの回復方法の決定はスーパーバイザーの責務となります。
- **状態変化 (become)** —— 状態に応じてアクターの振る舞いを変更するときは状態マシンを利用します。become / unbecome メソッドを使用することで自身の振る舞いを変更できます。1つの状態への遷移が複数存在するなど複雑な状態遷移には FSM を使用するようにしてください。

Akkaでは`AbstractFSM`クラスを継承することでシンプルに実現できます。

アクターのコアとなる操作とともにJavaからAkkaを使ってみて、APIが異なるだけでAkkaそのものの概念はScalaで実装する場合とまったく同じであることがおわかりいただけたでしょう。また、言語の性質の違いにより、APIの呼び出し方が異なることもご理解いただけたと思います。どの言語で実装するかは、皆さんのコンテキストやチーム編成など状況に応じた選択をしてください。どちらの言語を選択したとしてもAkkaはあなたのプロジェクトを成功へと導く助けとなるでしょう。

索引

■記号

~	366
->メソッド	332
φ漸増型故障検出器	387
φ値	387
| (パイプ文字)	314
. (ピリオド)	175
!演算子	75
%%	38

■数字

80:20法則	450
99.9999999%	24

■A

AbstractActor	488
AbstractFSM	504
AbstractFSMWithStash	506
AbstractPartialFunction クラス	490
Acceptヘッダー	327
ACK	264
Actor API	59
ActorContext	92
actorFor	154
ActorIdentity	157
Actor.immutable[T]	485
ActorLogging トレイト	186
ActorMaterializer	323, 428
ActorMaterializerSettings	311
actorOf	92
ActorRef	29
ActorRefProvider	146
ActorRefRoutee	237
actorSelection()	149, 162
ActorSelectionRoutee	237
ActorSystem	42
AdaptiveLoadBalancingGroup	400
AdaptiveLoadBalancingPool	400
Address	229
AddRoutee	237
Akka	4
グループルーター	233
プールルーター	226
並列タスク	203
Akka 2.5.1	292

Akkaアプリケーションのロギング	184
Akka拡張	29
Akka分散データ ➡ Akka Distributed Data	
akka-actor	38
akka.actor.UnhandledMessage	491
akka-cluster	170, 375
akka.cluster.auto-down-unreachable-after	386
akka.cluster.ClusterActorRefProvider	378
akka.cluster.failure-detector	387
akka-cluster-tools モジュール	407
akka.debug.receive	188
Akka Distributed Data	481, 485
Akka HTTP	35
akka-http	299, 323, 347
RESTエンドポイントを実装	364
～の依存関係	323
akka-kryo-serialization	430
akka.loggers	73
akka-multinode-testkit	144
akka-persistence	409
akka.persistence.journal.leveldb.native	415
akka.persistence.journal.leveldb-shared.store.native	
	416
akka.persistence.snapshot-store.local.dir	422
akka-remote	144, 170, 371
akka.remote.netty.tcp.host	379
akka.routing.ConsistentHashingRouter.Consistent	
Hashable	241
akka.routing.ConsistentHashingRouter.Consistent	
HashableEnvelope	241
akka-slf4j.jar	185
akka-stream	299, 347
akka-stream-alpakka-file	355
akka-stream-alpakka-amqp	357
akka.stream.materializer.auto-fusing	312
akka.stream.materializer.max-input-buffer-size	311
akka-testkit	61
akka.test.single-expectdefault	66
Akka Typed	292
akka-typed	481
AllForOneStrategy	102, 501
AllPersistenceIdsQuery	428
Alpakka	347, 353
alter()	295
AMQP	353, 357
AMQP Connector	357

510

索引

AmqpSink	359
AmqpSource	357
Apache Camel	353
Apache Cassandra	435, 443
Apache Kafka	121
Apache ZooKeeper	376
application.conf	174
application.json	174
application.properties	174
ask()	137, 495
〜の使いすぎ	499
askパターン	76, 495
AskTimeoutException	496
async()	312
atMostOnceSource	357
autoreceive	187

B

BackOffSupervisor	108
backoff-threshold	232
backpressure	340
Balance	338
BalancingDispatcher	469
BalancingPool	225
BalancingPoolルーター	228
BDD	59
become	42, 156, 245, 246, 273, 279, 502
BeforeAndAfterAll	62
Behavior[T]	485
BidiFlow	320
Bjarnason, Rúnar	128
Broadcast	332, 333
Broadcastメッセージ	228
Broadcast GraphStage	338
BroadcastGroup	225
BroadcastPool	225, 394
BroadcastRoutingLogic	225
buffer()	340
build.sbt	37
ByteString	358

C

CallingThreadDispatcher	61, 469
cancelTimer	291
Chiusano, Paul	128
ClassCastException	496
Classifier	259, 260
classify()	261
ClusterClient	407
ClusterRouterGroup	394, 395
ClusterRouterPool	229, 394
ClusterRouterPoolSettings	394

cluster-sharding	439
ClusterSharding.start()	445
ClusterSingletonProxy	441
CNAME	159
committableSource	357
compareSubscribers()	261
completeディレクティブ	367
CompletionStage	495
CompletableFuture<T>	113
Concat	338
ConfigFactory	73, 174
ConfigFactory.load()	174
config.file	179
config.resource	179
config.url	180
ConsistentHashable	243
ConsistentHashableEnvelope	244
ConsistentHashingルーター	240, 241
ConsistentHashingGroup	225
ConsistentHashingPool	225, 242, 394
ConsistentHashingRouter	241
ConsistentHashingRoutingLogic	225
Content-Type	327, 328
context.system.eventStream	256
context.watch	98
ControlThrowable	125
CoreOS/etcd	376
CRDT	481, 485
Creation	355
CRUD	42
CRUD操作	409
currentEventsByPersistenceId	429
CurrentEventsByPersistenceIdQuery	428
CurrentEventsByTagQuery	428
CurrentPersistenceIdsQuery	428

D

-Dakka.cluster.seed-nodes.[n]	392
DAO	10
dataBytes	324
DeadLetter	265
DeadLetterアクター	266
DeadLetterオブジェクト	266
DeadLetterキュー	266
deadLettersActorRef	93, 94
DeathWatch	156, 397, 402
DeciderBuilder.match	501
DefaultPromise[T]	122
Deletion	355
DI	85, 175
DirectoryChange	355
DirectoryChangesSource	355

511

索引

Dispatcher	469
dist コマンド	192
Down	386
dropBuffer	340
dropHead	340
dropNew	340
dropTail	340
DSL	37
Duration.Inf	290

E

EIP	195
entity(as[NodeSeq]) ディレクティブ	368
entityProps	444
enterBarrier	168
Erlang	24
Escalate	103, 501
Event	259
EventAdapter	435
EventBus	251, 252
EventEnvelope	429
EventQueue	251
eventsByPersistenceId()	429
EventsByPersistenceIdQuery	428
EventsByTagQuery	428
EventStream	184, 251, 256, 460
event-stream	188
exceptionally	496
ExecutionContext	120, 323
Exiting	384, 385
expand()	344
expectMsg	66, 404
expectMsgPF	68
expectNoMsg	71
extractShardId	446

F

fail	340
File Connector	355
FileIO オブジェクト	307
FileIO.fromPath	305
FileIO.toPath	305
FilteringActor	69
Finagle	111
find	131
fire-and-forget	24, 60, 62
flatMap	120, 128
Flow	315
Flow.fromGraph	333
fold()	134, 135
for 内包表記	133
foreach()	118

fork-join-executor	473
forMax()	290
ForwardingActor	69
Framing.delimiter	316
FromConfig.props()	227
FromEntityUnmarshaller	368
fromSequenceNr	429
fsm	188
FSM［➡有限状態マシン］	275, 504
〜の終了	291
FSM トレイト	279
FSM 内のタイマー	288
FSM.Failure	292
FSM.Normal	292
FSM.Shutdown	292
FTP	353
Future	49, 50, 111, 121
〜におけるエラー	123
〜のユースケース	112
〜の合成	128
〜の中では何もブロックしない	116
Future.firstCompletedOf	130

G

GC pause 状態	387
get ディレクティブ	367
getContext()	489
GetRoutees	236
getSelf()	492
getSender	492
GitHub	56
Google Protocol Buffer	430
GraphDSL.Builder	332, 334
GraphStage	332, 338
groupedWithin	343, 344

H

Hadoop	391
HashCorp Consul	376
HDFS	391
Heroku	35
〜にデプロイして実行する	55
〜上にアプリケーションを作成する	54
Heroku CLI	36
Heroku.com	53
HOCON	174, 183
httpie	36
HTTP	
〜でストリームを受信する	323
〜のストリームでレスポンスを返す	326
Http() 関数	46
HTTP ルート	43

512

索引

HttpEntity 324
HTTP REST 361
Hyperic Sigar 400

I

Identify メッセージ 157
ignoreMsg 71
IllegalStateException 122, 211
ImplicitSender トレイト 75, 404
Inlet 332
InterruptedException 125
IntNumber ディレクティブ 367
isTimerActive(name: String): Boolean 291

J

Java 487
java.util.concurrent.Executor 120
java.util.concurrent.Future 113
JDBC 12, 177
JMH 456
JMS 353
JMX 400
Join（参加）メッセージ 375
Joining 385
JSON ストリーミング 331
JsonFraming 332
JVM 2

K

keep-alive-time 474
Keep.both 313
Keep.left 312, 313
Keep.none 313
Keep.right 313
killActors 420
kryo フォーマット 430

L

Leaving 384, 385
let it crash 7, 79, 80, 87
　　利点 90
LeveldbReadJournal 428
LevelDB ライブラリ 415
LeveldbReadJournal 428
lifecycle 187
LinkageError 125
log-config-on-start 187
LogEntityMarshaller 330, 331
logFile() 323
logFileSink() 324
logFileSource() 324
LoggerMessageQueueSemantics 458

LoggingAdapter 488
LogJson オブジェクト 328
LogJson.jsonToLogFlow() 330
loglevel 187
log-received-messages 188
log-sent-messages 188
LookupClassification 261
LogParseException 318

M

MailboxType 456, 460
map() 118
mapSize() 262
Marshal(src).toResponseFor(req) 331
Marshaller 329
Marshaller.withFixedContentType 330
match() 490
matchAny() 491
Maven 36
maxLine 316
maxNrOfRetries 107
May Change 292, 293
Merge 335
merge 関数 485
MergePreferred 336, 344
MessageQueue 457
messages-per-resize 232
Modification 355
MonitorEnvelope 457, 458
MonitorQueue 457, 458, 459
multi-JVM プラグイン 164
MultiNodeConfig 166
multi-node-testkit 170
MutatingCopyActor 69
MVP（Minimum Viable Product） 7

N

Normalizer 349
noSender() 492
NoSuchOrder オブジェクト 362, 363
NotUsed 型 317
Null プロパティ 177

O

OLTP 411
onComplete 124
OneForOneStrategy 102, 501
onSuccess 367
onTransition 285, 507
OOME 125
OrderService トレイト 364
ORset 485

513

索引

Outlet	332
OutOfMemoryError	103, 125, 268, 299, 310, 316
OverflowStrategy	340

P

PaaS	2
parallelism-factor	472
parseOrderXmlFlow	356
Passivate メッセージ	447
:paste コマンド	145
pathEndOrSingleSlash	51
pathPrefix	51
pathPrefix ディレクティブ	367
persistAsync()	418
PersistenceCleanup トレイト	420, 421
PersistenceSpec	420, 422
PersistenceQuery 拡張	428
PersistentActor トレイト	416
persistentId	416
PinnedDispatcher	469
pipe	50, 137
PoisonPill	92, 97, 235, 239
postOrders	366, 368
postRestart()	95, 97
postRoute()	324
postStop()	93, 97
preRestart()	94, 97, 209
pressure-threshold	230
preStart()	93, 97
ProcessOrders アクター	361
Procfile	54
Promise	120, 121
Props オブジェクト	66, 87
Props(arg)	69
publish()	258, 262

R

rampup-rate	231
RandomGroup	225
RandomPool	225
RandomRouting Logic	225
Reactive Streams	311
readJournalFor()	428
Receive	490
ReceiveBuilder	490, 491
receiveBuilder()	490
receiveCommand	417
receiveRecover	417
ReceiveTimeout	399
receiveWhile	70
recover()	126, 127
Recovery クラス	425

red-green-refactor	64
reference.conf	178
registerOnMemberUp	392
ReliableProxy	268, 269
RemoteRouterConfig	228
Removed	384
RemoveRoutee	237
REPL コンソール	145
Replicator アクター	485
REST	35
エンドポイントの実装	364
REST API	38
Restart	103, 319, 501
Resume	103, 319, 501
RoundRobinGroup	225
RoundRobinPool	225, 394
RoundRobinRoutingLogic	225
Routee トレイト	237
routees.paths	234
RPC	2, 12
Runnable	122
RunnableGraph	305, 307

S

saveSnapshot()	424
SaveSnapshotFailure	424
SaveSnapshotSuccess	424
sbt	35, 192
sbt assembly	36
sbt-extras	36
sbt-native-packager	189, 191
sbt-revolver	308
scala.collection.mutable.ListBuffer	48
scala.concurrent.Implicits.global	120
Scala Improvement Process	111
ScalaTest	60
scala.util.control.NonFatal	125
scala.util.Try	124
Scalaz	111
ScanningClassification	261
ScatterGatherFirstCompletedGroup	225
ScatterGatherFirstCompletedPool	225
ScatterGatherFirstCompletedRoutingLogic	225
sender	75, 138
SendingActor	63, 68, 69
send()	294
sequence	134
sequenceNr	425
SequencingActor	69
Serializable	150
setTimer	291
SeveralRoutees	237

Shape	332
ShardingCoordinator	445
Shard	443
ShardRegion アクター	444, 445
SideEffectingActor	63
SilentActor	63
Sink	315
Sink（要素の吸収源）	305
Sink.fromSubscriber	339
SinkModule	308
SIP-14	111
SLF4J	185
SmallestMailboxPool	225
SmallestMailboxRoutingLogic	225
Source	315
Source（要素の供給源）	305
Source.combine()	337
Source.fromGraph	336
Source.fromPublisher	339
SourceShape	336
spray-json ライブラリ	314, 432
StackOverflowError	268
Stamina	430
stash()	506
stateTimeout	289
StateTimeout メッセージ	290
stay	282
STDOUT	185
stdout-loglevel	187
Stop	103, 319, 501
StopEvent	291
stoppingStrategy (StoppingStrategy)	102, 402
SubchannelClassification	261
subscribe	256, 258
Subscriber	259
SubscribeTransitionCallBack	287
supervise	42
Supervisor	27
supervisorStrategy オブジェクト	102
Sutter, Herb	1
System.currentTimeMillis	456
system.deadLetters	266
system.eventStream.unsubscribe	258

T

take	309
takeWhile	309
takeWithin	309
task-queue-size	474
TCK (Technology Compatibility Kit)	414
TCP	353
TCP/IP	140

TDD	35, 59, 77
tell()	62, 492
Terminated メッセージ	98, 399, 501
testActor	68
TestKit	61
TestProbe	61, 72, 205
ThreadDeath	103, 125
thread-pool-executor	473
throughput	475–478
throughput-deadline-time	476
timestamp	425
ToEntityMarshaller	368
to()	312
toMat()	312
toOrder()	368
toPath()	308
toResponseFor	331
toSequenceNr	429
TrackingOrder オブジェクト	362
TransformingActor	69
traverse	134
Try	124
typeName	444
Typesafe Config ライブラリ	45, 173, 183

U

UDP	140
unbecome	245, 246, 247, 273, 279, 502
UnboundedMessageQueueSemantics	458
Unmarshaller	328
UnparsableEvent	319
Unreachable	384
unstashAll()	507
unsubscribe	257, 258
unwatch	98
Up	385
upcasting	430
/user	99, 101
using	282
UUID	437

V

via()	315, 317
VirtualMachineError	125

W

Wampler, Dean	12
watch	98, 235
WatermarkRequestStrategy	311
when	283
whenUnhandled()	283, 507
withAttribute	319

索引

withinTimeRang	107
WordSpec	64

X

-Xmx引数	308

Z

zip	132
Zip	338
ZipWith	338

あ

アクター	4, 5, 22, 33
〜の生成	488
〜のテスト	60
〜のライフサイクル	91
アクターシステム	29
アクタープログラミングモデル	4
アクターパス	29
アクターライフサイクル	79
アグリゲータ	201
アグリゲータパターン	206
圧迫	230, 231
アトミック	276
アプリケーションのデプロイ	189
アンマーシャラー	327
アンマーシャリング	327
暗黙のExecutionContext	120

い

依存関係	304
位置透過性	372
一方向のメッセージ	62
イベント	412, 416
イベントアダプター	427, 435
イベント駆動	6, 20
イベントストリーム	256
イベントソーシング	17, 409, 410
イベントハンドラー	184
イミュータブル	5, 25, 48, 409

う

撃ちっぱなし ➡ fire and forget	

え

永続アクター	409, 415, 416
永続化	409
永続クエリー	427
永続的	296
エージェント	292, 297
〜の利用	292
エグゼキューター	473

エスカレート	88
エラー	
Futureにおける〜	123
エラー処理	266, 319
エンタープライズインテグレーションパターン	195
エンドポイント	348
〜からメッセージを受信	354

お

オブジェクト	112
オペレーター融合	312

か

ガーディアンアクター	159
開始アクション	277
〜の実装	284, 285
開始 (start) イベント	91, 92
回復のカスタマイズ	425
回復力	6
回覧票 ➡ ルーティングスリップ	
拡張	45
カスタムイベントバス	259
型安全	25
カプセル化	24
環境変数	176
監視	23, 79
関心の分離	81, 86
関数	112
監督	79, 99, 112, 232
監督 (supervise)	23, 27

き

機械	276
技術互換性キット	414
機能	350
キャッチオール	79
キャプチャ	138
競争タスク	201

く

組み込みディスパッチャー	469
クラウド	53
クラスター	371
〜からの離脱	382
クラスター拡張	378
クラスタークライアント	407
クラスターシャーディング	409, 414, 443
クラスターシングルトン	409, 435, 439
クラスターメンバーシップ	372, 374
クラスタリング	371, 435
クラスタリングされたジョブの処理	388
クラッシュするならさせておけ ➡ let it crash	

グラフ	304, 334
〜のマテリアライズ	308, 309
グラフ DSL	332
グラフ処理	302
グループ	224
グループメンバーシップ	141
グループルーター	224, 233

け

結果整合性	485

こ

合成	111, 130
構造	81, 85
硬直性	7
肯定応答	264
コードブロック	118
コールバック地獄	32
ゴシッププロトコル	384
故障検出器	385
コマンド	416
コンシステントハッシュ	226
コンシューマー	299, 304
コンシューマーエンドポイント	348
コンテキストスイッチ	470
コンテンツネゴシエーション	327, 329, 331
コントローラー	11
コンバージェンス	384
コンパニオン	64
コンパニオンオブジェクト	69
コンビネーターメソッド	128
コンポーネントのライフサイクル	81, 86

さ

サービス時間	454, 466
サービス数	465
サービス率	454
再開	88
再起動	88
再起動 (restart) イベント	91, 93
サブスクライバー	255

し

シーケンス番号	429
シードノード	374, 381
シールドトレイト	416
シェアード・ナッシングアプローチ	143
シェイプ	334
システム間連携	347
システムプロパティ	176
持続的接続	324
実行コンテキスト	294

実用最小限の製品	7
シャーディング	18, 414
シャード (Shard)	443
シャード ID	446
ジャーナル	17, 409, 412
ジャーナルプラグイン	414
収穫逓減の法則	451
収束 ➡ コンバージェンス	
終了アクション	277
受信者リストパターン	204
障害回避戦略	81
障害回復フロー	88, 89
障害の隔離	81, 85
障害復帰	499
状態共有の実装	292
状態遷移	276, 297
〜の実装	279
〜の定義	281
状態	
〜の共有	293
〜の更新を待機	295
〜の定義	280
状態表現メカニズム	246
状態ベースのルーティング	246
状態変化 (become)	23, 26
状態マシン	275
冗長化	81, 85
衝突のない複製データ型 ➡ CRDT	
使用率	454
処理グラフ	302
シリアライザー	150, 430
シリアライズ	430
シリアライゼーション	141, 150
シンク	306
シングルトンマネージャ	441

す

スーパーバイザー	21, 27, 87, 499
スーパーバイザー戦略	101, 318
スーパーバイザーヒエラルキー	99
スーパービジョン ➡ 監督	
スキャッタギャザーパターン	201, 202, 466
スキャッタコンポーネント	204
スケーラビリティ	1
スケールアウト	2, 33, 139, 223, 466
スケールアップ	2, 33, 223
スケジューラ	208
ステートレス	9, 18, 60
ストリーミング	299
ストリーミング HTTP	323
ストリーム	316
〜のエラー処理	318

索引

ストリーム処理	300
スナップショット	414, 422
素のオブジェクト	81
スループット	452
スレッド	2, 4
〜の解放方法	475
スレッド数	
パフォーマンスと〜	471
スレッドプール	120, 450, 467, 473

■ せ

正格	117
正規化パターン	349, 350, 353
生成 (create)	23, 26
静的なスレッドプール	470
静的メンバーシップ	141
遷移	276
線形ストリーム処理	301

■ そ

送信 (send)	23, 24
双方向のメッセージ	75
双方向フロー	320
〜を用いたシリアライズのプロトコル	321
ソース	304, 306
速度を分離する	343
疎結合性	28

■ た

耐障害性	79, 80
〜の要件	85
タイムアウト	66, 208
単一障害点	371
単体テスト	59, 61
弾力性	6

■ ち

置換	81, 85
致命的な例外	125
チャネル	252

■ つ

通知メッセージ	343

■ て

定義済み戦略	101
停止	88
停止 (stop) イベント	91, 92
ディスパッチャー	30, 456, 467, 468, 469
ディレクティブ	326, 366
データベースコネクション	82
データベース接続	175

デシリアライゼーション	141
テスト	61
アクターの〜	60
テスト駆動開発 ➡ TDD	
デッドメッセージキュー	251, 264
デッドレターキュー	264
デッドレターチャネル	251, 264
デッドレターメッセージ	266
デフォルト戦略	101
デフォルトディスパッチャー	462, 472
デプロイ	55
伝統的なアプローチ	6

■ と

同期呼び出し	116, 117
到達不能 (unreachable)	385
到着率	452, 466
動的スレッドプール	473
動的メンバーシップ	142
独自のメールボックス	457
閉じ込め (close over)	118, 138
ドメイン固有言語 ➡ DSL	
トランスポートプロトコル	348
トランスレーター	350
トランスレーターパターン	350

■ な

内部バッファー	311
内容ベースのルーティング	245
ナイン・ナイン	24
名前渡し	117

■ に

入力バッファーサイズの最大値	311

■ の

ノード	140, 371
ノードパーティショニング	372
ノンブロッキングI/O	6, 304
ノンブロッキングバックプレッシャー	311

■ は

パーティショニング	18
パーティションポイント	372
パイプ	196, 197
パイプ＆フィルター	196
パイプライン	196
パイプライン化	116
パイプライン処理	113
バックプレッシャー	343
ハッシュマッピング	242, 243, 244
バッファー	339, 343

518

パフォーマンス
　　スレッド数 471
パフォーマンス解析 450
パフォーマンスメトリクス 456
パブリッシャー 255
パブリッシュ・サブスクライブチャネル ... 253
パブリッシュ・サブスクライブメカニズム . 19
バランシング 226
パレートの法則 450

ひ

非同期 22
非同期I/O 304
非同期関数 111, 112
　　〜のチェーン 114
非同期境界 312
標準データモデルパターン 352, 353

ふ

ファンアウト 332
ファンイン 332
フィルター 196, 197
フィルタリング 301
プール 224
　　圧迫 230
　　動的にサイズ変更可能な〜 229
プールルーターの生成 226
フェイルオーバー 9
フォールバック 182
負荷分散 223, 372
複雑性 7
複数システム 181
部分障害 142
不変 ➡ イミュータブル
振る舞い 59
振る舞い駆動開発 ➡ BDD
プレースホルダーの使用 186
フレーム 316
フレーム化 301, 321
フロー 314
ブロードキャスト 332, 333
ブロッキング 116, 466
ブロッキングI/O 6
ブロッキングファイルI/O 306
プロデューサー 299, 304
プロデューサーエンドポイント 348
分散コンピューティング 140
分散プログラミングモデル 142
分離 343

へ

並行 1

並行オブジェクト 111
並行性 1, 143
並行プログラミングモデル 22
並列協調処理 202
変換 301

ほ

ポイントツーポイントチャネル 252
ポーリング 7, 12
保証配信チャネル 251, 267
保証配信レベル 267
ボトルネック 450
　　〜への対処 465
保留 81, 86

ま

マージ 302
　　〜のフロー 335
マーシャラー 327
マーシャリング 327, 368
マイクロベンチマーキング 456
マシン 276
マスターノード 374
待ち時間 454
マテリアライズされた値 306
マルチJVMテスト 163
マルチスレッドプログラミング 4

み

ミュータブル 48

め

メールボックス 30
メッセージ
　　一方向の〜 62
　　双方向の〜 75
　　〜の消失 268
　　〜の送信 492
　　〜を外部システムに送信 359
メッセージエンドポイント 347
メッセージキュー 5
メッセージチャネル 251
メッセージプロトコル 69, 493
メモリーアクセス 142
メモリー過負荷の防止 310
メモリー不足エラー 299

ゆ

有限状態マシン（FSM） 275, 276, 297
有限状態マシンモデル
　　〜の作成 277
　　〜の実装 279

519

索引

有限のバッファー	300
ユーザーガーディアン	101

よ

予測入力	14

ら

ライフサイクル	225
アクターの〜	91
〜の監視	97
〜のピースをつなげる	96
ライフサイクルフック	93
ラウンドロビン	226, 229
ラウンドロビンルーター	253

り

リアクティブ宣言	6
リーダーノード	382
リクエスト・レスポンス	53, 60
リサイザー	229
リバランス	443
リブート	81, 86
リモートアクター	32, 157
リモートデプロイ	158
リモートライフサイクルイベント	158
リモートルーティー	228

る

ルーター	221, 222, 350
〜を用いた作業分散	393
ルーターグループの動的なサイズ変更	236
ルーターパターン	222, 350
ルーティー	223
ルーティング	
状態ベースの〜	246
内容ベースの〜	245
ルーティングスリップ	214
ルーティングスリップパターン	213, 214

れ

例外	81, 125
レイテンシー	142, 452, 454
レジリエンス	6

ろ

ローカルアクター	157
ロードバランサー	9
ロガーの生成	186
ロギング	183
〜の制御	187
ロギングアダプター	186
ロック	2

わ

ワーカーノード	374

■ 翻訳者プロフィール

前出祐吾（まえで ゆうご）TIS株式会社

TIS株式会社へ入社後、大手電機メーカー向けシステムの開発などSIerの現場経験を経てR&Dに従事。2009年よりSIの生産性向上を目的に、Seasar2をベースとした社内フレームワークの開発から現場展開・支援・教育を行う。2013年頃からSIerでScalaの活用検証に取り組み、リアクティブシステムに出会う。2015年にLightbend社とパートナー契約を結び、現在はリアクティブシステムのコンサルティングのかたわらエンタープライズ領域への当技術の適用検証に従事。Akkaの普及により開発者に幸せが訪れることを願い、ThinkITへのリアクティブシステムの連載、CodeZineなどのメディアへの寄稿やScala Matsuriなどのカンファレンスにも多数登壇。

根来和輝（ねごろ かずき）TIS株式会社

2011年にTIS株式会社へ入社、大手医療機器メーカー向けWebシステムの受託開発プロジェクトで開発と運用に従事。プロジェクトチームに自動テストやCIを導入し品質と生産性の向上に貢献する。2015年より同社のR&Dに従事。Akkaをメインとしたリアクティブシステム関連の技術をエンタープライズ領域へ適用させることを目指し、技術検証やコンサルティングを行っている。同技術が幅広いエンジニアにとって身近な技術となるよう、入門者向けハンズオンセミナーの開催、ScalaMatsuriなどの技術系カンファレンスにも多数登壇。

釘屋二郎（くぎや じろう）フリーランスエンジニア

独立系SIer、PaaS技術開発ベンチャーでの勤務を経て現在フリーランス。業務委託でScalaやAkkaを使って広告システムやコミュニケーションツールの開発に従事。

■ 監修プロフィール

TIS株式会社

TISは、SI・受託開発に加え、データセンターやクラウドなどサービス型のITソリューションを多数提供。同時に、中国・ASEAN地域を中心としたグローバルサポート体制も整え、金融、製造、流通／サービス、公共、通信など様々な業界で3000社以上のビジネスパートナーとして、顧客事業の成長に貢献している。新技術の研究開発にも積極的に取り組み、リアクティブシステムのリーディングカンパニーであるLightbendの国内初の認定コンサルティングパートナーとして、Akka／Play／Scalaなどを利用したリアクティブシステムの構築をサポートするコンサルティングサービスを提供している。

■本書特設サイト
購入者特典をダウンロードできます。
https://www.shoeisha.co.jp/book/campaign/akka

13.2節および付録執筆	前出祐吾、根来和輝、釘屋二郎
装丁・本文デザイン	轟木亜紀子（株式会社トップスタジオ）
DTP	川月現大（有限会社風工舎）

Akka実践バイブル
アクターモデルによる並行・分散システムの実現

2017年12月13日　初版第1刷発行

著　者	Raymond Roestenburg（レイモンド・ロエステンバーグ）
	Rob Bakker（ロブ・ウィリアムス）
	Rob Williams（ロブ・バッカー）
訳　者	前出祐吾（まえで ゆうご）
	根来和輝（ねごろ かずき）
	釘屋二郎（くぎや じろう）
監　訳	TIS株式会社
発行人	佐々木 幹夫
発行所	株式会社 翔泳社　(http://www.shoeisha.co.jp)
印刷・製本	日経印刷 株式会社

● 本書は著作権法上の保護を受けています。本書の一部または全部について、株式会社翔泳社から文書による許諾を得ずに、いかなる方法においても無断で複写、複製することは禁じられています。
● 本書へのお問い合わせについては、iiページに記載の内容をお読みください。
● 落丁・乱丁本はお取り替えいたします。03-5362-3705までご連絡ください。

ISBN 978-4-7981-5327-8　　　　　　　Printed in Japan